生态规划历史比较与分析

Ecological Planning: A Historical and Comparative Synthesis

〔美〕 福斯特·恩杜比斯　著

陈蔚镇　王云才　译

刘滨谊　校

中国建筑工业出版社

著作权合同登记图字：01-2010-5115 号

图书在版编目（CIP）数据

生态规划历史比较与分析/（美）恩杜比斯（Ndubisi, F.）著；
陈蔚镇，王云才译. —北京：中国建筑工业出版社，2011.12
ISBN 978-7-112-13551-6

Ⅰ.①生… Ⅱ.①恩…②陈…③王… Ⅲ.①生态规划—对比研究
Ⅳ.①X32

中国版本图书馆 CIP 数据核字（2011）第 197963 号

Ecological Planning: A Historical and Comparative Synthesis/Forster Ndubisi
ⓒ 2002 The Johns Hopkins University Press
All rights reserved. Published by arrangement with The Johns Hopkins University Press,
Baltimore, Maryland.
Chinese Translation Copyright ⓒ 2013 China Architecture & Building Press

责任编辑：段　宁　董苏华　姚丹宁
责任设计：董建平
责任校对：陈晶晶　赵　颖

生态规划历史比较与分析
[美]　福斯特·恩杜比斯　著
　　　　陈蔚镇　王云才　译
　　　　　　刘滨谊　校

　　　*
中国建筑工业出版社出版、发行（北京西郊百万庄）
各地新华书店、建筑书店经销
北京永峥排版公司制版
北京云浩印刷有限责任公司印刷
　　　*
开本：787×1092 毫米　1/16　印张：18½　字数：468 千字
2013 年 6 月第一版　2013 年 6 月第一次印刷
定价：**59.00** 元
ISBN 978-7-112-13551-6
　　　（21296）

目　　录

致中国读者的话

Public awareness about the undesirable effects of human actions on the landscape has increased rapidly since the mid-twentieth century. There has been increased legislation worldwide in the areas of environmental protection and resource management as well as accelerated advances in scientific knowledge and technology for balancing human use with ecological concerns. The roots of ecological problems have been widely debated and solutions have been offered. Yet, ecological problems continue to intensify at all spatial scales-global, national, regional, local, and site. In numerous summits, conferences, and books, we are constantly reminded of global warming, overpopulation, soil erosion, disruption of hydrological processes, degradation of water quality, fragmentation of landscapes, destruction of unique animal and plant habitats, and the erosion of biological diversity.

Ecological planning is one promising and proven way for balancing human use with ecological concerns. Ecology deals with the "reciprocal relationship of all living things to each other (including humans) and to their biological and physical environments." Of all the natural and social sciences, ecology arguably, provides the best understanding of the relationships between our physical and social worlds. The essence of ecology, therefore, is to know and understand reality in terms of relationships, which in turn, is the rationale, amongst many, for its use in design and planning.

20 世纪中叶起，公众开始越来越深刻地认识到人类行为对地球景观造成的负面影响，全球范围内关于环境保护及资源管理的立法迅速增加，协调人类使用与生态保护的知识与科技也在加速发展。人们广泛探讨生态问题的根源并提出解决方案。然而在全球、国家、区域、地方与场地尺度上的生态问题仍旧愈演愈烈，大量峰会、研讨会和书本时刻提醒着我们全球变暖、人口过剩、土壤侵蚀、水文过程遭破坏、水质下降、景观破碎化、动植物栖息地减少和生物多样性遭破坏的现实。

生态规划正是协调人类使用与生态保护的有效途径，经过实践检验其极具发展前景。生态学（Ecology）是一门关于"所有生命体（包括人类）之间的相互关系及它们与所属生物物理环境之间相互作用关系"的学科。可以说，在所有自然与社会学科中，生态学能够最好地理解自然与社会之间的相互关系。生态学的实质是通过相互关系理解现实，这也是规划设计中用到生态学的根本原因之一。

Ecological planning is the application of the knowledge of these relationships in decision making about the sustained use of the landscape, while accommodating human needs. A related term, ecological design, relies on this knowledge to create objects and spaces with skill and artistry across the landscape mosaic. Ecological design and ecological planning are closely intertwined. The objects and spaces created through design, in turn, are employed in facilitating decision making at multiple spatial and temporal scales, to create and sustain places. Ecological planning is not a new idea, but the level of ecological awareness in balancing human actions with ecological concerns has increased over the past five decades, at least in North America, and arguably in many parts of the world including Asia.

Indeed, it is hard to find any decision related to the organization of physical environment that does not, at some level, have an ecological aspect. The development of modern ecology as both a theoretical and applied science, however, has dramatically heightened interest in employing ecological ideas in a systemic way in design and planning. As Professor Frederick Steiner noted in the Foreword to this book, "… we cannot lay the foundation for a sustainable future without an understanding of how we interact with our physical, biological, and built environments."

生态规划（Ecological planning）是生态学知识的实际应用，在满足人类使用的同时制定可持续的景观利用决策。另一个同类词——生态设计，是在生态学知识的基础上，运用艺术技能在景观镶嵌体中创造物体与空间。生态设计和生态规划密不可分，生态设计创造的物体与空间，能够营造并维护场所，在各种时空尺度上促进生态规划决策。生态规划并非新近才提出的理念，过去的半个世纪中，在北美以及全球众多其他地区，包括亚洲，协调人类使用和生态保护的意识一直在不断增加。

生态视角对于制定物质环境决策来说不可或缺。同时具备理论科学与应用科学特征的现代生态学的发展，极大地提高了人们在规划设计中系统性地运用生态概念的兴趣。正如弗雷德里克·斯坦纳（Frederick Steiner）教授在本书前言中所述："……如果无法理解人与自然环境、生物环境以及建筑环境相互作用的机理，我们就会失去可持续发展的基础。"

One consequence of the increased interest in ecological planning has been a proliferation of approaches for understanding and evaluating landscapes to ensure a better "fit" between human actions and ecological concerns. This book provides a common base for understanding the major approaches to ecological planning by examining the following questions. Which ecological-planning approaches represent major theoretical-methodological innovations and why? Which ecological principles do they espouse and how? What do the approaches share in common, and how they differ? Can the approaches be grouped or classified based on common themes? When and why should landscape architects and planners lean toward one or more of the approaches for guidance in balancing ecological concerns with human use? A historical perspective is used to illuminate the events, ideas, and people that have been central to the development of the approaches.

生态规划日益受到关注的结果是出现了多样化的景观理解与评估方法，这也能够保证人类行为和生态环境更好地相互"适应"（Fit）。本书透过几个问题的探讨来理解生态规划的主要方法。这些问题包括：哪些生态规划方法体现了理论及方法论的创新，为什么？这些方法主张的生态原则是什么，这些原则是如何体现的？各种方法的共通之处何在，又是如何分异的？是否可以依据主题对这些方法进行分类？景观设计师和规划师在协调人类使用和生态保护时，应如何选择适用的方法？书中阐释各类方法发展过程中的核心事件、观点和人物时使用了历史的分析方法。

The information presented in this book, will be useful for students, teachers, planners, designers, researchers, and the general public interested in balancing ecological concerns with human use. Students and teachers in landscape architecture, and by extension, allied disciplines such as urban and regional planning, geography, forestry, and soil science, will find it an important text in landscape and environmental land use assessment and planning courses. Practitioners in the private and public sectors will use it as a reference tool for understanding the array of major approaches used in studying and analyzing landscapes and for making informed decisions on when to use them. Land developers, interested citizens, and conservation groups will find the book a useful source of information for understanding how landscape architects and planners prescribe options for balancing human use with ecological concerns. Because ecological planning is still an unfinished, evolving field, researchers will have the opportunity to address the research issues raised in the book and as a result, contribute in advancing the much needed theory and methods of ecological planning.

FORSTER NDUBISI, Ph. D. , FCELA, ASLA

Texas A & M University,

College Station, Texas, USA

June 2011

本书的内容对于关注人类使用与生态环境平衡的学生、老师、规划师、研究人员和普通公众很有价值，适用于景观设计专业以及城市区域规划、地理学、林学、土壤学等相关专业的学生和老师，他们可以从中获取景观环境的土地利用评估以及规划课程的重要信息。相关从业人员可以把本书作为索引工具，用于学习景观分析研究的各种方法，并在实践中选择适用的方法。开发商、有心的市民和保护组织可以通过本书中的信息，理解景观设计与规划师为平衡人类与自然提出的方案选项。由于生态规划仍在不断发展之中，学者们将有机会从本书中找到研究的切入点和关键问题，并为生态规划理论方法作出更多贡献。

福斯特·恩杜比斯博士
美国景观教育理事会资深会员（FCELA）
美国景观师协会会员（ASLA）
于美国得克萨斯州大学城 A&M 大学
2011 年 6 月

序

生态规划设计及其理论分支的发展在北美迅速崛起。这本介绍生态规划发展过程及其历史的著作的出版便显得恰逢其时。福斯特·恩杜比斯很好地总结和描述了景观生态规划的发展历史与现状，并为此领域未来的发展打下了基础。景观生态规划是一个充满活力的领域。在过去的50年中，景观生态规划一直处在景观设计学科和规划学科的交叉地带，受到生态学的重要影响，其中影响最深远的是景观生态学、人文生态学和群落生态学。

生态设计（Ecological design）是在运用关于人与环境相互作用知识的基础上，结合技能和艺术修养对景观演化和景观空间进行塑造的过程。生态规划（Ecological planning）是在持续行动和决策过程中对地方性知识的应用。这些术语比"环境规划"（Environmental planning）和"环境设计"（Environmental design）能够更好地描述和建立可持续体系，其原因是"环境"仅指我们周围的事物，而"生态"更为关注生命的景观所具有的内在联系与相互之间存在的关系。

一般而言，美国人更易于接受"环境规划"而非"生态规划"的表述，原因主要有三个。其一，从20世纪60年代起，在颇具影响的加利福尼亚学派（California academic circles）中更流行使用"环境设计"和"环境规划"的术语。在加利福尼亚大学伯克利分校（University of California-berkeley）、加利福尼亚戴维斯大学（the University of California-Davis）、加州波莫纳理工大学（the California State Polytechnic University-Pomona）和加州圣路易斯奥比斯波理工大学（the California Polytechnic State University-San Luis Obispo）都设有环境设计学院，伯克利还设有环境规划的博士点。其二，1970年《国家环境政策法》（The National Environmental Policy Act）要求联邦机构在决策过程中需咨询"环境设计学科"的意见，从而使"环境设计"一词在联邦机构中得到广泛应用。其三，"环境设计"与"环境规划"的概念是由建筑学与规划学科演化而来。作为设计学科的一门分支学科，设计原理在环境干扰及其管理以及场所构建中具有悠久的应用历史。由于环境具有很强的视觉内涵，相对于规划师而言建筑师对视觉审美更为敏感。因此，建筑师在城市环境建设中决定形态，而规划师则是在人居环境建设中提供政策选择建议。

"相互作用关系"是生态学（Ecology）的核心，其思想颇具颠覆性。一方面生态学的思想具有挑战性，它迫使我们重新审视我们的经济和商业行为，并提供了全新的规划和设计理念。另一方面，尽管我们的信仰已经体现了人与自然世界间的相互关系并担负起人类子孙后代发展的责任，但生态学的思想仍旧对我们的价值观和宗教信仰形成了冲击。

在美国，与环境规划设计不同，生态规划设计是从景观规划设计的课程中演变而来的。景观规划设计起源于 19 世纪中期的农业和园艺学院。1862 年林肯总统签署的《土地捐赠法》（Land-grant legislation）使这些学院应运而生。这部法案就是莫利尔－韦德法（Morrill-Wade Act），其主要内容是为各州捐赠土地并建立农业技术学院。景观规划设计的先锋弗雷德里克·劳·奥姆斯特德（Frederick Law Olmsted）是这一机制最坚定的支持者，他曾参与过几所受赠土地学校的校园规划。后来，奥姆斯特德的儿子小弗雷德里克（Frederick Jr.）和约翰（John）将校园规划这一传统继承并发扬光大，将越来越多的受赠土地纳入到校园规划之中。

1900 年，哈佛大学受其建筑系影响设立了景观规划设计专业，这是景观规划设计教育的第二次发展。与以农业和园艺为特色的受赠土地的学校不同，哈佛景观规划设计专业强调的是设计。在小弗雷德里克·劳·奥姆斯特德和约翰·诺兰（John Nolen）的领导下，哈佛大学在 20 世纪初首创了城市设计学科。随后许多大学效仿哈佛将景观规划设计专业调整为与建筑和设计紧密捆绑在一起的专业。由此在景观规划设计中出现了两大学派，一派强调乡土气息和自然资源，另一派则强调设计和城市规划。

生态设计和规划融合了这两大学派。在众多大学效仿哈佛模式之后，伊恩·麦克哈格（Ian McHarg）于 1995 年在宾夕法尼亚大学（University of Pennsylvania）开设了景观规划设计的研究生课程。受其导师刘易斯·芒福德（Lewis Mumford）的影响，麦克哈格在 20 世纪 60 年代早期提倡将生态学作为设计的基础，并融入设计，为实现这一目标，麦克哈格构建了由很多自然和社会学家组成的设计团队；为进一步完善该设计课程，麦克哈格构建了更能体现芒福德生态体系的区域规划课程。麦克哈格对美国及世界景观规划设计和规划学科的发展产生了深远的影响。

尽管麦克哈格对生态学与景观规划设计的融合颇具开创意义，但生态规划仍是有待进一步完善的领域，仍需大量工作来推动其理论和实践的发展。结合自然的规划是重要的，可持续发展也需要生态规划。我们要做的不仅仅是改变周围的环境，同时也要改变人与自然及与其他生物相处的方式。如果无法理解人与自然环境、生态环境以及建筑环境相互作用的机理，我们就会失去可持续发展的基础。

由于生态规划是门重要的学科，同时又有待完善，所以对于年轻人来说它是门让人十分兴奋的学科。即使是一个刚刚进入该领域的年轻人也能够为学科发展作出贡献。但学科发展却依然任重而道远，在生态规划的领域中仍然存在诸多的未知领域有待我们去探索。在此，福斯特·恩杜比斯给我们介绍了本学科的发展历史与现状。

　　福斯特·恩杜比斯是写作生态规划历史与现状一书的理想人选。像很多致力于推动生态规划发展的人一样，恩杜比斯教授既是理论家也是践行者；更确切地说，他是一位学术践行者。他在加拿大、佐治亚州和华盛顿州参与了一系列以科学研究为目的的规划活动，在本书中他挑选了实践中能够推动生态规划发展的案例进行介绍。同时福斯特·恩杜比斯是十分善于反思的践行者，他将生态规划的历史融入每一次的尝试中，用以提高生态规划的艺术性和科学性。本书收录了他所总结的经验与知识，以及他对过去的反思和对未来的展望，希望能对后人有所裨益。

弗雷德里克·R·斯坦纳 （Frederick R·Steiner）
于得克萨斯州奥斯汀

致　谢

XIII

　　非常感谢手稿出版过程中给予我帮助的人们。感谢我在佐治亚大学和华盛顿州立大学的前任助理和现任助理：克里斯·拉尔森（Kris Larson）、拉杰什·乔治（Rajesh George）、妮可·亚历山大（Nicole Alexander）、米歇尔·汉纳（Michelle Hanna）、考特尼·邓拉普（Courtney Dunlap），以及德文·菲茨帕特里克（Devin Fitzpatrick）。尤其要感谢马特·雷博尔赫（Matt Rapelje）重新绘制了大部分插图。

　　弗雷德里克·R·斯坦纳是亚利桑那州立大学的前任教授和景观规划设计系主任，目前在得克萨斯大学奥斯汀分校建筑学院担任院长一职。是他说服我进行本书的写作工作，并审阅了初稿。鲍勃·史卡福（Bob Scarfo），华盛顿州立大学的景观规划设计系教授和弗兰克·格利（Frank Golley），佐治亚大学生态学的名誉教授，他们对本书的审阅和批评都使我受益匪浅。我还要感谢环境设计学校和佐治亚大学的前同事：达瑞尔·莫瑞森（Darrel Morrison）、伊恩·福斯（Ian Firth）、凯瑟琳·豪威特（Catherine Howett）、威廉·曼（William Mann）和布鲁斯·弗格森（Bruce Ferguson），他们都给我提出了宝贵的意见。

　　我需要特别感谢美罗迪·马修斯（Melody Matthews）将手稿整理成册。其他一些人：鲁比·莱瑟姆（Ruby Latham）、克里斯蒂·沃德罗普（Kristie Wardrop）和凯蒂·格雷夫（Cathy Greif），也需一并致谢。许许多多的朋友和现在的同事——远比我在这里提到的要多得多——他们在我编写这份手稿时都给了很多帮助和建议：希拉·范沃里斯（Sheila Vanvoorhis）、克里·布鲁克斯（Kerry Brooks）和索尼娅·阿拉（Sonya Ala）。我也要谢谢美国地方中心的主席乔治·F·汤普森（George F. Thompson），谢谢他的鼓励和支持，并审阅了初稿。

XIV

　　最后我还要谢谢我的家人，尤其是我父亲班尼特·恩杜比斯博士（Dr. Bennett Ndubisi）和母亲玛丽·恩杜比斯（Mary Ndubisi）的鼓励和支持，感谢我耐心的女儿丹妮尔（Danielle），感谢我的妻子琼（June）审阅初稿。

绪　论

"当一个事物有助于保护生物群落的整体性、稳定性和美景度的时候，它就是正确的，当它走向反面时，就是错误的。"

——奥尔多·利奥波德（ALDO LEOPOLD），1949 年

0.1　人类行为与自然过程

19 世纪，拉尔夫·沃尔多·爱默生（Ralph Waldo Emerson）、亨利·戴维·梭罗（Henry David Thoreau）、约翰·缪尔（John Muir）、弗雷德里克·劳·奥姆斯特德以及乔治·玛什（George Marsh）等一些有远见的思想家就提醒我们要警惕人类对自然界的肆意开发所带来的严重后果。在持此主张的人中，威斯康星大学野生生物学家奥尔多·利奥波德在其影响深远的著作《沙县年鉴》（A Sand County Almanac，1949 年首次出版）中，提出了人与自然和谐相处的道德基础。而现实的状况是，一度保障人类与其他生物共存的自然界正日益恶化，越来越难以满足人类对食物、工作、住所与游憩的需求，且这种恶化正呈现出全球性的趋势，令人担忧（图 0.1）。

图 0.1　华盛顿州帕卢斯地区严重受侵蚀的未播种的休耕土地（V. Kaiser 摄，1961 年）

1972 年，罗马俱乐部（the Club of Rome）发表了《增长的极限》（The Limits of Growth）一书，读者甚广。书中警示我们西方掠夺式的经济和政治体制给环境带来了毁灭性影响。[1]1987 年，世界环境和发展署（World Commission on Environment and Development）在《我们共同的未来》（Our Common Future）中更深入地讨论了该议题。[2]

报告指出目前的经济发展模式无法实现可持续发展，并敦促各国寻求能够确保全球可持续发展的方法和途径。1992 年，《里约宣言》（the Rio Declaration）也对日益紧迫并危及人类社会的环境问题提出警告，再次强调人类对赖以生存的地球进行保护的迫切性。因而，在实践应用中只有通过生态规划保护地球生物的多样性和丰富性，才能满足现在和未来人类的需求。

　　生态规划是监督或管理环境变化的手段，用来协调人类活动与自然发展之间的相互关系。在美国，生态规划并不是一个新词。1641 年，马萨诸塞州海湾殖民地（Massachusetts Bay Colony）通过了《大旁氏法》（the Great Ponds Act），要求土地所有者必须向公众开放 10 英亩或更多的水域用于"垂钓"或"捕鸟"，出现了对脆弱的自然环境和文化资源进行管理、合理开发、供人类利用和享受的思想。1804—1806 年，刘易斯（Lewis）与克拉克（Clark）对密苏里河上游（up the Missouri River）及阿斯托利亚（Astoria）以外地区进行了考察，引起了联邦政府对圣路易斯河（St. Louis）和密西西比河（the Mississippi River）以西广阔而美丽的风景的关注。从此，合理利用土地就成为美国政府首要关注的生态规划问题。[3]

　　19 世纪中期，梭罗、奥姆斯特德、玛什等人为人类行为给自然带来的不良影响而担心，在其影响下，人们又重对生态规划产生了兴趣。然而直到 20 世纪下半叶，生态规划与设计才获得较大的发展。动力来源于对人类与景观间纷繁复杂的相互作用的深入理解，以及世界范围内越来越多的环境保护和资源管理的活动和事件，尤其是公众越来越强烈地意识到人类活动会对自然和文化景观造成消极影响。

　　1969 年末，美国通过《国家环境政策法》（NEPA），随后，其他国家也陆续通过了类似立法，从此将生态因素纳入到规划过程中，并成为一项国家政策。今天计算机技术的迅速发展，使我们能够存储、分析和演示大量自然与文化资源数据；遥感技术的迅速发展使我们能够更精确地获取空间信息；而全球化进程则加强了在世界范围内对环境问题的广泛交流。总体来说，现代技术的发展极大地扩展了生态规划问题的特征、范围和复杂性的研究深度和广度。

　　为保证人类行为与自然过程间更好的适应性，生态规划的发展推动并涌现出一系列理解与评估景观的新措施和新方法。其中一些方法是着眼于未来的新方法，而另一些则是换个名头的旧方案或者仅仅加入一些新的技术和工具而已。但无论如何，从城市到农村等各种尺度上，通过生态调查和生态信息采集这些方法被广泛运用于自然与人工景观的保护和恢复。并根据濒危野生动物物种保护需求、居住或商业用地开发需求，以及游憩利用需求来综合评估景观地段的相对价值。

　　由于所有措施和方法都并非能在任何情况下使用，有必要对现有的所有资源分析方法进行深入细致的分析和理解。例如，受扰动的景观保护与发展规划方法就与城市化土地利用规划极为不同，斯坦尼兹（Steinitz）和其他哈佛设计学院同仁将这类问题简明表述为："高效的土地利用规划是精确分析和预测解决等一系列方法应用的结果。"[4]

　　为更好地理解生态规划方法，这里提出以下五个问题供思考，它们是理解生态规划的共同基础：

（1）哪种生态规划方法代表了最重要的理论和方法创新？原因是什么？

（2）方法是如何描述和理解人类与自然过程之间关系的？

（3）这些方法有何共同点又有何区别？

（4）能否根据共同的主题对这些方法进行分组或分类？

（5）景观设计师和规划师何时应依靠一种或多种方法来平衡生态问题与人类利用之间的关系？为什么？[5]

面对如此重大的主题，本书不得不省略大量细节，以生态规划方法为核心进行简要论述。同时以生态规划方法在北美地区的发展为主，兼顾世界其他地区的应用与发展。集中研究最具代表性的理论和方法创新，目的在于简捷地叙述生态规划的发展史。通过对这些方法的研究，不仅能够提供人类与自然对话的一个新视角（人们对于土地不断变化的价值观），还能提供很多意见一致的思想，以及将其付诸实践所需的数据、技术和途径。本书从众多系统性较好的著作中选择生态规划方法的应用案例，并对在景观适宜性评价和景观感知与评价中常见的一些类型进行重点讨论。

从历史的角度来看，每个方法都旨在揭示出土地和资源规划策略及其演变机理、相关重要的人物以及推动方法发展的重要的社会、经济和政治事件三个方面，它们为相同主题下进行方法的分组归类提供了基础。本书讨论的许多方法都集中在 1969 年前后的一段时间。因为 1969 年有两件重要事件发生：伊恩·麦克哈格的重要著作《设计结合自然》（Design with Nature）的出版和《国家环境政策法》的通过。《设计结合自然》先后被译成意大利语、日语、法语和德语。在本书中，宾夕法尼亚大学景观规划设计和区域规划系的麦克哈格提出了基于生态化的规划和设计的理论与技术基本框架。《国家环境政策法》的出台使得在规划中进行生态评价成为一项国策，此后其他许多国家相继采取了类似的政策。大部分生态规划方法都是在此期间或之后形成的。最后值得注意的是，许多研究领域的发展并非和专业实践完全一致，许多专业实践中的创新方法并未收录为文献。所以本书在关注文献研究的同时，也从实践中选取一些案例来进一步阐释相关方法应用的类型、规模和条件。

0.2 基本概念

景观（Landscape）是开展生态规划的地理模板，它反映出一个地区地表、地上和地下自然和文化特征的整体性[6]；构成景观的自然和文化特征包括田野、山丘、森林及水域等视觉特征。这些视觉特征反映了本地区的居民文化。随着时间流逝，人类不断地改造自然，与此同时景观也随之改变。这些改变有时会与自然过程相协调，有时却会改变自然过程。本书用"景观"这一术语来指人与自然过程相互作用的界面空间（图 0.2）。

规划是指在这个界面空间正确处理人类利用自然景观的过程，在《追踪美国：交互规划理论》（In Retracking America：A Theory of Transactive Planning）一文中，约翰·弗里德曼（John Friedmann）将"规划"（Planning）简要定义为技术、科学知识与实践活动紧密连接在一起的行为，是在不同情境下依据知识和行动所进行的选择决策。如果将规划扩展到景观环境中，规划就成为协调人类行为与自然过程的一种方式。生态规划关注的是人类更智慧、更持续地合理利用景观以满足人类需求的方法。这里"更智慧利用"（Wise use）就是"最佳利用"（The best use）。最佳利用资源的观点隐含了资源利用的持续性和稳定性，它既要满足人的需求又要保护重要的自然与文化资源。生态规划的基础是奥尔多·利奥波德在提出土地资源"继续存在权利"（Right to continued existence）时所倡导的土地伦理下的持久性与稳定性。景观的可持续利用就是确保在满足当前人类需求的同时，不会牺牲后代利益。

图 0.2　日本京都二条城一处景观增强了人文与自然过程之间的和谐

（Matthew Rapelje 摄，2000 年）

蒲柏（Alexander Pope）告诫我们要学习和掌握"地方性精神"，柏拉图（Plato）也警示我们"要想掌控自然，必先遵从自然。"[7]因此，我们必须依据自然过程及人与景观的相互关系来理解景观的特征，其中最核心的概念就是"关系"（Relationship）。在所有的自然与社会学科中，由于"考虑到了生物与生物之间（包括人类）以及生物与自然环境之间的相互关系"[8]，生态学对景观的理解最为充分，其中将人类纳入生态学的思想十分重要。直到过去几十年，北美的生态学研究一直在关注那些未受到人类影响，或受到较少影响的环境。然而如果不考虑人与其他生命体及非生命体之间的关系，这些研究成果就毫无意义。

生态规划不仅仅被作为工具和技术，而是一种基于人与土地之间相互关系之上的更高层次协调人类活动与自然过程关系的方式。它不仅仅是一种世界观和一种过程，

5

同时也是景观规划设计和规划专业（对此仍存在争议）的一个专业实践和研究领域。生态规划也是被世界上许多国家、州和地方政府所认可的规划。

尽管生态规划在比场地更大的尺度空间上已经得到实践应用，但生态规划可以应用在城市、城郊及乡村等不同景观类型和不同尺度空间上。许多作者将生态规划描述为景观规划，但我们知道生态规划更加强调"关系"的概念。本书之所以将其用作两个可以相互转换的术语，是因为两个概念都在关注同一问题，即如何利用生态规划的知识来管理景观及其变化。

景观设计师和规划师在进行生态规划时，会开展下列一个或多个行动：

• 基于个人的自然观、经验的积累以及对具体环境的认识[9]，理解人类活动与自然的关系的本质，确定相互作用的行动方式（恢复被破坏的景观），对干扰进行有效的干预。

• 通过格局、过程和不同尺度的空间相互作用来理解和描述景观，在理解生态的基础上，用一种或多种方式阐释相互依赖的区域关系。

• 在考虑多种技术介入为目的的基础上，深入细致地分析经研究认定的均质区域。

• 依据潜力选择原则，综合分析评估结果，以协调人与自然过程间相互作用所存在的明确矛盾。以图表或文字的形式进行组织或表现。

• 根据技术的可行性、工作能力，以及对不同群体可能产生的影响、景观的可持续利用或对景观产生的影响等因素，详细地评估潜力选择方案。

• 根据目标，优先选择更重要的影响因素并将其作为影响研究的唯一基础，完善优先选择过程。[10]

在实际操作中，由于实施过程的不同，行动所得到的反馈也就不同。因此，上述行为不会严格按照这里所排列的顺序发生。由于所有主流生态规划方法都是由系统观点、数据要求、应用技术所构成的整体，因此在由2—6的实际操作顺序中，每个规划行动对景观规划设计师和规划师的导向也不同。例如，虽然麦克哈格或宾夕法尼亚大学提出的适应性方法与理查德·福尔曼（Richard Forman）和米歇尔·戈登（Michel Godron）在《景观生态学》（Landscape Ecology）(1986) 中所提出的方法都是生态规划的主要途径，但具体方法却不同。此外，美国自然资源保护局（NRCS）(the National Resources Conservation Service, 原土壤保护局) 所提出的土壤承载力方法和安格斯·希尔斯（Angus Hills）提出的地文单元分类法，也是景观适宜性评价的两个主要方法。

土地可持续利用决策只依靠单一专业是不能解决其错综复杂的问题的。生态规划需要多学科的共同努力，需要由人类学家、生态学家、林业学家、植物学家、地理学家、景观设计师、规划师、野生生物学家和土壤学家等组成的团队来共同完成。这并不意味着生态规划师在其中扮演的角色弱化，相反，正是生态规划师整合并明确各个学科所提供的信息，并将其简化应用到决策过程之中。

本书经常提到的另一个概念就是"管理"（Management）。这里的"管理"与弗雷德里克·斯坦纳在《生命的景观》（The Living Landscape）一书中的观点一致。斯坦纳

6

将"管理"定义为"使用合理的方法来实现目标。"[11]他指出，针对实际应用目标，资源管理是生态规划的目标，反之，规划是管理的手段；而设计是在时空尺度内配置自然与文化现象并创造形态特征。因此，根据目标设定的不同，在生态规划中设计有时是明确的和直接的，有时则是隐性的和间接的。

0.3　本书特色

本书分为四个主题部分。第一个主题部分是生态规划的历史观。内容虽很短，但系统地介绍了生态规划从 18 世纪中期至今的发展历程。其中包含了大量的背景信息，从而有助于理解生态规划的发展过程。本书主要关注景观规划设计专业中生态规划学科发展的重要领域，同时关注城市与区域规划领域中生态规划学科的发展。另外，重点强调了将生态学概念引入规划中的重要事件和人物，以及为了验证这些理念而形成的相关技术。再者，由于自然与文化景观所具有的观赏吸引力是景观规划设计的重要研究领域，因此景观吸引力研究也纳入到景观史的研究中。第 1 章的末尾部分，回顾了生态规划方法不断发展过程中的现代因素所形成的影响。

第二个主题部分包括第 2 章和第 3 章，这部分讨论针对不同的人类利用来确定适应性的两种景观适宜性方法。其中第一代景观适宜性评价方法（LSA1）主要包括了 1969 年之前形成的方法，尤其是 1961—1969 年之间。这一时间段是生态规划理论与方法发展的重要时期。大部分景观适宜性评价（LSA）方法都是凭借景观的自然特征来评估景观适宜性。伊恩·麦克哈格在《设计结合自然》一书中所提出的适宜性分析（Suitability analysis）是对第一代景观适宜性评价方法最为连贯的综合应用。

第二代景观适宜性评价方法（LSA2）主要讨论 1969 年以后所形成的方法。它是在基本概念、程序原则和分析技术三个方面进行改进的基础上形成的，并在考虑了社会、经济、政治和生态这四大因素条件下，强调追求对景观的最佳利用。同时还指出了景观适宜性评价方法中一些内在的技术缺陷，并将其扩展应用到更多的生态规划问题、更大的空间规模和更多的景观类型（城市、农村和郊区）。[12]以纳伦德拉·朱尼加（Narenda Juneja）的著作为例，1974 年，他和伊恩·麦克哈格等编制新泽西州迈德福德镇规划（Medford，New Jersey）时，就尝试以自然环境为模板来保护镇域景观社会价值。

20 世纪 70 年代初期涌现出了大批生态规划方法，有的试图改进景观适宜性评价方法的理念和技术，而有的则提出相反意见。在麦克哈格的著作出版之前还出现了一些其他方法，诸如应用人文生态学（Applied human ecology）、应用生态系统（Applied ecosystem）、应用景观生态学（Applied landscape ecology）和景观价值与感知（Landscape values and perception）等。本书第三个主题部分论述的这些方法为理解和分析景观提供了显著的途径。

第 4 章主要讨论的是应用人文生态学方法。它强调生态规划中的文化因素，该方法将文化看做协调人与环境关系的媒介。它考虑的核心是在景观利用中寻求生态适应和文化理想空间之间的最佳适应性。强调在景观内在因素与外在形式间景观功能选择的方法。第5章是应用生态系统方法，主要探讨生态系统层面的景观功能，它是生物学家研究生物与其所处环境关系的层面之一，目的在于理解结构、功能和人类与自然过程间的相互作用，协调人与自然的关系。第6章是应用景观生态学方法，主要探讨景观层面上的景观功能。与应用生态系统方法不同，应用景观生态学方法强调空间和生态过程之间的关系，并认为演变是景观的基本特征。与之相反，景观评估（Landscape assessment）和景观价值与感知评价主要探讨个人与群体在与景观互动中的审美体验，将审美体验系统地纳入景观设计、规划和管理中。另外，还有一些具体的方法并不完全属于以上四种分类，实际上生态规划往往具有一种或几种方法综合应用的特征，只有这样才能满足具体的需求或解决具体的问题。

本书第四个主题部分是第8章，提供了将上述各种方法进行尝试性分类的方案，从基本概念和原理两方面出发，系统研究方法之间相互的共同点和差异。尽管如此，由于方法与因素众多，本书选择了一些具有代表性的实例来研究各方法的理论、程序和结果，以及某种方法相对于其他方法的优点。

最后，本书在后记中提到，目前生态规划方法的多样性正是生态问题复杂性的反映，它需要多样的和不同尺度的应用模式，在环境伦理与美学伦理的范畴之内，寻求解决生态问题的可持续途径。

第1章 生态规划历史回顾

1.1 范式演进

19 世纪中叶,生态规划作为景观规划设计的一部分在美国逐渐形成。为了全面理解生态规划的各种方法,必须首先了解该领域的发展历史。每个专业都有生命周期,生态规划也不例外。生态规划主要发展阶段的划分源于托马斯·库恩(Thomas Kuhn)1963年出版的经典作品《科学革命的结构》(The Structure of Scientific Revolutions)。库恩用范式的演进代表特定科学领域的发展程度。范式(Paradigm)是指一种哲学和理论框架,该框架能为以前认为无法解决的问题找到专业的解决方案。范式的收获便是学界成熟的标志。

库恩认为,当现有范式无法充分解释某些异常现象时,学界思想会产生周期性的重大转变。这一转变体现为新范式的出现,新的范式能为已知事物提供另一解释方式。规划师和景观设计师用库恩的范式发展思想检视规划设计专业的演进。[1] 借鉴库恩的提法,我也用类似方法探讨生态规划的发展历程,将生态规划的发展阶段归结如下:觉醒时期、形成时期、巩固时期、认同时期和多样时期。[2] 尽管这些阶段与库恩的提法并不完全一致[3],但他的想法在解释演进中的各个发展阶段时仍然具有指导意义。

1.2 觉醒时期

生态规划的基本价值与信条最初形成于 19 世纪中叶至 20 世纪早期。根据库恩的理论,当"各种明显不同却相互兼容的本质观点发生激烈碰撞"时[4],就标志着觉醒阶段的到来。早在 19 世纪中叶之前,乔治·卡特林(George Catlin)、拉尔夫·沃尔多·爱默生和亨利·戴维·梭罗等富有远见的思想家信奉的各种人与自然的观点,已经为生态规划奠定了初步的基础。[5]

19 世纪 30 年代,律师、艺术家及本土美国文化历史学家乔治·卡特林(1796—1872 年)开始深入关注"文明"对美国本土居民生活方式的影响。当卡特林远赴西部准备研究当地本土居民的历史与习俗时,却被那里至美至雅的自然景观深深震撼。他感言自然才是真正的知识之源,并主张建立"人类与自然生物共存,回归野性与原真之美"的自然保护区。[6]

在卡特林远赴西部的同时,拉尔夫·沃尔多·爱默生(1803—1882 年)开始酝酿《自然》(Nature)一书,该书于 1836 年出版。作为一名职业牧师,爱默生对大自然有着深沉的热爱。他认为,灵魂探索之路藏于自然世界之中。他对自然坚持着人类中心论，即自然存在的唯一价值便是为人类所用。爱默生同时也反对破坏自然，事实上他认为自然是人类健康心灵的源泉。

作家亨利·戴维·梭罗（1817—1862 年）是爱默生在美国马萨诸塞州康科德的邻居，深受爱默生热爱自然思想的影响。然而梭罗作为一个经验主义者，不赞同爱默生人类中心主义的看法。他认为自然不只为人类存在，就像"没有人能越过无知的童年，没有人能肆意虐杀和他一样拥有生命的生物"[7]一样。到 19 世纪中叶，梭罗已和卡特林一起共同呼吁建立自然保护区。

在觉醒时期，弗雷德里克·劳·奥姆斯特德（1822—1903 年）和乔治·珀金斯·玛什（George Perkins Marsh，1801—1882 年）等人对城市生活的非人性化方面和景观的人为滥用大感失望，用自身的作品影响了其他社会改革者的思想。奥姆斯特德（图 1.1）被公认为景观规划设计专业的创立者，他认为开放空间和植物绿化能维护人类身心健康，这一观点与爱默生和梭罗认为自然是人类健康心灵之源的看法不谋而合。

奥姆斯特德于 1864 年制订了加利福尼亚州约塞米蒂谷（Yosemite Valley）规划。之前的 7 年，他与合作伙伴卡尔弗特·沃克斯（Calvert Vaux，1824—1895 年）一直致力于纽约中央公园的开发与建设。约塞米蒂谷规划是生态规划领域中的杰出案例。奥姆斯特德提出的不仅是一项河谷范围的景观规划，更是识别和管理类似自然区域的国家策略。他认识到物质空间规划需要管理策略来支撑。

19 世纪后期的另一个生态规划经典案例是奥姆斯特德于 1891 年完成的波士顿平原与河道规划。[8]这个规划后来由他的门生查尔斯·艾略特（Charles Eliot，1859—1897 年）继续发展，形成了第一个以水文和生态为特质的大都市公园系统。规划的意义在于，它结合了人类的游憩需求、自然景观的保护需求和水质的管理要求。类似理念也反映在 1888 年克利夫兰（H. W. S Cleveland，1814—1900 年）完成的明尼阿波利斯和圣保罗公园系统

图 1.1　奥姆斯特德被公认为景观规划设计专业的奠基人，他信奉的生态规划哲学将生态、审美和社会成功地融合（图片提供：W. Mann）

规划。这个公园系统规划展示了克利夫兰早前的呼吁：探索景观承载人类发展的内在特质。在 19 世纪末和 20 世纪初，景观设计师奥西恩·科尔·西蒙兹（Ossian Cole Simonds，1855—1931 年）和延斯·延森（Jens Jensen，1860—1951 年）延续着奥姆斯特德的规划观点，强调遵循自然的固有规律。他们认为，必须了解、揭示和维护反映地方和区域特质的景观，才能实现和谐。

9

奥姆斯特德的思想还受到威廉·吉尔平（William Gilpin，1724—1804 年）、尤夫德尔·普赖斯（Uvedale Price，1749—1847 年）和汉弗莱·雷普顿（Humphry Repton，1752—1818 年）提倡的英国传统自然式园林的重大影响。美国纽约的景观园艺师安德鲁·杰克逊·唐宁（Andrew Jackson Downing，1815—1852 年）[9]也大力地支持了这一传统。提倡自然式园林的英国作者们将自然描绘成完美的化身，"可以从外部的某个优越位置观赏这种完美"。[10]而奥姆斯特德超越了这一传统，他视景观为一个生命的整体，一个进行中的映象，人与物理环境的双向对话。他认为自然应该被欣赏。尽管奥姆斯特德的主要兴趣在塑造城市并造福社会，但他认为关注景观与关怀人类的健康和愉悦同义。此外，他还指出，景观应该从生态和美学两个角度进行理解与分析。

规划结合自然这一理念得到新兴的景观规划设计专业之外众多思想家们的共鸣，他们同样受到卡特林、爱默生、梭罗等人的作品影响。在地理学界，乔治·珀金斯·玛什1864 年的经典之作《人与自然：或者因人类而改变的自然地理》（Man and Nature：or Physical Geography as Modified by Human Action），提出了令人信服的观点：通过理解人对自然的影响，将人类行为对自然的影响"减缓到极限"。玛什认为，人类对自然景观的改造应该伴随社会责任。[11]他还提出恢复森林面积比例，努力实现"农村地区中面积最大、最有特色的两种景观——林地和耕地"的平衡。[12]

此后不久，约翰·韦斯利·鲍威尔（John Wesley Powell，1834—1902 年），著名的独臂探险家，美国落基山地区地理和地质调查主管，深入吸取玛什的思想后制定了美国西部干旱地区的公共管理策略。他认为，修复这些土地应基于对"土地本身性质"[13]的了解。英国田园城市概念的倡导者埃比尼泽·霍华德（Ebenezar Howard，1850—1928 年），大力主张保护农业用地，保存其生产价值，并形成与附近城市的缓冲区。[14]

19 世纪 80 年代到 20 世纪初期，景观设计师越来越多地参与大尺度的规划实践，景观分析技术也得到创新与发展。在此期间出现了值得注意的四个重要事件：

一、出生于苏格兰的约翰·缪尔（1838—1914 年）使公众注意到荒野的价值。19世纪 50 年代在美国威斯康星州中部长大的经历使缪尔对荒野景观十分珍爱。受梭罗观点的影响，缪尔认为荒野能"治愈心灵，带来欢乐，给予身心力量"。[15]通过他 1892 年成立的塞拉俱乐部（Sierra Club），缪尔极力地推广荒野的价值并倡导荒野保护。

二、1891 年美国木材培育法的废除推动了全国范围公园的建立，从而使景观设计师有机会在大片公共土地的规划和设计中展示对景观内在特征的理解。此外，1897 年的《国家森林管理法》（National Forest Management Act）也为森林保护与管理提供了依据，以确保林木生产并改善水流。景观设计师参加了多个公园设计项目，包括 1891年约塞米蒂国家公园、1907 年布朗克斯河公园和 1908 年大峡谷国家公园。

三、查尔斯·艾略特及其在奥姆斯特德工作室的同事们受到太阳光通过办公室窗户形成的分层现象的启发，共同开发了一项创新技术，用于理解"景观的实质"。这项技术今天被称作叠加技术（The overlay technique），能系统地记录和评估即将用于规划和设计的资料。在奥姆斯特德工作室制订波士顿公园系统规划时，艾略特指派各类专家开展测量、绘制地图、评估地质、地貌和植被，形成了一系列叠加的基础底图：

> 在一组规划边界的晒图纸上，标出众多路径的走向，描绘沼泽、空地、池塘、丘陵、河谷的轮廓，就产生了非常实用的图纸。在一张描图布上，绘制边界、道路和文字等；在另一张布上绘制溪流、池塘、沼泽；在第三张上勾勒出山地的大致边线。将三张图纸叠放在晒图框内，即可晒出能满足多个研究目标的工作底图。用黑、蓝、褐三色平版印刷便可制作出公众导览图或汇报说明图纸。正如上面提到的，有了这些图纸，我们对于"土地层次"的理解就有了长足进步。[16]

叠加技术在艾略特所在的时代尚未发展成熟，但它后来成为系统记录和评估自然文化资料的最有力的技术之一。

四、20 世纪初，美国第一个选择林学作为一个专业的学者吉福德·平肖（Gifford Pinchot，1865—1946 年）和他的伙伴威廉·约翰·麦吉［William John（W. J）Mc Gee，1853—1912 年］，共同阐述了"保护"运动的概念。平肖将人类对自然资源（包括森林、野生动植物、土壤、河流）的使用作为一个单一问题来表达，即"人类利用地球"。[17]麦吉则清晰地阐述了保护的概念："自然资源在最长的时间内为最广大的人类利益服务"。[18]因此，保护的概念隐含了对自然资源多样和持续使用。最初由于目标模糊，环保运动一直踌躇不前，但从 20 世纪 30 年代起，新政时代（the era of the New Deal）把重点放在水土保持之上，保护运动开始重现活力。

到 1910 年，景观规划设计的行业地位已经确立起来，实践项目涵盖了从小型场地设计到大片土地规划的各种尺度范围。[19]在大尺度规划项目中，指导景观管理的信条体系（Belief system）开始出现。这个信条体系集合了众多富有远见的思想家所提出的各种颇具竞争性的想法。核心思想是从景观生态和美学角度上理解土地的内在特质，以此为基础评估和指导人类对景观的合理使用。

我把它称为信条体系，因为它主要由信条构成：尚未建立经严格论证的原则；此外也缺乏将理念付诸实践的指导。理念的实施大多依赖于试验摸索、失败案例总结以及个人考察。[20]虽然如此，20 世纪早期至中期的公园运动中，这套信条体系已经在多个大型实践项目中得到验证，并有许多景观设计师和规划师们参与其中。

1.3 形成时期

美国一系列开放空间系统、州立公园与国家公园规划的创新与成功，标志着生态规划的形成。州立公园的概念始于 1865 年约塞米蒂州立公园的建立，随后缓慢发展，直到 20 世纪 20 年代加利福尼亚州、密歇根州、纽约州和威斯康星州等各州都开始开发州立公园系统。1911 年《威克斯森林采购法》（Weeks Forest Purchase Act）和 1916

13

11

年《国家公园法》（the National Park Act）的通过，为国家公园的发展提供了法律支持。威克斯法案批准购买和保护密西西比河流域和东部国家森林的土地。《国家公园法》创建了国家公园管理部门，授权它管理所有国家公园的土地。[21]

库恩认为，当生态规划中存在一个信仰体系时"就能使所有相关专业领域的信息联系起来。"[22]因此，生态规划的形成时期就是一个在众多大型项目中巩固和完善信仰体系的实验阶段，甄别出有效的规划方法，发展并提炼实践技术。

景观设计师沃伦·曼宁（Warren Manning，1860—1938年）的职业生涯从为奥姆斯特德工作开始。他完善了由查尔斯·艾略特发展的叠加技术，并于1912年在距波士顿西北22英里的比尔里卡镇的规划中运用了该项技术。曼宁准备了四张以上显示不同自然资源要素的图纸，如土壤或植物。曼宁将四张图纸一张张地叠加，并进行分析推断，得出展示流线循环和土地利用模式的第五张规划图纸。所有的地图和规划图纸都绘制成相同比例。

叠加技术被应用于1912—1929年众多的研究和实践项目中。[23]其中最著名的案例包括德国杜塞尔多夫市的城市规划；帕特里克·艾伯克隆比（Patrick Abercrombie）和托马斯·约翰逊（Thomas Johnson）为英国唐卡斯特市所做的区域规划，以及始于1922年发表于1929年的《纽约及其郊区调查》（The Survey of New York and Its Environs）。[24]

叠加技术的进步帮助景观设计师与规划师更好地解释了自然与文化现象的相互作用，并证明可以将两者结合在一起进行分析。但是，仍然有许多问题悬而未决，如自然和文化信息分析的基本单元；应该辨识和分析何种自然和文化信息；分析依据是什么？

1915年，苏格兰植物学家和规划师帕特里克·格迪斯（Patrick Geddes）（1854—1932年）对大尺度规划分析中的信息单元提出了见解。他提出，规划可以通过"人-工作-地点"（Folk-work-place）的模式来调查一定区域内人类行为和环境间的复杂关系："人的类型、他们工作的类型及周边整体环境代表了一个社会区域，而这三个因素又反作用于个人本身、他们的行为以及他们所处的地方。"[25]

帕特里克·格迪斯的思想灵感直接来源于法国区域社会学家奥古斯特·孔德（Auguste Comte，1798—1857年）和法国工程师和社会学家弗雷德里克·勒普来（Frederick Le Play，1806—1882年）的研究。格迪斯从孔德那里学到了如何将科学方法应用于社会研究，从勒普来那里学到了区域调查方法的基本原理。勒普来认为，家庭的幸福受到从事工作的影响，同时也受到居住地的影响，从而提出了理解区域的三元框架：家庭，工作，场所（Family，travail，lieu）。

格迪斯区域调查方法不同寻常的地方在于强调了场所、工作、人群之间的关系，而不是其中单独的某个元素。事实上，我们今天所知的生态规划的核心特征就是关联的概念。格迪斯的区域调查是对区域景观、人类经济活动以及人类文化之间关系的系统性（Systematic）认识。有趣的是，在50年后麦克哈格提出的人类生态规划理论中，仍将"人-工作-地点"作为理解特定地区的重要基本原则。

20世纪20年代至30年代，美国区域规划学会（Regional Planning Association of

America, RPAA) 提出了区域规划的概念，协会成员包括凯瑟琳·鲍尔 (Catherine Bauer)、本顿·麦凯 (Benton Mackaye)、刘易斯·芒福德、克拉伦斯·斯坦 (Clarence Stein) 和亨利·赖特 (Henry Wright)。协会成员们认为区域是"人类文化和社会生活的基础模块。"[26]同时，区域也是一个地域社区，拥有共同的历史、社会机构以及对人与环境关系的相同认识。此外，美国区域规划学会还推动了由乔治·珀金斯·玛什和约翰·缪尔提出的荒野概念的发展，认为荒野是区域土地镶嵌体 (Regional mosaic) 的重要组成元素。区域规划概念正兴，由什么构成了区域这一棘手的问题，在景观设计师、规划师、地理学家等专家学者之中激起了热烈讨论。争辩围绕着一个区域是否意味着一个流域 (Drainage basin)、一个水域 (Watershed)、自然地理区划 (Physiographic province)、一个文化群体 (Culture entity) 或一个政治团体 (Political unit) 等问题展开。

美国区域规划学会的成员们激烈地讨论了如何最大限度地限制大都市蔓延和"恐龙城市" (Dinosaur cities) 的增长，致使区域规划成为富兰克林·罗斯福总统在20世纪30年代新政期间的关注焦点。[27]协会还影响到了一大批人物，包括霍华德·W·奥德姆 (Howard W. Odum) 以及在经济大萧条期间管理绿带地区开发的新政时期经济学家雷克斯福德·塔格维尔 (Rexford Tugwell)。[28]

在20世纪的最初几十年，生态学取得了长足进步，生物和社会科学领域已经出现了对于有机体及其环境间互动关系的认知。至此，我所提及的生态学都是指广义上的生态学，我们今天所知的生态学某种程度上起源于欧洲。虽然对生态关系的研究在很多年前已经开始，但是直到1866年恩斯特·海克尔 (Ernst Haeckel) 才正式提出了生态学这一术语。

生态学家们在多个层面开展了生物—环境互动关系研究：单个有机体 (Organism)、种群 (Population)、群落 (Community)、生态系统、景观、生物群系 (Biome)、生物地理区域 (Biogeographic region) 及生物圈 (Biosphere)。[29]正如昆比 (P. A. Quinby) 的评述："低层级的规律为全面理解更高层级提供了必要的知识。"[30]一旦完全理解了某一低级层面的规律，生态学就会出现一些重要进展。20世纪的生态学主要关注种群和群落两个层面。种群由某种生物体组成，与周边生物物理环境相互作用，群落是由同一个空间中相互作用的几个生物种群形成的。大多数种群水平上的研究集中在动植物种群间相互作用产生的能量变化。例如，1925年物理化学家阿尔弗雷德·詹姆斯·洛特卡 (Alfred James Lotka，1880—1949年) 论证了无机界和有机界是一个整体运行的系统，各部分紧密联系，在缺乏对系统整体认识的情形下，无法单独理解其中的某一部分。随后，他用数学理论叙述了种群内部的能量变化。

1926年维托·伏尔特拉 (Vito Volterra，1860—1940年) 开展了与洛特卡类似的研究，用数学方程来演示不同种群间如何互动。[31]这些数学方程式促进了种群生态学在理论上和方法上的进步。植物分级和分类的统计方法也趋向多元化，使植物种群与生物物理环境特征间的关系能够用数量表达出来。

在群落研究层面,植物生态学创始人、荷兰植物学家尤金纽斯·瓦尔明(Eugenius Warming,1841—1924 年)在 1895 年首次表达了生态演替的概念。生态演替(Ecological succession)是一个动态过程,涉及两个生物体及其物质环境的变化。20 世纪初,在瓦尔明的影响下,弗雷德里克·克莱门茨(Frederick Clements,1874—1945 年)、亨利·钱德勒·考尔斯(Henry Chandler Cowles, 1869—1939 年)和赫伯特·格里森(Herbert Gleason,1882—1972 年)研究了植物群落,提出了关于景观变化发生过程的重要见解。[32]他们的研究表明,景观是一个拥有生命与历史的动态实体。植物群落与单个的生物体一样,都历经生长和发展的过程,努力达到“顶级阶段”(climax stage)。

受到芝加哥大学植物学家亨利·考尔斯的影响,景观设计师延斯·延森发展出使用本土植物的思想。随后与景观设计师奥西恩·科尔·西蒙兹的交往,促进了延斯·延森草原风(Prairie style)景观设计风格的发展。草原风运用了本土植物材料的审美价值和功能,设计形式反映了中西部景观的地域特点。

随后,本土植物和自然区域保护的思想由大批学者与思想家继续推进,其中的重要人物和著作包括景观设计师斯坦利·怀特(Stanley White),动物生态学家维克多·谢尔福德(Victor Shelford)所著的《美洲自然手册》,(Naturalist's Guide to the Americas,1926年),植物生态学家伊迪丝·罗伯茨(Edith Roberts),景观设计师埃尔莎·雷曼(Elsa Rehmann)所著的《美国花园中的本土植物》(American Plants for American Gardens,1929年)以及马萨诸塞农业大学阿默斯特分校(现为美国马萨诸塞大学)的教授弗兰克·沃夫(Frank Waugh)所著的系列景观设计书籍之中。[33]以上景观设计师们虽然专注于设计,但也强调景观在生态功能和美学方面知识的必要性。直至今日,生态功能与审美仍是景观设计师和规划师理解景观的主要途径之一。

以上景观设计师的作品通过经验主义(Empiricism)或实用主义(Pragmatism)的形式,推进了对于景观的理解。实用主义是“边做边学”。[34]其本质是通过探究的过程发现特征。奥姆斯特德和包括延森在内的追随者强调通过实用主义方法理解场地的内在特征。弗兰克·沃夫提倡对现场进行细致观察,从而超越客观认识,融入场地的情感特征。格迪斯在阐述区域规划方法中的实用主义概念时,建议在进行区域现状评价时,规划师应该和公众一起走遍每块区域,以获得该地区具体的生活现状。[35]随后,认识和理解景观的实用主义方法发展出了多种形式,其中一种方法便是整体分析方法,即生态规划中所称的格式塔法(Gestalt method)。格式塔分析将景观作为一个整体来考察和理解,而不是从地形、土壤或植被等单独因素进行研究。

虽然在这个时期,生态规划的演化显得支离破碎,但日后形成生态规划模式的各组成要素已经明晰。到 20 世纪 20 年代后期,生态与美学方面景观本质特征(Intrinsic character)的理解已经在众多大尺度规划实践中得到检验,如公园路规划和国家公园规划。在住宅社区规划设计中,奥姆斯特德和霍华德的自然原则已经得到宣传和应用,如 1928 年厄尔·德雷珀(Earle Draper)在佐治亚州奇科皮社区的规划以及亨利·怀特和克拉伦斯·斯坦 1929 年在新泽西州拉德本社区的规划。此外,在能量转换活跃的多种群区域以及景观发展演变剧烈的地区，生态原则不断得到完善；在区域尺度基础上开展的景观研究得到提倡；自然和文化数据的叠加分析技术在多个项目中得以实践。然而，生态理念与规划的整合却仍然处于起步阶段。

在生态规划形成阶段的后期，研究重点从理解景观内在特征的必要性（Need）转向了如何（How）用景观的理解指导人类对景观更好的利用。当目标有所转移时，相同的信息可能得出不同的结果。库恩指出在范式形成之前的早期阶段，专业领域面临的众多问题都缺少方法上的指导，从而无法得出实质性的结论。[36] 在这一阶段，能够明确指导生态规划的规则也尚未形成。

1.4 巩固时期

以下几方面的发展与进步最终促使生态规划形成了独特的范式：（1）生态理念的持续发展；（2）将生态理念转译为生态规划，并在决定人地关系时引入伦理原则；（3）完善生态规划技术。其中部分过程发生在 20 世纪 30 年代至 50 年代的美国社会活动之中。

生态规划的统一阶段开始于经济大萧条时期，当时经济、社会和环境正经历着突变，总统富兰克林·罗斯福发起了新政以解决经济大萧条问题。总统上任的头两个月，国会就通过了美国保护历史上的两个重要法案：其中一个法案创建了美国公共资源保护队（the Civilian Conservation Corps，CCC），另一个法案建立了田纳西流域管理局（the Tennessee Valley Authority，TVA）。美国公共资源保护队通过为年轻人提供工作振兴当地经济。保护队开展了包括公路建设、通信工程和游憩区建设在内的多项工作；其中最重要的工作之一是自然资源的保护。

19 世纪后期，联邦政府开始寻求人类需求和资源保护之间可持续的平衡，此时大规模的环保运动已经风生水起，生态规划事实上已成为生态保护的代名词。新政期间，随着公众对土壤的关注，保护工作的重点出现了转移。

北卡罗来纳州一个农场主的儿子休·哈蒙德·贝内特（Hugh Hammond Bennett）最先认识到，放任落后地区的农业价值被破坏将成为全国性的灾难。1930 年，他加入美国农业部土壤局，并在 1909 年被任命为东南分部的土壤调查员。虽然贝内特发起的第一轮土壤保持运动并未完全成功，但是通过他的努力，联邦政府在 20 世纪 20 年代末开始了土壤侵蚀研究项目。

20 世纪 30 年代初期，沙尘暴席卷半个美国，土壤侵蚀开始得到国家层面的重视。1933 年，贝内特的努力得到了回报，美国公共资源保护队将土壤保护列为组织的主要活动之一。1935 年，作为保障土壤保护法实施的固定机构，土壤保护局成立，贝内特被任命为第一任主管。土壤保护局对生态规划的重要贡献之一是发展出了土壤属性地图，以展示能够支撑特定农业用途的土壤分布。

罗斯福政府还发起了多个河流流域的发展规划，包括康涅狄格河流域、科罗拉多河流域以及哥伦比亚盆地,其中田纳西流域的规划最为全面。田纳西流域管理局成立于1933年,负责管理遍及东南部七个州面积约39000平方英里(约101000平方公里)的河流流域规划。主要任务包括防洪、农村电气化和南方贫困地区水上交通的发展。最初,由于立法权限不清晰,田纳西流域管理局的行动一直步履维艰。

尽管初期发展缓慢,但田纳西流域管理局很快被证明是维持现有的经济关系和疏解城市工业布局的有力工具。它也标志着联邦政府认识到持续、综合地使用社会、自然、文化和经济资源的必要性。此外,田纳西流域管理局的案例还证实了流域是景观规划的有效单元。而且,在20世纪30年代经济大萧条时期,田纳西流域管理局这样的公共机构是就业的主要来源,为景观设计师、规划师以及各类工人提供了岗位。流域规划的实践机会使规划专业的成绩引人注目,也彰显出景观规划设计师在公园、游憩区、开放空间等大尺度规划设计中承担的职责。新政时代明确了生态、社会和经济因素的相互依存关系,也确立了景观设计师和规划师在大尺度土地规划中的角色。

1.4.1 生态概念的发展

生态规划的综合阶段也是众多生态原理发展的时期,这些原理更深入地理解了动植物群落与周边环境的相互作用。1935年英国植物学家亚瑟·坦斯利(Arthur Tansley,1871—1955年)创造了生态系统一词来表述环境中所有生物物理特征组成的整体。因而生态系统覆盖了从宇宙到原子的各个层级的物质体系。生态系统概念的核心是趋向平衡,但正如坦斯利所述,生态系统从未到达过完全的平衡。[37]

在坦斯利的引领下,科学家们开始研究生物环境和物理环境间的相互作用,如生物与环境间的能量交换。20世纪40年代末到70年代,佐治亚大学生态学院杰出的生态学家尤金·奥德姆(Eugene Odum)极大地促进了系统生态学领域的发展。1926年田尼曼(Thieneman)根据生物在生态系统食物链中所处的层次,在生产者(自养生物,如绿色植物)和消费者(其他异养生物,如动物,包括人类)之间进行分级。1942年,雷蒙德·林德曼(Raymond Lindeman)在明尼苏达州锡达博格湖开展了研究,第一次对坦斯利生态系统概念进行了定量探讨。[38]研究尝试描述和理解生态系统的运行,这一工作大大催化了生态领域的后续研究工作。

生物环境和物理环境间的营养物质流动是生态系统的另一重要特征。俄罗斯科学家弗拉基米尔·伊万诺维奇·沃尔纳德斯基(Vladimir Ivanovich Vernadsky)在1926年出版的著作《生物圈》中,表明氮、磷等化学元素在生物体和物理环境之间循环流动。沃尔纳德斯基随后的工作集中在生物圈的地理化学特征研究。基于沃尔纳德斯基20世纪40年代至50年代对水生生态系统的研究,哈钦森(G. E. Hutchinson,他在1942年突然早逝,之前曾为雷蒙德·林德曼工作过)认为,生态系统中化学元素的流动是周期性的。但直到20世纪60年代,陆地生态系统的养分循环试验才在美国新罕布什尔州北部的哈伯德布鲁克试验林(Hubbard Brook Experiment Forest in northern New Hampshire)中成功实现。延迟的原因之一是,水域生态系统有天然的水陆界面作为边界，研究起来更为容易。[39]此外，第二次世界大战以及战后重建工作中断了美国以及大部分欧洲和日本的生态研究。

到50年代末，生态系统研究在美国蓬勃发展，并且成为国际生物圈计划（the International Biological Program，IBP）中的一部分。生态系统研究中使用了计算机模拟等信息技术。还接受了由约翰·克里斯琴·斯马茨（John Christian Smuts，1870—1950年）1926年在《整体论与进化》（Holism and Evolution）一书中提出的整体论概念。整体论认为存在着一种比人类群体更强大的自组织、自调节体系。简单来说，物质、思想和生活创造性地形成了一个整体，比各部分相加的总和更强大。南非生态学家约翰·菲利普斯（John Phillips）将整体论的概念引入生态系统的研究中，这一结合的文化影响甚为深远。正如佐治亚生态学院的弗兰克·格利（Frank Golley）所述，"这为所有面临生活混乱与困苦的人们提供了一种观念，在某处存在着终极的秩序、平衡、均等以及合理的相互关联。"[40]

生态系统研究对于景观管理一直坚持独特的哲学理念——根据事物之间的相互关系来理解世界。生态系统研究还聚焦于景观建构及运作方式的探索，成果可用于预测人类活动对景观的影响。

1928年，早期景观理论家本顿·麦凯在著作《新探索》（The New Exploration）中阐述了区域规划的目标和具体任务。麦凯认为规划师有责任从自然和人类两个方面出发，来了解特定的地域与景观："规划师的参与主要是为了揭示或表达人类和自然双方的观点，不仅表达人的渴望，同时也要揭示伟大自然力量施加的限制。因此，规划最终是两件事情：1）准确理解人类自身的愿望和需求；2）准确解读自然给予的限制或机遇"。[41]

麦凯提倡的规划方法以人文生态学为基础。他认为对景观的全面理解，不仅包括其自然属性和进程，还包括景观的文化价值、过程以及人类赋予景观的意义。后来，他明确地将区域规划与生态，特别是与人文生态联系在一起："区域是环境的组成单元。规划是对环境中影响到人类利益的行动作出计划，其目标是将行动计划付诸实施，从而使人类与区域关系达到最优。总之，区域规划即是人文生态学的应用实践。"[42]

麦凯提出，为了完成规划目标，必须设置一系列道德原则来管理人地关系。然而事实上，道德思想和行为是基于人与人之间的关系，对于人地关系并不适用。即便有远见的思想家，如奥姆斯特德和玛什，要求将理解自然作为规划的基础，但经济利益仍然决定了人与土地的关系。人地关系牵涉的是互换和特权，而不是道德义务或责任。因此，在当时急切需要的是一种新的道德思想，能够将人类对自然环境的伦理也包含在内。

这一"新"伦理在奥尔多·利奥波德20世纪30年代到40年代后期的系列文章中首次得到明确表述，作为一名野生动物生物学家和林业员，利奥波德也曾参与美国土壤保护局的水域规划。利奥波德所著的文章基本围绕人类利用土地的正确与错误方式进行讨论。为确保土地"健康运转"（Healthy functioning），利奥波德从伦理角度扩展

19

了生物群落的边界，其中人是一个必需的组成部分，"还包括土壤、水、植物和动物，集合在一起成为土地。"他认为土地是指"土壤之中、土壤之上与土壤之下的所有物质"。[43]在这个综合视角下，人与土地相互依存，在这个相互依存的生物群落中，人们对群落中的其他组成部分应当负有责任并予以关怀。此外，利奥波德在环境伦理学说中的美学观点非常重要但常常被遗忘。

继玛什、格迪斯、延森和麦凯之后，新兴的生态规划和生态学领军人物继续探索着以生态原则为基础指导景观中的人类行动。众多的贡献之中，我列举到的只是凤毛麟角。著名的芝加哥学院城市研究员罗德里克·麦肯齐（Roderick McKenzie），通过大量的实践工作将生物和物理科学与社会科学联系起来。他的研究也为当时新兴的人文生态学提供了经验基础。麦肯齐在他的畅销著作《大都市区域的崛起》（The Rise of Metropolitan Communities）中，分析了美国从农耕社会到城市化工业社会的转变，并探讨了这一转变对于规划的含义。[44]

哲学家、社会历史学家和文化评论家伊恩·麦克哈格的导师刘易斯·芒福德（1895—1990年）在多本著作中探讨了在城市及周边环境中，人类过程与自然过程是如何交织在一起的。他提出了规划的定义，重新审视了区域的构成元素，并叙述了理解和分析区域景观的方法。芒福德批评大部分之前的规划"忽视现实生活，回避由于责任而应采取的行动"。根据帕特里克·格迪斯理解区域的框架"人－工作－地点"，芒福德建议规划应该在已知的场地、工作和人类现状基础上，对人类活动的时间和空间进行协调。因此，真正的规划是"明确并抓住一切要素，使地理和经济的客观现实与人类目标相协调"。[45]

芒福德认为区域是规划的基本单元，它有三项特质：（1）地理特征，"土壤、气候、植被、农业和开发"之间动态的相互作用；（2）各组成部分的和谐状态；（3）物理边界的可变性。实际上，和谐的状态是生态系统稳定的表现。芒福德提出"当环境的任何一部分发生大的改变，通常来说，所有其他的部分都会产生相应性或补偿性的改变。"而且，一旦将人类社会看做区域的一部分，就很难清晰界定该区域的边界。此时的区域更像是一个"内部相互作用关系不断向外扩展的体系，其边缘也变得模糊。"[46]

芒福德扩充了格迪斯的区域调查方法（Regional-survey method），指出了规划应包括四项独特行动：（1）通过调查获得区域的视觉形象及各方面的历史状况；（2）用社会理念和目标的方式表达区域的诉求和行动，审视并修正当前的社会价值；（3）通过富有创造力的规划重建区域生活；（4）社区对规划进行理解与吸收，通过适当的政治经济机构将规划付诸实施。[47]尽管芒福德很少使用生态学一词，但他的工作大量涉及城市及周边地区的生态规划。

芒福德关于理解区域历史的想法直接来源于格迪斯调查区域生活具体情况的见解，间接来源于约翰·杜威（Jonh Dewey）"在实践中学习"的哲学概念。美国哲学协会主席杜威认为"真知来源于实践"，即人类与物质环境间的相互作用。"人类通过实践了解世界并改造世界。"[48]

生态规划领域中，爱德华·格雷厄姆（Edward Graham）应该赢得我们的尊重。格雷厄姆是一名植物学家，在美国农业部任职期间成就卓越。他将生态原则与农业用地规划相结合，还表明了生态规划与公共利益息息相关。[49]生物学家威廉·沃格特（William Vogt）进一步探讨了生态规划与公共利益的关系，提出了达到生态健康状况的"生物方程"（Biotic equation），用以计算生物潜力和环境阻力。[50]

沃格特主要关注资源过度消耗的问题，他认为资源过度消耗的主要原因是人类没有将自己看做自然的一部分。沃格特认为必须了解生物圈各组成部分（包括人类）之间的相互关系和相互影响。他建议制订一个记载国家承载能力和人口发展趋势的生态账簿。他认为在景观承载力范围之内的生活方式代表着生态健康。之后，承载力成为景观设计师和规划师解决人与自然矛盾时使用的一个重要概念。此外，沃格特还强调了奥尔多·利奥波德"崇敬生命"（Reverence for life）的观点，这一观点同样也隐含在梭罗与爱默生的著作中。

保罗·西尔斯（Paul Sears）在《人类生态学》（The Ecology of Man）[51]一书中提出，理解生态关系的重要前提是对文化的理解。西尔斯是一位杰出的植物学家，于1950年在美国耶鲁大学首次开设自然资源保护课程。西尔斯认为，文化由资源和人口的相互作用决定，人类对生物圈的利用方式体现了其价值观和态度。

麦肯齐、芒福德、杜威、格雷厄姆、沃格特和西尔斯以各种方式探讨了如何将人与环境互动关系的理解用于引导社会行动。与此同时，他们意识到人类拥有区别于其他生物种群的特征。尤金·奥德姆1953年在他的著作《生态学基础》（Fundamental of Ecology）中对自然的特点作了以下概括：

> 生态学对社会科学的贡献在于人文生态学研究……但是，我们必须超越一般生态学的原则，因为人类社会拥有几个区别于其他生物种群的重要特点。首先，人类对周围环境的控制能力比其他生物更大。另外，人类拥有不断进步的文化，而任何其他物种都没有或只拥有非常低层次的文化因素。[52]

奥德姆的作品介绍并普及了生态系统的概念，为今后的生态学研究提供了主题，并将物理和化学的研究进展引入生态学研究。随着他的著作《生态学基础》被译成多国语言，该理念被广泛传播和普及。

1.4.2 结合空间信息的技术

在美国，尽管还未明确提出叠加这一术语，但通过水土保持局开展的土地承载力研究，空间数据分析的叠加技术不断得到完善。在英国，1943年由伦敦郡议会发表的《伦敦郡规划》（The County of London Plan）采用叠加方法整合了以相同比例绘制的单项要素图，希望能够确定开放空间的缺乏状况。到20世纪50年代，美国和欧洲的规

21

划师采用透明叠加方法进行土地分析和规划信息表达。

国际知名的城市规划师、业余植物学家杰奎琳·蒂里特（Jacqueline Tyrwhitt）在 1950 年美国区域规划学会出版的《城乡规划》（Town and Country Planning）[53]一书中首次对叠加技术进行了清晰阐述。她解释了如何参照单项特征地图绘制比例相同的其他要素地图。她还举例说明了如何使用透明纸张将四张分别显示地形地貌、岩石类型、水文条件和土壤排水的要素图结合起来，形成一张表现土地特征的图纸。在同一本书中，杰克·惠特尔（Jack Whittle）叙述了使用图纸来说明复杂数据的局限性，并探讨了两种规划数据的处理技术。[54]叠加技术成为 20 世纪 60 年代生态规划方法的标志性特征。

如果范式代表着想法、理论、数据和实践技术的统一体，那么公认的生态规划范式到 20 世纪 50 年代才开始出现。也已经建立了将人类伦理扩展到自然环境的理念。尽管没有明确使用生态术语，但景观设计师和规划师已逐渐将生态学概念运用于规划。生态思想继续得到发展，并在许多大型公共规划项目中得到应用。例如，使用流域作为大面积区域的边界，综合利用（Multiple use）、持续产出（Sustained yield）和承载力（Carrying capacity）等概念被用作规划和管理准则。此外，诸如透明叠加技术（Transparent overlays）等有助于生态理念融入规划的技术手段也通过美国自然资源保护局的研究工作得到不断完善。

虽然建立范式的各方面因素已得到充分发展，但各因素之间仍然缺乏连贯性。一旦范式的各组成因素无法结合成整体，通常会出现多个相互竞争的方法。这是巩固阶段的显见现象。各方法间的竞争将一直持续到证明其中一个或几个方法优于其他方法。用库恩的话说，"一种理论或方法必须超越与其竞争的理论方法，才能被接受为范式。"[55]

第二次世界大战后美国成为主要的消费品制造国之一，很大程度上依赖于自然原料和能源的稳定供应。人口迅速增加伴随着生产增长，使得土地需求达到前所未有的程度。快速的增长还导致了空气污染和水源污染，也使更多公众认识到景观滥用的问题。这种不加控制的景观滥用引起了对明智、可持续的景观利用规划的关注。人们要如何回应土地伦理对于规划结合自然的呼唤？

这一问题得到了 1955 年在新泽西州召开的由温纳格伦基金会（Wenner-Gren Foundation）赞助的人类学研究会议的回应。会议成果于 1956 年发表在《人类在地表演变中的角色》（Man's Role in Changing the Fact of the Earth）[56]一书之中。此次会议的重要成果之一是加深了公众对景观滥用后果的认识，并制定了有效应对土地、水、空气质量退化的处理技术和管理策略。

1.5 认同时期

认同时期可被看做是"范式共识"（Paradigm consensus）阶段，引用托马斯·库恩的说法，在生态规划生命周期中，这一阶段是将所有与公认范式相关的因素组合统一，其中包括伦理基础、作用理论与观念、技术以及将理论用于实践的理念。这一时期始于 20 世纪 60 年代，正是美国社会和政治发生剧变的年代。[57]这是美国民众第一次公开质疑将美国推动成为工业和科技社会的价值观。科技文化的反对者们将生态与环境伦理带入公众视线，用以支持新兴的环境运动。

1962 年蕾切尔·卡森（Rachel Carson，1904—1964 年）出版了影响巨大的畅销书《寂静的春天》（Silent Spring），该书发行之后被译为多国语言。卡森让读者认识到滥用农药造成的破坏，并呼吁寻找控制害虫的替代方法。许多人都将《寂静的春天》一书的出版看做环保运动的开端。众多景观设计与规划专业领域之外的知名学者都发表了关于环境资源滥用的文章，主题包括技术滥用[58]、人口过剩[59]、景观退化[60]、世界有限资源的不合理开发[61]和视觉质量下降。[62]

随着公众对环境恶化的认识日益增加，人类不断努力寻求减少景观滥用的方法。1960 年年初，美国国会通过多项环境立法，旨在遏止景观在物理与视觉方面的退化，提高其环境质量。1960 年制定的《综合利用和持续产出法》（The Multiple Use and Sustained Yield Act）授权美国林业局（U. S. Forest Service，USFS）对国家森林的综合利用开展管理。其用途包括户外游憩、野生动物和鱼类保护以及牧场、森林与流域的保护。该法案强调了对生物多样性的保护，鼓励维持森林生态系统的持续产出，并要求制订综合的长期规划。此外，它促使美国林业局的土地管理专家对各种综合利用的方式展开实践。

综合利用的概念主要有两种释义。对于特定地块，综合利用是指对该片土地上各类资源的管理。对于资源，综合利用是指对特定资源的各种用途开展管理与利用。[63]在第一种解释中需要制定一个物质、经济和社会资源的评估框架，从而作出明智的土地管理决策。第二种解释中则需要探索各种资源之间的相互关系，以确定资源的承载力。虽然人们广泛认同综合利用这一愿望，但仍缺乏一致的实施途径。尽管如此，由美国林业局制定的景观综合利用的管理方法，仍然影响了随后的景观设计师和规划师在减少人类滥用景观方面的方法革新。

1965 年出台的《土地和水资源保护法》（The Land and Water Conservation Act）也为游憩景观的保护提供了支持。此外，该法案还为国家开展户外综合游憩规划提供了联邦资金支持。国会通过的其他保护游憩景观的法案包括 1968 年出台的《自然风景河流法》（Wild and Scenic River Act）和《风景游径法》（Recreational and Scenic Trails Act）。

为扩大联邦政府在资源规划中的作用，约翰逊总统于 1965 年 5 月 24 日和 25 日召开了关于"自然美"（Natural beauty）的白宫会议。会议提出了众多议题，包括风景道与公园路（Scenic roads and parkways）、城镇景观（Townscape）、土地恢复（Landreclamation）等，其中重点强调对人造景观审视而非自然景观。会议记录指出，生活、工作和游憩空间的不断增加对自然美构成了严重威胁。其中一项结论认为，虽然美是难以衡量的，但与美接触的机会是维护人类幸福与尊严中必不可少的部分。

保持（Conservation）景观质量不仅要考虑自然景观的保护与发展，同时也应考虑人造景观的恢复与创新。[64]1965 年通过的《高速公路美化法》（the Highway Beautification

Act）就是修复人类主导景观方面的例子。该法案可以被看做是针对普通景观视觉质量的一种恢复方式。然而法案的实施结果喜忧参半，一些州未能采取必要行动保证法案的顺利实施。

　　第一项旨在保护环境质量的联邦立法是 1948 年的《水污染控制法》（the Water Control Act），这一法案为国家建立和完善水处理设施提供了大量拨款，并建立了联邦水污染控制咨询委员会（Federal Water Control Advisory Board）。[65] 在以上对视觉和水体质量方面进行的初步尝试之后 21 年，才出现了下一个具有里程碑意义的环境立法，这一法案在 1969 年 11 月由国会通过，并于 1970 年 1 月 1 日由尼克松总统签署生效。

24　　　《国家环境政策法》（NEPA）是第一部致力于解决联邦机构制定土地利用决策时所产生的环境代价的综合性立法。[66] 该法要求全体联邦机构对所有可能严重影响环境的行动开展环境影响评估。该法案还要求联邦机构将无法量化的宜人性和视觉价值整合到土地利用决策当中。法案督促各机构制定相应的办法和程序来达到其要求。为保证法案实施还成立了美国环境保护局（Environmental Protection Agency，EPA）。此外，法案还任命了向总统提供环境建议的环境质量委员会。

　　类似要求环境评估的法律在其他国家也获得通过，但是各国范围有所不同。[67] 这些法律的通过显示了公众对于解决景观滥用问题的广泛支持，也促进了景观认知方法与分析方法的进步。

　　众多具有学术影响力的人物都在寻求协调人类使用和景观保护的更好方法。安格斯·希尔斯、菲利普·刘易斯（Philip Lewis）和伊恩·麦克哈格三位专家就是其中的佼佼者。土壤学家、地理学家安格斯·希尔斯与加拿大多伦多的同事们开发出一种方法，使用土地的生物承载力和物理承载力来指导土地利用决策，包括农业、林业、野生动物和游憩使用。[68] 希尔斯设计了一种有效方法，将大面积土地分解成较小的同质土地单元，然后将其与潜在的土地利用或社会限制联系起来。此外，希尔斯的研究清晰地示范了生态规划中实证方法或格式塔方法的应用。他提出了一种数字分级框架来描述场地中的同质单元系统。[69]

　　在美国中西部，景观设计师、先后执教于美国伊利诺伊大学与威斯康星大学麦迪逊分校的教授菲利普·刘易斯，在保护迅速消失的独特游憩资源的方法上取得了巨大进步。刘易斯的研究与希尔斯不同，后者的工作主要基于对地貌、土壤等生物和物理系统的调查，而刘易斯则更关注感知特征，如植被、风景等。在威斯康星州特色廊道研究（Quality Corridor Study for Wisconsin）中，刘易斯运用叠加方法来评估威斯康
25 星州范围内所有的自然资源和感知资源（图 1.2）。研究发现，中西部地区独特的感知资源包括地表水、湿地与地形。这些资源整合起来，形成"环境廊道"（Environmental corridors）与"景观特质"（Landscape personalities）的形式。实际上，刘易斯提出了将较少被研究的景观感知质量或视觉质量与自然环境特征联系起来的方法。[70]

　　从 20 世纪 60 年代初开始，另一位有远见的思想家、景观设计师、城市规划师和教育家伊恩·麦克哈格，大力主张将生态学用作调和人类使用与滥用景观（Human use and abuse of the landscape）的基础。他极力提倡将生态学作为景观设计和区域规划的科学基础。麦克哈格受到洛伦·艾斯利（Loren Eisley）的作品以及刘易斯·芒福德尊重生命思想的深刻影响，他可能是对 20 世纪生态规划领域发展推动最大的人。他通过一系列的讲座和著作阐述了适宜性分析的思想和方法，清晰地将生态与规划设计联系起来。

适宜性分析方法的伦理准则、作用原理以及应用案例巧妙地呈现在麦克哈格 1969 年出版的开创性著作《设计结合自然》之中。这一方法后来也被称为"麦克哈格方法"或"宾夕法尼亚大学方法"，它显示出自然过程与自然价值应该持续存在："方法采用的基本命题在于任何地方都是历史、物理和生物过程的总和，这些过程都是动态的，它们构成了社会价值，每一区块对特定土地用途都有一固有的适宜度，最后特定区域就适合于共存的多样土地利用"。[71]

麦克哈格使用的技术包括叠加地貌、排水、土壤和重要的自然文化资源因素的手绘半透明地图，以展示适合不同用途的区域。时间是信息叠加的主线。麦

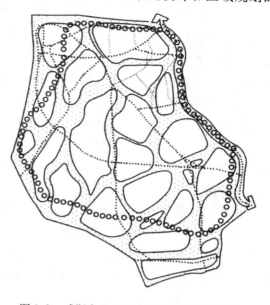

图 1.2　威斯康星州的环境廊道和景观特征。菲利普·刘易斯（Philip Lewis）在美国地质调查局（United States Geological Survey, USGS）地图的基础上，勾画出构成环境廊道的水体、湿地及重要地形。90% 人类珍视的自然和文化价值都在环境廊道的范围之内，且体现在景观特征的分类之中，以便对保护目的的土地购置进行优先排序。景观特质指的是建立在景观物理特征基础上，拥有独特视觉品质的区域（图片经许可转载自菲利普·刘易斯）

克哈格认为这一方法与其他规划方法有直接分异，其他规划方法处理信息时使用的标准都是含糊或隐藏的。简而言之，这是一个拥有清晰根据（Defensible）的方法，因而时至今日对于从业者和学者们依然具有吸引力。

此外，另一些工作者也进一步巩固了生态规划的价值，完善了其方法和程序。1967年，卡尔·斯坦尼兹和同事们在哈佛大学首次将计算机技术用于生态规划。这项技术在罗得岛州际高速公路研究项目的运用得以巩固。与此同时，在 19 世纪 60 年代后期，加利福尼亚大学伯克利分校的伯特·利顿（Burt Litton）开始寻求保护景观的独特风景与文化品质的方法。此外，随后的杰伊·阿普尔顿（Jay Appleton）、雷切尔·卡普兰（Rachel Kaplan）和斯蒂芬·卡普兰（Stephen Kaplan）、莎莉·舒曼（Sally Schauman）、欧文·祖伯（Ervin Zube）也对生态规划的发展作出了重要贡献。以色列规划师、建筑师阿蒂尔·格利克松（Artur Glikson）进一步明确了区域在生态规划中的作用。[72]

1961—1972 年是生态规划理论与方法演进中的重要阶段，其发展强度可与觉醒时

期相提并论。环保运动的开展和 1969 年《国家环境政策法》的通过为景观设计师及相关专业人士评估大范围自然、文化和视觉资源开辟了道路。麦克哈格的适宜性方法成功地应用于大量实践之中，成为当时生态规划工作的惯用方法（Modus operandi）。事实上，适宜性方法已经满足了大部分库恩设定的"范式共识"的条件。麦克哈格方法可以为景观利用与滥用问题提供分析参量及更精准的解决方案。然而，依然存在一些挥之不去的问题：适宜性方法是否能解释为什么人类滥用景观的行为仍然存在？我们应该采取何种行动来阻止这些滥用行为？加强对景观变化的管理是否更加有效？虽然麦克哈格的适宜性方法为理解与评估景观提供了可靠方法，但同时也引起了替代评价技术的激烈辩论。正如库恩指出的那样，得到认同的范式"在新的或更严格的条件下仍然需要进一步表达和说明。"[73]

世界范围常常出现人类行为对景观造成负面影响的报告，包括全球变暖，臭氧层空洞及生命保障系统辐射量增加的毁灭性后果，景观荒漠化，生物多样性减少，世界人口增长失控对基础资源的影响，以及经济政治制度的不可持续。世界环境与发展委员会在 1977 年的报告中总结了景观退化造成的全球挑战："我们过去一直关注经济增长对环境的影响。现在不得不关注生态压力——土壤、水体、大气、植被退化对经济的影响。生态与经济正日趋交融——在地方、区域、国家与全球范围形成了一张连续的因果关联网……人类有能力实现可持续发展……然而，可持续不是一个固定的和谐状态，而是一个变化的过程。"[74]

众多国际与国家级会议通过各种形式重申了这一主题，包括 1992 年的里约首脑峰会。与会代表来自 178 个国家，其中包括 100 多名国家元首，会议讨论了全球面临的社会、经济和环境问题。在强调全球环境危机严重性的同时，里约首脑峰会还明确了环境保护和发展中国家贫困问题的联系。这些会议与众多杰出学者的报告及著作增强了全球的危机意识，如果我们继续推行现有的经济政治组织模式，那么将面临严峻的未来。会议重申治理景观退化需要使用整体的方法，需要国与国之间的合作而非竞争，需要根据有限的基础资源和人类面临的挑战来制定可持续发展策略与生命保障系统（Life-support system）恢复策略。

在美国，《国家环境政策法》的通过仅仅是一系列行动的开端。20 世纪 70 年代，众多联邦环境法得以制定，包括 1970 年的《清洁空气法》（the Clean Air Act）、1972 年的《清洁水法》（the Clean Water Act，美国国会对《联邦水污染控制法》的修订——译者注）、1972 年的《海岸带管理法》（the Coastal Zone Management Act）、1973 年的《国家濒危物种法》（the National Endangered Species Act）、1974 年的《森林和草场资源再生法》（the Forest and Rangeland Renewable Resource Act）、1976 年的《国家森林管理法》。[75]各州和地方跟着批准了众多旨在保护景观的规划。到 20 世纪 70 年代末，环保已经成为美国生活方式的重要组成部分。即使面对着当时旨在扩大私人产权的资产保护运动（Property conservatism），环境立法仍然不断增加。

考虑到环境退化问题，佛蒙特州（1970 年）、加利福尼亚州（1972 年）、佛罗里达州（1972 年）和俄勒冈州（1973 年）都制订了全州范围的增长管理规划（Growth-management programs），在发展计划中同时考虑到环境、经济和社会价值。规划采用了与麦克哈格类似的景观资源调查评估方法。这一时期被称为土地用途管制的"安静革命"（Quiet revolution）时期，期间国家开始从地方政府收回部分权力。[76]20 世纪 80 年代各州制订的规划中包含的问题更为广泛，包括环境、基础设施、经济发展和生活质量。其中包括佛罗里达州（1984 年、1985 年）、新泽西州（1986 年）、缅因州（1988 年）、佛蒙特州（1988 年）、罗得岛州（1988 年）、佐治亚州（1989 年）、华盛顿州（1990 年、1991 年）和马里兰州（1992 年）。

以上各州的初始行动也反映出地方决策的影响范围往往超出当地的边界。因而佛罗里达州、佐治亚州和佛蒙特州等还采用了区域增长管理的方法，这一方法秉承了帕特里克·格迪斯、本顿·麦凯和刘易斯·芒福德的区域规划思想。随着国家和地方政府越来越多地参与环境保护，关于私人产权与公共利益的辩论愈加激烈。因此，有必要及时为决策者提供精确、有根据的景观利用与保护信息。

随着对生态系统概念及其在协调人类活动与自然过程中作用的深入理解，生态概念及其在规划设计领域的应用继续发展，使用生态系统概念作为组织原理的研究也蓬勃发展。这些生态系统研究强调环境的生物特征，忽略物理和化学方面的特征[77]；研究同时注重数学模型的使用，这一点与生态学研究及生态模拟相类似。生态学家霍华德·奥德姆、雷蒙德·马格利夫（Raymond Margalef）和弗兰克·格利的研究为解析生态系统内的能量动态流动和养分循环提供了重要观点。

1967 年，赫伯特·博尔曼（Herbert Bormann）和吉恩·利肯斯（Gene Likens）在新罕布什尔州的哈伯德布鲁克实验室（Hubbard Brook laboratory）进行的研究对生态规划产生了直接而深远的影响。[78]这些实验表明，流域是一个生态单元，其属性和运行方式可以被认知，人们可以在给定的条件下控制和预测流域的运行。在早前生态研究的基础上，博尔曼与利肯斯对生态系统展开多个尺度上的研究，同时将养分平衡（Nutrient budgets）变化与生态系统恢复联系起来。流域概念在 20 世纪 80 年代进一步发展，通过实验说明流域展现的生态统一体的各种特征。其中著名的生态系统研究项目包括在阿巴拉契亚山脉南部科维特流域（Coweeta River basin in the southern Appalachian Mountain）以及在加拿大湖泊的实验项目（Experimental Lake Project）。[79]

1969 年尤金·奥德姆的研究解释了生态系统对人类活动的反应方式。[80]他根据景观的生态职能将其分为四类：生产（Production，如农业、林业），保护（Protection，湿地、成熟林），折中或综合利用（Compromise or multiple-use，森林覆盖的郊区）和非生态利用（Nonvital uses，城市、工业），随后在这一分类基础上建立了工作模型，清晰地说明了各种景观类型的生态功能及其关联机制。朱利叶斯·法布士（Julius Fabos）和他在马萨诸塞大学阿默斯特校区（University of Massachusetts in Amherst）的同事们以奥德姆的模型为基础，提出了一种区域土地利用规划的综合方法，当然与之类似的将生态理念运用到规划中去的努力还有许多。

28

　　生态系统概念在生态研究中的应用是非常有效的。生态系统这一概念被看做生态研究的对象（Object）或框架（Framework）。当生态系统被视作对象，研究重点就在于生态型（Ecotype），即景观中具有同质属性的最小空间区域，如一片农耕地，或博尔曼与利肯斯选择作为研究对象的流域。当生态系统被视作研究框架，则成为一种思考和认识世界的有效方法，以考察各组成部分之间如何联系和相互作用。弗兰克·格利阐述道："如果采用生态系统作为研究框架，而不是将人类和自然视作分离的系统，我们将以不同的方式处理与他人及与环境的关系。因此，生态系统的观点可以导致一种生态的哲学（Ecological philosophy），而这一哲学又可能导致环境价值体系、环境立法和政治议程的出现。"[81]

　　若以上说法被认可，生态规划师和设计师就能采用生态系统这一概念作为联系"对象"和"框架"的桥梁。他们吸收以生态系统为对象的生态研究知识，将生态系统作为哲学及概念上的指导框架，以调节人类过程与自然过程之间的交流。规划师约翰·弗里德曼认为规划是一项将知识用于行动的实践[82]，正如在生态系统概念的使用中，规划师整合并解译不同学科提供的信息，为各种明智、可持续的景观利用决策提供多种选项。

　　20 世纪 70—80 年代遥感技术的发展使得人们能够研究远大于传统生态学调查范围的森林生态系统，这意味着人们可以获得更为准确的大型生态系统的物理系统资料。遥感技术成为大范围景观管理机构的重要信息来源。此外，人类活动对景观的短期与长期影响的研究也有了更加科学的信息来源，我们能够更准确地估计空气污染与水污染的影响结果。景观设计师和规划师开始越来越多地与科学家合作，以获取人类对景观影响的相关信息。

　　由于能够获得更多的人类对景观影响的信息，公众要求进一步参与影响环境质量的决策。计算机技术的迅速进步能够帮助生态规划人员更好地存储、分析和显示大量自然、文化资源数据，从而为提供智能、多样的决策选项奠定基础。计算机技术，尤其是地理信息系统（GIS），开始成为大多数生态规划工作的组成部分。此外，技术和交通的迅速发展造成了生活、工作与游憩景观的破碎化。以上事件共同增加了生态规划问题的类型、范围以及复杂性。

1.6　多样时期

　　前文论述了适宜性方法成为生态规划中解决问题的范式。正如托马斯·库恩提出的科学共同体（Scientific communities）发展框架，适宜性方法得到认同后，人们开始集中讨论能够协调人类对景观利用的多元方法，特别是在各种新出现的严峻情形之下。

29

从 20 世纪 70 年代开始，人们提出了许多生态规划方法以应对新情况带来的问题。其中一些方法更好地阐明了适宜性方法中的部分理念和技术，而其他方法则提供了新思路和新技术。结果便造就了多样的生态规划方法。

1.6.1 信息管理效率与准确性的提高

适宜性方法的一个主要进步是提高了生态数据综合管理的客观性和准确性。由于适宜性分析的基本程序是确定并评估某一方面或几方面具有相同属性的土地的适宜性，因此确定以及评估的手段影响到结果的有效性。许多景观设计师、规划师、地理学家、土壤学家提出了各种方法，在确定适宜性的过程中加强信息管理并提高结果的有效性。在20世纪70年代中期，马萨诸塞大学的景观设计与区域规划学教授布鲁斯·麦克杜格尔（Bruce Mac Dougall）以及卡尔·斯坦尼兹和他在哈佛大学的同事们验证了手绘叠加法的低效，并提出改进建议。[83]1977年伊利诺伊大学香槟分校的规划与景观设计学教授刘易斯·霍普金斯（Lewis Hopkins），研究了生态数据整合技术，并提出了增加技术有效性的建议。[84]借助于计算机和遥感技术的进步，规划师已经能够克服部分上述缺陷。

生态学的持续进步增强了利用生态原则确定土地适宜性的能力（图1.3）。其中一个著名案例是由麦克哈格和他在华莱士、麦克哈格、罗伯茨与托德公司（the firm of Wallace, MacHarg, Roberts, and Todd）的同事们共同完成的得克萨斯州伍德兰兹（The Woodlands）社区设计（1971—1974年）。项目的一个成功之处在于设计师在土地利用配置中巧妙运用了承载力的概念。他们使用土地利用适宜性分析和生态信息，制订了总体规划方案以及规划实施绩效指标。麦克哈格强调"水文系统的生态平衡是环境规划成功的关键，也是合理组织开发活动的关键。"[85]

适宜性方法（麦克哈格法）重视土地利用配置的供应方，而常常忽略需求方。因此，适宜性方法并未将多样的文化价值以及经济、政治因素纳入土地利用开发模式的决策过程。[86]随后生态规划在信息管理效率和评估技术有效性方面又取得了数量及质量方面的进步；整合了经济与政治等外部因素用于确定土地适宜性；运用适宜性方法更有效地处理景观的发展、保护和恢复问题；并且发展了城市、郊区、农村景观中生态问题的处理技术。

1.6.2 景观运行方式研究

为全面理解景观的内部运行方式，我们必须关注其结构、过程和区位。结构（Structure），是指组成自然和人文环境的生物与非生物元素间的功能联系，生物元素包括植物、动物等元素，非生物元素包括气候、地貌、土壤等元素。过程（Process）是指景观中能量、物质和生物的移动。区位（Location）是指景观中元素和过程的空间分布。

适宜性方法将土壤、植被等元素视为独立的景观特征。要确定景观区域对不同人类活动的适宜性需要找出相关的景观元素，将它们叠加到半透明的地图上或输入计算机数据库。根据已有的生态知识，这些记录下来的元素是彼此密切相关的。只有通过叠加技术将它们进行整合，才能真正展示和模拟各元素之间的功能关联以及各元素在景观中的空间区位。麦克哈格的适宜性方法认识到了景观过程的重要性，但对于如何将其整合到景观变化管理之中，并未提供足够的指导。

30

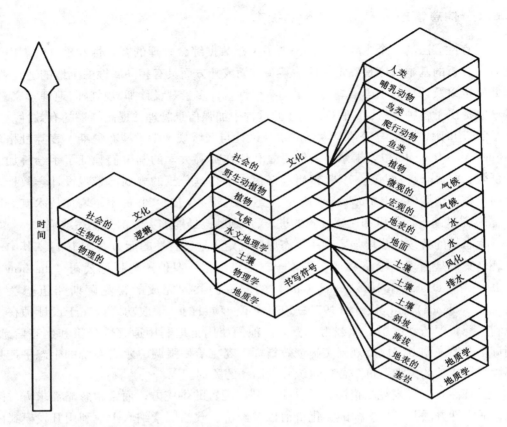

图 1.3 千层饼模式说明了景观中生物、非生物以及文化元素的关系(华莱士、麦克哈格、罗伯茨和托德 1971—1974，由 M. Rapelje 重绘，2000 年)

由于这种表现方式并不能显示景观元素中能量、物质、生物的流动，因此我们在选择叠加元素时必须对流动的性质进行假设。我们现在可以从景观生态学（美国产生的新的生态学分支）中得知，景观的空间形态（即生物物理和文化特征的镶嵌方式）与景观的运行直接相关。莫尼卡·特纳（Monica Turner）和她的同事们强调，"景观镶嵌体的组成成分和空间形态会对生态系统产生影响，并且不同组成与分布中的影响方式也会不同。"[87] 言下之意是，虽然叠加技术可以揭示生物物理和文化特征在景观中的分布，但是它并不能解释这一分布的生态学含义。

与之相关的问题是，当我们专注于适于人类活动且敏感度较高的区域时，可能会忽略与人类利用无关的景观区域。比如某种受保护或濒危野生动植物长期生存的环境。

目前已有两种方法强调对景观运行的研究。第一种是应用生态系统方法（The applied-ecosystem approach），它在生态系统的空间尺度上研究景观的运行。第二种是应用景观生态学方法（The applied-landscape-ecology approach），它关注于某一尺度下由多个相互作用的生态系统集聚而成的景观的运行方式，其中各生态系统之间通过能量

31

流动和养分循环相互联系。

生态学家和生态规划师们通过多种方式整合了景观运行方面的知识。尤金·奥德姆的生态系统分室模型（Ecosystem-compartment model）就是应用生态系统规划中的一个理论框架。其他学科的研究人员，特别是生物保护学家和环境保护学家，已经将生态系统结构与过程的概念应用在科研工作中，并取得了显著进展。[88]

自 1986 年福尔曼和戈金发表《景观生态学》[89]这一著作以来，美国的生态学家、地理学家、景观设计师、规划师和历史学家们的合作日益增加。景观生态学试图从景观的组织层面来理解其结构、功能和变化，多学科的交融又提供了一个概念框架，在此框架之下规划师和设计者能够探究土地结构及生态过程的演进方式。如果说景观是人类过程和自然过程的界面（Interface），那么景观生态学则关注于这两种过程交流的介质（Medium）。此外，景观生态学还把景观看做由多个相互作用的生态系统组成的镶嵌体，各生态系统通过能量流和物质流相联系。

随着时间的推移，生态系统逐渐展现出视觉上的可识别性和文化上的独特性。由于我们能够对任意尺度的生态系统进行研究，也能够辨识出不同尺度生态系统间的能量物质流动，景观生态学为从实际有效的尺度来研究土地提供了概念上和地理上的基础，并帮助我们理解景观与社会与自然背景之间的关系。

景观生态学通过理解景观中视觉、时序和生态系统不可分离的三者间的相互关系，巩固了生态学的理论基础。[90]如果规划师与生态学家开始以同样的角度来理解景观，便可更好地将生态信息诠释为生态健康，并能设计出体现意义、认知感与场所精神的景观作品。在北美，景观生态学在景观管理中的应用已经开始，一些景观设计师、规划师和生态学家进行了开拓性的创作，如杰克·埃亨（Jack Ahern）、罗伯特·布朗（Robert Brown）、爱德华·库克（Edward Cook）、唐娜·埃里克森（Donna（Hall）Erickson）、理查德·福尔曼、弗兰克·格利、琼·赫希曼（Joan Hirschman）、琼·纳绍尔（Joan Nassauer）、泽夫·纳韦（Zev Naveh）、詹姆斯·索恩（James Thorne）和莫尼卡·特纳。

1.6.3 生态规划中文化的融入

景观作为自然与人类过程的界面，反映了随时间推移两个过程之间的互动与交流，生态规划需要深入理解这一互动的性质与演化过程。为了在人类利用与滥用景观之间找到平衡，以环境为主导的规划师和设计师们往往过度强调自然过程，将自然过程作为理解与人类过程的辩证关系的方法。结果人们开始不断努力理解互动中的人类过程。人类过程一般是以社区或区域的社会、经济、人口统计概况为背景进行考察。然而，人类拥有文化，或是"特有的生活方式"。人类的价值体系影响其行为，包括使用和适应景观的方式。

生态规划常常未能深入理解人类在特定景观中积累的体验，人类赋予景观的意义以及两者随时间推移而发生的改变。社会学家、景观设计师和规划师往往难以达到这

32

一深层的理解，这"不仅来源于对区域的科学概述，同时也来自于居民的声音……
[局内人的意见]"，对于多数规划师来说"还没有一个框架来整合常常相互冲突的局
内人的观点信息"。[91]

　　研究人类和景观深层辩证关系的工作可分为多种类型，其中有两类特别突出：景
观感知和人文生态规划。生态学家、经济学家、林学家、地理学家、景观设计师和心
理学家大大推进了景观感知理论的发展，景观感知被认为是人类与景观之间的一种作
用方式。学者们强调，景观视觉质量应该作为一种重要资源纳入生态规划之中。从20
世纪60年代开始，公共政策也成为景观价值评估方法及理论的主要推动力，令人担忧
的一点在于景观感知领域缺乏统一的能反映现有多样性的景观评估范式的理论。[92]

　　美国宾夕法尼亚大学在应用人文生态方法（The applied-human-ecology approach）
的发展领域走在了最前沿，这一方法的目的是将人类发展进程整合到生态规划之中。
为了更好地理解人们如何影响自然环境并受自然环境的影响，在20世纪70年代中期，
由宾夕法尼亚大学的景观设计师、规划师以及人类学家组成的研究组开展了黑泽尔顿
人文生态学研究。这项研究关注于宾夕法尼亚州山区乡村的居民如何适应周围的自然
环境。参与研究的专家主要包括乔纳森·伯格（Jonathan Berger）、耶胡迪·科恩
（Yehudi Cohen）、乔安妮·杰克逊（Joanne Jackson）、丹·罗斯（Dan Rose）和弗雷德
里克·斯坦纳以及华盛顿州立大学的杰拉尔德·扬（Gerald Young）。初期工作缺乏坚
实的基础理论，直到80年代初，伊恩·麦克哈格才清晰地阐述了全面的人文生态规划
理论。

　　因此，寻求人类与景观匹配的规划是重建人类过程与自然过程互动关系的最有前
景的方法之一。20世纪80年代初以来的大部分生态规划已经明确地将人类过程考虑
在内。如何制定一个规划"不仅回应场地的要求，更是为了人类需求"（Respond "not
only to place，but to people as well"）[93]，乔纳森·伯格和约翰·辛顿在新泽西州派恩巴
伦斯（New Jersey Pine Barrens）的研究工作就是一个例子。80年代我在加拿大和奥吉
布韦印度移民社区（Ojibway Indian communities）合作的项目也试图理解当规划设计师
与客户群拥有不同的文化背景时，人类过程与自然过程之间的辩证关系。[94]

　　多样性不仅存在于当下的生态规划方法之中，而且存在于实质性研究和实践的领
域。在景观设计和规划中，生态规划的范围正在大大拓宽，以应对景观与人类活动相
关的复杂的新问题，日益增长的公众参与环境问题决策的要求，以及生态系统科学、
计算机技术和遥感技术的进步。

　　当代生态规划发展的趋向是：（1）关注到人类活动已经逐步使景观退化，规划应
当结合自然；（2）将规划结合自然的理念贯彻到大型规划项目之中，从生物学中吸收
生态理念；（3）明确生态与规划之间的联系，继续完善在规划设计中整合生态理念的
方法原则；（4）在景观设计师和规划师之中达成共识，规划可以并且应该以生态为基
础，明确在规划中整合生态原理所需的技术与数据；（5）生态规划多样的方法与实践
领域（图1.4）。[95]

33

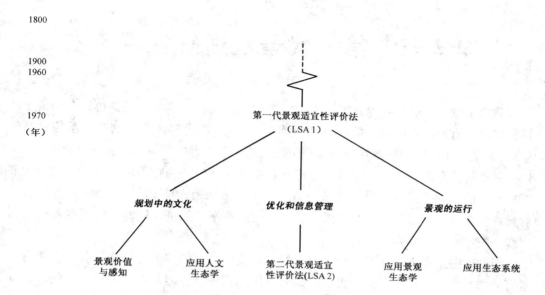

图 1.4　主要生态规划方法的初探性分组

第 2 章　第一代景观适宜性评价法

在第 1 章中我们简要地介绍了生态规划的六大途径，这些途径又可以分为两个阶段：景观适宜性评价的第一阶段（1969 年前）和景观适宜性评价的第二阶段（1969年后），这两个阶段中的景观适宜性评价法均适用于人类生态学、生态系统、景观生态以及景观价值和景观感知等领域。这些景观适宜性评价法为在景观中管理人类行为和可持续性的问题上提供了最佳的备选方案。这些方法有着不同的哲学观和学科起源，对景观概念有着不同的理解和分析，需要不同的数据和原则；同时，将这些概念付诸实践的技术也大相径庭。

但是这些生态方法并不是孤立存在的。事实上，它们彼此在概念和技术上都有着紧密的联系。尽管这些方法在实践层面的区别是模糊的，但是在理论层面上的差异却非常显著。在本章和下一章我会对第一代景观适宜性评价法（LSA1）和第二代景观适宜性评价法（LSA2）进行概述。另外一些践行者也已经对景观适宜性评价的其他方法（LSAs）进行了探索和发掘。在此，我的目的只是阐明景观适宜性评价法的主要原则和理论意图，而不是对每一个方法进行全面而详尽的审查。

我用两章篇幅来讲述景观适宜性评价法的原因有三个。第一，景观适宜性评价法是在专业实践中最为常用的方法，已经广泛融入了一些景观规划设计院校的课程中，并在与环境相关的应用学科中得到了广泛应用。第二，迫切需要一个综合的、系统的以及最新的思考问题的方法，这样才能在共同理解的基础上达成共识。第三，后面几章所讨论的生态规划方法会从介绍景观适宜性评价法的两章中借鉴相关概念与技术。

2.1　景观适宜性评价法

景观适宜性评价法的重点是：给特定用途规划一块适应的（Fitness）土地区域。它主要关注的对象是找到适合于不同景观用途的最佳契合点。尽管景观设计师从 19 世纪末就开始使用手绘栅格叠图法（Hand-draw sieve-mapping overlays），但是作为最早改进景观适宜性评价法的先驱却是一些土壤学家。这些科学家与景观设计师始终在寻求能够以乡村景观自身的自然特征为基础并能够对乡村景观进行深入的理解与分类的方法。[1]景观分类成为土地评估的基础，以辨别其是否能够用于其他的土地用途，诸如农、林业以及户外休闲等用途。在人们对分类评估方法进行扩展与完善的过程中，景观设计师的贡献尤为突出。景观设计师拓宽了这种方法的应用领域，使其可以应用到城市与乡村的保护与发展中。

起初，景观适宜性评价法是利用景观的自然特征作为确定土地适应性的基础。一方面在过去 30 年里公众对于人类活动给环境带来的负面影响的重视与日俱增；另一方面世界范围内的环境立法也在日益增长。因此人们迫切需要既准确又具有法律效力的景观适宜性评价方法的出现。由此，景观适宜性评价法的理论研究也出现了突破性的进展。今天从世界生态规划的发展来看，景观适宜性评价方法及其变体仍然得到广泛的应用。

我们把景观适宜性方法分为第一代景观适宜性评价法（LSA1：包括 1969 年之前提出的方法）和第二代景观适宜性评价法（LSA2：包括 1969 年之后提出的方法）两个发展阶段，分别就景观适宜性评价方法理论的发展进行阐述，这些发展与景观适宜性评价法的演变紧密相连。《国家环境政策法》在 1969 年得到了通过；除了立法本身所具有的意义以外，该法案还促使联邦机构要为环境评估制定行之有效的方案与程序。同时，伊恩·麦克哈格的《设计结合自然》这本书也在该年出版，该书虽然没有直接提出适宜性的分析方法，但是书中所述的综合方法是迄今为止条理最为清晰的方法。

当然，无论景观适宜性评价法是属于第一代还是第二代，它们都具有相同的逻辑和分析基础。人们认为景观具有支持特定土地用途的能力，它是根据地理区域内不同的物理资源、生物资源以及文化资源而相应变化的。[2] 也就是说，如果我们能够了解这些资源所在的区域、分布以及它们之间的相互作用，那么我们不仅能够在特定的区域内确定最佳的土地用途，同时也能够把对环境的冲击降到最小，而且还能将土地利用过程中所需要的能耗降到最低。

刘易斯·霍普金斯（Lewis Hopkins）将适宜性分析归纳如下："土地适宜性分析的成果就是为每一种土地用途编制一套图，这些图能够反映出每一块土地的特点以及土地用途的适宜性水平。因此任何一种适宜性评价方法都要有两个必不可少的组成部分：（1）确定每一块土地是否具有相同的过程。（2）每一种土地利用适宜性的评价过程都要带着一颗尊重土地的心"（图 2.1）。[3]

适宜性评价的分析方法是要根据具体情况具体分析的。例如：如何界定一块土地是否适合于既定的用途；如何界定同质区以及如何评估它们的复杂程度；如何在考虑土地用途适宜性的同时，兼顾社会、文化、经济与政治因素，而且要兼顾到什么程度；是采用专家的意见进行土地适宜性的评价，还是非专家的意见；在选择最优土地适宜性评价法时要考虑何种因素，以及这种方法操作的复杂程度；是否给这种方法制定了管理实施的策略等，这些都是在决定分析方法时要考虑的。另外在解决土地利用的不同类型（例如，土地的开发和保护），以及评价方法在处理微观/宏观问题和城市/农村问题时的效力等问题时，景观适宜性评价法也存在区别。

在景观适宜性评价法的演变过程中，人们定义适宜度的方法的变化也是值得进一步探讨的，它是土地利用最佳配置决策的重要标准。尽管"潜力"和"适应力"有着不同的含义，但人们通常还是把"适宜度"定义为一种潜力或适应力。"潜力"（Capability）一词在美国大学词典（American collegue dictionary）里的定义是"对于某些影响与效应很敏感且能够立刻与之适应的能力或力量。"[4] 其他关于"潜力"的定义主要强调的是以下几个

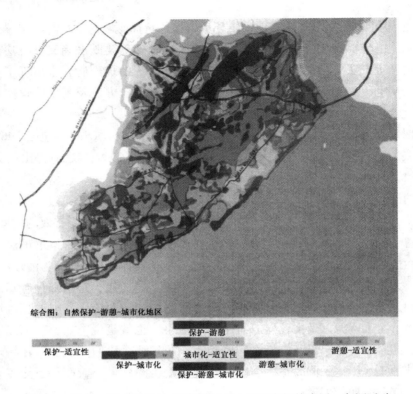

综合图：自然保护-游憩-城市化地区

保护-游憩

保护-适宜性　　　　　城市化-适宜性　　　　　　　　游憩-适宜性

保护-城市化　　　　　　　　　　　游憩-城市化

保护-游憩-城市化

图2.1　这是一张自然保护、游憩和城市化的适宜性综合图。色调反映
了适宜性的程度（经授权转载自麦克哈格《设计结合自然》）

方面：土地资源能够支持土地潜在用途的能力，以及维持这些用途的管理和实施能力；在限制地质和水文成本的条件下，能够支持土地用途的能力；以及土地在一定管理强度和水平下，还能够提供土地资源的潜力。[5] 另一方面，"适宜性"（Suitability）意指"适当、恰当或得体"。[6] 它不同于"潜力"，是通过综合考虑所有的因素并以最佳的使用方式为目的去优化土地。

　　上述定义中均暗含了"潜能"（Inherent capacity）的思路，或者说是景观具有能够支持和维持既定土地用途的能力，该能力能够持续地支持这种特定用途而不会使这块土地的自然特征和文化特征退化。因此，我将"适宜性"定义为：景观所蕴含的潜能以及为某些特殊用途而可持续地使用（Sustained use）土地。"可持续地使用"包含了"优化"的含义，也就是说，除了自然因素，社会、经济与政治因素也必须纳入到适宜性分析的考虑范围。

2.2　第一代景观适宜性评价法

　　在明确土地用途的情况下，第一代景观适宜性评价法在确定土地适宜性时主要强调土地的自然景观特点。第二代景观适宜性评价法是以特定的方式发展起来的，它与具体的问题、项目和个人相关联。第一代景观适宜性评价法是开创性的方法，且值得我在历史演变论述中对其进行详细的推敲。在本书所涉及的生态规划方法中，大部分生态规划法都涉及了第一代景观适宜性评价法。这些方法分别是：（1）格式塔法；（2）自然资源保护局（NRCS）的潜力体系法；（3）安格斯·希尔斯法或自然地理单元法（Physiographic-unit method）；（4）菲利普·刘易斯法或资源模式法（Resource-pattern method）；以及（5）麦克哈格法或宾夕法尼亚大学的适宜性评价法。这里主要讨论的是后者在《设计结合自然》中叙述的内容，它是麦克哈格在一个脉络清晰的哲学体系上发展起来的，并广泛应用到城市、乡村和自然的景观规划中。我还会简要地讨论由克里斯琴（C. S. Christian）、欧文·祖伯、理查德·托斯（Richard Toth）和卡尔·斯坦尼兹等人所提出的并经常在生态规划文献中出现的适宜性评价法。

2.2.1 格式塔法

在理解和分析第一批供人类使用的景观适宜性评价法里，格式塔法就是其中一种重要的方法。刘易斯·霍普金斯使用格式塔术语来解释如何在景观中理解和分析可感知模型，而不是去考虑坡度、土壤和植被等复合要素。[7]韦氏英汉百科词典（Webster's Encyclopedic Unabridged Dictionary）将格式塔法定义为"一个具有完整的结构和模式的统一体，它是一门条理清晰，并具有科学性的学科，而不是各部分简单相加的结果。"[8]威廉·帕森斯（William Passons）引用音乐欣赏的情景来描述格式塔法的本质："欣赏音乐是一个过程，不仅要捕捉每个音符，而且要捕捉音乐的旋律，但旋律并不是音符的简单串联。"[9]在景观适宜性评价上，格式塔法判断的出发点与其说是技术还不如说是经验。哲学家约翰·杜威认为"经验识别并没有在行为和物质、主体和客体之间进行割裂，真正的割裂是由于经验识别往往缺乏系统的整体分析。"[10]

格式塔法需要规划设计师研究航拍图与遥感数据，或是一天之中不同时间段内观察到的景观数据，随后记录下景观的模式或区域，这些地区可能会出现一个或多个相同类型的景观，比如麦田与地势低洼的阔叶林带，两者的土壤都很潮湿（图2.2）；或者这些地区都具有独特的景观特质，例如优美如画的景色。记录下这些特点之后，规划师就能够预测出拟定的土地用途对景观格局造成的影响，并且根据潜在的土地使用模式推导出土地所具有的潜力。举例来说，在每次调查中发现某研究区域的土地总是很潮湿，那么就可以得出这块土地的土壤条件不稳定，很可能无法在这里建造房屋的结论。由于利用模式的基础是对自然和文化类型的理解，而不是针对任意一种用途的适宜性，因此，一些观察到的利用模式可能具有相同的适宜性。面对这种情况，规划师就需要为每种土地用途编制地图，以揭示面对土地既定用途时每种模式所具有的操作能力。

在大部分的景观适宜性评价法中，格式塔法可以说是一个颇具特色的判断方法，至少在基础调查阶段是这样的。例如，一片航拍的林地是由林下植物和地被植物组成的复合植物群落，其便可以被视作一个格式塔形态。在此，格式塔法用来识别特定的景观资源和植被类型，并将这些特征与其他资源整合后绘制适宜性地图。霍普金斯对其作出了

38

图 2.2　华盛顿州立大学的罗伯特·斯卡尔福（Robert Scarfo）教授和他的学生在华
盛顿州东部观察帕卢斯景观（N. Alexander 摄，1999 年）

补充："一旦某个因素［资源］被标示出来……由于格式塔法并不能够将各个因素融合
起来，因此人们就不能在更高层次的阶段使用格式塔法。"[11]

2.2.2　自然资源保护局潜力体系法

作为最悠久的方法之一，土壤潜力体系法是用来确定土地是否具有支持不同用途
的能力。该系统是由自然资源保护局（原水土保持局）建立的，它是美国农业部的一
个分支，用于协助农民进行农业管理的实践活动。[12]第二次世界大战之后，由于人们能
更容易获得土壤行为与土壤结构性能之间的关联信息，因此该系统的使用扩展到了规
划领域和资源管理领域。[13]

作为一个过渡性的区域，土壤深度、形状和边界等因素与景观的物理特性及生物
特性息息相关。其中边界又会随着一个或者几个成土因素的变化而变化。成土因素包
含了气候、土壤中生命物质的活动和土壤形成的母质，这些因素都会随着时间的推移
而改变。[14]土壤还具有质地、基岩层的深度、从表层土壤到基岩层的梯度或断面、坡度
和含石量等几个可识别的特征。人们为了确定景观是否具有支持不同土地用途的能力
而对土壤进行分类，分类过程便是土地潜力体系法大显身手的时候（其他由自然资源
保护局开发的分类系统将在后面进行讨论）。土地潜力体系法的基本逻辑是：当土壤属
性被应用到特定的农业生产类型中的时候，就会对土地用途形成制约。换句话说，分
类系统强调的是土壤的局限性，而不是对各类土地用途的吸引力。

当为了生产某种农作物而使用土地潜力体系法时，该系统便将重点放在了根据农

作物特性使用土地的方法，评估土壤会对农作物造成损害的风险，以及土壤对管理实践活动作出的反应。而深度和坡度等土壤特性和园艺作物等需要特殊管理的农作物都不在土地潜力体系的考虑范围之内。[15]

自然资源保护局潜力体系法首先根据类、子类和单元三种层次将土壤进行分类；然后，根据土壤对土地用途构成的限制再进行分类；最后，使用该分类对农业生产、规划和资源管理进行评估。

应用最广泛的分类依据是土地性能。土地分类是用罗马数字Ⅰ至Ⅷ来标明的，用这些来量化植物选择、土壤侵蚀性以及管理力度在农业生产中逐级增加的限制。Ⅰ类土壤对土地利用基本没有限制，而Ⅷ类土壤则有着诸多限制，这些限制都使得土壤不适宜于商业生产、野生动物生存以及用水供给。[16]

第二个层次是在第一土壤类别中划分出几种土壤子类别。子类以字母 [如e（侵蚀），w（水），s（含石量或深浅度）] 后缀于类别表示土壤的限制程度，例如，Ⅲs或者Ⅳe。由于子类是以第一类的限制为基础，因此Ⅰ类下的子类限制最少而Ⅷ类下的子类限制最多。

第三个层次是在子分类之下构成土壤的亚基层，它能够供给类似的作物生长，提供类似的农业生产力，同样也需要类似的管理措施。亚基层是用阿拉伯数字后缀于子类来表示限制程度，例如Ⅱs-2或者Ⅳw-3。

总之，自然资源保护局的潜力体系法通过土壤资源调查来帮助个人和机构完成景观适宜性评价。[17]这些信息能够全部反映在比例尺为1∶20000或者4英寸＝1英里的地图上，公众可以很便捷地得到这些信息。由于不同的土地利用适宜性结论可以从分类系统中推导出来，因此土地适宜性的土壤评估会是一篇陈述性的评估报告。

2.2.3 安格斯·希尔斯法或自然地理单元法

安格斯·希尔斯是加拿大安大略省土地林业处的首席研究专家，他于1961年提出了用于景观分析的自然地理单元法。[18]该方法促进了加拿大土地调查系统的开发。[19]起初，希尔斯侧重利用土壤群丛来确定土地的潜力，但是随着时间的推移他的兴趣转移到了利用地形地貌和植被群丛的综合结果来确定土地的潜力。

希尔斯法的本质是将景观划分成为同质的自然地理单元，然后根据规划目标将其重新组合。为了确保景观资源能够以可再生的方式得到利用，就必须解决如下一系列的问题：如何将生态资源调查所需的时间与金钱降至最低？定期区分各种景观规划目的最有效的方法是什么？景观具备怎样的潜力才能够满足人类对土地最高强度的使用？维持景观潜力或是维持规划中社会与经济条件的相对优势是什么？实施拟定的景观用途又可能会需要怎样的管理实践活动？

希尔斯认为人类对景观的利用必须以不切断有机体与物理环境和生物环境之间的联系为前提。建立在生物生产力基础上的景观分类将有助于确保景观资源的可再生性。希尔斯认为"任何一处与有机体结合的区域都是能够支撑生物生产力系统的构成"。[20]支

40

持物质和能量消耗的土地潜力以及能够利用的作物系统的能力都是该系统依赖的对象。

　　为了确保资源的可再生性，应该以生物生产力运行的显著特征梯度为基础，有层次地组织土地，由此产生一些土地单元。在一个假设的环境中，土地单元支持作物系统的能力是评价单元自身的依据。但是，由于适宜度会随着社会与经济情况的变化而变化，因此这种能力是动态变化的。

　　希尔斯提出了景观适宜性评价法的五个步骤。第一步是建立生态资源的调查机制，将调查重点放在区域生物特性、物理特性以及现存的或者未来可能出现的社会和经济条件上。为了尽量减少数据搜集所花费的时间和经费，选定自然地理条件恶劣的典型地区作为参考点来进一步搜集更详细的数据。第二步是按等级把参考区域分成不同的自然地理单元——立地区、景观类型、立地类型以及立地单元——这些分类都是以该区域的生物生产力梯度为基础的（气候和地形特征）（图2.3）。

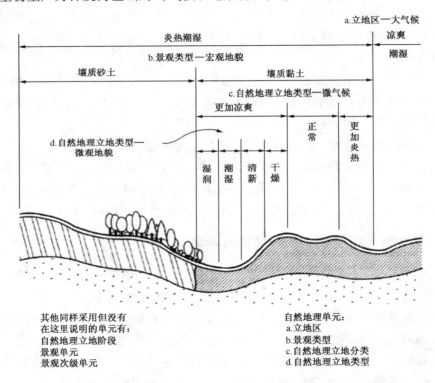

图2.3　一部分的自然地理分类。摘自贝尔纳普（Belknap）和弗塔多（Furtado）的《环境资源分析的三种方法》（Three Approaches to Environmental Resource Analysis）（由 M. Rapelje 重绘，2000 年）

　　作为陆地区域最大的单位，立地区（Site-region）可以显示出植被和小气候相协调的模式。在区域主要的地貌类型上，通过森林类别的演替过程就能够给这个地区作出明确的定义。例如，生长在冰川冲蚀区的桦杨结合型群丛。根据不同的地形地貌、地质构造以及水文状况，将立地区划分成不同的景观类型（Landscape types）。一个景观类型的平均尺寸大约为 1 平方英里。比如，覆盖在花岗岩基岩层上浅沙质土壤区域。

每一个景观类型进一步细分成自然地理立地类型，依据生物生产力大小对每个类型进行评估；同时也可以根据土壤湿度、基岩层深度和当地气候的变化来划分立地类型。一个立地类型的平均尺寸大约是 10 英亩。排水不良的、冰川冲蚀的基岩层土壤和排水适度的冰川土壤代表了不同的立地类型。土壤湿度、基岩层的深度和当地气候的不同组合决定了不同的自然地理立地类型（Site types），比如在干燥的气候条件下深浅适度的土壤类型。最小的地貌类型是立地单元（Site-unit），是自然地理立地类型的一个分支。立地单元最显著的特点包括土壤剖面、含石量、坡度以及坡向，这些特点在土地利用评估中都是非常有效的。

第三步是确定土地利用特点和土地需求，例如林业和农业。希尔斯认为，一个经专家小组评估过的自然地理单元，具有支持拟定土地利用的能力。这些专家会在广义的生态规划和区域规划的等级上对土地的适宜性、潜力和可行性的评估进行指导。

"适宜性"是指立地现状条件所能满足的管理实践活动的能力。"适宜性评价"是确定"指定时间段内土地的实际用途"。"潜力评估"需要确定"同时承担农作物生产和土地保护任务的土地所面临某一特殊用途的可能性。"[21]"可行性评估"需要确定：在现存或预期的社会经济条件下，针对特定用途进行土地相对优势的管理。一方面适宜性和潜力评估把重点放在基地的固有特点上；另一方面，可行性评估则是确保土地特定用途的可持续性所需的社会经济条件。对于每个景观类型的评估来说，虽然土地评分采用从极度贫瘠到极度肥沃的七分制，但其基础是景观资源的强度和质量而不是景观类型。

为了确保评价结果能够满足各种规划需求，希尔斯采用了将小的地形单元再整合成大单元的方法。例如，对于地方等级上的研究，可以将自然地理立地类型合并生成景观组件（Landscape components），占地大小约为 1 英亩。由于景观组件既能够表示每一块土地的生物生产力，也能表示出作物的分布以及管理形式的影响，因此，有利于进行土地利用潜力的评估。对于社区层次和区域层次，希尔斯以浅基岩层的深度变化研究为例，建议继续把景观组件合并为更大的景观单元（Landscape units），大小约是 16 平方英里。

第四步是结合适宜性、潜力和可行性评价的结果绘制能够支持多种用途的综合地图，在此基础上专家组对拟定的土地用途提出合理的建议。在确保满足社区或地区的社会与经济需求后，最终由当地的决策者定案。第五步，制定一套管理准则，以制定土地利用规划目标的落实措施。

2.2.4　菲利普·刘易斯法或资源模式法

就菲利普·刘易斯的景观适宜性评价法来说，一方面是为了确定景观中的感性特征模式，另一方面是为了把这些特征融入区域景观规划设计中去。刘易斯在 1960—1970 年之间指导了许多项目，其中包括伊利诺伊州野外游憩规划（1961 年）、威斯康星州的户外游憩规划（1965 年）和密西西比河上游流域的综合研究（1970 年），通过这些项目的实践进一步完善和发展了刘易斯自己提出的方法。[22]

41

42

中部地区的城市"零规划"增长模式是刘易斯关注的主要对象。这种模式的出现源于人们对"设计中自然的内在品质"漠不关心。[23]刘易斯试图发现并保护由"零规划"增长模式所导致的日益被缩减的游憩空间,他的工作致力于保护游憩资源:哪些游憩资源是重要的?以及为什么重要?在这些资源之间有什么区域联系?如何识别和分析这些联系并将其纳入到区域规划设计中?如何将这些资源的价值和评估结果传达给大众以获得公众的支持?等等。

刘易斯把环境廊道设定为游憩资源的基本单元。[24]游憩资源包括主要的自然资源和文化资源,它们又与地表水、湿地以及地貌特征分布联系在一起。资源开发的意义在于提高和稳定资源内在的功能价值,提供游憩休闲的机会,维护生态和文化景观的完整性。主要资源的价值提高依赖于一些附加的次要资源,这些资源可能不是连续分布,但却可以凝聚生态价值和文化价值。刘易斯把这些资源当做资源节点,例如裸露的石头、鱼类栖息地和野餐区。在确保中西部环境的要求和需要得到满足的情况下,资源节点(Resource nodes)能够提供最大的灵活性。一开始刘易斯把注意力放在环境廊道和资源节点上,随后逐步把注意力从单一的资源保护转移到多样的资源保护上去。他对环境廊道的性质和意义做了如下的解释:

> 长年累月的冰川运动蚀刻出来五大湖湖床表面的景观树状图案。平坦的草原和农田,连绵的山丘和广阔的北部森林都有着自己独特的魅力,提供了丰富多样的景观地带。它是由河谷、湿地和沙土组成的狭长带状空间,把区域和全州廊道范围内所有景观联系在一起,成为整体环境规划的一个框架。环境廊道系统的保护和加强不仅给人们提供力量和智慧的源泉,保护人们精神和身体的健康,而且能够给游憩活动开辟空间。[25]

43

刘易斯在环境廊道方面的工作,尤其是识别人类的视觉享受、游憩以及生态价值方面的工作,对于绿道运动来说是功勋卓著的。刘易斯进一步假设:在人类的心理健康和草原景观的视觉质量之间有着重要的关联。[26]他认为,由于景观的视觉功能在环境廊道中最为明显,因此可以认为环境廊道利用了视觉的暗示,如视觉的对比和多样性。

虽然刘易斯做了很多不同种类的研究,但所采用的方法多多少少有着共同特点。威斯康星州的户外游憩规划主要关注的是在全州范围内确定重要的游憩资源及其模式,刘易斯选择了一个实验性的研究区域,以找出主要资源和次要资源之间的地理关系。该研究区域的面积约为 100 平方英里(259.07 平方公里)。随后,刘易斯确定了关键的游憩用途并建立了土地利用标准。例如,游憩用途里包括漫步、划船、钓鱼和露营。主要的土地利用标准是存在于景观类型和景观多样性之间的视觉对比。

刘易斯对一些主要的资源进行了评价,例如水体特点和地形特点,以确保其能够满足制定的标准,方便以后的数据搜集。他把每一种资源记录在一份单独的地图上,利用这些地图,刘易斯把孤立的资源整合成一种综合的形式。他用同样的方法对瀑布、裸露的岩体及野餐区进行了鉴定和测绘，并用一些特定的符号来标记这些主要资源。完成这些数据的搜集需要大量的人员，包括联邦政府、州政府和地方官员以及当地居民。刘易斯把搜集的数据整合到一张比例尺为 1 英寸 = 2000 英尺（1∶24000）的地图上。当地居民对这些主要资源和次要资源的生态价值与文化价值的认识是成功鉴定和保护这些资源的关键因素。

利用图层叠加法（Overlay maps），刘易斯把主要资源与次要资源模式的综合地图进行联系与比较，以期在这些地图之间建立起高度的一致性。刘易斯证实，占总资源9%的湿地、水体以及一些重要的地貌特征都位于环境廊道之中，并且得到了当地居民的高度重视。

刘易斯通过威斯康星州的项目持续研究该地区的主要资源和次要资源模式，同时确定它们的位置、分布和意义。为了给这些资源的保护工作建立优先选择模式，刘易斯制定了一个评价体系，并且对那些能够弥补主要资源和次要资源的个别资源作出了很高的评价。这些资源正是由于人类使用而出现不可逆退化的资源，如湿地得到了最高分。这些得分最高的的资源将被作为优先保护的地区（参见图1.2）。

游憩资源的信息需求给这个评价系统提供了补充。刘易斯审查了需求类型与需求强度、游憩区域的使用程度以及土地所有权的模式；建立起了优先保护的区域，对土壤进行详细调查和视觉研究；确定了独一无二的地方特色并阐明一些对发展的限制条件。由于人类对游憩区域的使用可能会造成土壤板结等不良影响，因此人们使用这项成果可以用来初步估计区域的承载力。从威斯康星州的户外游憩规划开始刘易斯便进行了大量的研究，这里所叙述的，都收录在他1996年出版的《为明日而设计》（Tomorrow by Design）一书当中。

2.2.5 麦克哈格法或宾夕法尼亚大学的适宜性评价方法

麦克哈格在其《设计结合自然》一书中多次介绍了适宜性评价方法。此书对20世纪70年代的环保运动产生了意义深远的影响（图2.4）。同时，在景观规划设计的专业领域中使用最为广泛的方法毫无疑问也是麦克哈格法以及该方法的各种变体。在经过大量的实践项目后，麦克哈格和他在宾夕法尼亚大学的同事、学生以及他在华莱士的合作伙伴罗伯茨、托德，都对该方法予以完善（WMRT）。麦克哈格法在20世纪60年代里的应用实例包括新泽西海岸研究（1962年）、山谷规划研究（1963年）、里士满公园路研究（1965年）、波托马克河流域研究（1965—1966年）及斯塔滕岛研究（Staten Island Study，1969年）。[27]该方法历经多次修改，现在的理论概念已经超出了本章的范围。我将会在第3章介绍一些该方法所取得的关键的进步。

令麦克哈格深感不安的是人口增长的模式以及这种模式所导致的景观退化。他所提倡的设计是在统筹考虑结合城乡的同时保留自然本来的面貌，它对人类的生存和福祉至关重要。他的兴趣是了解生命的过程，并且在分配景观利用时把过程视为制约与机遇。麦克哈格坚信，人与自然的关系应该是相互依存的。人类在向自然索取空气、

44

水、食物和纤维的同时，也应该尊重自然的秩序、意义与尊严。然而，人类与自然之间的关系却是杂乱无章的，20 世纪 60 年代在西方工业化社会普遍发生的生态危机就是最好的证明。自始至终人类都是在试图征服自然而不是寻求与自然的统一。

图 2.4　伊恩·麦克哈格，宾夕法尼亚大学景观规划设计和区域规划系的创始人、前系主任、荣誉教授。为表彰他在生态规划和设计领域作出的贡献，布什总统于 1992 年授予他国家艺术奖章（照片承蒙麦克哈格提供）

1963 年，麦克哈格在伦纳德·杜尔（Leonard Duhl）和约翰·鲍威尔（John Powell）的《城市条件》（Urban Condition）一书中发表了一篇名为《人与环境》（Man and Environment）的文章，在这篇文章中他用令人信服的手法对人与自然的关系进行了总结。他指出，在人与自然之间存在着二元性，这种二元性正是生态危机的根源，而且对二元性的认识已经扎根在基督教等宗教传统之中；同时经济决定论与对技术的错误使用更强化了这种认识。[28] 从基督教和西方哲学中演化出来的态度和技术加速了人类对自然的征服和统治。麦克哈格认为，正是由于把金钱作为衡量成功的标准，西方的经济组织模式忽视了物理过程和生物过程，而恰恰正是这一过程在人类的进化和生存中起到至关重要的作用。1967 年莱恩·怀特（Lynn White）发表了一篇名为《我们生态危机的历史根源》（The Historical Roots of Our Ecological Crisis）的文章，这篇文章进一步强化了麦克哈格对于生态退化的基本想法。

为了有效地解决我们社会所面对的生态危机，麦克哈格提出：要用生态观点代替现行的经济观点。衡量成功标准的世界生态观是以能源和进化的自然法则为依据，而不是过去的金钱。在解决人类对环境的适应问题上，生态的观点同样也把自然与人类合作以及建立伙伴关系作为解决问题的出发点。[29] 在应用"生态观"缓和人与自然的关系上，自然科学特别是生态学提供了最有用的观点。

麦克哈格法试图解决的根本问题是如何给生物、物种、社会以及生物圈的生存和进化营造一个近自然的环境。[30] 对于麦克哈格来说，适宜性就是寻找到这种近自然的环境，从而能够保证生物的生存与进化。接下来要解决的问题是，如何根据人类的需求来确定这种近自然的环境。麦克哈格指出，问题的答案就隐含在人与自然的互动过程中，这个过程本身就是物质规律和自然规律的体现，也是自然价值的体现。总而言之，自然的过程和价值对人类的需求来说是一把双刃剑，在提供机会的同时又起到制约作用。

大自然的价值即自然所赋予的内在特点：所有物种都有存在的意义，如自然之美；自然的孕育能力；自然的作用是维持生态过程的正常运作，例如蓄水层的补给和冲积平原的形成；因此对自然的不合理利用会导致一些潜在的危害，如洪水、侵蚀和水质恶化等。[31]自然的过程、相互作用和自然的价值在景观配置中是解决人类需求的基础，麦克哈格法的宗旨就是如何去理解它们。"从本质上讲，我的方法就是去鉴别一些受关注的区域，构成这些区域的是一些发生在土地、水和空气中的过程——这些过程都代表了自然的价值。我们能够给这些区域分出等级——最宝贵的土地和最廉价的土地，最甘甜的水资源和最苦涩的水资源，最肥沃的农田和最贫瘠的农田，野生物种栖息的天堂和地狱，风景资源丰富的地区和风景资源匮乏的地区，历史建筑保存良好的地区和历史建筑的断层地区，等等。"[32]

麦克哈格法的实际应用通常包括以下几个步骤（图2.5）：

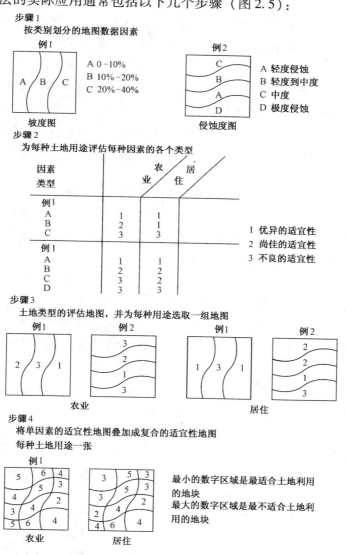

图 2.5 一个适宜性分析过程的例子。摘自斯坦纳（Steiner）的《生命的景观》（Living Landscape）（由 M. Rapelje 重绘，2000 年）

1. 确定总体目标和阶段目标，界定土地利用的需求，建立研究范围。

2. 调查生态资源，对与之相关的物理过程和生物过程进行管理。要按照时间顺序记录和绘制这些过程，并且要与土地利用的需求联系起来。数据搜集和理解的时间序列给景观过程提供了一个有源可循的解释，并且在描述生物物理模型时达到整个景观过程的高潮。例如，理解区域的气候条件和历史上的地质景观，就能够解释这片地区目前的地下水水文条件和地形地貌特征。

3. 将得出的结论综合绘制成图。每一个因素实际上就是景观的物理特性和生物特性，例如将坡度和土壤因素绘制成图之后，以同质区的方式显现出来。同时，在考虑住宅开发的土壤用途时，土壤排水是一个需要审查和绘制的重要过程。通过这样的做法，可以把土壤排水分成排水优异区、排水尚佳区和排水不良区三个等级的次级区域。

4. 审查每一个因素的地图是为了能够给每一个区域拟定适宜的土地用途。例如，通过排水优异、排水良好和排水不良的划分可以决定哪一类更适于住宅开发。分类的结果是一张用颜色进行区分的图纸，深颜色的区域表示了更多的限制条件，或者说是排水不良的土壤；反之浅颜色的区域代表着更多的开发机会，或者说是排水优异的土壤。

5. 决定土地用途的景观适宜性会用到多张相关因素的系列图纸，这些因素图纸以千层饼的形式进行叠加。如将表示基岩层深度、土壤排水、坡度和植被的图纸结合起来，就可以作为确定土壤住宅用途的适宜性的依据。这一步的成果就是绘制出每种土地利用适宜性的图纸。

6. 以千层饼的方式把每一个单项土地利用适宜性图纸综合成一份综合性的土地适宜性图纸。综合性的土地适宜性图纸采用颜色区分的表现形式表示土地利用的适宜性评估。综合性的土地适宜性图纸的解释和记录可以作为土地利用配置的依据，也可以把它作为更大尺度空间的生态研究和土地利用研究的前期投入。

仔细研究麦克哈格负责的众多适宜性评价项目，人们不难发现定量法和定性法是其采用的两个基本方法，上述的六个步骤便是定量法和定性法的应用过程。人们用步骤3中所提到的同质区作为适宜性评价的重要指标。在《设计结合自然》一书中所提到的里士满公园路研究和斯塔滕岛研究是麦克哈格在实际中应用定量法最好的例证。尽管使用千层饼模型，但是用以确定适宜性的图纸叠加依旧是一个运算的过程，通过运算确定每一个次级区域的权重分配，最后通过计算总权重值获得适宜性的评价指标。[33]

步骤3后的几步都是定性法的应用体现。事实上，虽然没有涉及次级同质区的评价，但是还是可以根据生态区以及与土地利用相关的特点来描述次级同质区，并制定土地利用原则和生态适宜性原则将适宜性与同质区联系起来。

　　麦克哈格在 1963 年的山谷规划研究中运用定量法评估了大巴尔的摩地区的城市发展的适宜性。该地区占地约 70 平方英里（181 平方公里）或者 45000 英亩（18225 公顷），遍布着郁郁葱葱的山川谷地、广阔的平原以及大量利用复杂的土地类型。以该地区的社会、经济和物理特性为基础，麦克哈格和其同事在指导该地区的生态研究时提出了大量的建议。例如，他们假设该地区可以适应所有预期的增长而不会造成景观的退化。据此，他们利用地形和植被这两个因素将该地区划分为谷底、裸露的岩壁、植被覆盖的岩壁、裸露的高原以及植被覆盖的高原五个生态区或称之为同质区（图 2.6）。

图 2.6　裸露的高原、植被覆盖的高原和植被覆盖的岩壁（经授权转载自麦克哈格的《设计结合自然》）

　　他们制订了每一个区域的发展纲要。例如，麦克哈格及其同事提出，在谷底区域要对发展进行限制，只能进行一些农业、低密度住宅、公园和游憩区等与现存田园风光相适宜的开发。相反，裸露的高原是最适宜高密度开发的区域。为了确保这些准则行之有效，麦克哈格及其同事不仅预测了该地区未来土地利用的需求，而且在需求与土地适宜性之间建立了关联。

2.2.6　其他适宜性评价方法

　　20 世纪 50 年代末，在联邦科学与工业研究所（CSIRO）工作的澳大利亚人克里斯琴制订了一套土地分类系统，这套系统的目的是评价景观的潜力并为各类景观利用提供支持。[34]克里斯琴法（The Christian Method）与安格斯·希尔斯的分类系统类似，他以地质地貌特征的变化作为评价标准，并以此将景观打散分成面积逐级缩小的同质区。在对大面积的区域进行初步的评估时，克里斯琴系统或称为澳大利亚分类系统是一种非常有效的方法。该方法已经被国际自然和自然资源保护联盟（IUCN）等国际组织所接受。

48

　　欧文·祖伯是原美国马萨诸塞大学景观规划设计和区域规划的系主任，目前任亚利桑那大学名誉教授。他认为视觉、文化因素和自然资源的特点都是为理解景观和分析景观服务的。20 世纪中期到 60 年代末英国的法因斯（K. D. Fines）和他的同事也得出了类似的结果。在 1966 年的楠塔基特岛研究（Nantucket Island Study）中，马萨诸塞州的祖伯、卡罗兹（C. ACarlozzi）和其他学者以视觉为基础研究这个岛上重要的景观类型。[35]它们包括水平向的景观、高质量的景观、线性的水塘、沼泽和草甸以及岸线景观。每个人对景观都有自己对于公众使用和价值保护的独到见解，并以此为依据对景观类型进行分级，并将分级信息与自然资源数据整合形成一张综合的景观图（图2.7）。

49

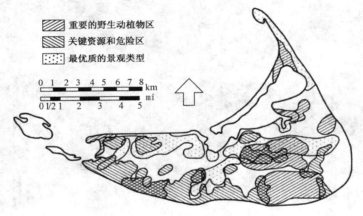

图 2.7　楠塔基特岛的景观综合图［摘自杜比（Zube）和卡罗
兹（Carlozzi）的楠塔基特岛精选资源的概述和说明，
由 M. Rapelje 重绘，2000 年］

　　此外，1968 年祖伯在美属维尔京群岛的资源评价研究（Resource-assessment study of the U. S. Virgin Island）中，依据地形上的视觉差异、视觉对比和视觉类型，以及类似水体的重要视觉元素等准则，把景观逐级分成若干的视觉单元。[36]以保护与发展为目标，专家与非专家群体分别对视觉单元进行评估。

　　20 世纪 60 年代，理查德·托斯的"发展影响评估"概念在另外一个领域作出了卓越的贡献。理查德·托斯曾在大学任教，为了估计发展所带来的影响，开创了一种用以分析景观自然特征的方法。1968 年，他在宾夕法尼亚州所组织的托克岛区域咨询理事会（Tock Island Regional Advisory Council）上使用过该种方法。[37]托斯利用矩阵来鉴别和显示主要自然特征之间相互作用的频率和生态结果，如地形、土壤和土地利用的需求。他分析总结这些相互作用可能造成的后果，并以此为依据来指导日后的土地利用分配。

利用千层饼法（Hand-drawn overlays）把适宜性分析的资源因素图结合在一起的方式不仅麻烦而且有时效率不高，尤其是土地利用分配需要多种方案选择的时候。此外，在制订土地利用备选方案时也会包含很多的不确定因素。因此，为了解决这些问题，哈佛大学的卡尔·斯坦尼兹和他的同事在20世纪60年代中期开始将计算机技术应用到大量项目中，以提高工作效率和节约信息管理的成本（图2.8）。[38]计算机技术在适宜性评估中的应用不仅实现了社会和经济因素的整合，而且可以评估和预测土地利用方案的空间效果。斯坦尼兹和他同事的工作标志了土地利用适宜性的互动模型在美国的闪亮登场。

50

第一代景观适宜性评价法给如何评价最优的景观利用提供了参照，但这种方法主要强调的还是自然特征。尽管这些方法也发展出一些特殊的方式，但是一旦联系到具体的个体和方案时，人们仍旧根据为相关自然文化资源和各种用途的景观适宜性评价所提供的技术来表示日益增长的复杂程度。格式塔法、景观单元和景观分类法、景观资源调查和评估法，以及配置评价法的复杂程度增长速度呈递增趋势。

图2.8 在推动和完善生态规划方法的领域中，哈佛大学的卡尔·斯坦尼兹以及计算机技术在土地适宜性评估中的应用一直处在时代的前沿（照片承蒙卡尔·斯坦尼兹（C. Steinitz）提供，摄于1997年）

人们通常在对适宜性作出基本判断的时候使用格式塔法。景观单元法和景观分类法要么以单一的标准为基础［自然资源保护局潜力体系法（NRCS）、祖伯法、里顿法］，要么以复合的标准为基础（希尔斯法、克里斯琴法），不论以哪种方式它们都是按照规划的土地利用把景观划分成独立的同质区。资源调查和资源分析法界定同质区的原因是为了确定土地利用规划的适宜性。这些景观适宜性评价法展示了适宜土地的两类不同的选择方式：根据潜在的土地利用摒弃不适宜的土地（例如刘易斯划定环境廊道和资源节点的方法），或者是在界定同质区的时候使用之前在自然特色和文化特色之间建立起的兼容性（例如麦克哈格在斯塔滕岛的研究）。此外，适宜性的分析可以集中在某种单一的土地用途上，如游憩用途（刘易斯），或者分散到多个土地用途之中（例如麦克哈格及其同事参与的1967年华盛顿特区的综合景观规划和1969年的明尼苏达双子城都市圈的生态研究）。

景观资源调查和评估法也包括对环境影响的评价。最好的例子就是托斯的托克岛研究以及麦克哈格对里士满公园路的最低社会成本的环境通道研究。这次公园路的研究对环境影响评估产生了重大影响，而这恰恰是《国家环境政策法》（NEPA）的核心。[39]但是令人费解的是没有人对该影响作出明确的报告。

配置评估法的构建阶段出现在 20 世纪 60 年代，正是在这个时期人们使用该方法分配土地利用并评估土地利用的社会、经济和环境后果。由于有了斯坦尼兹及其同事提出的计算机辅助方法，人们可以使用该方法进行景观适宜性评估和土地利用影响评估。这些方法拓宽了传统景观适宜性评价法的准则和范畴，同时也对社会准则和经济准则产生了影响。此外，计算机技术也提高了人们在管理复杂、多样信息方面的能力。

在城市化和自然、乡村区域化的进程中，对所遇到的发展问题和保护问题来说，第一代景观适宜性评价法会根据不同的情况对症下药。不仅是麦克哈格法的变体可以同时解决这些问题，计算机辅助方法等其他方法也同样可以。一些第一代景观适宜性评价法在解决保护特定土地利用类型的问题上是行之有效的方法；当然，人们也可以使用这些方法对其他利用的适宜性作出判断。自然资源保护局的潜力体系法（NRCS）、希尔斯的自然地理单元法、祖伯的视觉资源法和刘易斯的资源模式法都是很好的佐证。其他第一代景观适宜性评价法主要把重点放在了确定土地利用的适宜性评价上，比如刘易斯法就主要是强调游憩性用地。

当一种土地利用景观适宜性评价方法体系被拿去评价另一种类型土地利用景观适宜性的时候，问题就会接踵而来，这是由于规划和资源管理的目标不一致的结果所导致的。例如，虽然能够准确确定腐化池对选址所带来的限制，但是在决定房屋选址和道路布局时还是充满了变数。[40]

通常而言，第一代景观适宜性评价法主要是用于解决宏观问题而不是特定区域的具体项目。但是，这并不意味着它们不能处理特定区域的具体问题。例如，自然资源保护局的潜力体系法的土壤分类图通常是以一个接一个的县为单位绘制的，比例尺通常为 1∶20000，但是只要做一些现场调查来验证数据的效力，土壤信息就能够适应具体项目的需要，从而解决具体的保护和发展问题。如果一块待评估土地的面积增加，那么就会更加难以全面地理解包含在其中的每一小块土地。另外一个值得注意的例外是希尔斯的自然地理单元法，其目的主要是解决多维尺度的问题。由于该方法所涉及的层次分类是建立在地形和气候变化的基础之上，因此可以把各个相称的地貌单元结合成一个尺寸近似于研究区域的地块。通过这种方法，希尔斯法可以适用于各种大小的地块，例如，通过结合次级地貌单元可以进一步创建景观组件。

使用第一代景观适宜性评价法的人们在采用专家判断还是非专家判断来决定景观适宜性的程度上有着显著的区别。在同质区和潜在土地用途之间建立和排列交互性的逻辑思维过程的时候需要客观和主观判断的结合，但是麦克哈格法在评估适宜性的时候，还是以专家判断或科学知识为主的。[41]在自然资源保护局的潜力体系法和克里斯琴分类方案中，人们主要依赖专家判断给各个等级以及规定的各项土地用途分配土壤。

希尔斯依赖专家判断来评估景观现有的潜力和真正的潜力；但是用来支撑各种景

观用途的规划潜力却是以专家判断和决策者的价值观为基础的。同样，祖伯和卡罗兹在他们各自的方法中，同时使用专家判断和非专家判断来评估视觉单元。刘易斯与当地公务员以及居民不仅要收集和评估相关的数据，同时还要让公众意识到区域设计价值对于环境廊道保护的重要性。尽管第一代景观适宜性评价法的各种方法都同时运用了专家判断和非专家判断，但是最终他们还是要着重依赖于专家判断对适宜性评估的结果进行综合。

除了少数例外，第一代景观适宜性评价法的各种方法很少采用主动的管理方式；也就是说，适宜性评价的结果基本不会为管理行为制定一套准则。这些方法也很少给预测适宜性评估的结果提供具体策略。[42]但是，如安格斯·希尔斯法等第一代景观适宜性评价法的一些方法却表示：实质性的管理准则能够将适宜性的评估结果付诸实践。然而，很少有第一代景观适宜性评价法推荐运用制度或是行政管理的策略来落实适宜性的评估结果。

总而言之，景观适宜性评价法的重要理论在20世纪60年代取得了划时代的突破。然而，在这些方法中孕育的生态规划方法却是在随后的几年中才发展起来。随着生态问题的性质、范围和复杂性的变化，以及公众对于人类行为给环境带来的负面影响的意识日益加强，制定准确和有法可依的景观适宜性评价法则成为迫切需求和亟待解决的问题。

52

第3章　第二代景观适宜性评价方法

如第1章中所体现的，在20世纪最后30年，景观规划设计、规划及相关学科所面临的压力与日俱增，正是这种压力促进了景观评价方法的发展，这些方法不仅具有法律效应而且具有健全的技术性、生态性、公众监督性和较强的实施性。景观评价方法的发展又推动了一系列生态规划方法的涌现。第二代景观适宜性评价方法（LSA2）就是景观适宜性评价方法发展进程中出现的理论方法论的革新。

在第二代景观适宜性评价方法中，概念基础、程序原则及评价技术得到了深刻发展。为了强调如何能更好地确定和维持景观的优化利用，研究者和实践者们重新解释并拓宽了适宜性的概念。优化利用（Optimal use）就是在考虑生态、社会和经济等所有因素的前提下的最佳利用。

寻求景观的优化利用意味着在确定适宜性的过程中，由只考虑生态因素转变为同时考虑变化着的经济环境：土地的供求关系、人类需求和价值观的变化、政治现实及新技术。以上因素共同推动了景观的发展。[1] 规划师安德鲁·戈尔德（Andrew Gold）认为"适宜性的本质与人们对内在适宜土地的利用观念紧密相关，它决定了内在适宜土地的合理空间配置。"[2] 当然，这些价值观念本质上是社会、经济和政治的价值观念。

在整体生态规划中，对这些价值观念的认知是第二代景观适宜性评价与第一代景观适宜性评价的主要区别。一个简化的启发式模型表明了影响景观优化利用的主要因素之间的相互转换关系（图3.1）。

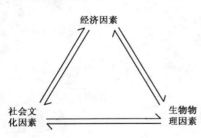

图3.1　决定景观适宜性的经济、社会及生物物理因素三者之间的相互转换

在第二代评价中，经济、社会和生物物理因素之间辩证的平衡决定了景观的适宜性。经济因素包含技术因素，社会文化因素包含法律和政治因素。在确定适宜性的过程中，可根据假设来检验这些因素，例如发展趋势、经济成本和收益、使用者的需求和价值观念以及可接受的环境恶化等级。这些因素可以作为标准纳入逻辑组合原则或分级系统中，用于建立景观适宜性评价。

随着第二代评价方法的拓展，人们对于第二代方法所提出的中心问题并不觉得惊讶。第二代评价不仅要求对特定土地利用的场地或区域进行环境适宜性研究，为维持生态稳定性和生产力优化程度，还要研究景观改造的种类、数量和强度，优化土地利用所导向的社会、经济和政治环境，以及科技力量如何影响景观适宜性评价等一系列问题。例如，生物技术导致产量急速增加，将会产生大量剩余的农业用地，这种情况反过来又将影响景观适宜性评价的最终结果。此外，与土地适宜性多方案相关的长期社会、环境成本和收益是什么？如何在相互竞争的适宜性方案中作出选择？如何实现最佳方案选择？

研究者和实践者们提出的适宜性评价方法涉及一个或多个上述问题。在这一章中，首先通过回顾主要概念和步骤来研究与第一代评价方法具有明显区别的第二代评价方法，之后主要根据评价方法的理论目的和评价步骤对其进行类型研究，利用实际案例说明各类方法之间的不同。最后，详细论述对第二代评价方法中概念和步骤的发展演变过程。

3.1 基本概念和步骤

3.1.1 生态概念

第二代评价方法除仔细思考景观适宜性评价的拓展因素外，还试图通过重新解释与景观功能相关的概念并将其纳入适宜性分析中，从而更好地描述景观的动态特征。研究者和实践者都倾向于根据自然系统或生态系统特征来定义土地的边界。根据生态系统特征来描述土地特征，结合适宜性分析理解生态系统的概念，有助于理解景观的功能及其演变。主要的生态概念包括演替（Succession），或者说是生态系统的发展，以及生态系统的稳定性（Stability）、恢复力（Resilience）、多样性（Diversity）、可持续性（Sustainability）以及生产力（Productivity）等生态概念。

- 稳定性

稳定性是成熟生态系统的基本特征之一。生态学家尤金·奥德姆指出，生态系统都要经历从青年阶段到顶极阶段的成熟或演替过程，只有这样的生态系统才是稳定的系统。他指出："在资源有限和空间拥挤的环境中的生存能力对于生物在顶极阶段的生存来说意义更大。"[3] 顶极阶段生态系统的熵相对较低，能量更多的用于生态系统的维持而不是生长；生态系统克服扰动的能力增强；同时由于生物体具有更大的储存能力，也提高了生物体处理能量和物质的效率，从事更多的合作联合以及拥有更多的特殊生境和更复杂的生命循环。然而顶极阶段不是静态的，它要经受滞后、反馈和扰动等各种过程的影响。

生态系统有两种类型的稳定性：一种是恢复力稳定性（Resilience stability），它是受干扰后迅速复原的能力；另一种是抵抗力稳定性（Resistance stability），它是受干扰时保持稳定的能力。景观中存在的许多物种加强了景观的迅速恢复能力。然而，当代生态学家对生物多样性是否具有增强景观恢复力稳定性的功能存在异议。与稳定性相关的概念是生态系统的可持续能力，是推动景观向永恒或持久稳定方向发展的过程。

- 生产力

生产是生物将能量从特定区域经过一定时间后进入高级生物体的转化过程。高效率的生产取决于水、气候和营养物等物理要素，以及减少生物体日常维持所需的能量

55

补偿。生产力在演替的早期阶段上升，在顶极阶段下降。

在适宜性评价中，生态稳定性和生产力概念的应用使评价方法和逻辑较易掌握。由于依靠景观在演替早期阶段大量生产和提供的食物和纤维，成熟景观所积累的生物体才能抵抗不利环境的影响，成熟景观具有重要的防护作用。因此，在追求生态系统稳定性的同时，我们必须面对景观生产和景观保护间的平衡。生态系统的发展及稳定性、恢复力、多样性和生产力等相关概念为我们提供了景观优化利用评价的基础。

为了实现持续利用景观的生产力又不会对景观形成破坏的目的,在景观成熟的过程中如何确定景观的关键点(在时间和空间上)成为重要的课题？为回答这个问题,本书介绍了承载力、机遇和制约（Opportunity and constraints）、环境影响（Environmental impact）、景观再生（Landscape regeneration）以及第二代景观适宜性评价中所有的基本概念。

3.1.2　景观适宜性的基本概念

● 承载力

承载力的概念来自种群生态学领域，现已广泛应用于野生动物学、游憩学和规划学科等领域。[4] 生物学家将其定义为"生境能够支撑但不会导致生境明显退化的生物体数量或生物量。"社会学家将承载力定义为"在不破坏环境可持续利用的前提下能够维持的容量和强度。"[5] 换句话说，在假定生物体对景观都有格式化的相同影响的前提下，承载力是景观从扰动中恢复能力的最大近似值。但事实并非如此。如果适宜性分析与确定景观的优化利用有关，那么其中一种方法就是确定不同用途景观承载力的临界值。承载力可用作建立景观最优利用体系的替代方法。景观适宜性分析和承载力之间存在潜在联系，其研究已成为提高景观适宜性评价的一个主要方向。

● 景观机遇和制约

在景观的演替过程中，临界点是在不会导致土地退化前提下土地持续生产的最大能力，可以通过自然和文化景观特征的机遇和制约条件之间的逻辑关系来确定临界点，以满足不同的人类使用。关注机遇，我们可以识别出人类行为对景观干扰最小的地段，有时甚至可以提高景观的生产力。景观恢复就是提高景观生产力的一个例证，景观恢复是将演替过程重新引入先前干扰的场地。相对而言，制约有助于识别那些限制景观持续生产力并可能导致其退化的地段。这是众多适宜性分析应用中的基本观点，包括麦克哈格及其同事、学生在宾夕法尼亚大学所做的大多数研究工作。[6] 在第二代评价方法中，通过强化生态和技术的有效性，兼顾社会和经济因素，进一步改进了用于确定机遇和制约因素的选择依据和因素组合原则。

● 影响评价

研究人类行为在景观中潜在的社会、经济和环境影响，是明确其影响不超过场地或区域恢复力稳定性和抵抗力稳定性的另一种方法。这种方法是环境影响评价（EIA）的基本框架，是国家环境政策法的核心。环境影响评价需要评价开发行为不会超越景观由干扰中恢复的能力，并进一步提出消除潜在消极影响的措施。因此，环境影响评价提出很多问题：什么样的行为？如何影响景观？影响程度如何？社会、经济和环境的成本是什么？为降低开发所形成的负面影响，需要采取的措施是什么？由于将环境影响评价作为适宜性分析方法中明确而完整的组成部分，从而使得景观优化利用评价得到了进一步发展。

同样，关注适宜性评价方案产生的影响，有助于改进与自然不和谐的评价项目。根据现有生态系统复杂性的知识。由于因果关系不完全是线性的，并且一些影响本身不会立即显现。我们只能在一定程度上预测干扰的结果。因而尽管如此，对影响和冲击的考虑拓宽了适宜性评价中所使用因素的种类和数量，这也是第二代景观适宜性评价方法的又一特征。

● 景观再生

再生是第二代景观适宜性评价中一个较新的概念。约翰·莱尔在《可持续发展的再生设计》（Regenerative Design for Sustainable Development，1994 年）一书中提出这个概念后被广泛应用，如费城须芒草（Andropogon）联合设计有限公司的景观设计师团队，它由麦克哈格以前的四位学生组成，他们分别是科罗尔·富兰克林（CarolFranklin）、科林·富兰克林（Colin Franklin）、莱斯利·萨奥尔（Leslie Sauer）和罗尔夫·萨奥尔（Rolf Sauer）。[7]"再生"关注通过景观资源的更新确保主要生态过程的持续和稳定。它认为景观为日常自然和经济活动不间断地提供所需的纤维、能量和物质。由于能量守恒，它从一种形式转换成另一种形式（热力学第一定律）。在景观适宜性评价中采用景观再生概念的原因是为了确保景观的可持续性或持续稳定性。

3.1.3 步骤

在运用适宜性分析评价景观优化利用的过程中，自然、生物和社会过程三者之间相互依赖。自然和文化景观是一系列地质、水文、气候、土壤、区位及文化技术过程动态综合的结果。[8]相互依赖的观点与一般系统理论暗含的假设相一致，认为只要系统能够维持其与环境间的均衡状态，系统的（相互依赖的）关系就是和谐的关系。[9]大多数第一代景观适宜性评价方法也强调系统思想，与关注多种尺度的第二代景观适宜性评价方法相比，第一代景观适宜性评价方法仅关注单一的尺度。

然而，景观是生态系统相互作用的镶嵌体，生态系统通过能量和物质的流动相互联系。对景观功能的深入理解，使得在思考、理解和组织过程中采用等级化的角度来看一个系统的特点。[10]这可以解释为什么生态学家在不同尺度上研究景观，如种群、群落以及生态系统，因为每种尺度有其自身的特点。就如杰拉尔德·扬及其同事指出的："分层次思考构建出局部和整体的关系，蕴含分析和综合，提供前后关系及潜在的相互依赖关系。"[11]其内涵就是在一个等级上认为是一个整体，到更高等级上就成为更大整体中的一个部分。[12]因此，第二代景观适宜性评价方法的支持者都更加关注在多尺度上理解和分析景观。

　　确定景观适宜性研究应用的技术方法也得到了相应的改进。景观设计师和规划师刘易斯·霍普金斯、布鲁斯·麦克杜格尔和卡尔·斯坦尼兹为此作出了重要贡献。[13]他们批判性地研究了景观适宜性评价的方法和途径，为其精确性的改进提出了建议。[14]

　　大多数景观特征及其相互关系的分析技术和方法被划分成一种或多种类型，这是霍普金斯在其1977年发表的文章"编制土地适宜性地图的方法：一种比较评价"中提出的，这篇文章被广泛阅读。这几类方法是：序位组合法（Ordinal combination）、线性组合法（Linear combination）、非线性组合法（Nonlinear combination）、要素组合法（Factor combination）以及组合原则法（Rules of combination）。这些方法所遵循的步骤类似于第2章中阐述的麦克哈格所使用的步骤（图2.6）。然而，这些方法在定义均质区的明确程度上，在组合自然和文化特征时使用数学方法的有效性上，以及在处理特征间相互依赖关系上都有所不同。

　　● 序位组合法

　　序组合是叠合技术的一种变化方法，最早由奥姆斯特德和艾略特使用，之后沃伦·曼宁在其1912年为马萨诸塞州毕莱卡（Billerica）所作的规划中使用了这种方法。麦克哈格变革了序位组合方法，并为其提供了理论基础，这种变体突出体现在其里士满公园路的项目研究中（1968年）。这项研究包括：（1）制作相关的景观要素特征地图；（2）根据预期的土地利用将景观要素分级，例如土壤深度或土壤排水；（3）根据预期的土地利用制作单一特征要素的适宜性地图；（4）将单一特征要素的适宜性地图组合成综合的适宜性地图。使用透明覆盖物叠合，组合地图显示的灰色阴影描绘了预期土地利用的适宜性空间形式。灰度越浅就愈具有土地利用的适宜性（图3.2）。

　　刘易斯·霍普金斯认为，叠合的阴影地图与数字叠加所描绘的内容是相同的。也就是说，无论是两个或更多不同强度阴影的叠合形成的组合阴影的强度都可以用数学方法进行预测。因为这些阴影代表了每种土地利用中各类景观要素的分级，叠合这些阴影形成组合地图是一种有效的数学方法，相当于通过数字叠加表述值的高低趋势，但并没有指出值是多少。此外，这类方法没有设定组合要素之间存在相互依赖的关系。例如，一片土地上的地被种类可能取决于该片土地的土壤种类及其他条件。由于这些问题的存在，序位组合方法并不是第二代景观适宜性评价中优先选择的方法。

　　● 线性组合法

　　线性组合法考虑到自然和文化要素的相对重要性，将要素置于同一尺度，通过倍数来反映要素的相对重要性。这样就可以根据每种要素确定土地利用的适宜性。

　　同一尺度上，将每种要素看做是最大赋值的一部分，即从1到10。在确定各种土地利用的景观适宜性时，这些值说明了景观要素种类之间的相对重要性，例如，在确定住区适宜性时，土壤深度是否比土壤排水更重要？同样，倍数说明了不同要素相对影响的重要性，例如，在建立住区的适宜性中，地形是否比土壤或植被更重要？

　　斯坦尼兹和他的哈佛同事们提出的权重叠加法（Weighed-overlay）是线性组合法

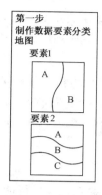

第一步 制作数据要素分类 地图

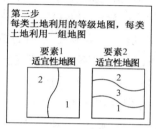

第二步
将每类土地利用中的各类要素分级

要素与分类	土地利用		
	U1	U2	U3
要素1			
分类A	2	•	•
分类B	1	•	•
要素2			
分类A	2	•	•
分类B	3	•	•
分类C	1	•	•

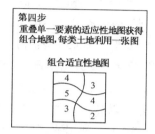

第三步
每类土地利用的等级地图，每类
土地利用一组地图

第四步
重叠单一要素的适应性地图获得
组合地图，每类土地利用一张图

图 3.2　序位组合方法［源自 Chapin 和 Kaiser 的《城市土地使用规划》（Urban Land Use Planning），由 M. Rapelje 重绘,2000 年］

的一种变化方法。后来约翰·莱尔和马克·冯·伍德特克（Mark von Wodtke）在开发规划信息系统中使用了线性组合法的另一种变化方法，这个规划信息系统应用在 20 世纪 70 年代中期的圣迭戈县（San Diego County）海岸平原规划中。尽管线性组合方法解决了序位组合法存在的一些问题，但它仍然假设用于建立适宜性的景观要素之间是相互独立的。例如，它无法解释土壤流失与土壤类别、坡度和地被存在关联的事实。

- 非线性组合法

在一些实例中，各景观要素之间的相互依赖关系不能仅由单个要素适宜性地图叠置得到。也就是说，在图 3.2 中由步骤 3 到步骤 4 的过程中所应用的方程都存在着非线性关系。在这种情况下，非线性组合法很有用，这是由于它运用数学函数去表达相互关系。然而事实上，景观要素之间的相互关系很难通过数学方程精确定义和充分理解。即使能用方程，通常所考虑的景观要素的数量也很少，需要更多的分析来评价景观适宜性。其中最显著的例子就是根据坡度、土壤种类和地被来计算土壤流失和地表径流的方程。

- 要素组合法

在适宜性分级赋值前，将单一的景观要素组合成均质区域，这是另一种说明景观要素间相互关系的方法，即要素组合法。由麦克哈格-华莱士联合公司所做的山谷规划就阐述了这种方法（图 2.7）。依据森林植被和地形两种自然景观要素，他们发现了五类均质区域：山谷森林（Valley forests）、无森林的山谷（Unforested valley）、有森林覆盖的山谷坡（Forested valley walls）、森林高原（Forested plateau）和无森林覆盖的高原（Unforested plateau）。他们依据与区域生态特征相关的土地利用方式给每一均质区建立管理导则，而不是使用数字赋值分级的方法来建立适宜性。

要素组合法通过适宜性分级赋值解释景观要素之间的相互作用关系。然而，试想如果华莱士和麦克哈格使用了五种景观要素而非两种来描绘均质区域，那么均质区的数量会呈现指数形式增长，使适宜性评价变得太繁琐而不可实现。与此相比，组合原则法具有解决这些问题的潜力。

• 组合原则法

组合原则法用于考查自然和文化现象之间的相互关系。为进行适宜性评价，组合原则法明确地将生态、经济、社会以及美学因素进行组合。和其他方法一样，组合原则法首先制作出相关单一景观要素地图。然后，与华莱士-麦克哈格在山谷规划中所用的方法类似，通过各种要素组合后划分出明确的均质区域。接下来，在明确原则的指导下确定适宜性。由于这些原则可应用于整个组合系列之中，因此均质区的数量就急剧下降。

组合原则法同样可以处理景观要素之间的相互依赖性，进而使适宜性评价的基础更加明确。例如，住区土地利用适宜性评价的一个基本原则，就是排除哪些易于泛洪的、坡度大于等于25%的、低洼阔叶林地以及0.25英里内存在公共下水道和排水管的区域。景观开发可能会导致该区域土地的退化，需要保护区域内易破坏的景观。同时如果开发项目与现有的基础设施不配套，可能会使开发成本显著增加。

1971年，托马斯·伊麦尔（Thomas Ingmire）、提托·帕特里（Tito Patri）和戴维·斯特雷特（David Streatfield）在旧金山大城市区域的圣克鲁兹山脉（Santa CruzMountain Range）环境恶化的早期预警系统使用了组合原则法。[15]1974年纳伦德拉·朱尼加在新泽西州迈德福德镇的开发实施措施中使用了组合原则法；1978年弗雷德里克·斯坦纳在华盛顿州惠特曼县（Whitman County）乡村住区选址时也使用了组合原则法。[16]1991年我利用组合原则法对理查德罗素湖（Richard B. Russell Lake）沿岸综合土地利用定位的可行性进行了研究。理查德罗素湖位于佐治亚州和南卡罗来纳州之间的边界区，是萨瓦纳河（Savannah River）沿岸三大湖泊之一。[17]麦克哈格的在其多数研究中常常结合序位组合法使用组合原则法。在使用组合原则法时要确保在理论和技术上能够适用于土地利用规划。

序位组合法、线性组合法、非线性组合法、要素组合法以及组合原则法相互之间具有一定的互补特性。因此，根据土地利用方案，有必要综合使用其中一种或几种方法。例如，霍普金斯建议首先使用线性组合法和非线性组合法的方法组合那些熟悉和熟知的景观要素（社会和经济要素）；然后作为上述方法的补充，应用组合原则方法来说明环境（社会和经济的）影响以及未知的定量关系所具有的隐性成本。

统计分析方法能够分析多数景观特征。在第二代景观适宜性评价方法中，统计分析常常用于定义均质区和分析自然与文化方面的数据。统计学（Statistics）是收集、分类和分析数据的技术与方法论体系。统计方法有描述性统计和推论性统计两种。描述性统计（Descriptive Statistics）是用于概括数字类数据，使之更可管理和更加有用。

以反映集中趋势的方法为例，有平均值和中位数；反映差量的方法有标准差和方差以及双变量的关系。生态学家通过测量类型、分布、密度和树木高度，利用描述性统计可以获得详细的林地特征信息。这类信息有助于将景观进一步划分为具有一个或多个相似特征的景观单元。

相对而言，推论性统计（Inferential statistics）是在有限观察的基础上进行归纳总结而形成的普遍性特征。可用于根据历史趋势进一步预测未来事件发生的几率。在生态规划中推论性统计具有一系列实用的手段，主要包括单尾和双尾 t 检验、方差分析、聚类分析、多元回归以及要素分析等。推论统计广泛应用于生态规划，从识别对人类健康和安全有危害的区域（如洪泛区和易于着火的地区）到评估土壤生产力等生态规划各领域都有广泛的应用。

非参数统计（Nonparametric statistics）是生态评价中另一种经常使用的统计分析法。非参数统计在分析没有大小但可以根据关系逐个排列的数据时很有用，如土壤种类、植被或坡度。人们在分析如何给不同景观要素赋值时会经常使用非参数统计方法。在此情况下，通常会用到非参数的 Q-sort 检验方法。

除去推论性统计的性能，生态规划中更多地使用描述性统计，这是由于描述性统计导入数据的要求相对不那么苛刻的缘故。不管怎样，这两种统计分析都可由计算机来实现，从而使这两种分析方法成为景观描述和分析中最强有力的工具。

计算机技术的迅猛发展提高了大型复杂工程中信息处理的精确性、高效性和经济性。一些计算机程序设计用于试图建立景观过程和现象的模型，而另外一些程序则设计用于复杂信息的存储、使用、管理、恢复和演示。在过去的 30 年间，计算机存储和使用信息的能力大大提高。

空间信息（Spatial information）由空间坐标中的二维或三维数据组成。计算机可以将数字信息以三种形式储存：单元、不规则多边形以及图像处理。[18] 当用单元（Cell）（或栅格）形式储存时，空间信息储存于类似棋盘的方格中（图 3.3）。每个格子中的数据是每一个被研究的景观要素的集合。例如，如果要素是土壤，那么一个格子中记录的数据可能是 60% 砂黏土、25% 肥沃的淤泥以及 5% 淤泥黏土。单元格式的主要优点就是在使用相同的地理单元时储存的数据易于比较；缺点在于如果单元不够小的话，一些细节会被忽略；同时信息在收集的过程中也会丢失。

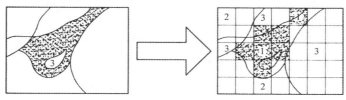

图 3.3 用网格单元描绘绘制的区域［复制于莱尔德（Laird）等人的《土地承载力定量分析》（Quantitatiuc Land-Capability Analysis）］

不规则多边形（Polygon）（或向量）是假设地球表面由不规则的闭合线条构成，通过记录坐标沿线的点储存数据，一张土壤地图呈现出的是由围合相同类型土壤的线条组成的多边形地图。多边形格式的主要优点是参考的数据更加精确，越接近坐标中的点，地理特征越精确。主要缺点是数据控制了多边形的规模、数量和外形。当一个数据（例如土壤）是分散的，那么不规则多边形的数量和规模将会增加，也要相应提高计算机的运行和存储能力，只有这样才能实现预期的数据处理目标。

图形处理（Image-processing）格式与网格形式类似，但图形处理格式中的方格尺寸相对较小，看上去就如同电视屏幕上所看到的方格。格子中只记录一个单独的点，也就是说这个单独的点就代表这个方格。因此，可以从地球资源卫星图像或航空照片直接生成地图。图像处理格式的优点是，容易且精确地查询空间数据。同时与单元和不规则多边形格式相比，图像处理格式具有相当大的内部存储量。其缺点是，图像处理格式是建立在一个节点被一个均质区域所环绕的思想上，它由节点规模来确定。

在过去的30年间，计算机可以执行的运算矩阵得到了极大地扩展，运算速度也迅速提高。处理生态问题的软件质量和数量也有所提高。由于这些方面的进步，景观适宜性评价时应用计算机技术已成为一大趋势。然而，仍然存在一些特殊情况，当研究区域较小且在适宜性评价过程中改变不大时，手工的方法可能更合适。

尽管很多人已经注意到未来计算机技术可预期的应用趋势，但用弗雷德里克·斯坦纳的话来说，"由计算机系统应用形成的结果的好坏仅取决于所采用的程序和数据质量。"[19]此外，成本、时间、人力以及可收集的相关资料也是决定是否采用计算机来评价景观适宜性的重要因素。

同样，遥感技术的发展提高了获取更加精确空间信息的能力。主要的发展包括以下几点：（1）多光谱扫描仪的发明，它可以提供地表同一区域的独立图像；（2）获取更加精确且更小尺度的空间信息的能力；（3）电子化信息的储存能力。美国国家航空和航天局（NASA）引领着遥感技术的发展。1972年，他们发射了第一颗土地资源卫星，名叫陆地资源卫星（Landsat）。从那以后，美国、法国和俄国等国家先后发射了一系列卫星。早期卫星传回的数据分辨率是1.1英亩，现在卫星传送的空间数据分辨率可达到3平方米。

3.2　景观适宜性评价方法的种类

上述发展在基本概念、步骤、方法和技术中的综合作用，使景观适宜性评价方法更为多样化和复杂化。根据这些方法表现的累积作用以及在生态规划过程中所强调的阶段，可将第二代景观适宜性评价方法主要分为四大类。[20]这四大类方法是：（1）景观单元和景观分类法；（2）景观资源调查和评价法；（3）空间配置与评价方法；（4）空间配置、评价及实现法，或者称之为战略性景观适宜性评价方法。

这四类方法中，有些方法适合解决如高速公路选线这一类单一的资源问题，而有些方法则适合解决在特定土地上进行多种资源的配置问题。人们期望这些方法不断发展，甚至同一类方法都有所发展。虽然我没有将格式塔方法归入这四大类方法中，但是它也是一种有效的第二代景观适宜性评价方法。

3.2.1 景观单元和景观分类法

在不考虑未来土地利用的前提下，景观单元和景观分类方法是在预设标准的基础上，将自然和文化的景观特征划分为不同的区域。这类方法系统地解读了土地利用的复合区域，以针对某一结果研究景观自然和文化特征之间的关系，例如，对发展影响的评价或确定其他用途的景观适宜性。

除提供景观概念化的方法外，一些方法也提供了其他可行的目标。由于大多信息都以地图附带文本说明的形式出现，这些方法大幅度削减了收集生态规划相关数据的成本。我在回顾第一代景观适宜性评价时就已提过景观单元和景观分类法，它主要包括美国自然资源保护局（NRCS）的潜力体系法、希尔斯的地文单元法和克里斯琴或澳大利亚法。

第一代景观适宜性评价的景观单元和景观分类法是一种静态的研究方法。如用附带文本的方式进行景观过程的描绘分类。从20世纪70年代初开始，景观单元和景观分类法得到一定改进，进一步用于生态单元的确定。此外，该方法还重点强调理解和诠释景观，而不是仅仅描述景观的特征；相关信息主要包括社会和经济信息、宏观和微观尺度问题的适应性以及提高预期使用者交流时的信息透明度。

由于景观单元和景观分类法反映了人类强加在自然和文化现象上的人文因素，因此景观单元和景观分类法具有无穷变化的可能性（表3.1）。沃姆斯利（Warmsley）和凡·纳菲尔德（Van Narnveld）认为"分类体系是为了满足人们自身的特殊需求而简单创建的，它反映了当时科学的发展程度。"[21]在第二代景观适宜性评价的景观单元和景观分类法中，值得进一步探讨的显著变化有：（1）关注单个景观要素；（2）强调复合景观要素；（3）明确识别生态均质区；（4）包含社会、文化和经济要素。除此之外，在回顾分类体系的计算机化的基础上对景观单元和景观分类法进行初步评论。

景观单元和景观分类方法精选　　　　表3.1

方　　法	时　　间	尺　　度	参考文献
千层饼	过去 – 现在	—	Wallace et al. 1971 – 74
非生命的 – 生命的文化（ABC）	现在	1：250000—1：25000	Dorney 1977
营养结构	现在	1：25000	Dansereau and Pare 1977
景观过程	现在	1：25000—1：2500	Moss 1983

续表

方 法	时 间	尺 度	参 考 文 献
点状图（地形学、土壤、土地利用）	现在－将来	1∶20000	Coleman 1985
自然、农业、城市生态系统	现在	1∶3000000—1∶2500	Dorney 1989
重要农田绘图程序	现在－将来	1∶20000	DOA，SCS 1978；Dideriksen 1984
加拿大土地资源目录	现在－将来	1∶250000	Canada Land Inventory（1969-76）
土地评估和立地评价（LESA）	现在－将来	1∶20000	Wright et al.1983；USDA，SCS 1983

来源：改编自 Dorney 的《环境管理的专业实践》（Professional Practice of Environmental Management）。

- 关注单个景观要素

一些第二代景观适宜性评价方法通过分解土壤或植被等各个自然资源的相似属性来描述均质区域，并揭示景观的生产力和质量。美国自然资源保护局（NRCS）的土壤调查体系，加拿大土地分类体系以及美国湿地鱼类和野生动物分类体系就是很好的实例（图3.4）。[22]用这些方法获得的信息都是以原始数据或描述性数据的形式呈现。

以原始形式呈现的信息是提供景观单一要素的基本数据，如湿地和野生动物调查，这些数据可能复合到由几个独立调查构成的项目之中。以描述性形式呈现的信息可能单独应用或结合其他信息使用。美国自然资源保护局的土壤调查体系和加拿大土地分类体系都是优秀的实例，这是因为他们都根据土壤的生产能力将其划分成不同的组别。加拿大土地分类体系是为获取土壤潜力信息并为资源改进规划提供信息基础，因此它建立了农业用地、林地、游憩用地和野生动植物用地等六类土地利用的土壤潜力信息。与美国自然资源保护局的分类一样，加拿大土地分类体系创造了一系列数值分类，用以表示每类土壤潜力的极限。[23]

- 关注复合景观要素

一些景观单元和景观分类法用景观的自然和文化要素之间的相互关系来描绘景观均质区域，确定景观的质量、稳定性、恢复力或生产力。复合信息是通过原始形式呈现或以描述性的形式呈现。例如，宾夕法尼亚大学的麦克哈格及其同事们发明了千层饼模型，很好地概括和理解了自然、生物和社会文化过程之间的相互关系和演变（图1.3）。千层饼模型呈现了历史过程中的相互关系，解释了过程的成因。一方面，通过理解气候、地质和土壤等景观的自然过程，更好地理解相应的生物过程。另一方面，特定地段的物理和生物过程的历史有助于解释人类对景观影响的内在本质。

霍尔德里奇（Holdridge）的生物气候生物带分类是试图定义自然和文化现象之间

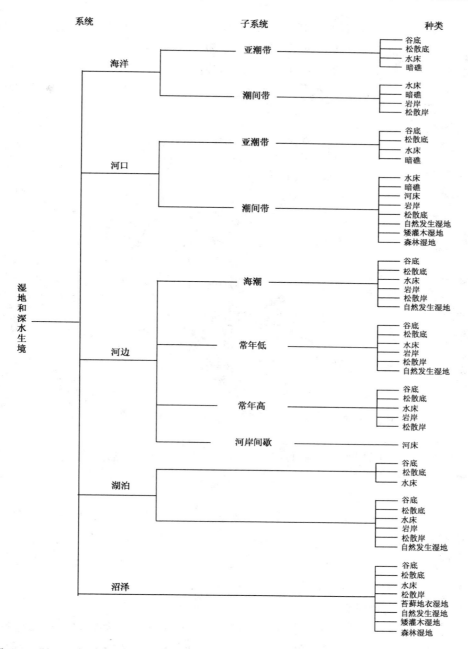

图3.4 湿地和深水生境分类等级(源自 Cowardin et al. 的"Classification of Wetlands and Deepwater Habitats in the United States",由 M. Rapelje 重绘，2000 年)

关系的又一实例（图3.5）。尽管该分类方法在20 世纪60 年代晚期就已经提出，但是这里讨论它的原因是因为它注重可用于判断植物群丛的种类、质量和顶极植物等存在的自然与文化关联。霍尔德里奇的目的是在规划更大更复杂的景观时可将景观中一般等级上的生物均质区用作景观分析的单元。霍尔德里奇分类的依据是由年均降雨量、

66

61

温度和蒸发量来确定显著的生态联系。他假设"必须将这些联系看做是完整的自然单元，具有显著的特征或外貌，单元中的植被、动物、气候、地文特征、地理构成以及土壤都相互联系形成一个可识别的相互作用的整体。"[24]

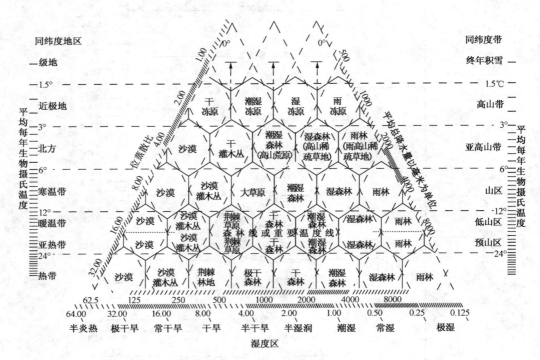

图 3.5 生态分类中的生物带系统（源自 Holdridge 的"Life Zone Ecology"，由 M. Rapelje 重绘，2000 年）

1978 年，结合麦克哈格的千层饼模型和霍尔德里奇的生物气候生命带分类法，华盛顿州立大学的斯坦纳、肯尼斯·布鲁克斯（Kenneth Brooks）以及他们的学生，分析了华盛顿州东南部的一个县。分析的成果包括对土地利用的适宜性分析以及对未来土地利用规划的建议。[25]

• 可识别的生态均质区

在努力发展有生态意义的分类系统的过程中，1974 年希尔斯根据生态系统理论重新解释了其 1961 年提出的地文单元（Physiographic-unit）分类中的分析单元。他指出，生态系统应该是理解和分析景观的基本单元："对于生态系统或社会文化系统的发展来讲，在景观（生态）规划中，将生态系统看作'生产力系统'是非常有用的，生产力无论是来自于农场、森林或渔业生态系统的生物生产力，还是来自于矿藏、蓄水层或能源的地文生产力。"[26]

希尔斯提出，理解景观的基本单元是立地类型（Site type），立地类型源于在通过相互作用控制生产力的过程中所表现出的景观特征的一致性。它包括：（1）地文立地类型（Physiographic site classes）——气候、地形、土壤、水等；（2）生物立地类型——植物和动物群落；（3）文化立地类型——在文化立地类型中人类社区与生物立地类型相一致。

人们都同意希尔斯分类法的逻辑，但对分类的重复性却存在争议。一方面他提出的方法在界定立地类型时存在操作性困难，不同的人使用他的分类法可能得到不同的结果；另一方面希尔斯还将自然和文化现象之间存在的复杂和动态的关系简单化。

- 社会、文化和经济要素

大多分类方法极少关注人文过程，认为它们过于复杂和模糊，并担心纳入人文过程会降低方法的可重复使用性。然而，根据理论和实际，如果不考虑人文因素，只根据生物物理过程进行景观分类，就会大大降低这些景观分类方法的价值。[27]

希尔斯的研究是将文化因素纳入分类体系的重要一步。另一个创新贡献是由劳埃德·E·赖特（Lloyd E. Wright）领导的华盛顿特区水土保持局（SCS）土地利用办公室开发的土地评估与立地评价（LESA）分类体系。赖特在土地评估与立地评价分类体系的基础上开展了长岛萨福克县（Long Island Suffolk County）、艾奥瓦州的布莱克霍克县（Black Hawk County）、威斯康星州的沃尔沃思县（Walworth County）以及华盛顿州的惠特曼县的研究工作。此外，土地评估与立地评价符合制订说明性分类方案的要点，而不是描述和迎合说明性标准，并且强调土地利用变化的动态性。就像希尔斯的分类方法，它依赖于专家小组所建立的地方性土地评估和立地评价标准。

在农业和城市利用的景观适宜性评价中，土地评估和立地评价体系提高了土壤调查的效用和准确度。第2章讨论的自然资源保护局（NRCS）所采用的方法则依据土壤的农业生产力极限。尽管这种方法已经被应用到城市利用的适宜性评价之中，但它没有反映生态、经济、社会或美学问题的相关信息，这些信息对城市景观适宜性评价有一定影响。就如第2章中指出的，自然资源保护局（NRCS）所采用的方法在多种类型土地利用适宜性评价的精确性上还存在一定问题。例如，土壤的变化虽然不是决定农业生产力的重要因素，但是在城市适宜性评价中却是考虑的主要因素。

土地评估和立地评价（LESA）体系由农业土地评估（LE）和农业立地评价（SA）两部分组成。农业土地评估根据农业土地的质量对区域进行等级划分。最好的土壤赋值100，最差的赋值0（表3.2）。综合土壤的潜力级别、重要农业用地分类以及土壤潜力分级等信息确定土壤的质量。

自然资源保护局所采用的农业用地分类使用了国家标准来定义农业用地类型，这样可以在统一的基础上将特定区域的土壤与全国范围内的同一种土壤进行比较。在比较指示作物的土壤和其他产区的土壤时，土壤潜力分级反映出土壤的相对价值，它取决于现在和未来土壤用于克服其制约因素的成本。在决定农业利用土壤的价值时，土壤潜力可能取代土壤生产力。土壤潜力反映相对净收益，它是指示作物相对于各类土壤的期望收益。土壤潜力分级是根据 $SPI = P - CM - CL$ 方程对每类土壤制图单元进行计算，这里 SPI 是土壤潜力指数，P 是以美元衡量的土壤性能，CM 是削减土壤限制的

68

63

相关成本，CL 是克服后续限制的相关成本。

| | | | 农业土地评估工作表样例 | | | 表 3.2 |
| | | | | | | |

土壤组别	土地容量	重要农田检测分析	潜在价值或生产力	所占比例	英　亩	相对价值
1	I	主要	95—100	18.8	76270	100
2	IIw	主要	95—100	31.3	127470	94
3	I	主要	94	5.4	21975	88
4	II	主要	90—94	9.6	39365	84
5	II	主要	80—89	21.0	85635	81
6	II	主要	70—79	3.5	14570	75
7	II	主要	69	7.1	28695	44
8	II / IIIw	遍及全州	全部	2.1	8275	31
9	IIIe / IV / V	遍及全州	全部	0.9	3410	28
10	其他	全部	全部	0.3	1375	0

来源：U. S. Department of Agriculture, Soil Conservation Service, "National Agricultural Land Evaluation and Site Assessment Handbook"

　　每组农业土壤质量的相对价值是根据三个分级体系来评价的。相对价值可根据特定产地的相关土壤面积进行调整，并以最高产量面积的百分比来表示，它直接反映土壤质量。

　　在确定城市景观优化利用的过程中，立地评价还关注其他重要因素。如距离市场的区位和距离，与基础设施和公共服务的接近程度，现有土地利用法规，土地所有制形式以及预期利用的影响等因素。赋予这些因素不同的值。国家自然资源保护局（NRCS）建议每一个要素的最大分值为10，这样就可以在适宜性评价时识别各要素间的相对重要性，并赋予要素相对权重。最终土地评价的分值是将每个因素的得分与权重相乘并最终加和取得的。例如，一个管理较好并根据预期利用被划分成区域，且远离其他农业利用的区域会比没有这些特征的区域总得分要高。

　　表3.3 显示了评价惠特曼县将农业用地转化为商业用地中使用的一系列要素。表3.4 描述了惠特曼县四个立地类型的土地评估计算实例。[28]惠特曼县规划委员会及其全体成员从自然资源保护局的体系及惠特曼县的总体规划中得到这些要素。自然资源保护局认为，只有将土地评估和立地评价得分组合后形成的最终评价才是有用的。在惠特曼县的案例中，由于两种评价体系所传达的信息明显不同，所以两者分值最后没有被组合起来。

华盛顿惠特曼县农业用地转化为商业用地的评估中使用的要素　　表 3.3

来源[a]	要素	最大点
水土保持局	0.4 千米范围内农业用地所占比例	10
水土保持局	农业用地中场地边界所占比例	10
规划	土地的有效利用：提出的发展将占用多少计划再分区的场地	10
规划	道路：场地是主干线还是次干线？	10
规划	下水道／雨水：该场地具有在场地上解决这些措施的能力还是通过连接公共设施来解决？	10
水土保持局／规划	兼容性：计划利用是否会干扰相关利用？	10
规划	环境／文化要素：环境制约是否包括如洪泛区、湿地或野生动物生境？	5
水土保持局／规划	现有利用：场地是否是农田？	15
水土保持局／规划	和城市及建成区的距离	20

来源：Steiner and Theilacker, "*Whitman County Rural Housing Feasibility Study*"

[a]SCS = Soil Conservation Service; Plan = local plan for Whitman County

69

华盛顿惠特曼县四个场地的土地评价计算样例　　表 3.4

土壤类型	坡度（%）	面积（公顷）	换算值	加权综合
场地 7				
安德斯（Anders）粉砂壤土	3—15	1.21（3.0）	48	
本奇（Benge）复合土壤	0—15	0.81（2.0）	0	28.8
场地 10				
纳夫（Naff）粉砂壤土	7—25	0.20（0.5）	81	
帕卢斯（Palouse）—泰特纳（Thatuna）	7—25	1.41（3.5）	87	
泰特纳（Thatuna）粉砂壤土	7—25	1.21（3.0）	81	85.2
场地 13				
格温（Gwin）—林威尔（Linville）复合土壤	30—65	0.81（2.0）	0	
斯诺（Snow）粉砂壤土	7—15	1.21（3.0）	100	60.0
场地 15				
考德威尔（Caldwell）粉砂壤土	—	1.82（4.5）	88	
帕卢斯（Palouse）粉砂壤土	7—25	0.20（0.5）	87	87.9

来源：Tyler et al,"Use of Agricultural Land Evaluation and Site Assessment in Whitman County, Washington, USA"

在景观适宜性评价中，土地评估和立地评价体系是整合反映土地优化利用要素的重要步骤。从根本上看，适宜性评价仍旧根据土壤的限制来确定。只有在影响土壤生产力的制约因素被确定后，社会和经济要素才变得重要。尽管如此，许多在《生长导则系统》（Growth-guidance System）中提到的土地管理技术和方法都是根据土壤制约条件的相关数据制定的。生长导则系统综合了基于绩效的土地管理、土地分级方法和影响评价等多个因素。实例有密歇根州巴斯镇（Bath Township）采用的绩效分区系统（1984 年）；肯塔基州哈丁县（Hardin County）采用的开发导则系统（1977 年）以及弗吉尼亚州贝德福德县（Bedford County）采用的土地利用导则系统（1989 年）。

● 分类系统计算机化

理论上，任何一分类系统都可采用计算机技术来获取、储存、使用、恢复和显展示数据。计算机技术提高了信息处理的便捷性、精确性和有效性。在需要处理量大而复杂数据的分类系统中，更能体现出计算机技术的实用性。20 世纪 70 年代开发的加拿大地理信息系统（CGIS），为计算机技术应用于分类体系作出了开辟性的贡献。从此之后，根据计算机技术最新发展的趋势，不断改进分类系统。处理空间信息的国际机构、美国联邦政府以及国家和地方机构也为分类体系的计算机化作出了贡献。其中著名的机构有美国自然资源保护局（NRCS）、美国地理局（USGS）、美国林业局以及美国渔业和野生动物局的"缝隙分析计划"（Gap Analysis Program）为美国所有植物和野生动物分类系统和绘制分布图作出了贡献。我利用加拿大地理信息系统为例对分类体系计算机化背后的逻辑框架进行说明。

加拿大地理信息系统（CGIS）的基础是加拿大土地分类（CLI）体系。作为资源规划和管理精确而及时的信息源，CLI 的使用者意识到数据处理过程十分不便，CLI 系统无法发挥其全部潜能。作为响应，加拿大环境部开发的加拿大地理信息系统将加拿大土地分类地图转化成计算机数据银行，提供统计表格和综合地图中所含的信息，从而实现快速而详细的分析并使信息能够得到交互使用。[29]

加拿大地理信息系统有三个子系统：数据输入、数据存储以及数据恢复。[30]由加拿大土地分类地图提供的数据被转化成数字化数据库。复合的数据以图像数据(IDS)、定义为空间单元或多边形的数据以及包含多边形特征的数据银行(DDS)的形式储存。原始或过程数据可以以表格或地图的形式得以恢复,或者以交互使用电脑终端的方式恢复查询系统。用户可以从数字存储系统立即得到他们想要的地图和表格。因此,分类体系的计算机化强化了空间和非空间信息的管理,并在用户间以友好的方式进行交流。

总而言之，景观单元和景观分类法为组织自然和文化数据提供了便捷的框架，使适宜性分析和生态评价变得简捷易行。第二代景观适宜性评价分类法在生态和技术上的有效性、可重复性、实用性以及与目标观众间交流的简便性等方面都有所改进。然而我仍发现一些问题没有得到完全解决。例如，在定义土地单元时，土地单元和土地分类法使用了明显不同的规则去识别和整合信息。实际上很多观察者对此已有评论，尽管在实际中数据整合的原则有其一定的科学基础，但用杰米·巴斯蒂杜（Jamie

Bastedo) 的话说，最终对均质区的描绘很大程度上取决于"直觉、经验以及对项目的感情投入。"巴斯蒂杜还指出，某种程度上数据的整合丢失了许多信息，有时"合成的均质区可能几乎没有实际意义的生态承载力。"[31]

此外，生态系统是个复杂的系统，我们对其结构和相互作用知之甚少。由于大多分类方法是静态的，当面对分类系统动态化的发展趋势时，残酷的现实是将景观视作动态系统并把信息引入分类系统的能力十分有限。一方面该系统需要地图以描述过去与将来的生态过程及其相互关系的支撑说明。另一方面，不考虑生态的合理性，将人类因素纳入到土地均质单元的定义中是值得怀疑的。除了在规划研究中经常使用典型的社会和经济信息外，目前对于获得人文因素并与生物物理信息进行系统整合的途径仍缺乏一致性意见。

3.2.2 景观资源调查和评价法

景观资源调查和评价法强调对生物物理、社会、经济、技术因素的分类、分析和综合，目的在于确定潜在土地利用的最佳空间。先定义土地均质单元，然后应用组合原则法和均质区功能分级原则来制定均质单元的土地利用。在制定土地均质单元的原则和功能分级中，直接或间接考虑社会、经济和生物物理因素，得到一组地图或单一的合成图，并附带文本来说明土地单一或多种利用方法的适宜性程度。在适宜性确定的过程中，消极的环境影响并没有引起人们足够的重视，仅将其视为一个中间环节，认为它既不是适宜性多种方案的细节评价，也不是在最优化选择中起决定作用的重要因素。

资源调查和评价法主要考虑的是，在特定地区调配预期土地利用的方法，它能够最大幅度地维持生态的稳定性和生产力，并为其提供变化的社会、经济和技术环境。技术实质性地产生了三大问题。第一，选择相关的社会、经济和生物物理因素背后的逻辑是什么？第二，什么样的原则和功能分级能够适应于不同地段景观的土地利用特征？第三，在确定适宜性的过程中，在什么情况下需要考虑社会、经济和生物物理要素之间的相互关系？

在第二代景观适宜性评价的景观资源调查和评价方法中，"适宜性"是非常有用的概念，它是实现土地需求和供给平衡的途径。"需求力"是社会、经济、政治和技术要素，这些要素标志着预期土地利用的变化和倾向。"供给力"是景观支持预期土地利用的自然特征和能力。

需要考虑的具体要素（社会、经济、生物物理）和强调的范围很大程度上取决于规划项目的性质。例如，制订一个增长管理计划，需要评价将来人口、经济的发展需求、社会价值观以及景观的机遇与制约等各个方面。对于制订一个多用途规划来说，景观规划设计师和规划师在其评价中也可能纳入现有土地利用法规、公共服务和设施的便捷性以及用户的需求等因素。由于规划项目的多样化，因此在景观适应性评价中，就必须针对具体应用来讨论供给与需求相互作用的机理。

72

景观资源调查和评估方法有两个主要亚类，这两个亚类值得进一步探究。它们是：（1）对社会、经济和生态要素进行单独评价后组合起来的方法；（2）使用替代方法来确定适宜性。在景观适宜性评价中，我用一些替代概念来说明为满足预期利用目标而开展的土地适宜性评估。这些替代性概念有机遇和制约分析、土地生产潜力和承载力。下面结合一些案例进行评论，同时也对资源调查和评价方法进行了进一步思考。

　　●单因素评价的组合

　　景观规划设计师和规划师，这里也称为生态规划师和设计师，通常使用图3.1中描述的相互转换关系来确定适宜性。首先独立考查每类信息（如发展需求，用户需求，生态相容性）的集合程度。其次，根据与项目目标间的关系分析每个集合。之后，根据他们相互间的关系、与项目目标的关系以及与其他相关价值制定分配原则或进行功能分级，并对上述独立分析结果进行综合。最后，根据这些原则确定土地利用方式。这个步骤与罗伯特·多尼（Robert Dorney）和杰米·巴斯蒂杜提出的程序原则相一致。

　　彼得·雅各布斯（Peter Jacobs）在加拿大新斯科舍省（Nova Scotia）哈利法克斯市（Halifax）的研究也论证了这个过程。20世纪70年代早期，彼得·雅各布斯提出一种场地规划的方法，它是针对哈利法克斯市城市远郊区流域开发行为的空间配置而提出的。[32]这种方法包括三个过程：（1）区域开发潜力评估和场地评价；（2）确定使用者的需求并制定初步的设计计划；（3）探讨开发类型、结构和土地利用活动的强度，进一步优化设计方案并对方案进行评价（图3.6）。

　　我们感兴趣的是步骤1和步骤2。对于雅各布斯而言，场地的优化利用取决于区域支撑潜在土地利用的内在能力（供给）和由大城市产生的城市增长压力（需求），主要包括使用者团体的需求和价值观（社会成本和收益）以及区域开发所形成的发展影响。利用这些相互关系确定土地预期优化利用的水平，并经过一段时间后评价土地利用的社会和环境的成本与收益。

　　1971年，托马斯·伊麦尔、提托·帕特里、戴维·斯特雷特（David Streatfield）以及来自加利福尼亚大学伯克利分校的学者提出了一个与雅各布斯相类似的框架。当时斯特雷特在伯克利，现在是华盛顿大学景观规划设计的前任系主任，在宾夕法尼亚大学曾是麦克哈格的学生。他们就区域规划早期预警系统的建议已应用于旧金山大城市区域附近的圣克鲁斯山区（Santa Cruz Mountains）的规划中。[33]预警系统的中心思想是提醒决策者关注在土地开发和生态过程之间存在的潜在矛盾。尽管没有明确表述，但这个系统可以看做是评价场地预期土地利用适宜性的另一方法。在圣克鲁斯山区的规划中，规划者通过信息综合制定标准而不是依据适宜性选择来进行土地利用的空间配置。

　　伊麦尔和帕特里通过综合信息制定评价标准，这些信息来源于人们的消费兴趣与需求、影响景观动态的因素（类似于麦克哈格所说的自然过程）以及土地开发的环境影响评价。因此，预警系统中考虑了社会很多不同且相互冲突的价值观以及生态系统自我恢复能力的持续变化等信息。我们对预警系统的两个特征感兴趣。第一，在决定

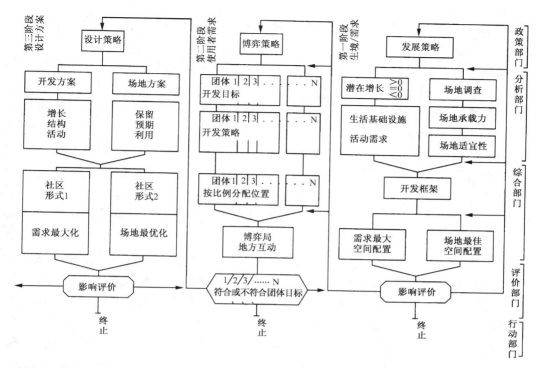

图3.6 场地规划过程（源自 Jacobs 的"Landscape Development in the Urban Fringe"，由 M. Rapelje 重绘，2000 年）

特殊场地的开发需求时，需要开展用户兴趣和需求评价，全面考虑社会、经济和环境要素。第二，虽然开发行为所形成的环境影响评价和预测是生物物理环境分析的结果，但是在政策导则的制定中，生物物理环境分析仅被视作一个中间步骤。

与供给和需求要素组合法相类似的其他著名应用实例有：20 世纪 70 年代早期开始，以朱利叶斯·法布士为首的曼彻斯特大学的学者们所开展的大城市景观规划（METLAND）研究；莫纳市加利福尼亚州立理工大学的莱尔（Lyle）和冯·伍德特克所建立的信息系统；20 世纪 70 年代晚期斯坦尼兹和他的哈佛同事们在波士顿都市区东南部所做的研究，以及 20 世纪 90 年代晚期亚利桑那州和墨西哥索诺拉省圣佩德罗河上游流域所做的不同发展方案。这些实例将在空间配置评价法中进一步讨论。

- 替代措施

规划师和景观规划设计师利用多种替代措施来确定预期土地利用所具有适宜性特征。例如承载力之所以用于土地适宜性评价，是因为它关注景观对特定利用的承受能力或对干扰的恢复能力。相对而言，考虑机遇和制约条件是强调在扩大景观预期利用的生产力的同时尽量减小可能形成的景观退化。大多景观资源调查和评价法的应用都涉及这些替代措施。

问题和机遇。判定和应用评价标准是替代措施在景观资源调查和评价法中常用方法之一，用于获取影响土地需求和土地供给的因素。这些标准不仅包含社会、经济和

74

生物物理因素；而且在项目目标和其他社会价值设定时，也应考虑各要素之间的相互作用。

　　使用这个策略的生态规划师最初是对景观中的局部区域设置标准。大家熟知的筛选地图（Sieve mapping）就是第二次世界大战后英国在新镇规划中使用的策略。由于这些标准是局部的，针对具体项目的，因而一旦被应用，将不会重复使用该标准。例如，在为建造房屋选择合适的场地时，洪涝、火灾、滑坡等自然灾害频发区可以作为不适宜土地的一条标准，并在随后的分析中去除。在美国和世界其他地方，筛选分析广泛应用于许多生态规划中。例如，1975 年，景观规划设计和土地规划公司易道（EDAW）利用筛选分析对明尼苏达州发电厂进行选址。[34] 1980 年，戴斯欧姆（Deitholm）和布莱斯勒（Bressler）也用筛选分析法规划俄勒冈州芒特巴切洛（Mount Bachelor）的滑雪跑道的位置。[35]

　　如实例中所揭示的，关注场地问题一方面要关注不符合特定地区特定土地利用的自然灾害，另一方面要不符合使该地区更具有吸引力的景观特征要求的因素。为了满足这一条件，规划师和景观规划设计师创造了吸引力策略（Attractiveness measures），它反映了对预期利用的需求信息。吸引力策略就景观优化利用对社会、经济和其他要素的影响进行直接或间接的分析判断，其中包括基础设施的有效性、学校便捷性以及地区的视觉特性等。一些社会、经济或政治因素也应用于不适合的土地类型判定的相关标准中。

　　许多筛选分析的应用都有案可查。其中包括哈尼希尔工程（Honey Hill project）在内的大量项目是由斯坦尼兹和他的哈佛同事们所完成的。1993 年，佐治亚大学的景观规划设计师苏珊·克劳（Susan Crow）在地理信息系统的帮助下，采用筛选分析，在亚特兰大东部的阿尔克维（Alcovy）流域规划解说性步道。[36] 莱尔认为"筛选法的使用并不依赖于辩证的平衡，可简单应用于任一区域的土地整体系统分析之中。"[37] 这是"辩证平衡"是指土地供给和土地需求要素之间的不均衡性。

　　相对而言，景观资源调查和评价法强调供给和需求要素之间的辩证平衡。在 20 世纪 70 年代或 80 年代，费城景观设计和规划公司 WMRT 以及宾夕法尼亚大学景观设计和区域规划学院是最早应用这个策略的机构。他们完成的一些优秀案例包括佛罗里达州阿米利亚岛（Amelia Island）总体规划（1971 年，主要实践者有威廉·罗伯茨（William Roberts）、杰克·麦考密克（Jack McCormick）以及乔纳森·萨顿（Jonathan Sutton））；得克萨斯州伍德兰兹社区（Woodlands）的规划（1971—1974 年，由麦克哈格主持）；新泽西州的迈德福德绩效标准的制定（1974 年，主要调查者麦克哈格以及项目负责人纳伦德拉·朱尼加）；多伦多中心滨水区环境资源评价 [1976 年，主要由朱尼加和安妮·斯本（Anne Spirn）完成]；加利福尼亚州萨克拉门托（Sacramento）拉古纳河（LagunaCreek）的研究（1977 年，由麦克哈格合作负责），以及尼日利亚联邦首都阿布贾（Abuja）场地选择和总体规划的制订 [（1978—1979 年，主要负责人托马斯·托德（Thomas Todd）]。[38]

在整个20世纪70年代，麦克哈格依赖由自然和社会科学家组成的团队，和景观设计师以及规划师一起从事生态基础的适宜性分析研究。其中德克萨斯州的伍德兰兹社区、尼日利亚的阿布贾以及新泽西州的迈德福德小镇三个项目说明了在确定场地问题和发展机遇时所存在的具体变化。

德克萨斯州的伍德兰兹社区。伍德兰兹社区位于得克萨斯州休斯敦北部，面积18000英亩（28800公顷）。伍德兰兹社区规划揭示了WMRT从事的大多数研究所依据的概念基础。麦克哈格是合作人和负责人，他与工作团队紧密合作，团队还包括了朱尼加、莱斯利·萨奥尔、詹姆斯·韦尔特曼（James Veltman）、科林·富兰克林、安妮·斯普恩以及卡罗尔·富兰克林在内的景观设计师和生态规划师。尽管伍德兰兹社区规划的许多方面都值得详细研究，但我最关注的是场地中的生态、社会、经济和法律因素是如何用于分析场地所存在的问题和机遇。

麦克哈格在其书中提到了伍德兰兹社区研究的理论框架。这个理论框架的基础概念是，自然要素在对特定土地利用形成制约（局限）的同时，也提供了机遇（吸引力）。约翰逊·亚瑟（Johnson Arthur）、乔纳森·伯格和麦克哈格将此概念框架总结为："在适宜性极高的区域中，景观在为土地利用提供大量机遇的同时形成最少的限制。通过运用机遇和限制的组合分析方法，可以减少土地利用规划所形成的环境影响，也可以减少实施和维持土地预期利用和人工产品制造所需的能量。"[39]

麦克哈格及其同事们讨论认为，仅仅依靠生态研究来理解场地制约和机遇，对于土地利用优化来说是不充分的。场地理解必须被看做是一个更为复杂的规划过程的一部分，规划过程包括社会、经济、政治和法律要素，以及使用者的需求、愿望和期望。因此，麦克哈格依据第一代适宜性评价开展的研究多有别于这里探讨的第二代景观适宜性评价。

麦克哈格及其合作者们应用生态清单并分析建立潜在土地利用所具有的限制因素和机遇。通过对发展趋势和需求所影响的人口、社会和经济等因素分析来确定土地利用。生态分析明确了景观作为要

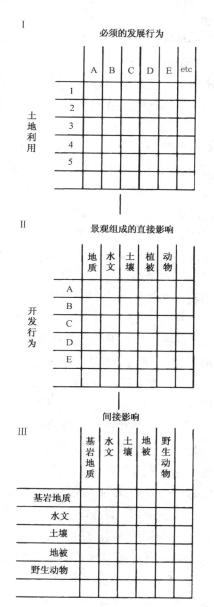

图3.7　表示双变量关系的矩阵（经允许，转载自 Johnson，Berger 和 麦克哈格的"Case Study in Ecological Planning：The Woodlands，Texas."）

76

71

素所构成的整体系统的运行机理（图 3.7）。在理解要素相互作用的基础上，麦克哈格及其同事们不仅诊断出土地预期利用的制约因素，而且还综合信息制成地图。在此基础上，他们不仅制作每一种土地利用的机遇地图，而且通过使用组合原则法来制作反映机遇条件的综合地图，并综合土地利用的机遇和限制条件完成最终的土地适宜性地图。

在评估步骤上，麦克哈格及其同事们重新研究了相关社会、经济和法律要素，进一步明确适宜性区域所具有的相容性特征。评估表明区域往往能够适宜于多种类型土地利用，这就是相容性。通过调查、访问和公共报告可以得到使用者需求和愿望的信息，依据这些信息就可以解决土地利用类型间存在的相互矛盾。

伍德兰兹社区的研究为完善适宜性概念作出了许多细致且重要的贡献。这项研究系统地明确了社会、经济和法律要素转化为土地供给要素标准制定的方法，解释了使用者需求信息和价值观解决土地供给和需求要素相互竞争矛盾的机理。像彼得·雅各布斯、伊麦尔、帕特里和麦克哈格及其同事们表述的那样，综合场地问题和吸引力特征需要对土地利用形成的环境影响和可持续利用作出相关的判断。

尼日利亚的阿布贾。20 世纪 70 年代中期，尼日利亚新联邦首都规划呈现出在多元文化交叉环境中的生态规划和设计特征。国际规划协会是规划和设计新城市的国际组织。在景观规划设计师和城市规划师托马斯·托德的领导下，WMRT 负责选择场地和制定总体规划[40]，麦克哈格则负责编制生态资源的详细清单和开展适宜性分析评价。

尼日利亚共和国的首都发展局（the Republic of Nigeria Capital Development Authority）作为甲方制定场地选择的标准，这些标准的权重分别是：中心性（22%）、健康和气候（12%）、土地可用性（10%）、供水（10%）、通道（7%）、安全性（6%）、建筑材料（6%）、人口密度（6%）、能源（5%）、排水设施（5%）、土壤（4%）、自然规划（4%）和种族（3%）。

图 3.8 是托德、麦克哈格以及其同事们所采用的分析步骤。主要的信息包括：（1）场地和自然环境；（2）经济、社会、人口及其他要素；（3）法律和政府组织。信息类型还包括视觉特征和文化特征。在大多数研究中，除收集经济和社会数据外，还收集法律和政府组织的相关数据，以满足政府组织在确定空间和项目时对信息的需求。

首先完成场地和自然环境的资源目录，依托这些信息，对城市开发和土地利用中的机遇和制约因素进行解释、分析和评价。表 3.5 说明了城市适宜性要素的分级。其次是基于优化标准采用筛选分析法排除不适宜的场地，这些标准包括洪泛平原、坡度大于 15% 的坡地、河岸和雨林、沼泽以及生态危害区。再者，对于候选场地要开展视觉和其他人文因素在内的进一步评价，如交通设施的定位和水资源供给。最后，将信息融入综合适宜性评价地图中。经过一系列步骤的综合分析，从而选择阿布贾作为新首都。

阿布贾的规划设计体现了创新和不断地尝试将细小的文化要素融合到生态规划设计中的重要性。尼日利亚和西非的生活方式、风俗和社会结构与西方社会有着显著区

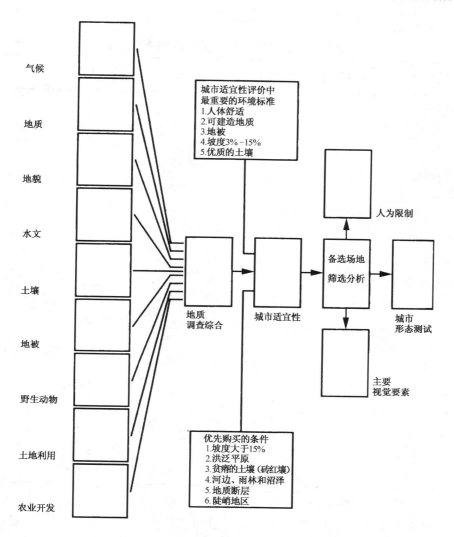

图 3.8　选择尼日利亚阿布贾的适宜性分析过程（源自 International Planning Associates 的"New Federal Capital for Nigeria"，由 M. Rapelje 重绘，2000 年）

别。例如，延续的家族体系渗透到了社会结构。正如托马斯·托德所写的，"西方规划师不可能理解在不同的文化背景中广泛存在的物理、组织和结构特征所产生的差异……密度、地被覆盖以及组织的应用在阿布贾的自然规模（需求力）的评价上具有十分重要的作用。"[41]

　　新泽西州迈德福德小镇。宾夕法尼亚大学的麦克哈格、朱尼加及其同事们评价了在迈德福德小镇规划中所面临的问题和机遇，这与阿布贾规划中应用的方法稍有不同。他们在性能规格和标准的制定中提出和应用了一种新方法。[42]小镇位于新泽西州派恩兰兹（Pinelands）的边缘，与费城在每天往返距离之内。1989 年，麦克哈格和伯格又重

78

73

新评价了该规划。

用于选择尼日利亚新首都的城市适宜性要素分级　　　　　　　　　　表 3.5

适宜性要素	可能值
气候	
舒适	1
适度舒适	2
最不舒适	3
地质	
固结岩	1
不坚实岩层	2
视觉景象	
10 公里（6.2 英里）范围内的山	1
10 公里范围外的山	2
坡度	
3%—15%—适宜	1
0—3%—适度适宜	2
超过 15%—不适宜	先占有
地被	
热带稀树草原	1
灌木干草原、林地	2
河边、雨林和沼泽	先占有

来源：摘自 Steiner 的 "Resource Suitability"

麦克哈格、朱尼加及其同事们将土地供给和需求定义为生态过程、个体价值以及社会价值相互之间的作用关系。个体依据每个人的兴趣持有不同的价值观。这些价值观可能与其他个体持有的价值观或与维持社会健康、安全和福利的价值观相类似或冲突。用朱尼加的话说：

> 价值观的变化取决于个人的兴趣。例如，一个农民关心的是他土地的持续生产力；一个业主追求的是健康快乐的环境；一个开发商寻求能建设并使其投资得到最大回报的场地。个人拥有的价值观体系往往是孤立的和相互排斥的，因为他们的关系是竞争和冲突。为处理后者的紧迫性及确保健康、福利以及繁荣的持久性，识别城镇所有现在和未来居民的共同价值观具有重要意义。这一点可以通过解释和理解现存现象和过程来实现，这种解释是可以明确定义的，是所有相关人员可能达成的一致意见。[43]

麦克哈格和朱尼加应用矩阵方法将个体和社会价值观与自然过程进行关联分析（图3.9），将组合原则方法的逻辑框架应用到最终信息的汇总中。

现象	对社会的价值				对个人的价值										降低成本										利益最大化											
					提高产量 农业						森林				基础设施			维修				供水			区位								活动			
植被 1见13页 2,3,4,5,6,12,13见20页 7,8,9,10,11见31页	人类生存的本质危害	人类活动对人类生活和健康	不可替代的稀缺资源	对资源的管理有效地避免了社会成本的浪费	沙	砾石	高价值农作物	一般农作物	牧场	水果	特殊产品	木材	纸浆	柴	铺设路面	轻型结构	重型结构	排水	铺设路面	草坪、操场等	污水处理	生活用水	工业用水	灌溉用水	良好的地区微气候	良好的地形地貌	长远的大局观	良好的空间感觉	良好的滨水景观	植被多样性	物种多样性	历史场所感	可教育性	垂钓	游泳	独木舟
农田																																				
牧场																																				
果园																																				
草地				●8																																
森林（CP内）				●8								P		P																						
松树-橡树林	●1			●7							●	●	●																							
橡树-松树林	●1			●7							●	●	●																							
物种繁多的橡树林	●1			●7							●		●																							
物种多样的落叶林				●7							●		●																							
沼泽	●1		●2	●11							C																					●				
灌木林地	●1		●3	●9								P																				●	●			
森林(CP外)	●1			●8								P	P	P																						
松树林	●1			●7								●	●	●																						
物种混杂的落叶林	●1			●7								●		●																						
低地处的落叶林	●1			●7										●																						
会被洪水淹没的平原区树林				●7, 10								●		●																						
雪松草地	●1		●5	●7, 10								●																				●				
城市开放空间																																				
城市林地																																				
贫瘠之地	●1		●4	●12																													●			
成熟的树木标本			●6	●13																												●	●			

1. 森林大火对贫瘠之地的生态影响
2. 稀缺资源的历史价值
3. 唯一的植物群落对人类教育、科研、康乐方面的价值性
4. 生态场所的唯一本土价值性
5. 稀缺资源的科学价值和历史价值
6. 稀缺资源的历史价值和康体娱乐的价值性
7. 毁林对成熟林木资源造成的损失
8. 地区其他方面的发展将会防止对成熟林木资源的破坏
9. 地区其他方面的发展将会激发雪松生长的潜力
10. 植被覆盖的改变将会导致气流平衡的中断和污染
11. 本地脆弱的生态资源容易受到相邻地区的污染
12. 无控制的发展将降低本地资源的价值
13. 任何对现有植被覆盖的中断都将会造成唯一资源的损失

C 只有蔓越橘
P 潜在资源

图3.9 在新泽西州迈德福德镇，社会和个人的自然地理价值矩阵
（源自 Juneja 的 "Medford" 由 M. Rapelje 重绘，2000 年）

　　社会价值观（Values to society）是在维持景观长期生态稳定性等基本特征时所采用的明确或潜在的措施。例如，在图3.9中，就削减社会成本的原则而言，低地和高台上的溪流流向具有很强的敏感性，它决定社会的开发成本。相对而言，个人价值观（values to individuals）则关注场地的吸引力特征以及开发行为的类型。个人价值观也会考虑到生物物理、社会、经济以及美学要素并就此作出判断。因此，生物物理要素和价值观之间的相互作用成为评价景观优化利用的一个替代方式。

　　土地潜力或荷兰的适宜性分析。荷兰阿姆斯特丹大学的自然地理学和土壤科学教授温克（A. P. A. Vink）使用土地潜力作为另一种表述社会和经济要素所标示的土地供给和土地利用特征。在《发展中的农业土地利用》（Land Use in Advancing Agriculture，1975年）一书中，温克对实际（Actual）土地适宜性、土壤适宜性以及潜在（Potential）土地适宜性做了区分。[44]他的兴趣在于如何改善土地才能使土地资源更符合人类的需求。它是建立在土地是众多因素相互作用过程的产物的观点之上，其中有些过程与自然和资源质量直接相关，有些过程与揭示过去社会与经济条件的历史相关。因此，土地优化利用评价必须建立在土地潜力的基础之上，也就是说，在特定文化和社会经济条件下，土地的潜力支持不同类型的土地利用。

　　温克的实际土地适宜性与麦克哈格的适宜性的本质相似。温克将实际土地适宜性定义为"不包括土地改良在内的特殊土地利用类型以及土地利用可能性指标，原因是土地改良需要资金投入。"土壤适宜性是"在特殊社会经济背景中，用于一种、一组或一系列农作物的生产力或其他应用的土壤和气候的自然适宜性，它不考虑经济要素，尤其是土地面积。"[45]的确，这种定义土壤适宜性的方法与自然资源保护局（NRCS）的潜力分类法是相似的。这种方法直接考虑土壤对农作物生产力的有效性以及可能用于总结土壤本身直接或间接相关的资源条件。

　　最后，潜在土地适宜性是"关联土地单元的适宜性，它用于因土壤改良措施产生影响后土壤利用存在的一些问题，通过预期收益来评价适宜性。预期收益与重复周期和较小的成本支出有关。"[46]对于温克而言，土壤是土地适宜性评价中极其重要的一个要素。他指出，最终的土地优化利用评价必须以土地利用的社会和经济成本与收益来判断其潜在利用价值。温克解释的方法已成功地应用于荷兰许多土地改造项目中，包括须德海（Zuiderzee）围海填筑低地和北海（North Sea）延伸到荷兰的中心腹地等项目。

　　承载力。在景观优化利用评价中承载力是另一种用于确定极其重要的供给和需求要素的方法，广泛应用于户外游憩领域。在景观适宜性分析中，它倾向于关注在图3.1中所描述的生物物理组成模型。由于精确评价承载力的过程十分重要，因此规划师和景观设计师一直在努力研究将景观作用机理信息转化为具体的和可量化的方法。从这方面的进展来看已经完成了一些有希望的工作。

　　在伍德兰兹社区的研究中，场地自然环境的脆弱性决定于它成为一个难以建设的地方。该场地全部被森林覆盖，大多区域是被不透水土壤所覆盖的平原，存在大量洼地，因此降低水文状况的制约是开发规划中需重点考虑的因素。需要考虑的因素还包括保护林地、野生动物生境与廊道以及削减开发成本。

为保护林地，麦克哈格及其同事们开发了一个能够预测为满足开发需求而清除的植被数量的系统。该系统采用生态演替模型作为它的概念框架。从生态演替模型可知，由先锋阶段向顶极阶段的发展表明生态系统稳定性的提高。伍德兰兹社区场地是由火炬松主导的混合林地。阔叶树包括山胡桃、木兰、橡树、枫树以及香枫树。纯阔叶林可能比混交阔叶林或开放地带更易受到干扰。混交林对土壤压实和地下水位改变的承受能力更大，而且它的再生速度很慢。

麦克哈格及其同事们利用生态系统演替知识，结合土壤渗透性得出了能够容许清除的规模（图 3.10）。例如，在渗透性土壤上生长的纯松树林极有可能被清除，因为它们较高的再生潜力使其为高密度使用区域。相对而言，位于低渗透性土壤的低地阔叶林则最不可能被清除。如果给维持稳定性和生产力的最优程度赋值，就可以推知伍德兰兹社区场地的承载力，这是通过理解它的适应潜力而不是修复破坏的能力推知的。

20 世纪 80 年代，评价承载力的其他方法包括塔霍湖（Tahoe）区域规划机构提出的环境门槛法和加利福尼亚大学伯克利分校的托马斯·迪克特（Thomas Dickert）和安德里亚·塔特尔（Andrea Tuttle）提出的累积门槛法。迪克特是麦克哈格在宾夕法尼亚的又一学生。最低门槛可以理解为限制，超越这种限制，土地后续利用将会恶化。塔霍湖区域规划机构扩展了最小门槛的概念，进一步包含了显著的自然价值、风景价值、游憩价值、教育价值和科学价值，成为一个地区保护公众健康和安全的基本要求。迪克特和塔特尔强调在土地利用决策中使用门槛来计算累积效应的必要性。他们指出门槛的基础是“建立在土地利用随时间产生的可接受变化量的假定之上。”[47]然而，就如地理学家哈里·斯巴林（Harry Spaling）、巴里·斯密特（Barry Smit）及其同事们指出的那样，“一方面累积环境变化的概念框架不断出现……另一方面理论构架和共同接受的定义仍未完善。”[48]由于评估累积环境变化的逻辑和评价景观适宜性的逻辑本质上不同。因此，作者在第 5 章中对他们作了更详细的讨论。

总而言之，将景观资源调查和评价法与土地供给（物理和生物的景观要素）和需求（社会和经济的要素）特征评价法相结合来评价景观适宜性，将供给和需求特征直接或间接应用于适宜性评价的原则和分析方法中。

资源调查和评价方法主要有两种方式。一种方式是根据项目目标独立评估相关社会、经济和生物物理要素，开展相容性分析，使用组合原则法和分级函数进行集合。另一种方法是评价与替代与方案有关的要素之间的相互关系，构建景观优化利用的基础，从而在景观适宜性评价的过程中建立环境影响评价。

上述景观资源调查和评价法的所有变体都可以通过结合计算机辅助技术或人工叠合技术来使用。两者的组合逻辑和原则是一样的；虽然这两种方法都很有效，但是人们通常都不愿意使用人工叠合技术。此外，上述大多数方法的变体也可用于资源的保护和开发。再者，景观适宜性的评价在很大程度上还依赖于专家们的判断，这是由于

83

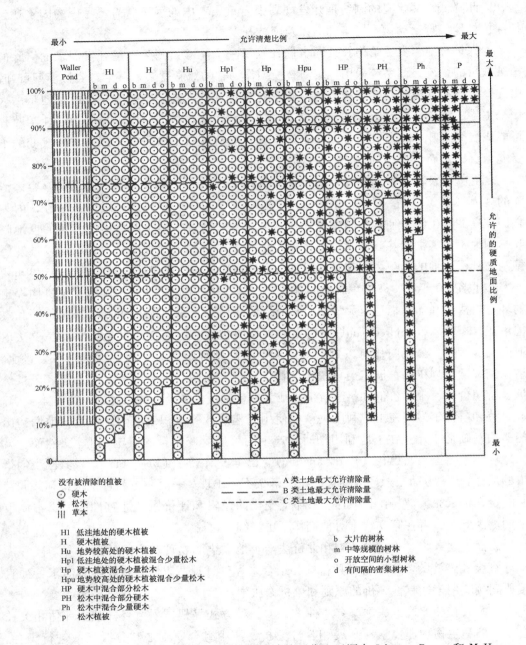

图 3.10　得克萨斯州林地中不同种类的植被清除的百分比（源自 Johnson, Berger 和 McHarg
的"Case Study in Ecological Planning: The Woodlands, Texas"，由 M. Rapelje 重绘，
2000 年）

在评估场地及其相邻土地利用形成的影响中，景观适宜性评估的内容即使更加广泛，
景观资源和调查法也通常失去其作用和价值。

3.2.3 空间配置评价法

空间配置评价法是指在景观中依据地段变化配置土地利用，并基于项目目的、目标或其他价值对土地利用配置进行多方案的评价和选择。这些价值包括社会、经济、财政和环境的影响。空间配置评价法的理论内涵和程序原则与景观资源调查和评价方法相类似，主要的差异在于前者可以对竞争的景观空间配置方案进行评价。

生态规划文献以多种方式介绍了空间配置评价方法。斯坦尼兹在区域景观设计中称这些方法是过程模型（Process models），而法布士在景观规划中将它们称之为参数法（Parametric approaches）。对于莱尔（Lyle）而言，它们是适宜性影响－预测模型（Impact-predicting suitability models）。

空间配置评价法的本质是技术性的。设置哪些原则和集合哪些信息进行景观适宜性评价？在多个竞争的适宜性方案中如何作出选择？什么样的评价和影响－预测法是适合的？原因是什么？根据项目目的、目标和相关价值开展土地利用的最优空间配置又是什么？

使用这些方法的工程项目往往是比较复杂的，通常由大公司或公共机构来负责。不仅需要巨大的财政支出，而且往往具有长期性；由于需要大量的数据，使计算机技术的应用成为必然。如果期望产生大量备选方案，那么计算机技术就更具吸引力。

《国家环境政策法》（NEPA）的文件对空间配置评价法发展具有显著的催化剂作用。《国家环境政策法》特别论述了联邦政府机构所确定的土地利用方案所形成的环境成本，目的是为了实现人类行为和其影响在自然及文化之间保持和谐及可持续关系。所有由联邦政府出资并对环境有显著影响的项目都要求联邦政府准备环境影响报告（EIS）。美国的一些州和其他国家也有同样的要求。因此，许多适宜性评价方法得到了迅速扩展及改进，从整体上推动了环境影响评估和景观优化利用评估的发展。

空间配置评价法的评价构成的发展是缓慢的。规划师和景观设计师除了要不断应对识别、量化、预测及评估等分析技术的发展，还要不断应对概念的发展。例如，哪些自然和文化景观要素是有影响的？影响的空间分布及其重要性是如何确定的？显著或相对重要的影响是由什么构成的？在受影响区域的居民生活中，适宜性方案之间的区别是什么，或者说可能产生什么区别，以及如何确定这些区别？

在空间配置评价方法的发展过程中产生了两种相互独立但相关的发展。第一种是引导环境影响评估技术的发展和改进。第二种是将技术融入内部的一致性以及确定景观优化利用的系统程序。

下面我首先回顾影响评估的相关方法，然后用实际案例来说明如何将这些方法整合到空间配置评估法中去。主要的案例有：（1）莱尔和冯·伍德特克的规划信息系统[49]；（2）波士顿信息系统，这个系统由哈佛大学的斯坦尼兹所领导的跨学科研究团队开发[50]，以及近期关于亚利桑那州圣佩罗河上游流域未来变化的多方案研究；（3）由马萨诸塞大学的法布士及其同事们提出的大城市景观规划模型（METLAND）。[51]

84

85

● 影响评价的方法

目前，专家们提出了大量的环境影响评价（EIA）方法，可以将环境影响评价的主要方法分为四种：特设法（Ad hoc）、罗列法（Checklists）、矩阵法（Matrices）和网络法（Networks）。[52]上述方法没有包括许多测算社会、经济或视觉影响的方法，例如成本收益分析、能量分析、视觉影响评价以及目标实现矩阵等。读者可以参考很多书和文章，这些书和文章对环境评价做了详尽描述。[53]

特设法用专家判断法就不同方案可能形成的影响或特殊工程的可能影响得出建议。通常将专家集合起来，在遵循一定规则的基础上，在各自专长的领域内识别和预测其影响。当一个项目需要快速并初步预测其可能性影响的时候，特设法就非常有效。

罗列法是在特设法基础上的改进。在预设问题的基础上用更有条理化的方式来评价影响。在此过程中，由于罗列法也依赖于专家的判断，从而使罗列法具有更复杂的评价过程。其中巴特尔法最为有名，1973 年美国垦务局的巴特尔·哥伦布实验室的研究小组提出该方法。[54]最初的目的是为了水资源工程的影响评价，但该方法被证实在其他类型的项目评价中也同样有效。

巴特尔法首先形成自然和文化景观要素综合清单，它包括：生态、环境污染、美感和人类兴趣。每类进一步划分以获得复杂的景观特征清单。其次，专家小组将这些特征转化为环境质量值，并根据建议对其重要性赋予权重。之后，用十进位计数法将值和权重加权求和，得到环境影响指数，该指数以表格的形式罗列出各类景观就提出的行为可能形成的环境影响。此外，另一表格罗列出可能受项目重大影响的景观要素，其原因是由于在综合指数中并没有将不利的影响全部考虑在内的缘故。

巴特尔法在阐明有形和无形的影响时都很有效。然而，潜在问题是，一方面十进位计数法的有效性是不可信的。另一方面又没有方法来纠正或明确这些错误，而且这些错误可能和计算综合环境影响指数相关的许多数学计算有关，例如，将景观特征转化为环境质量值或为确定可能影响的重要性而赋予的权重。

矩阵法是识别和评价环境影响更为直接的方法。矩阵法的基本思路是，将开发行为和其可能影响与景观特征和过程相连接。在矩阵中，开发行为和景观特征是相互联系的，一个用水平轴表示，另一个用垂直轴表示。1971 年由卢纳·利奥波德（Luna Leopold）及其同事们为美国地理调查局开发出一个广泛使用的矩阵。[55]在研究费城外部的布兰迪万河（Brandywine）流域时，利奥波德和许多麦克哈格在宾夕法尼亚大学的同事们一起工作，其中就有著名的安·斯特朗（Ann Strong）。

第一步，利奥波德及其同事们在垂直轴上识别和罗列自然和文化现象，在水平轴上列出预期行为可能造成的环境影响（图 3.11）。自然和文化现象被划分成很多种类，就像 WMRT 提出的千层饼模型。行为包括土地形式的改变、资源的提取以及土地的变更等。每个行为被进一步划分成子类，如土地形式变化形成开垦、挖方和填方以及土壤压实。

下一步，利奥波德及其同事们在可能具有影响的行为的方格中划一条斜线。因为每个方格都很重要，所以他们用专家判断来赋值，以反映预期影响的大小，影响最小的为 0，影响最大的为 10。之后，赋予权重来反映特殊影响的重要性。同样，值为 0 表明影响最小，10 影响最大。最后，提供一个说明，对方格中的值进行解释。因而矩阵及其附带的文本说明被作为评估影响和使用结果的工具。利奥波德的矩阵对识别和评估来说是十分有用且简明的方法，但在评价累积或间接影响中这种方法效果并不明显。

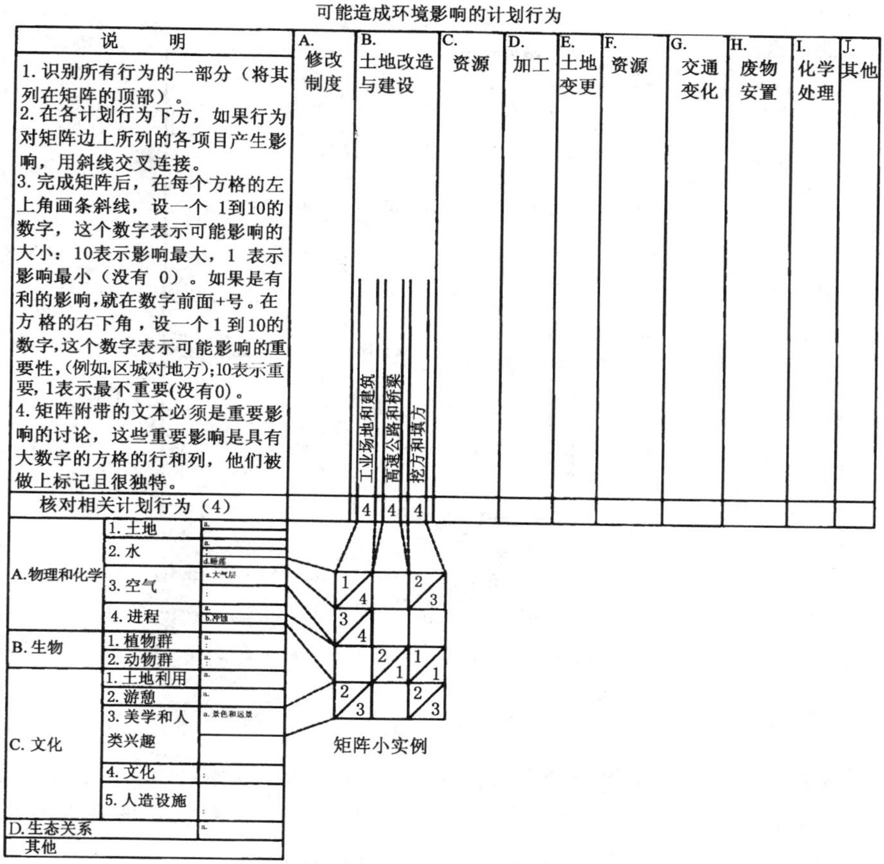

图 3.11 利奥波德矩阵的简练形式。提供了影响评估说明的注解。此外，栅格中的数字说明了土地变更对于水体质量的可能影响的假设等级。在数字面前加正号说明是有利影响，而负号则是相对的（源自 Leopold et al. 的 "Procedure for Evaluating Environmental Impact"，由 M. Rapelje 重绘，2000 年）

网络法在识别短期和长期影响中十分有用。网络法关注开发行为和景观特征及过程之间的因果关系，它是通过一系列迭代法来追踪单一行为，常常以流程图的形式来表现。例如，在高速路的建设中，网络法通过追踪侵蚀特征来确定开发行为对水文过程的影响，相反这也可能揭示出其他累积性影响。莱尔和冯·伍德特克为说明信息系统中的环境影响而使用了网络法。[56]他们用流程图来反映可能发生在自然、生物及人文过程中的行为和变化之间的相互关系。因此，就特定的开发行为来说，为追踪行为与变化间的因果关系提出了可能。

网络法应用的另一个案例是环境管理决策辅助系统（EDMAS），这个系统是20世纪70年代中期，由莱斯大学的研究者为社区设计研究开发的。[57]最初在1974年提出，系统描绘了开发行为和特殊自然景观特征以及过程之间的联系、景观要素之间的相互关系以及景观要素和潜在环境影响之间的关系（图3.12）。

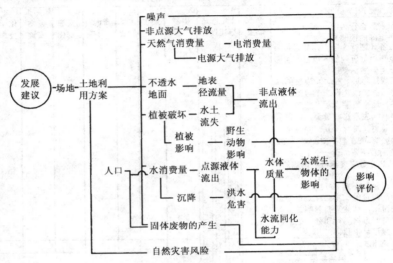

图3.12　一个简单的因果关系图（改编自 Rowe 和 Gevirtz 的"Natural Environmental Information and Impact Assessment System"，源自 Chapin 和 Kaiser 的"Urban Land Use Planning"，由 M. Rapelje 重绘，2000 年）

88 在评价开发决策的短期和长期影响中，网络法需要大量信息，才能使之有效。图3.12所示，在很大程度上它依赖于景观中的水流、化学元素以及能量等相关模型信息。地理信息系统的发展提高了网络法中信息管理的有效性。

上述四种方法已应用到空间配置评价过程中，它们具有四个共同步骤：第一步，制作经济、社会文化和生态的详细清单和导则。第二步，建立一系列原则和分级体系，在不同地区进行土地利用配置，形成土地适宜性的多方案选择。第三步，根据预定目的、目标及其他重要价值来评价选择的结果。这里土地适宜性评价可能使用前面已经回顾过的一种或多种环境评价法，也可能使用这里没有提及的社会、经济和视觉影响评价中所使用的方法。第四步，选择最佳适宜性方案。

●规划信息系统

加利福尼亚州立理工大学的莱尔和冯·伍德特克开发了一种用于生态规划的方法，名为规划信息系统（Information System for Planning）。从20世纪70年代初期到中期，这个系统被应用到加利福尼亚的圣迭戈县海岸平原的大量工程中。这个方法的理论框架建立在包含开发行为、区位因素以及环境影响三个方面在内的系统性的相互关系上。

开发行为（Development actions）是那些改变生态过程的行为。开发行为包括资金投入和经营运作行为，资金行为指将资金和物质资源投入到景观的物理形态转变中。经营运作行为则是人类利用景观的结果。例如，高速路的建设涉及开垦、土壤压实和铺砌，一方面这些行为可能形成侵蚀、流失和附近河流的淤积等环境影响。另一方面，人类使用高速路，如骑摩托车会增加噪声，排放废气，产生灰尘，并对石油储备等方面产生额外的环境影响。

区位因素（Locational variables）是指那些与生态过程相关的自然和自然景观要素。在上述案例中，土壤和水是重要的景观区位因素。环境影响（Environmental effects）是指特定开发行为干扰景观后所形成的结果，这些干扰是在物质和能量从"源"到"汇"的流动过程中所产生的，通常用流程图的形式来表现这些影响，这和霍华德·奥德姆提出的能量通道的概念相类似，霍华德·奥德姆是盖恩斯维尔（Gainesville）佛罗里达大学杰出的生态学家。

莱尔和冯·伍德特克假设，如果知道三个变量中的两个，那么就可以预测第三个。如果开发行为及其环境影响已知，就可以确定开发行为最适宜或最不适宜的区位。转化表用于描述区位、开发行为及环境影响之间的相互作用，通过图表可以标示出具有可持续环境过程的区位。

莱尔和冯·伍德特克进一步提出了确定景观优化利用的三步步骤。第一步，依据景观自然要素支持土地利用目标的内部能力制作适宜性地图。根据开发行为描述土地利用，开发行为是土地利用变化的源头。制作适宜性地图的中间步骤包括分析景观要素和开发行为以及景观要素和潜在环境影响之间的关系。用线性组合法组合相关信息，说明适宜性评价中景观要素之间的相关影响。

第二步，用类似于网络影响评价方法初步评价适宜性方案对环境的影响。第三步，通过列出特定区位可接受的开发行为，用产生最小破坏的最佳行为步骤确定开发的最佳区位（图 3.13）。该信息系统的显著特点是能在区域、地方和特殊场地等多尺度上应用到土地利用决策与设计项目中。

在莱尔和冯·伍德特克的信息系统中，在开发行为、影响以及区位要素之间的相互作用的基础上确定了识别和组合相关数据的原则，以确定景观的优化利用。环境影响评价有利于减少适宜性选择方案的数量，选择那些在特定区位产生最小环境影响的方案。然而，在建立适宜性以及最优区位选择过程中，该信息系统却没有包括社会、经济和技术要素。

莱尔在 1985 年出版的《人文生态系统设计》（Design for Human Ecosystems）一书中扩展了该信息系统。他根据生态系统结构、功能和区位原则，重新解释了信息系统的基本概念。该书以提升人文和自然生态系统功能的一致性的方式来阐述确定景观优化利用的原则和方法。根据莱尔所言，在提高一致性方面，适宜性模型的作用是"在

89

83

柑橘类植物适宜性	泥沙流移	营养物运输	农药运输	侵蚀	生产力	野生动物栖息地的破坏		
植被种类					5		=	5
坡度	5	4	5	5			=	19
土壤					30		=	30
水体特征	2	3	5	2			=	12
降雨量					10		=	10
潜在径流	3	8	10	3			=	24

植被种类	属性代码	0	2	3	4	5	6	7	8	9	10	11	12	13	14
	模式值	0	1	0	2	3	2	3	3	5	5	0	1	4	4
坡度	属性代码	0	1	2	3	4	5	6	7	8					
	模式值	0	1	3	5	8	11	13	15	19					
土壤	属性代码	1	2	3											
	模式值	1	10	30											
水体特征	属性代码	0	2	3	4	5	6	7	8	9	10				
	模式值	0	6	12	6	12	12	6	12	12	12				
降雨量	属性代码	1	2	3	4	5	6								
	模式值	10	10	10	5	5	1								
潜在径流	属性代码	1	2	3	4										
	模式值	1	8	16	24										

图 3.13　最佳行为模型（经许可，摘自 Lyle 和 von Wodtke 的"Information System for Environmental Planning"）

生态过程和土地区位之间建立桥梁。"[58]

　　书中所述的大量项目清晰地阐述了空间配置评价法的实际应用。其中著名的是在圣迭戈所完成的圣埃利霍潟湖再生工程（San Elijo Lagoon Revitalization Project）、加利福尼亚州亨廷顿比奇市（Huntington Beach）完成的博尔萨奇卡潟湖（Bolsa Chica Lagoon）研究和加利福尼亚州德尔玛市所完成的圣迭古托潟湖（San Dieguito Lagoon）研究。在《可持续发展的再生设计》中，莱尔强有力地指出景观的优化利用必须是可再生的，"再生是生命本身的再生，是寄托未来的希望。"[59]

　　●大城市波士顿信息系统

　　从 20 世纪 70 年代中期起，斯坦尼兹和哈佛学者的跨学科团队在马萨诸州完成的许多规划设计中都使用了空间配置评价法，用于开发波士顿快速城市化的东南部地区土地利用空间配置及其评价的信息系统。该系统的目标是为包含 8 个镇在内的 765 平方公里（295 平方英里）的地区编制区域发展规划。

首先在建立项目目的和目标时，使用了公众参与的方法。然后，研究了当地社会、经济、文化和自然资源数据数据库，它由 2.47 英亩（1 公顷）的栅格网为单位，共 75000 组的栅格组构成。这个数据库 1975 年编写，成为比较区域发展策略的基础信息。

研究小组根据特定原则和对优先增长的类型、数量和密度所做的多种假设，用空间配置模型研究区域不同地区的土地利用，根据经济成本和公众意愿对各类土地利用区域进行分级，试图寻求每类利用方式存在的最优土地空间。考查的土地利用类型包括工业、商业、公共设施、保护和游憩用地。其中住宅规划的原则强调选择场地经济价值和赢利能力最大的地方。保护区规划的原则是在现有规定中识别环境敏感性资源，如不稳定的土壤、流域保护区、洪泛平原以及景色优美和历史悠久的资源。

项目组开发了 28 个数学模型用来预测土地利用空间配置方案对社会、经济、财政和环境的影响，它包括对水质、视觉质量、空气质量以及土地价值的影响。这些应用模型与检验因果关系的网络法相类似。在对土地利用增长及其影响假定的基础上，建立并生成评价——空间配置信息，经公众讨论后结合到区域发展的政策制定中。

波士顿信息系统建立了土地利用的最优空间配置的方法。首先根据项目目的和目标评价社会、经济和生态数据，通过一种算法或综合指数应用到交互式计算机程序中，并形成最终的信息。

哈佛研究小组完成的视觉影响评价是土地利用影响评价的重要组成部分。它标志着哈佛研究小组走在应用计算机技术创造性地开展生态与视觉评价的最前沿，推动了景观空间配置场景变化研究及其发展评价。这充分体现在 1978 年为实施马萨诸塞州风景名胜和游憩的河流法（Massachusetts Scenic and Recreational Rivers Act）而完成的对政策变化模拟的研究中。[60]1987 年，为保护野生动物栖息地，通过综合分析景观要素的作用和视觉组合等信息为缅因州的阿卡迪亚国家公园（Acadia National Park）和芒特迪瑟特岛（Mount Desert Island）制定了景观管理和景观设计导则与标准。[61]

在过去的 10 年里，卡尔·斯坦尼兹及其同事们做了大量研究，在许多方面改进了波士顿信息系统。这些研究包括加利福尼亚彭顿尔顿营地（Camp Pendleton）区域发展研究，以及亚利桑那州和墨西哥索诺拉省的圣佩德罗河上游流域研究。[62]在亚利桑那州和索诺拉省的研究中，斯坦尼兹和他的团队调查了未来 20 年里亚利桑那州和墨西哥索诺拉省的圣佩德罗河上游流域相关城市增长以及水文和生物多样性的变化趋势。其研究从索诺拉省卡纳内附近的圣佩德罗河的源头一直延伸到亚利桑那州的亨廷顿。以 2000 年为基础，研究团队用一系列的过程模型来模拟现有景观的功能，预测一系列要素及其变化所形成的影响。

斯坦尼兹和他的团队用发展模型评价流域不同开发行为所形成的土地吸引力，如商业和市郊。评价结果用于在不同变化场景下模拟区域未来 20 年的城市增长。考虑到增长对区域水文和生物多样性的影响，研究团队用水文模型来评价地下水储量的下降状况，圣佩德罗河流入量的减少，河水流捕获量和水头形态所形成的影响等。接下来，他们根据水文界线、火灾和放牧管理等环节的变化，采用植被模型预测植被分布的变化，从而为流域生物多样性的评价奠定基础。最后，通过模拟城市增长格局建立风景偏好的视觉模型，评价城市增长对区域景观的潜在影响。

根据评价结果，立足区域发展、水资源利用以及土地管理等因素，斯坦尼兹和他的团队设计了圣佩德罗河上游流域未来变化的几个场景。利用不同的模型评价不同场景对水资源的可利用性、土地管理及生物多样性的影响，从而提供区域的详细信息，帮助他们对流域改变进行决策。

- 大城市景观规划模型（METLAND）

20 世纪 70 年代早期，马萨诸塞州立大学的法布士及其同事们提出了大城市景观规划模型（图 3.14）。法布士的三个同事——布鲁斯·麦克杜格尔、梅尔·格罗斯（Meir Gross）和杰克·埃亨，与麦克哈格一起在宾夕法尼亚大学工作。该模型将景观描述为参数，通过定量法和计算机技术获得生态信息，并作出合理的土地利用决策。COMLUP 是应用在大城市景观规划模型中的计算机制图程序，由美国林业局（USFS）的尼尔·艾伦（Neil Allen）研发。在过去的 30 年里，计算机技术和遥感技术的发展不断推动进一步改进模型。目前该模型以一种交互性的方式更能便捷地完成土地利用决策。不断改进的 METLAND 模型被大量应用于马萨诸塞州区域景观和乡村规划项目中，其中也包括 20 世纪 70 年代晚期马萨诸塞州伯灵顿（Burlington）的土地利用规划。

该模型的应用过程分三步：景观评价、景观规划方案的规范化和综合评价。图 3.15 阐述了该方法的概念基础。第一步，通过一系列相互关联的分析来研究土地所具有的景观价值、生态敏感性及公共服务价值。景观价值分析是评价土地自然和文化资源数量、质量及分布的基础。生态敏感性用于评价和识别需要保护的重要资源及高价值资源，其中也包括生态兼容性及开发适宜性的评价。然后，评价公共设施的可用性和充足性以及可利用的其他基础设施。最后将单个因素的分析融入最后的综合景观评价中。

第二步，生成多方案规划。每个方案只强调景观、生态及公共服务设施价值三个因素中的一个；也可以选择现状分区规划、现状条件、公众选择三个因素中的一个。现状条件和景观价值方

图 3.14　朱利叶斯·法布士，马萨诸塞大学景观设计和规划退休教授，他推动了大城市景观规划模型的发展［照片承蒙朱利叶斯·法布士（Julius Fabos）提供］

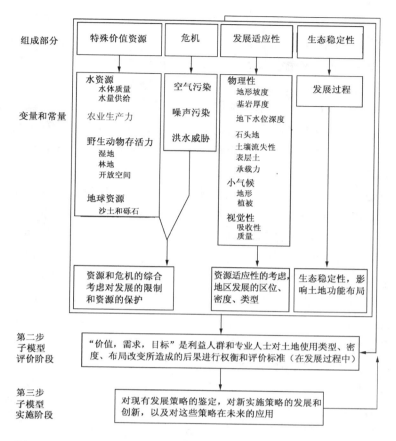

图 3.15 大城市景观规划模型的概念基础（经许可,摘自 Fabos 和 Caswell 的 "Composite Landscape Assessment"）

案可以被看做是两个极端方案,其他方案都介于这两者之间。

　　第三步,权衡多方案的优缺点并确定最优解决方案。在景观价值、生态相容性及公共服务价值三个方案结合的基础上形成评价标准。评价结果在第三步中不断反复,直到满足公众的选择并同时减小对景观、生态和公共服务价值的影响。 93

　　大城市景观规划模型被认为是在综合众多资源的基础上所形成的一系列空间配置原则,其中最突出的是乔治·珀金斯·玛什和弗雷德里克·奥姆斯特德的文章和著作。这些原则包括:不鼓励那些开发具有重要资源价值以及会对自然和人类造成危害的区域;引导在最适宜的地方开发;确保开发不超过区域的生态承载力水平。在评价景观 94 优化利用的过程中一些预设的原则可能会成为破坏上述原则的关键因素。

　　与通过评价机遇和制约条件确定适宜性的方法不同,法布士及其同事们根据一系列相关评价结果来制订不同地区的土地利用规划。他们分析地区景观资源的数量、质量和分布;分析因人类行为而产生的不可逆的景观资源退化;景观支撑预期利用的能力;以及土地利用布局产生的景观生态稳定性。有时还包括发展潜力评价以及公众对土地利用决策的影响。法布士及其研究团队将景观资源描述为序数数据或参数，借助计算机和地理信息系统进行定量评价。

大城市景观规划模型还就土地利用类型的转化作了明确的假设。变更规划是实现这些假设的一种途径。法布士及其同事们还指出竞争性土地利用方案之间的效益计算应该建立在一系列明确的价值之上。他们不仅强调景观、生态和公共服务价值，同时也强调在项目目的、目标或在其他要素的基础上定义其他价值。计算机技术使方案形成的数量不受限制，方案之间的冲突也可以通过计算机程序在土地利用空间分布中寻找一致或冲突的点来解决。

总之，空间配置评价法多用于大尺度或区域土地利用决策，但这并不意味着空间配置评价法不能用于小尺度空间，莱尔在《人文生态系统设计》一书中列举的很多案例都说明了这一点。这些案例都考虑到了导致土地利用需求矛盾产生的多种土地利用类型，立足于长期而非短期的目的和目标。与此同时，还考虑到了景观利用中平衡公众利益和价值观的冲突。由于数据量大，所以利用计算机技术来储存、处理和演示数据。在圣佩德罗河的研究中，研究团队应用最新的计算机视觉模拟技术（Computer- and visual-simulation technologies）和地理信息技术描绘圣佩德罗河上游流域景观。应用数字化数据和分析模型评价流域复杂的动态过程。

同时，确定了土地利用空间配置的明确原则。与波士顿信息系统不同，在圣佩德罗河的研究和大城市景观规划模型中，在设计土地利用空间配置原则时，莱尔和冯·伍德特克的信息系统虽然没有明确考虑社会、经济和技术要素。但是信息系统的概念基础表明该系统仍具有详细说明社会和经济原理的能力。对莱尔和冯·伍德特克而言，这些原则的基础是开发行为、区位要素和环境影响之间的相互依赖关系。波士顿信息系统首先制定了每类土地利用空间配置的原则，之后根据成本和公众选择对区位进行分级。在圣佩德罗河的研究中，空间配置原则用于建立开发和评价模型序列，采用的原则随着项目利益的改变而变化。以圣佩德罗河研究中的水文模型为例，水文模型强调流入圣佩德罗河的地下水减少等一系列问题。在土地利用空间配置方面，大城市景观规划模型优先设置了控制环境要素的原则和评估开发行为的类型。

除圣佩德罗河流域景观的研究之外，还依据空间配置方案的环境影响，应用评价原则进一步减少了空间配置方案的数量。在圣佩德罗河研究中，在评价水文和生物多样性影响之前，不仅对流域在不同情景下的城市化作了模拟；而且还论证了方案对法律和政治问题的敏感性。波士顿信息系统和圣佩德罗河的应用最具有效性。同样，网络法的发展也被应用到因果关系模型中。

最后，土地利用优化空间配置方案选择的标准是明确的。莱尔和冯·伍德特克的信息系统很大程度上依赖于环境要素。比较而言，在波士顿信息系统和大城市景观规划模型中，社会和经济要素被赋予很高的权重。在优化空间配置决策中，公众起到了重要作用。土地利用空间配置的优化选择不是圣佩德罗研究的目的，重点是为区域房地产主提供未来发展的信息和系列问题的存在本质与核心，如水资源的可利用性和生物多样性等信息，基于这些信息和问题认识房地产主可以作出更为明智的决策。

3.2.4 战略适宜性评价方法

战略适宜性评价方法是最复杂的适宜性评价法。它们可能被视为在空间配置评价法的基础上增加了优化土地利用空间配置方案的功能。该方法是一个复杂的规划体系，还关注景观优化利用的决策过程以及实现相关决策的途径。典型功能有：（1）规划工程或项目的目的和目标的清晰度；（2）根据一系列分配原则，在不同区位确定土地利用空间配置；（3）根据项目的目的、目标和其他相关价值评价空间配置方案；（4）选择最优方案；（5）制定基本管理导则并详细说明允许的土地利用行为及其管理策略；（6）制订管理机制、策略和计划，确保最优方案中行为的实现，以及（7）建立对行为产生的影响进行监督和评价的机制。

这些功能是传统规划过程中分多步实现的标准任务。然而不同的是，这些功能是根据对生态前景的展望来组织运行的。正如弗雷德里克·斯坦纳所说的，生态提供了对景观过程、功能和相互作用的洞察的独特视角。一方面，每个功能影响其他功能，也受其他功能的影响。另一方面，相互联系的功能构成了一个组织框架，有助于开展景观优化利用的相关决策。本节中所回顾的适宜性评价方法大多强调功能2至4的作用。相对而言，战略适宜性评价方法强调1、5、6和7的作用。与长期规划相反的是，在将目标设定与执行因素一体化的过程中，它们有着战略偏见。规划师弗兰克·索（Frank So）认为，"战略规划关注对关键问题进行稀有资源的空间配置，规划为初级阶段的发展完善提供了保障。"[63]

战略适宜性评价法的理论基础可以在有关组织和管理理论的文献中找到，也可以在城市和区域规划的过程理论，以及生态规划所采用的特殊方法论中找到。战略适宜性评价常用于大尺度的规划工程和项目中，尤其是那些关系到环境质量、公众健康、福利和安全的工程项目。

功能5至7用于实施项目执行和管理，是众多战略适宜性模型中发展最少的。例如，大城市景观规划模型设计虽然有实施步骤，是将其放在战略适宜性评价法的类别中，但是这一步还有待进一步发展。莱尔在《人文生态系统设计》一书中对此也有提及但并没有进行详细研究。单从理论上讲，最大限度纳入并改进空间配置评价法是可行的。澳大利亚规划方法赛络计划（SIRO-PLAN）以及弗雷德里克·斯坦纳在《生命的景观》一书中提出的生态规划法都是试图在目的设定、规划程式化以及规划实施之间建立桥梁。一方面赛络计划和斯坦纳的方法都深受麦克哈格研究的影响，另一方面这些方法也可认为是宾夕法尼亚大学方法的拓展。

• 赛络计划：区域土地利用规划的澳大利亚方法

赛络计划是适用于澳大利亚社会机构和法定背景下的土地利用规划方法。[64]这个背景主要包括多元的价值、景观规划的多样性、景观利用的冲突和各级政府彼此孤立的决策，也包括在土地利用和生态决策中对公众参与及适应一致性的需求。当然，这也

96

是大多数工业化国家规划的共同背景特征。

在通过土地利用空间配置与各个利益集团达成一致的基础上，赛络计划为平衡竞争的土地利用问题提供了一个解决框架。这个框架是由澳大利亚联邦科学与工业研究组织（CSIRO）在 20 世纪 70 年代中期提出的。自那之后，该方法不断得到改进。赛络计划作为一种初步规划方法被澳大利亚许多机构采用，其中包括澳大利亚国家公园和野生动物保护局（Australian National Parks and Wildlife Service）。此外，[65]由于集合了很多计算机模型程序，土地利用规划（LUPLAN）系统被开发出来，更便捷地应用于赛络计划系统的实施。[66]

从许多文献的总结中可以看出，赛络计划首先关注的是寻求一个共同背景，平衡公众利益和景观可持续利用之间的关系，满足土地利用竞争的需求。[67]其次生态规划的观点是如何构建土地系统的健康性以满足不同的土地利用需求。土地利用多目标规划是通过不同空间配置方案来满足公众多元的需求目标。最后，数学优化程序对土地利用目标的实现提供了土地利用空间配置的最大化的思路和方法。

法可以划分为四个阶段：（1）政策建立；（2）数据的收集和配置方案的产生；（3）优化方案的选择，以及（4）制度化和实施措施。第一阶段包括体现各利益集团态度和价值的景观利用政策，如相关的城市发展、农业发展以及自然保护。表3.6 阐述了雷德兰郡（Redland Shire）的一些政策设置。雷德兰郡是澳大利亚使用土地利用规划（LUPLAN）系统规划的一个快速增长的城市边缘地区。在第二阶段中，与景观单元和景观分类法将景观组织成同质单元的方法类似，依据自然和文化景观要素将场地划分为同质的小地块，自然与文化要素主要是地理、水文和土壤类型等生物物理要素，最后得到一张均质区域或规划分区的地图。

澳大利亚雷德兰郡的政策精选　　　　　　　　　　　　　表 3.6

城市政策

　1. 对有高就业机会的地区给予城市发展优先权。

　2. 对建设具有高自然适宜性的地区给予城市发展优先权。

　3. 对城市利用没有预先分区的地区给予城市发展优先权。

环境质量相关政策

　1. 对于没有污染问题的居住区、园艺区和转变区给予优先权。

　2. 对具有视觉吸引力的地区给予维持现有利用的优先权。

　3. 对不会造成地下水污染的利用给予有限权。

排除规则

　1. 将高强度游憩从高保护价值地区中排除。

　2. 在现在用于城市的地区排除城市之外的利用。

　3. 在没有污水设施的地区排除乡村居住利用。

　　来源：McDonald 和 Brown，"Land Suitability Approach to Strategic Land Use Planning in Urban Fringe Areas"

　　土地利用多个空间配置方案的产生，要求每个方案分区规划需要通过两个步骤来评价，以满足第一阶段所制定政策的需要，在此基础上建立每个规划分区政策的满意度（R）。例如，在雷德兰郡为城市发展划分政策分区中的一个要素是热舒适性。在太阳热辐射、坡向和坡度的基础上，提供最大热舒适性的规划分区赋值为 1，提供最小热舒适性的规划分区赋值为 0。如果在 20 个规划分区里有 10 项政策和 3 种土地利用，那么额定值的总数是 $10 \times 3 \times 20 = 600$，确定政策权重（V）以建立每项政策的相对重要性。R 和 V 相乘（$R \times V$）得到每个地方的土地适宜性。评价结果以地图和表格的形式出现，反映对土地利用、管理制度和规划分区空间配置的控制。在此过程中由于各利益集团给规划分区赋值采用的方法不同，从而产生了多个空间配置方案。这些方案常被看做是讨论中的规划方案（Discussion plans）。

　　在第三阶段中，将讨论中的规划方案提交公众讨论，这时候很多其他因素开始起作用。例如城市用地的规划需求、公共服务和设施的可用性以及法律等因素。根据公众争论，充分利用第一阶段制定的所有政策对规划做进一步研究。在赛络计划的最后阶段，需要制订一个实施计划，将可用资源配置给规划实施的任务，监督规划，确保后续政策的实施。

　　赛络计划具有许多明显特征。与麦克哈格的观点不同，赛络计划认为景观不具有内在价值，但景观价值取决于其环境，景观在不间断的系统行为过程中发展和改变。因此，赛络计划认为价值是基于问题的而不是内在的。目标设定是一个非常重要的任务，它是制定政策的基础。一个优化的规划往往是由对抗和争斗的利益集团所提出的政策效应最大化的规划。此外，由于政策在多个空间配置方案评价中起到关键作用，因此源于公众投入的种类要具体。同时，由于产生了很多规划分区，因此给政策赋额定值也是一项艰巨的任务。为降低工作的难度，可以使用政策排除法，这种方法与通过筛选法排除不适宜的土地利用方式类似，可以显著降低需要赋值的数量。

　　赛络计划使用了大多数规划师广泛熟知的传统规划步骤。在各竞争的景观空间配置方案之间做了明确的选择。此外，评价标准还包含最终方案实施的可行性，但该方法的最大缺陷就是对方案的实施阶段考虑不足。

　　一些规划师批评了赛络计划这一明显缺点，其中也包括政策排除法。虽然通过计算机技术使数据处理变得便当，部分纠正了上述问题，但数据需求繁琐，尤其是等级评定的数量庞大。另一方面，由于政策满意度措施过于简单化而同样饱受批评。规划师麦克唐纳（G. McDonald）和布朗（A. Brown）在雷德兰城市边缘区研究中应用了该方法的一种形式，指出该方法的结果忽视了对经济的评价，也忽视了与规划区域毗邻的区域之间相互依赖的空间关系。

　　● 景观规划的生态方法

　　得克萨斯州奥斯汀大学景观系系主任弗雷德里克·斯坦纳在《生命的景观》（1991 年）一书中提出生态规划的多方案方法。斯坦纳将其描述为通过"研究生物物理和社会文化体系来揭示土地利用最好地段的一种组织框架。"[68] 通过人们利用景观以及人和社会、文化、经济及政策力量之间相互作用来研究不同尺度景观。因此，该方法具有人文生态学的倾向。

斯坦纳的方法能实现战略适宜性评价法的所有功能，该方法已被广泛应用于大量规划工程和项目中，包括华盛顿惠特曼县乡村居住区位置的确定，以及科罗拉多州特勒县（Teller County）制订的增长管理计划。在佐治亚州的沃尔顿县（Walton County）土地环境敏感性研究中，我用了该方法的一个变体形式。斯坦纳也和劳埃德·赖特（Lloyd Wright）及其他人员一起工作了许多年来改进 NRCS LESA 系统。

在景观决策及其实施过程中，斯坦纳最初的主旨是平衡社会公平（Social equity）和生态平等（Ecological parity）。它的理论基础来源广泛，其中包括麦克哈格及其在宾夕法尼亚大学的研究团队、规划历史学家刘易斯·芒福德以及社会学家和规划师赫伯特·甘斯（Herbert Gans）。对他产生影响的还有生态设计师卡洛·富兰克林、景观规划设计师劳里·奥林（Laurie Olin）、鲍勃·汉纳（Bob Hanna）、安妮·斯普恩以及约翰·莱尔和规划理论家约翰·弗里德曼。从弗里德曼、甘斯以及社区倡导者索尔·阿林斯基（Saul Alinsky）的观点，斯坦纳尖锐地提出了他自己的观点，即为什么在生态规划中要强调社会过程。斯坦纳是宾夕法尼亚团队的一员（事实上，他是麦克哈格的学生，在宾夕法尼亚大学教了一年的生态规划），斯坦纳的观点明显具有伊恩·麦克哈格及其团队成员的印记，尤其是在生态规划中主张不断探寻人类利用景观的本质适宜性和文化重要性的观点。

斯坦纳还受到律师、规划师安·斯特朗和约翰·基恩（John Keene）的影响。在保护公众健康、安全以及福利方面，他们强调法定程序和规划衔接的重要性。斯坦纳认为，适宜性分析提出受法律保护的和理性的过程，该过程不仅能保护人们的健康和安全，同时提高社区的福利。

斯坦纳的 11 步方法使用了来自传统规划和生态规划的方法和过程（图 3.16）。行为的逻辑序列为最佳土地利用空间规划提供了功能组织框架。该序列不断被反馈循环打断，这意味着规划过程不完全是线性的。斯坦纳指出，"过程中的每一步都与规划和实现措施之间相互作用，在实际中规划和实现措施可能由规划区域的官方控制，尽管每一步都会产生成果，但规划和实施措施仍被视为整个过程的最终结果。"[69]

市民参与不仅是一个明确的步骤，同时也融合在整个过程之中。把市民参与界定为一个明确步骤是为了强调在与其他空间配置方案比较和决策中的重要作用，斯坦纳将此看做是"规划选择"。此外，还将组织等级思想分析融汇在多尺度自然和文化现象之中。

传统规划方法虽然也研究社会经济问题，但几乎不涉及社会经济与生物物理条件相结合的指导方法。斯坦纳的方法融入了社会经济和生物物理要素之间的关系。在适宜性分析方法的基础上进行详细的研究，它与麦克哈格和朱尼加作品中记载的方法相类似。

对斯坦纳而言，最优空间配置方案是景观规划而非土地利用规划。景观规划是为

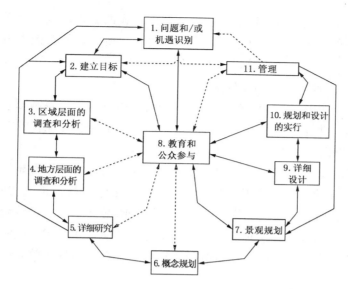

图 3.16　生态规划过程（经许可，摘自斯坦纳的《生命的
景观》）

特定地区土地利用管理提供策略，由于景观规划强调土地利用的重复性和整合性，因此它又不仅仅是土地利用规划。在斯坦纳的生态规划方法中，景观设计完整而明确地与大多数适宜性方法不同。场地尺度的设计不仅可以帮助决策者将景观规划的影响可视化，而且还综合了规划过程中前期的步骤，从空间上审视使用者团体的短期利益和长期利益与经济目标。

斯坦纳指出，他的方法和麦克哈格或宾夕法尼亚大学所提出的方法存在重要差异。后者强调资源的详细目录、条件分析以及综合，将重点放在"目标的建立、实施、管理及公众参与，在生态规划中也是如此"。[70]

总而言之，斯坦纳的方法具有的一系列相互关联的功能与赛络计划法中的相一致。两种方法都成功地将规划程式化过程与目标联系起来，但斯坦纳的方法最成功。与传统规划相似，这两种方法都将市民教育和参与作为方法的核心，这是规划师和景观设计师们众所周知的组织行为框架。两种方法都认为在工业化社会中干扰是内在的。因此，在规划过程中都建立了反馈机制。就两种方法而言，斯坦纳的方法利用了可以在多种条件下应用的常用方法，两者都强调定量的评价而不是定性的评价。

从 20 世纪 70 年代开始，与第一代景观适宜性方法相比，第二代景观适宜性评价方法发展更加受法律保护、更精确以及更技术化。它们根据变化的社会、经济、政治及技术环境揭示土地的优化利用。与第一代景观适宜性评价方法不同，第二代景观适宜性评价方法直接或间接地将生物物理和社会经济要素结合起来。此外，为了在冲突的土地利用中作出决策以及实现优化选择，一些第二代景观适宜性方法提出了明确的程序和步骤，它们将生态规划的范围扩展到保护、保留、恢复及管理等。

　　第二代景观适宜性评价方法是系统地而非以特设的方式发展，后者是第一代景观适宜性评价方法的特征。我根据景观适宜性评价方法所体现的累积作用及生态规划过程中所强调的阶段性特征，将其划分为四个主要类别。它们是：（1）景观单元和景观分类法；（2）景观资源调查和评价法；（3）空间配置评价法；（4）战略适宜性评价法。每组方法都有其特殊目的，例如，当数据收集的成本成为限制因素时，可以采用景观单元和景观分类法作为适宜性评价的第一步。当景观空间配置方案评价成为主要考虑因素时，空间配置评价法有助于实现评价目的。

　　第二代景观适宜性评价方法中的每种方法都在不断发展。最为显著的发展就是强调在景观功能的基础上理解景观。莱尔在这方面的工作被认为是成功的。无论何时，使用第二代景观适宜性评价法的规划师和景观设计师必须依据生态单元或生态系统的意义来描述土地，因为这些单元的分析最终是为了预期利用的相对适宜性，以确保这些单元首先具有生态意义。但对景观地段能否形成有意义的景观单元等拓展问题仍缺乏一致意见。

　　在第二代景观适宜性评价中，由于不同尺度景观具有不同的特性，存在着以多视角理解和分析景观发展方向的趋势。斯坦纳提出的战略适宜性评价为景观多尺度研究提供了范例，社会正日渐反映出规划设计工程对人及文化和自然景观的影响。因而，需要通过社会增长与变革来审视景观规划和设计。景观适宜性评价方法发展的另一趋势是在土地利用决策中将公众或使用团体包括在内；但技术应用程度在第二代景观适宜性评价中存在较大的变化，其中计算机及其他先进技术方法的应用就是一种反映。

　　自然和文化数据之间相互关系的分析方法也得到了提高，这是先进技术有效性和精确性应用的结果。在适宜性分析中，有人认为序位组合法不是有效的方法。同时，也有人推荐根据工程的目的和目标决定采用独立或组合的适宜性评价方法。一些第二代景观适宜性评价方法倾向用评价结果作为景观利用和管理决策的依据。除了斯坦纳的生态方法或赛洛计划方法等战略适宜性评价法之外，大多数第二代景观适宜性方法极少提出管理策略或空间配置资源（资金、人力、时间）来实现方案的适宜性评价。总之，适宜性分析是平衡土地、水和空气之间利用矛盾的成功方法。

第4章　应用人文生态方法

4.1　生态规划的多元方法

在过去的 30 年，公众对环境恶化的认识日益加深，环境保护和资源管理行动在全球范围内开展，科技日新月异，生态规划设计专业领域的可持续意识不断进步。这些力量共同促进了景观中人类行为管理方法的发展。

景观适宜性方法除了技术有效性与信息管理能力明显需要提高以外，还被批评不够关注人文方面的问题，例如，人类如何感知、评价、使用及适应变化中的景观；人文生态系统和自然生态系统如何运行；景观如何变化以响应生物物理及社会文化的互动；如何将审美因素整合到景观评价之中。

这些观点给景观设计、规划及相关专业带来的压力日益增加，因此需要发展一套依据上合理、技术上有效、生态上健康、公众可以监督、并且能够贯彻实施的方法。于是，景观设计师、规划师、地理学家、生态学家、环境心理学家、历史学家和环艺设计师需要共同发展生态规划方法的概念与策略。类似景观适宜性方法，生态规划方法也反映了源于人与自然的辩证关系的定义、分析和解决问题的独特思路。

第 4~7 章中研究的可供选择的生态规划方法包括：应用人文生态方法、应用生态系统方法、应用景观生态学方法和景观感知方法。其中，应用生态系统方法和景观感知方法已有翔实可靠的文献，也出现了大量的变体（Variations）。相比之下，应用人文生态方法与应用景观生态学方法仅有少量经严格检验的明确方法。

4.2　应用人文生态学：主要关注的问题

生态学处理的是物种与生物物理环境间的相互作用关系。当物种包括人类时，生态学就指的是人文生态学（Human ecology）。应用人文生态方法使用人类与生物物理环境之间的相互作用信息，来指导建成环境与自然景观的最优利用决策。具体来说，这一方法重点研究人类如何影响环境并被环境影响，以及与环境相关的决策如何影响人类。[1]

早在 20 世纪中叶，思想家帕特里克·格迪斯、罗德尼·麦肯齐、本顿·麦凯、刘易斯·芒福德、奥尔多·利奥波德等人就提出并倡导人文生态规划。[2] 他们主张，应当理解人与生物物理环境之间复杂的互动关系，并据此引导出规划设计决策。例如，格迪斯曾激昂地请求将规划设计看做"同情、综合与协同"（Sympathy, Synthesis, and

Synergy）。³ 我们首先得同情那些受社会病影响的人们，然后综合所有与规划相关的考虑，最后与所有相关人士协作，从而达成最佳结果。这一请求隐含着对场所中"历史、民俗和社区感（History, folklore, and community sense）"的详尽理解，并需要使用者的持续参与，从而实现他们的共同愿景。

20 世纪六七十年代，对于人文生态规划的呼唤重新出现，回应了当时的环境运动。美国通过的《国家环境政策法》以及其他国家的类似法律法规重新燃起了人们审视自身与自然环境互动关系的兴趣。然而，多数生态规划方法或强调生物物理系统，或着重于人文系统，人们似乎认为生物物理系统和人文系统两者是相互独立的。

将人文内容纳入生态学总是存在着各种问题。人类虽然拥有与其他物种类似的需求，却展示了行为的灵活性及掌控环境的能力（图4.1）。人类能够概念化地认识物质交换过程，这是区别于其他物种的独特能力。⁴ 同时，人类还拥有文化信仰系统，能积累知识，这两种能力使得人类能适应各种外部环境。因此，人类不易受到生物物理过程的支配。⁵ 人类与其他物种及环境之间的互动关系难于被理解且难于去解释。

图4.1 科罗拉多州梅萨维德（Mesa Verde）国家公园。人类改造景观以适应自身需求（William Mann 摄，2000 年）

104　　　伊恩·麦克哈格指出若人类是生态中不可或缺的组成部分,而生态又被看做规划的一部分,那么规划一词就足以代表"人类"、"生态"与"规划"三者的含义。⁶ 多数生态规划理论的支持者都认为,应该将人类对景观的使用及组织进行理解和评估。他们使用区域的社会、经济和人口统计学数据等人文过程信息,通过景观利用史、场所历史、视觉调查等独立研究,探究这些人文过程信息与景观的联系。此外,现今大多数北美与西欧的公共项目都强制要求公民参与,以保证规划过程能包含相关公众的关注、需求和价值观。

规划设计如此用心良苦的纳入人文过程,却常常忽略人类独特的文化和生活方式。

人类价值体系影响着行为决策，包括选择使用景观和适应景观的方式。规划的挑战在于"寻求景观和社会现象在空间上的一致以及过程上的联系"。[7]如果人类需求的满足与生活质量取决于景观与资源，那么人类就有责任确保景观资源的可持续利用。

我们可以将规划面临的挑战以问题的形式复述：人们如何评价、使用及适应景观？景观的哪些方面被谁评价，以哪种方式被评价，为什么被评价？在特定景观镶嵌体中的特定场所，人们有哪些价值和利益取向？人们如何与景观相联系？景观对于他们来说意味着什么？人类如何适应景观带来的变化和压力？有效的社会适应机制（Social mechanisms for effective adaptation）是怎样的？景观决策中谁受益谁受损；即景观变化危及谁的利益？这些都是人文生态规划讨论的主要问题。

针对上述问题，规划师和景观设计师提出了人文生态规划设计的框架。然而框架的发展却受到诸多因素的限制。目前，人文生态规划还未发展成熟，也没有统一的概念体系和经严格检验的技术。然而，许多规划方法已被提出，充满前景的应用案例也能提供程序指导。

人文生态学被广泛认为是人文生态规划的概念基础，但任何单一的基础原则都不足以稳定支撑整个人文生态规划体系。更确切地说，人文生态规划产生于众多学科的边缘（Margins），包括社会学、地理学、心理学以及人类学。在大多数人文生态规划研究中，文化适应（Culture adaptation）是一个使用文化-生态复合视角的关键主题。另一个类似的关键概念是场所（Place），由自然力量与人类行为相互作用而产生。我将在此深入研究在生态规划研究中这些主题是如何被界定、操作及应用；同时关注融合社会学、环境心理学和地理学概念的各类应用案例。

4.3 概念基础

人文生态学包含的知识非常广泛，正是这些知识将人类社会组织与其所在的生物物理环境直接关联起来。事实上，人文生态学拥有丰富的跨学科论述，但却散见于各学科文献之中。在达尔文的开山之作《物种起源》（The Origin of Species，1859 年）中，解释关于生物物理环境如何影响自然进化和选择过程时，他明确地将人类包含在内。但随后的生物学家却将研究局限在人类影响很小的环境，或将人类看做干扰自然群落的作用者。在 20 世纪二三十年代，芝加哥大学的生物社会学家罗伯特·E·帕克（R. E. Park），E·W·伯吉斯（E. W. Burgess）及稍后的罗德尼·麦肯齐写作了一系列重要的专著与论文，构筑了人文生态作为一块独立研究领域的大体框架。帕克和伯吉斯在开创性的论著《社会学导论》（Introduction to the Science of Sociology，1921 年）中，运用共生、演替、优势、竞争（Symbiosis, succession, dominance, and competition）等生物概念，解释人类与生存环境间的相互作用。从那时起，A·霍利（A. Hawley），C·斯图尔德（C. Steward），奥迪斯·邓肯（O. Duncan），R·拉帕波特（R. Rappaport），K·贝利（K. Bailey）以及J·贝内特（J. Bennett）等理论家也开始提出各类人文生态模型。[8]

　　由于各学科广泛而多样的语汇，跨学科的综合理论（Synthesis）尚未形成。[9]杰拉尔德·扬对人文生态的多层次定义旨在形成这样一个综合理论，这一定义也是我所采纳的。他将人文生态定义为："1）从生物生态学的观点，是人类占据优势的动植物群落及系统；2）从生物生态学的观点，人类与其他物种一样简单的影响周边环境并被环境所影响；3）与一般动物不同，人类以独特的方式与周边环境互动，并创造性地改造环境。真正的跨学科的人文生态会包含以上的3点。"[10]

　　人文生态学为人文生态规划研究提供了初始的概念基础，而其他学科也作出了重要贡献。例如，社会学中的人文生态研究为规划师提供了洞悉社会结构的视野，强调根据社会结构进行功能分析，并且认为社会结构是人类通过习俗、社会传统及对物质环境的改造而适应环境的机制。霍利就将社会结构看做生态分析研究的基础。他的著作《人文生态学：一种社区结构理论》（Human Ecology：A Theory of Community Structure，1950 年）至今仍广泛用于城市规划。

106　　大量人文生态规划研究记录中采用的人文生态学模型的原型都来自文化生态学。文化生态学研究的基本前提是：人类对环境的适应取决于文化模式：价值观、知识、信条体系及技术（Calues，knowledge，and belief systems and technology）。朱利安·斯图尔德（Julian Steward）在《文化变迁理论》（Theory of Culture Change，1955 年）中明确提出"如何引入一种反作用（Casual）机制来研究文化和环境的相互作用关系，代替简单的地理决定论（Geographical determinism）。"[11]斯图尔德（1902—1972 年）清晰地阐明了与自然环境紧密联系的文化方面。随后学者们对斯图尔德模型（Stewardian Model）进行了修正，强调系统的方法，确定了文化变量与生态要素之间复杂的反馈机制。[12]假如生态规划寻求的是景观对于人类使用的最优适应性（Optimal fitness），那么文化适应可视为达到适宜的一种机制。

　　环境心理学和生态心理学方面的人文生态研究为规划设计提供了一些新视角。例如，"自发生环境"（Naturally occurring environments）或是"可被辨识与描述的人类日常生活的环境单元"（Discernable，describable units of every day ecological environments of persons）[13]如何影响个体的社会行为。罗杰·巴克（Roger Barker）、E·P·威廉斯（E. P. Willems）、S·B·赛尔斯（S. B. Sells）、H·普罗夏斯基（H. Proshansky）、W·H·伊特尔森（W. H. Ittelson）、R·卡普兰和S·卡普兰等著名环境心理学家研究环境中的人类感知、认知及行为，形成了许多有价值的知识。这些认知模式被生态规划师运用到设计和决策中，能更为敏感地捕捉景观价值和景观意义。场所就是这样一个概念，被规划设计师广泛用于理解人类与环境关系。场所是体现文化内涵的特定景观，社会活动在场所中发生，人类的需求在场所中得到满足。

　　地理学家对生态关系的研究聚焦于空间分析。然而据杰拉尔德·扬的研究，地理学家并不愿意将研究限定于地理学科的方式。地理学家为理解人类与环境相互作用关系作出了以下贡献：1）开展聚居地的时空分布分析，发展出中心地理论（Central-place theory）；2）整合空间概念和生态学概念，最终形成景观生态学；3）从景观对于人类的重要性与意义角度来解译景观。

中心地理论解释了经济活动中心的空间等级分布，大的中心被众多二级和三级中心环绕。这一理论基于的假设是，所有条件均等时人们将会以最小的运输代价获取所需的商品和服务。中心地理论及其修正理论在城市规划与区域规划研究中被广泛使用。景观生态学是新兴的跨学科研究领域，由德国地理学家和生态学家卡尔·特罗尔（Carl Troll）创立。它将地理学家的空间方法与生态学家的生态系统方法结合起来，研究涉及生物、物理和人文过程交互作用的空间变化情况。

人文地理学家与文化地理学家如 D·W·梅尼格（D. W. Meinig）、D·罗文陶（D. Lowenthal）、段义孚（Yi-Fu Tuan）、皮尔斯·刘易斯（Peirce Lewis）、W·G·霍斯金斯（W. G. Hoskins）、欧文·祖伯（同时也是景观设计师）、爱德华·雷尔夫（Edward Relph）和杰伊·阿普尔顿极大地丰富了我们对人类与景观联系的理解。上述地理学家将景观看做场所，用梅尼格的话来说，是"有象征意义的"，是"文化价值、社会行为和个人行为作用于特定时空内的表现。"[14] 美国著名景观历史学家和作家 J·B·杰克逊（J. B. Jackson）将"场所感"（Sense of place）与地方景观联系在一起，来理解景观与生活在其中居民的特征（图4.2）。杰克逊鼓励读者"将景观看做生活着的系统，并用其中居民的角度来看待景观。"他主张，评估景观质量必须始于将景观看做"生活和工作的场所"，通过衡量景观"满足全体人类在生理层面、社会层面、感官层面和精神层面需求"[15] 的程度而作出评判。

107

图4.2　夏威夷考爱岛（Kauai）的农业景观。细微的景观特征揭示了许多岛屿的自然和社会历史（M. Rapelje 摄，1999 年）

根据杰克逊的观点，对景观的理解不仅来源于口述和史籍，还来源于相关艺术的赏析，如诗歌、绘画和音乐。很多其他的人类地理学家也表达了同样观点。景观解译为景观利用决策提供了丰富的信息，对景观感知的研究也非常有帮助。

综上所述，人文生态学下众多松散的学科共同关注着人类与环境的互动关系。这些学科的贡献是平等且多样的，期待着被综合。这也许能解释为何花了如此长的时间才将人文生态概念系统性地整合进了规划设计领域，为何规划设计应用都建立在单个项目的基础上（Project-by-project basis）。尽管如此，人文生态研究始终聚焦于一条共同的线索：生物物理系统与人文系统相互作用的机制、意义及变迁。

4.4 人与环境相互作用的观点

概念化表达文化和生物物理环境的交会（Intersections）对人文生态规划产生了深远影响。这一方法引导规划设计师关注并研究了特定的文化和生物物理因素，阐明关注的原因，并预期这些因素互动与变迁的结果。

4.4.1 文化适应

人类文化学家主张文化是人类与生物物理环境相互作用的媒介。人类与环境的相互作用中，首要的联系机制即是文化适应（Culture adaptation），即"在实现目标或维持现状的过程中，社会形式及规则的调整、个人或群体行为的改变。"[16] 使景观适应社会行为、物质需求和人工制品生产的需求，从而提高人类生活质量。麦克哈格将环境（景观）对于个人或群体的适宜性定义为"所需改变最小"（Requiring a minimum of adaptation）。[17] 景观生态规划设计的目标是可持续的使用，寻求或保持景观对于人类各种使用的最佳适宜性。规划（包括人文生态规划）的任务就是确定及加强人类在景观中可持续的适应性。

文化是人类文化学研究的核心，拥有多层次的复杂含义，其中有 3 个层次的含义得到广泛认同：1）规范层次（Normative dimension），包括指导行为的思维方式；2）行为层次（Behavioral dimension），包括各种形式的社交互动；3）非规范层次（Non-normative dimension），包括文化创造的各种物质产品，如艺术品、技能和技术。E. B. 泰勒（E. B. Tylor）在 1871 年提出，如果我们将文化看作信息系统，三个层次间则将显示出清晰的互动关系。随后 M·弗雷列克（M. Freilich）在 1972 年将这一观点进一步发展。[18] 他认为文化是处理各种观念、信仰、社会交流及文化物质产品之间关系的信息系统。

文化也可被看做是解决问题的机制，它提供了"一整套行为管控机制——规划、条例和规章。"[19] 这些规章及导则是为一般问题提供一般解决方案的最基本信息。其中一般（General）一词非常重要，因为没有任何一个信息系统能囊括解决任意问题的所有信息。

文化聚焦于一般规则和技术，是解决人类一般问题的系统。它提供"标准来决策是什么，可以是什么，人们对此感觉如何，今后该怎么办的问题。"[20] 文化的规范功能在规划设计中对应着个人与群体的行为"应该"如何被引导。鉴于文化指导着行为及社会交往方式，规划（包括生态规划）理论和实践也可解译为文化的物质产出（Material products）。

组成文化的信息主要建构于价值体系之上。*价值体系*（*Values*）属于文化的一个方面，为个人及群体行为提供意义。事实上，人类学家克莱德·克罗孔（Clyde Kluckhohn）认为正是文化的价值体系使各种文化区分开来。[21]文化和价值体系很大程度上决定了人们处理当前问题的能力，包括人类使用及适应景观的方式。

人类学家贝内特在其著作《生态的变迁》（*1976年*）中简要总结了人类学家对人与环境互动的三种认知方式：*决定论*（*Deterministic*）、*相互论*（*Mutualistic*）和*适应论*（*Adaptive*）。在决定论模型中，生物物理环境决定文化或被文化决定；两者是严格的线性因果关系。这个模型在20世纪早期由弗朗兹·鲍亚士（Franz Boas）及其学生略加修正，提出了*可能主义*（*Possibilism*）学说。[22]根据该学说，环境提供了一组机会与限制，人类从中作出选择，满足自身需求。而文化决定了特定地域内人类的感知及需求。这也是理解可能主义学说的出发点。

因此，可能主义学说本质上属于决定论，它提供了看待文化与环境互动关系的一种简单化方式，适用于解释单纯且相对独立的社会。在更为复杂的社会中，技术和人类决策等外部因素开始起作用。因此，有必要寻找文化以外的机制来解释社会行为，或至少反映文化与环境之间相互加强的作用机制。

相互论便使用了反馈的概念来解释文化与环境间的相互加强（图4.3）。文化生态学家斯图尔德是著名的持相互论观点的学者。他研究了与自然环境联系最为紧密的文化方面，以"确定是否相似的环境中会产生相似的适应方式"。[23]

斯图尔德相互模型的中心原则是*文化核心*（*Culture core*）——"与生存及经济联系最紧密的一系列特征的集合"以及"与此核心紧密联系的其他制度特征"。[24]因此，文化核心成为了解释人类适应环境的主要机制。但是斯图尔德假定人们生存在一个仅需因果关系就能解释的封闭系统之中。例如，他很少考虑到技术活动对于生物物理环境的直接影响，以及人类决策事实上并非完全由文化决定。同时人类与环境之间的互动是多方面的，有时会受到地理位置以外的因素影响。

此后对斯图尔德模型的修正重点在于更为复杂的反馈关系。例如，人类学家克利福德·格尔茨（Clifford Geertz）将人类活动看做是破坏、稳定或恢复自然物理环境的过程。[25]他强调人类活动在环境中的过程而不是活动造成的结果。约翰·贝内特更进一步探讨，把复杂的反馈过程与人类的决策能力整合起来，形成了适应系统模型（Adaptive systemic model）（图4.4）。

该模型认为，"控制或稳定的状态是人类通过决策或协商达到的，而不是超越人类意识自动产生的，即使这种自动过程也时有发生。"[26]模型提出一个"开放"系统，通过资源利用、生产单元、经济政治制度、技术等要素与特定场所产生多层次的联系。这一模型认为人类的选择可能对环境产生消极影响。这一模型不排斥相互论与决定论，

109

1. 人类地理决定论

环境因素————形成————→文化

（即环境先于文化存在。）

2. 可能主义学说

环境中的文化选择————至————→创造物质形态实体及其他文化要素

（即"文化"先于认知与选择存在，是行为的基础。目标大部分是可描述的。环境完全是文化的产物。选择是其中关键的一步，即使它也被归纳为"文化"。）

3. 斯图尔德文化生态学

不属于实体系统的————→可被理解为————→实体系统涉及的技术经济要
文化或社会因素　　　　　　　　　　　　　件及与要件相关的社会因素

（即"文化"被分解为各种可变因素，拥有不同的重要性。"环境"被科技经济"核心"或是实体系统所界定，但仍保留了一定的反决定机制。）

4. 文化生态系统论

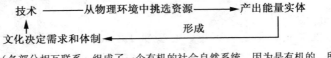

技术————从物理环境中挑选资源————→产出能量实体
　　　　　　　　　　　　　　　形成
文化决定需求和体制←————

（各部分相互联系，组成了一个有机的社会自然系统。因为是有机的，所以就没有了所谓的因果联系。）

5. 动态适应论

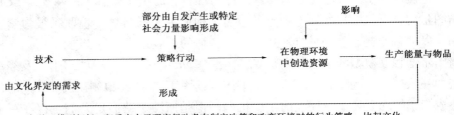

部分由自发产生或特定　　　　　　　　　　　影响
社会力量影响形成

技术————→策略行动————→在物理环境　————→生产能量与物品
　　　　　　　　　　　　　中创造资源
由文化界定的需求　　　　形成

（与前一模型相似，但重点在于研究行动者在制定决策和改变环境时的行为策略。比起文化生态系统论，更加肯定了反馈和"影响"的作用。）

图 4.3　人文生态学的主要理论（经许可转载自《生态的变迁》，班奈特）

而将它们看做人类行为的经验性成果。乔纳森·伯格和约翰·辛顿（John Sinton）这样归纳适应性模型在人文生态规划中的重要性："模型将当地社会组织下的生产单元、资源利用、环境条件、区域市场与更大的系统联系起来，尝试将数据在'微观'与'宏观'尺度上整合。"[27]

适应性模型与斯图尔德提出并由格尔茨详细阐述的文化核心概念保持一致，且确立了人类与环境关系形成中人类承担的关键角色。许多人文生态规划研究都用相互模型或适应性模型或两者的变体作为初始的理论模型。

同时，提出文化与环境关系模型的学者们也为我们指出了研究的方向。其中最为

110

111

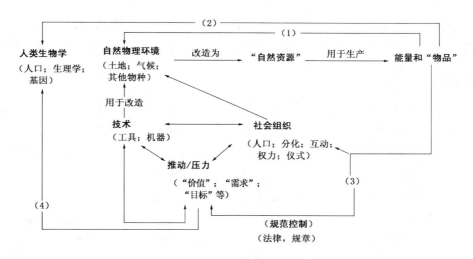

图4.4 适应系统模型（经许可转载自《生态的变迁》，班奈特）

清晰的方向由斯图尔德提出，通过历史分析和综合最有效的理解文化核心，方法包括：（1）开发系统和物质环境的关系（选择何种资源进行开发，使用何种技术来挑选资源）；（2）开发过程中的行为模式（如特定的农业技术需要的特定组织结构）；（3）行为模式影响文化其他方面的程度。

　　斯图尔德的思考代表了一种理解人与环境关联方式的"真正全面的方法"。[28]但这一思考路径提出了一个重要的方法论问题：文化核心分析的主体是谁？科学家？规划师？设计师？还是研究对象？人类学家阿摩斯·拉普卜特（Amos Rapoport）认为科学家的观点必然与相关者或局内人有所差别：

　　　　在生态学研究中，有两种重要的环境模型：*操作模型*（*Operational*）*和认知模型*（*Cognitive*）。人类学家（科学家、规划师、设计师）通过对经验、事件及物质关联进行观察衡量而建构了操作模型，用这一模型代表分析目的，即他所研究的那部分物质世界……认知模型是身处其中的人们所构想的环境模型……认知模型的重要问题是，由于该模型将用于指导行为，因此它并不是越符合*现实*（*Reality*）越好（与操作模型相同），而应当是在现有物质条件下最恰当的指导行动，因此认知模型可能会有有悖于我们将评估的适应性功能，并与评价因子相冲突。[29]

　　两方观点说明了认知社会现状两种方法，引入了其他学科对社会现实的二重视角，使用*局外人*与*局内人*（*Outsider and insider*）；*外显*与*内含*（*Explicit and implicit*）；*客位*与*主位*（*Etic and emic*）；*过程*与*体验*（*Processed and experiential*）；*外源*与*内生*（*Exogenous and endogenous*）等多样的词汇来描述对社会的双重认知。[30]然而由于尚未建立容纳体验信息的框架，体验这一观点还未被规划师和设计师完全理解。因此，局内人的观点常

112

103

常与局外者（如科学家）的观点相悖。因而，人文生态规划要求规划设计者引用双方观点来解释造就现有景观空间的历史文化过程，并确定对未来土地利用的选择倾向。

4.4.2 场所构建

空间和场所两个词在日常使用中常常互换。空间是一个抽象概念，仅仅当它向使用者传递特定意义时才被定义为场所。场所是环境因素与人类活动互动的结果。根据凯波利·德威（Kimberly Dovey）的观点，场所是"人类生态结构中拥有意义的节点。场所在人类活动中渐渐发展而成，它们生长着，充满生命，可能健康，可能不健康，也可能消亡。"[31]哲学家马丁·海德格尔（Martin Heidegger）将场所视作"生命的真实所在"。[32]环境心理学家戴维·肯特（David Canter）认为由于场所这一概念能应用于所有环境尺度，因此它能有效弥合研究人类环境关系的各学科之间的差距。[33]

F·卢克曼（F. Lukerman）更为精准的辨识出场所的特征：

1. 场所均存在于特定位置，这一位置可以用场地的内部特征或场地与外部地点的关联来描述；
2. 场所是自然和文化元素的融合；因此每个场所都有其独特性；
3. 尽管每个场所都独一无二，但并非孤立存在。它们相互联系形成一个互动和流通的空间体系；
4. 场所是属于地方的，但也属于更大范围的区域；
5. 场所是有意义的，其以使用者的价值观和信仰为特征；
6. 场所会渐渐成为特定历史的组成部分。[34]

我愿意加上第 7 个特征：当场所的自然和文化过程继续运行，场所就是健康的，并且能维持自身的完整性。

因此，人类对场所的认知已经超越了特定的场地，扩展到与周边地理、社会和历史背景的联系。在人类改造场所及自身的过程中，场所不是静态的，而是处在不断的改变之中。场所的历史、现在和未来相互作用，相互加强。它们的时间跨度和包含内容不断受到外部因素的影响，如传统体验的稳定和传承度，现有环境的安全性及对未来期望的合理性。

戴维·肯特对卢克曼所叙述的场所特征进行了精炼。他认为从历史的观点来看，场所是由人类活动（*Human activities*）、概念（*Conceptions*）和环境物理属性（*Physical attributes*）的对话而产生的一种和谐状态。人类活动的种类和方式取决于人类积累的知识、文化背景、价值观以及各种正式和非正式的控制因素。

加拿大地理学家爱德华·雷尔夫提出了类似的场所概念，但他用意义（*Meaning*）替代了肯特所说的*概念*。而我更愿意使用*体验*（*Experience*）一词来代替意义或概念，来包含场所之中想象和体验空间的部分。概念和意义将概念思维方式之外的所有方面

113

都忽略了，使人类天性中的本能和想象未得到完整体现（图4.5）。[35]此外，上述场所概念构建中还包含着这一理念：场所不是一成不变的，而是与时间（自然和人文历史）和空间（与更大场所的相连）相联系。当然，我们对于场所的审美体验也来源于其自然和人文历史。

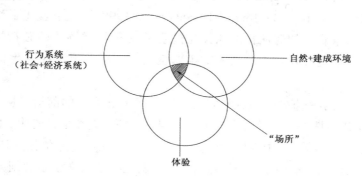

图4.5　场所是自然过程、行为系统和体验的交集。在戴维·
肯特和爱德华·雷尔夫的场所构建中简要地表达出适宜
性这一概念（经许可，转载自 Ndubisi 的"Phenomenological
Approach to Design for Amer-Indian Cultures"）

　　大多数规划设计师都会赞同，在理解场所之后才能形成有效的设计方案。在规划设计中使用场所构建这一概念，主要用来确定人类体验、自然过程和物质环境空间三者之间是否存在*持续的适应（Consistent fit）*。建筑师阿摩斯·拉普卜特及规划师凯文·林奇认为，只有当这种适应存在，环境（景观）才对居民和使用者有意义。因此，我们规划设计师的任务就是寻求或维持这种适宜与匹配，确保场所维持其完整性，保持自然、文化过程和时空联系，给予使用者和居民认同感和归属感。

　　研究场所的观点和方法有许多，以上综述仅代表了场所构建理论中的一小部分。[36]任何一种关于场所的认知视角以及观点都是建构在规划设计项目应用的基础之上。

4.5　程序指导与应用实例

114

　　在规划设计中整合人类过程的尝试和努力虽然不够体系化，却多种多样。景观规划设计师格兰特·琼斯（Grant Jones）、伯特·利顿、莎莉·舒曼、理查德·斯马东（Richard Smardon）和欧文·祖伯极大地推进了对景观感知的认识。景观感知是人类与景观之间的相互作用。场所构建极大丰富了我们对景观感知的理解。[37]20 世纪七八十年代在宾夕法尼亚大学或受到该大学思潮影响的景观设计师、规划师和人类学家则用文化适应模型作为生态规划设计的概念基础，其中的著名人物包括乔纳森·伯格、耶胡迪·科恩、伊恩·麦克哈格、乔安妮·杰克逊、丹·罗斯和弗雷德里克·斯坦纳。

　　场所的概念也被用作统一主题来整合文化生态学、文化地理学和环境心理学中的人文生态概念。例如，1980 年我在加拿大奥吉布韦印第安社区所做的规划，当规划设计师与委托人在文化上存在不同时，就使用了文化生态学和场所理论中的概念，帮助理解人类和自然过程之间辩证关系的本质。麦克哈格的学生加拿大景观规划设计师麦克·霍夫（Michael Hough）在《场所之外：区域景观特征的重塑》（Out of Place：Restoring Identity to the Regional Landscape，1990 年）中表述了类似观点。霍夫论证了在当代景观中如何从自然和文化过程的视角重建场所的独特性。此外，其他生态规划方法中也存在着明显的人文生态偏向，包括斯坦纳在《生命的景观》中提出的方法。

宾夕法尼亚大学一直处于整合规划与人文生态概念方面的前沿。从 20 世纪 70 年代早期到 80 年代晚期，该大学的规划师、景观设计师和人类学家成功实践了多个人文生态规划研究。以下将对其中重要的研究进行综述：（1）黑泽尔顿（Hazleton）区域研究；（2）肯尼特（Kennett）区域研究；（3）麦克哈格人文生态规划方法；（4）杰克逊和斯坦纳在土地利用规划中应用的人文生态方法；（5）斯坦纳在生命的景观中应用的人类社区分析；（6）新泽西州派恩兰兹（Pinelands）研究。我还将简要的回顾伯格的景观综合理论。以上许多应用都阐述了过程指导，其余则提出了方法建议。整个案例序列也展现出理论不断成熟的过程。

4.5.1　美国宾夕法尼亚州黑泽尔顿区域人文生态规划研究

20 世纪 70 年代早期到中期，乔纳森·伯格和丹·罗斯教授领导的规划师和景观设计师团队在宾夕法尼亚黑泽尔顿区域开展了人文生态规划研究的实践。[38]研究目的是为黑泽尔顿区域制订未来的土地利用方案。研究者调查了多组生态背景，进行了景观适宜性分析。黑泽尔顿区域位于宾夕法尼亚州东北，费城东北方向约 100 英里处，阿巴拉契亚山区（Appalachian）的矿业和农业区域。

研究人员使用斯图尔德适应性模型作为工作的概念基础，尝试分析开发技术与生物物理环境之间的关系、人类行为与开发的关系以及开发方式与制度的关系。他们从以下 2 个角度对这些关系进行了解释：（1）景观的适宜性；（2）用于支持开发的适应策略和过程。研究人员将适应（Adaptation）定义为"使用和组织空间，以及人类为了使用和管理空间对自身的组织。"[39]研究目的在于，将文化决定的人类需求和生态上适宜的区域匹配起来，表达为土地利用的形式。

伯格、罗斯及其同事们将研究分为五个相互联系的部分：（1）生物物理资源评价；（2）土地经济分析；（3）社区健康状况分析；（4）区域人口调查；（5）人文生态规划。规划师运用土地适宜性分析方法，收集区域内的自然现象和过程数据（如基岩地质、水文、土壤、植物群落和动物群落），并进行机会和限制分析，比例尺为 1：24000。而后得出一张土地适宜性地图，指出各类土地使用的最佳选址，如住宅、林业与游憩用地。

然后，分析规划方案的经济性，聚焦于土地所有制、地价和基础设施开发建议，得出下个五年的土地利用空间对策。社区健康状况分析包括研究患病率与环境的相关性，得出由工作和污染造成的压力指标。

区域人口调查能用于确定自然形成的社会群体，得出其价值取向、偏好和未来土地利用的愿景。使用的技术包括关键信息访谈、行为观察、家访和踏勘。人口调查为土地利用方式提供了丰富的信息，从小型住宅到大尺度的传统狩猎场。规划师能从中获得"区域内部变迁"（Internal change in the region）的图景。综合数据得出"民众模型"（Folk model），即"特定调查对象的世界观汇总。"[40]

研究的最后一个部分是人文生态规划方法。在这一阶段，在文化上选出维持使用者生活品质的最佳位置，将这一理想位置与生态上适宜的土地相匹配。这一部分的研究可分为四个阶段：

1. 在人口调查的基础上，为不同社会群体的资源利用图景提出不同的土地利用方案。
2. 不同的土地利用方案反映的是不同的适应策略和行为。根据各种土地利用方案对不同使用者生活品质的维持度做兼容性评估，形成适宜性的梯度序列：适宜、半适宜、不适宜、无法比较。
3. 提出建议，减缓对使用者生活质量产生的不利影响。
4. 将步骤2中辨识出的文化上理想的位置与适宜性评价分析中得出的生态上适宜的土地相匹配。

完成这4个阶段，最后得出未来黑泽尔顿区域的土地利用管理政策。例如，人口调查显示出8个不同的群体——农民，劳动阶级，下层阶级，中层阶级，本地从业人群，外地管理人群，退休群体和土地投资者，他们对于居住、工业、家庭手工业和贸易活动的位置都有特定的需求偏好。例如，靠近亲属、租金低和对当地设施熟悉等原因，使低收入群体更愿意定居在峡谷中的溪流廊道附近，特别是与工作地、乡村和农业区域都靠近的位置。

与低收入人群不同，中层阶级首先定居于市中心，之后考虑到环境宜人性和经济机会而搬迁到城市边。伯格、罗斯和同事们指出各群体在区域资源的未来利用存在潜在矛盾。并提出了确定未来土地利用时的矛盾减缓措施。

黑泽尔顿区域研究将斯图尔德模型中的适应原则用于决策景观的最优化利用，虽然复杂却是一次开创性的尝试。研究的重要发现在于，使用者对于生态上适宜的土地抱有不同的价值取向。然而，伯格、罗斯和同事们将景观适宜性评价与人文生态规划分成不同的两个部分的做法令人费解。在我看来，整个研究就是一次景观生态规划，其中各部分相互联系，综合处理了生物物理和人类文化的各类信息。研究还激发了对人类活动和自然过程之间联系的更为严密的调查研究。

4.5.2 美国宾夕法尼亚州肯尼特区域人文生态规划研究

1976年春，一个由规划师、景观设计师和人类学家组成的团队在宾夕法尼亚州东

116

南的肯尼特区域开展了应用人文生态规划研究[41]，团队中包括了一些参与过黑泽尔顿区域研究的成员。肯尼特区域位于布兰迪万河谷，距费城仅 1 小时车程，由 6 个镇和 3 个行政区组成。为了有效整合人类和自然过程，团队研究了人类如何影响环境并被环境所影响，将结论用于指导土地利用规划和设计。他们与不同的社会群体生活在一起，从本土的角度理解景观。

规划团队建构了区域模型来更好的理解"人类及其所在环境间的精确互动关系。"[42]团队利用斯图尔德的文化核心概念，拉普卜特的"科学"和"认知"模型，亨特（Hunter）的社区阶层影响研究，以及冯·贝塔朗菲（Von Bertalanffy）的地方经济管控理论体系。[43]

研究小组实施了类似黑泽尔顿区域研究的人口调查，以记录区域内生物物理过程以及社会、经济和人口调查信息的现状和发展趋势。调查目的在于探究人们的生活及互动方式，同时阐述与资源开发相关的制度如何影响人们对于土地的使用。研究小组将调查中收集的"软"信息和公开资料中获取的"硬"数据集合起来，更加清楚地知道了区域的运作方式。罗斯及其同事们将这个综合的过程叙述如下："分析一个镇的数据统计和房地产行业记录，结合当地银行家、房产经纪人与房屋建造者的说法，可以与土地供应和住房需求联系起来，进而形成与生物物理过程的关联。"[44]

研究团队发现，与资源利用相关的核心是当地的政治经济制度——农业经济，银行业，房地产业以及政府。当地经济的控制因素同时来源于外部（如奶制品市场）和内部（如区域划分和银行借贷），以内部因素为主导。当地的精英阶层控制着当地的政治经济。他们对土地利用和资源分配的决策影响着经济资源的供应，反过来也影响到自然资源的使用。

团队完成了五个步骤的过程。第一步，开展历史调查弄清现有聚居格局是如何形成的。第二步，通过现场调研和航拍照片勾勒出聚居区域的范围。第三步，沿用黑泽尔顿区域研究中的人口调查，根据种族、阶层和宗教信仰划分主要社会群体（约 20 种），与聚居类型联系起来确定非均质的人口如何控制和管理区域资源，以及社会权力结构如何起作用。第四步，探究各种管理土地、资本和生产要素的制度之间的关系，理解区域生产的核心（表 4.1）。

第五步是我仔细研究的步骤，团队第一步到第四步的规划应用解释了人们在实际层面如何自我组织，在与物质和社会环境的联系中掌控自己的生活。这一步的目的是确定土地资源分配的获益者和受损者。具体来说，规划师"在生态基础上考虑了人类的价值取向，同意在多数条件下，这些价值取向将导致一些社会群体得益，而另一些群体的利益受损。最终目标是提出一个基于现实的规划方案，能为包括弱势群体在内的所有人群所用，并将损失的代价降到最低。"[45]

规划团队在资源分配中明显强调了社会公平，他们（1）确定了社区中最为关键的土地利用问题，如住房，地表水管理或农业保护等；（2）从利益相关人群的角度重新解析问题；(3)研究影响问题的生物物理因素和社会文化因素——当地政治经济、

表 4.1　宾夕法尼亚州肯尼特区域核心机构人口分布

群体			农业					采掘业	工商业			土地开发		政府			
阶层	信仰	种族/地区	马	乳制品	园艺	蘑菇	牛肉	采石场	金融业(银行行业)	退休	纺织/电力	房地产	开发商/建造商	镇	县	州	中央政府
上层	英国国教	盎格鲁	所有者/工人				所有者		所有者	所有者	所有者	所有者	所有者		指派官员		指派官员
上层	公谊会	盎格鲁	所有者/工人	所有者/工人		所有者	所有者		所有者	所有者	所有者		所有者	选举官员	指派官员		
上层	天主教	意大利	所有者/工人	所有者/工人		所有者						所有者		选举官员	选举官员		
中上	英国国教	盎格鲁	工人			所有者				所有者							
中上	公谊会	盎格鲁		所有者/工人	所有者/工人	所有者	工人			所有者			所有者	选举官员	选举官员		
中上	天主教	意大利			所有者/工人	所有者					选举官员	所有者		选举官员		选举官员	
中层	公谊会	盎格鲁				所有者/工人				工人/所有者			所有者	选举官员	指派官员	选举官员	
中层	长老会	盎格鲁				工人	工人/所有者		工人	工人/所有者	工人	所有者		选举官员	选举官员	指派官员	
中层	卫理公会	盎格鲁			工人	工人	工人/所有者		工人	工人/所有者	工人		所有者	指派官员		选举官员	
中层	浸礼会	盎格鲁			工人	所有者			工人	工人/所有者	工人		所有者	选举官员	选举官员		
中层	犹太教	犹太人		工人					工人	工人/所有者	工人						
中层	天主教	意大利		工人		所有者/工人		所有者/工人	工人	工人/所有者	工人	所有者/工人	所有者	指派官员			
中层	非洲人卫理公会主教派教会	黑人			工人			所有者/工人	工人	工人/所有者	工人	工人	工人/所有者	指派官员			
工人阶级	长老会	盎格鲁	工人		工人	工人			工人	工人/所有者	工人		工人				
工人阶级	卫理公会	盎格鲁	工人		工人	工人			工人	工人/所有者	工人		工人				
工人阶级	浸礼会	盎格鲁	工人	工人	工人	所有者/工人			工人	工人/所有者	工人		工人				
工人阶级	天主教	意大利			所有者/工人	所有者/工人	工人/所有者			工人/所有者			工人				
工人阶级	浸礼会	南部			工人	所有者/工人				工人/所有者							
工人阶级	非洲人卫理公会主教会派教会	黑人	工人		工人			所有者/工人	工人/所有者		工人/所有者	工人	工人				
工人阶级	天主教	西班牙			工人					工人/所有者	工人/所有者						

来源：Rose, Steiner, and Jackson. "Applied Human Ecological Approach to Regional Planning"

工人阶级和富有的业主等人群所持的价值观等（表 4.2）；（4）研究资源分配中哪些群体获益，哪些群体利益受损；（5）最后根据文化核心衍生的价值为每个问题提出解决方案和实施策略。规划方案综合了经适宜性分析得出的生态上适宜的土地和经社会文化系统分析得出的文化上的理想位置。

宾夕法尼亚州肯尼特区域住房问题对社会文化系统的影响　　　　表 4.2

组　　织		文化核心	群　　体		
内部	外部		阶层	信仰	种族/地区
栋梁（Rooftree）	县规划委员会	银行业	上层	公谊会	盎格鲁
KAJAC	宾夕法尼亚州社会事务部	房地产	上层	英国国教	盎格鲁
公谊会	美国住房和城市发展部	建造商	中上层	公谊会	盎格鲁
新教教会社会部门	美国卫生、教育与福利部	开发商	中上层	长老会	盎格鲁
圣母军	美国公谊会服务委员会	镇	中上层	天主教	意大利
联合村环境委员会		州	中层	公谊会	盎格鲁
		蘑菇	中层	长老会	盎格鲁
		奶制品	中层	卫理公会	盎格鲁
			中层	犹太教	犹太人
			中层	天主教	意大利
			中层	公谊会	盎格鲁
			中层	卫理公会	盎格鲁
			中层	犹太教	犹太人
			中层	天主教	意大利
			工人	非洲人卫理公会主教派教会	非洲
			工人	浸礼会	南部人
			工人	天主教	意大利
			工人	天主教	西班牙

来源：Rose, Steiner, and Jackson, "Applied Human Ecological Approach to Regional Planning"

肯尼特区域的人文生态研究与黑泽尔顿研究非常相似，特别是强调历史调查和景观演变解译并将人口调查作为初期的数据收集技术。罗斯及其规划团队将斯图尔德的文化核心概念改造成为与人类环境间的复杂反馈关系。此外，规划团队还将当地的政治经济制度看做社会系统对自然环境适应的一部分。他们清晰地指出了规划师、相关利益团体和当地精英团体的观点如何被导出，并整合到土地利用决策中。最后，他们指出土地资源的分配可能导致社会不公，这一点应在土地利用决策中得到明晰和体系化的表达。

4.5.3　麦克哈格的人文生态规划方法

麦克哈格在 1969 年《设计结合自然》一书出版后，立即意识到虽然他在之前的工作中一直强调人类价值和人类健康，但在适宜性评价方法中，人类过程并未得到与生物物理过程同等的重视。于是，他开始探究将人类价值和人类健康整合到规划设计之中。他影响了参与肯尼特区域与黑泽尔顿区域人文生态研究的景观设计师、规划师以及人类学家，在人文生态规划方法研究中也间或担任领导角色。毫无疑问，两个研究的规划团队都在努力将人类过程整合到规划设计中的理论框架。1981 年麦克哈格在他的文章"宾夕法尼亚的人文生态规划"中提出了人文生态规划的理论框架和方法。[46]

麦克哈格提出，将人类作为完整的、独特的、与环境相互作用的有机群体纳入规划。这一主张极大地影响了规划理论与方法的后续发展。他建议将人类与环境的相互作用看做一种对人类自身负责的、维持并改善人类健康福利的适应过程。因此规划的目的是在有序（Syntropy）、适应（Fitness）和健康（Health）三者之间创造动态的平衡，这也是人类生命形式发展的基础。三者的反面是无序（Entropy）、不适应（Misfitness）和病态（Morbidity）。

有序是指由能量转换带来的稳定性增加及物质能量的更高级秩序。健康的环境是麦克哈格所认为的规划理想结果，可以通过寻求适宜的环境并适应环境而实现。适应意味着"主动选择环境、改造环境并改造人类自身。"最适宜的环境在维持与改善人类健康福利时，所需的改造最小。适应的目的就在于追求适宜。包括生理适应、先天适应和文化适应在内的各种适应形式中，文化成为"带领人类通往生存和成功的行为塑造工具。"[47]因此，人文生态规划的目标可解读为，为所有使用者（包括其他生物）选择适宜环境，以可持续的方式改造环境并相互适应。最适宜的环境将通过匹配人类价值需求与生物物理环境提供的机会与限制而实现。

麦克哈格提出，为了选择适宜的环境，首先应模拟物理、生物和文化系统间的相互作用，使用"千层饼"来表达其因果关系的历史变迁。然后单独分析生物物理系统，揭示景观机会和限制。麦克哈格认为文化分析是"生态学和人文生态规划的起点"，代表着早期适宜性方法的主要进步。[48]对于本书的主题也特别有意义。

格迪斯在 1915 年提出了"人—工作—场所"的区域分析框架，在此基础上麦克哈格认为分析应该包括：哪类人群居住在哪些特定区域？他们定居于该区域的原因是什么？他们所在的地域与从事的活动间有什么关系？此类分析包括研究区域环境历史以及人类与场所的互动关系。人类历史揭示了景观演化的过程，土地利用的变迁总是对应着技术的改变、重大社会事件的发生和资源的利用。当地资源的利用取决于人类的感知与价值，受到技术和资本的制约。

人类历史研究包括：（1）分析从原住民开始的土地利用历史，包括聚居方式、交通廊道等方面；（2）研究土地利用方式的变迁和趋势，从而揭示技术、社会事件和资源利用对土地利用产生的影响，包括民俗、法规和制度等非物质适应手段；（3）研究当前的土地利用方式。

分析人类与场所的关系意在揭示人类对于自身及所处环境的感知、自身的需求以及满足需求使用的手段。资料收集手段主要包括图纸绘制和关键信息访谈。具体的程序为：（1）找出区域中对于土地利用有利益取向的社会团体的位置，如商会；（2）通过社会团体明确问题及它们在这些问题上的立场；（3）列出社会互动关系矩阵，将土地利用、土地所有者、空间位置分布以及问题立场联系起来；（4）确定土地资源分配的受益者和利益受损者。

人文生态规划的最后阶段是综合文化分析和生物物理评价的结论。使用叠图法及类似技术制定各种土地类型的适宜性梯度序列，如农业、商业、游憩和居住。适宜性分析将显示多种土地利用兼容或发生矛盾的位置。此外，保护地图用来确定危害人类生命和健康的区域（如泛洪区，飓风区等），在这些区域内的人类活动（如抽水）会破坏防御条件以及一些珍稀濒危动植物的所在地。

决定资源分配的关键是使用者的价值取向，在多样的价值体系下可能出现多重的适宜性地图。这些地图反映了不同的资源分配方案，可能需要改变其中的某些价值取向才能达到最终目标。另外考虑到人类健康，麦克哈格还提出了一系列减轻无序、不适宜和病态景观的步骤。

基于以上所有问题，麦克哈格提出了综合的方法。他以适宜性方法作为基础，将人类过程包含在内。在此过程中他使用了黑泽尔顿与肯尼特区域研究中的文化适应概念，以及包括人口调查的数据收集方法。麦克哈格用简洁和令人信服的方式清晰地表述了文化适应与生态规划之间的关系，但麦克哈格也完全承认方法的综合性正是其弱点。因为方法的完善很昂贵：资源的投入超出了大多数社区的经济和人力资源能力。

4.5.4　美国新泽西州派恩兰兹地区研究

20 世纪 80 年代早期，乔纳森·伯格和约翰·辛顿为新泽西派恩兰兹管理委员会开展了一项人文生态规划研究。新泽西派恩兰兹于 1978 年被议会指定为国家级保护区的亚区，范围跨越几个县，面积 100 万英亩（40.7 万 ha），位于美国东海岸的人口稠密区域。新泽西州成立新泽西派恩兰兹管理委员会，制订以提高派恩兰兹区水土资源的价值为目的的保护规划。规划的顾问包括伯格和辛顿以及数位与麦克哈格和宾夕法尼亚大学有着密切联系的专家，其中包括来自罗杰斯与戈登公司（Rogers and Golden）的杰克·麦考密克、弗里茨·戈登（Fritts Golden），以及莱斯利·萨奥尔和她在须芒草联合设计有限公司的同事们。

伯格长期关注人们适应景观的方式及该方式的规划结果。派恩兰兹研究使他及其同事们能更为细致地探索社会自然系统，应用规划师（科学）和使用者（认知）两方的观点来理解整个区域。在黑泽尔顿区域的研究中，伯格采用了斯图尔德文化适应模型。然而在派恩兰兹研究中，他们使用了贝内特的适应系统模型用于解释在人类与环境互动中复杂的反馈关系和人类决策的直接作用（见图 4.4）。此外，伯格和辛顿的派恩兰兹研究是建立在早期的朱尼加和麦克哈格为新泽西与派恩兰兹接壤的迈德福德镇的规划基础上，且受到了这一规划的很大影响。

贝内特的适应系统模型能将区域模拟成概念化的社会自然开放系统，在从地方到国土范围的多个尺度上相互关联。这一社会自然系统由复杂的反馈控制，部分反馈是积极的，部分是消极的。且人类价值观、科技或政治的改变会对系统产生不确定的影响。在派恩兰兹研究中，采用社会自然系统的概念使得伯格和辛顿能够从历史的角度审视人类对资源的使用，包括资源使用如何与当地、区域与国家范围的部门及市场相联系。此外他们主张，若要全盘理解派恩兰兹地区这一社会自然系统，则需要在规划师的视角上进一步增加使用者的认知观点。

在派恩兰兹研究的现场调查中，伯格和辛顿用与黑泽尔顿研究中类似的人口调查方法来揭示影响土地利用的物质和人文因素，以及当地历史和生态背景下的资源利用方式。调查中使用了访谈、参与者行为观察等方法，通过使用者对该区域丰富且实用的知识以丰富规划者的视角。

伯格和辛顿使用叠图法来描述派恩巴伦斯分区的情况。他们调查了历史上土地利用的各个阶段，聚焦于资源利用、人口迁徙、人口统计及经济结构状况（图4.6），以揭示现有土地利用的文化根基，并解释当地社会自然系统与区域的联系。他们还研究了土地利用现状，研究侧重于资源利用的季节性分配问题、资源开发方法问题，以及在生态及文化背景下资源利用过程中文化的重要性。

研究揭示了传统的资源利用和管理方法；地方和区域的审美；地方和区域控制社会、经济和政治资源的态度；解决矛盾的策略；土地利用格局现状。伯格和辛顿根据研究结果列出了五项建议：

1. 维持区域控制，但需要通过相关公众的参与将规划过程的权力分散。
2. 选择可能条件下最适应社会、经济和生态统筹安排的分区管理策略。
3. 识别现有和传统的景观利用格局，在此基础上设置新功能。
4. 场地管理使用当地的技术和执行者。
5. 设计和管理场地时充分认识到当地的审美范式。[49]

例如，建议3中，伯格和辛顿在派恩巴伦斯海岸发现一些有利于社区生活稳定的传统，包括林业、洁净的水、农业以及缓慢的增长和变化。图4.7描述了马纳霍金-图科尔森（Manahawkin-Tuckerson）海岸分区中支撑林业的水土资源利用传统。林业依靠的是持续的可用林地，因此关系到如森林演替、从沙滩获取漂流木的路径、用火历史和道路网络等问题。对于这些传统土地利用方式的理解有助于新开发的选址。

伯格和辛顿认为他们并未创立新的框架，而是扩展了现有规划框架，他们这样描述规划的本质：我们提出的综合方法……提供了关于功能、信仰与环境、生活质量（当地社区的社会与精神健康）之间传统关系的理解。每种土地利用及土地利用组团都可以通过当地的开发技术、开发活动、社会组织与政治经济进行理解，还可以通过该土地使用模式对社会与自然环境、各类参与者以及象征与审美意义产生的影响进行理解。[50]

使用伯格和辛顿提议的方式对社会自然体系进行细致研究对于规划实践者而言，可能没有足够的时间、知识技能和资金，但是伯格和辛顿令人信服地论证了，若要理

122

123

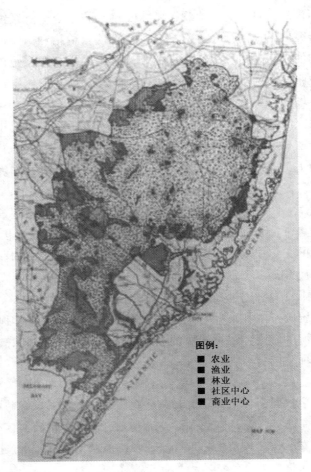

图例：
- 农业
- 渔业
- 林业
- 社区中心
- 商业中心

图4.6 19世纪末土地使用图（经许可,转载自 Berger 和 Sinton 的"Water, Earth, and Fire"）

解多个空间尺度上生物物理文化系统的内在作用原理，将区域理解为完整的社会自然系统是极其关键的。最为重要的是，他们提出生态规划研究应该包括使用者与环境的相互作用，因此，研究明确地揭示了决定景观演变的自然和文化力量。此外，人口调查提供了有价值的丰富信息，补充了由常规公众参与途径中获取的信息。

1987年伯格在一篇题为《景观综合理论指南》的文章中，提出人文生态规划应综合文化、经济、生态的现状和过程信息，正是这些信息支配着资源利用，并反过来被资源利用的优劣状况所支配。[51]综合的理论基础知识应包含环境历史、土地利用与景观的关系以及人文知识。以上每个领域都解释了景观演变，但都有特定的缺陷需要其他领域填补。

伯格认为虽然斯图尔德的相互模型和贝内特的系统适应模型为文化适应提供了富有洞察力的解释，却忽略了景观的空间方面；研究土地利用和景观相互关系的那部分

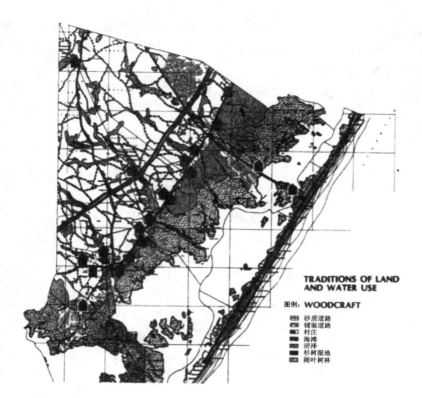

图4.7 马纳霍金-图科尔森分区林业的传统水土资源使用（经许可，
转载自 Berger 和 Sinton 的"Water, Earth, and Fire"）

学者在寻求景观要素间的相互适宜性，却将社会与文化过程单一化。事实上，景观要素与自然过程相互联系，而自然过程则支撑或限制着人类对于景观的利用。景观历史学家 J·B·杰克逊、文化和人文地理学家 D·梅尼格、W·G·霍斯金斯以及历史学家 J·斯蒂尔戈（J. Stilgoe）提供了关于地方景观、历史、政治和社会文化过程等方面有价值的见解，但是他们对自然环境的理解却是空泛的。

124

伯格探讨到，尝试将以上 3 个领域的知识和信息进行综合可能形成人文生态规划的理论基础。他提出了一个生物物理和社会自然资料调研清单，包括：景观历史演变信息；资源利用的态度、模式和控制力；利用资源的社会组织；未来景观利用的预期；历史上或未来行动与自然过程的匹配度。有了以上信息，规划师就能制定出有效的景观利用、管理和保护规划。

4.5.5 以土地利用规划为指向的人文生态学

如果人文生态规划是为了有效的引导景观利用，那么它的概念和过程应该很好地被规划师、政治家和使用者所理解，相关信息的编制和分析也应易于管理。乔安妮·杰克逊和斯坦纳在《以土地利用规划为指向的人文生态学》（Human Ecology for Land-

Use Planning, 1985 年）中论述了规划过程，方便实践人员使用人文生态学概念。[52] 规划过程反映了如何使用景观中局内人的视角和适应策略来引导规划编制，以及在现有的社会组织中如何实施规划。

大多数的规划研究中，程序围绕以下步骤进行组织（图4.8）：

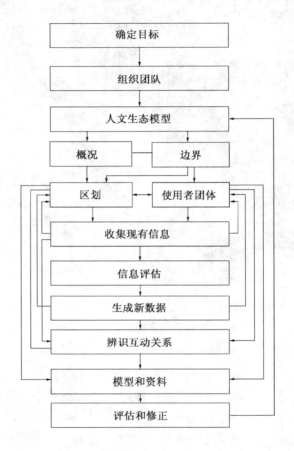

图4.8 人文生态学研究流程图。注意图中的多个反馈通道，说明过程是交互而非单向的（源自 Jackson 和 Steiner, "Human Ecology for Land-Use Planning", 由 M. Rapelje 重绘, 2000 年）

1. 确定规划目标。
2. 组织多学科团队。
3. 使用人文生态模型。
4. 获得概况。
5. 确定边界。
6. 确认区域内的自然、社会文化和行政区划。
7. 确定使用者团体。

8. 收集现有信息。

9. 信息评估。

10. 生成必要的新数据。

11. 辨识互动关系。

12. 构建模型和资料。

13. 评估和修正过程。

第 3 步、第 6 步和第 11 步体现了人文生态的特征。杰克逊和斯坦纳认为使用一般
的人文生态学模型便足以理解人类和环境间的互动关系。他们提出的这一模型描绘了
人类和生态系统之间的能量、物质和废弃物交换（图 4.9）。人类使用劳动力、技术和
资产将环境中的能量和物质转化为食物。人类最终消耗食物，并产生诸如热量和废弃
物之类的副产品，这些副产品可能危害现有的资源。

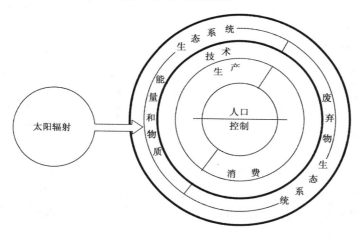

图 4.9　人文生态学模型（经许可，引自 Jackson 和 Steiner 的
《土地利用规划指向的人类生态学》）

在归纳模型的同时，杰克逊和斯坦纳认为，可以调整该模型使之适用于多层次分析。
也可以使模型与特定地区相关联而进行实际操作。根据伯格等人的建议，局内人的观点
对于模型的实施至关重要，特别是在"决定土地利用和决定规划该如何实施"的阶段。[53]

同时，杰克逊和斯坦纳详细说明了如何建立自然、社会文化和政治分区，使人文
生态研究更加易于把握。他们指出社会文化分区是最难划分的，因为一定区域内往往
拥有非常广泛的人类特征。土地及其使用者的关系研究揭示了人们如何使用并适应土
地，为文化分区提供了有价值的见解。分区所需的信息多种多样，包括区域景观演变
过程，现有土地利用格局以及人们为适应景观采取的策略。公开发布的数据加上人口
调查信息使得数据的收集和分析管理更加方便。

杰克逊和斯坦纳还进一步描述了在收集大量综合信息中应解决的 4 个主要问题：

（1）自然系统组成部分之间的相关关系；（2）使用者团体间的关系；（3）每个使用者团体对于生态系统的需求；（4）每个使用者团体为满足未来需求而制定的现存规则的有效性。分析结果叠加适宜性序列可用于制订生态规划方案，也能作为人文生态核算系统（*Human-ecology accounting system*）用于评估规划行动策略。

总而言之，杰克逊和斯坦纳将人文生态理念整合进规划过程的程序是易于被规划者理解的。他们指出，对人文生态规划最有说服力的论证是，最后产生方案的实施可能性比传统规划大大增加。人文生态规划应用的开端应该是在规划初始就使用人文生态模型框架，界定规划范围和性质。人文生态模型解释了人类和环境之间的互动关系，因而会深刻地影响到规划问题的定义。

4.5.6　生命的景观：人文生态倾向

为了使规划师和设计师更易掌握人文生态规划，斯坦纳在《生命的景观》一书提出的生态规划方法中列出了社区信息分析清单，主张将规划师们已经擅长的社会经济分析与生物物理信息联系起来。

斯坦纳认为在景观评价和规划中，需要对每个地区的特质进行细致研究。他回顾了获取社会资料的技术和数据来源，包括如何通过调查、访谈和行为观察获得新的信息。一旦建立了资料清单，通过视觉和景观格局分析以及相关性分析，社会信息就能与生物物理过程信息联系起来。我们可以使用视觉资源技术来揭示视觉模式，并通过理查德·福尔曼和米歇尔·戈登提出的类似*斑块- 廊道- 基质*（*Patch-corridor-matrix*）的空间框架进行景观格局的辨析（见第 6 章）。

镶嵌体反映了生物物理因素之间、使用者团体之间以及使用者需求之间的相互作用关系。综合分析人口与经济特征、视觉与景观格局以及其他各类关系，可以确定社区的需求，转而揭示出可能需要修正规划目标或重新提出规划问题。

仔细研究其他规划途径，可以发现许多方法都不同程度地强调了人文生态。朱尼加和麦克哈格在 20 世纪 70 年代早期为新泽西迈德福德镇做的规划毫无疑问是在生态规划中整合社会价值的创新工作。泽夫·纳韦和亚瑟·利伯曼（Arthur Lieberman）提出的"整体人文生态系统"（Total Human Ecosystem）模型也具有人文生态偏向，其基础理念就是"人类与环境本质上是一个独一无二的整体,应该作为一个整体进行研究。"[54]

4.6　场所构建应用实例

创造场所是众多生态规划和设计领域的主题。在这里我将探讨一些我自己、我的学生以及麦克·霍夫、琼斯 & 琼斯公司和达瑞尔·莫瑞森的作品，说明在规划设计中实现和应用场所这一概念的多种方法。

4.6.1　文化敏感型案例：加拿大伯沃什本土社区设计研究

在 20 世纪 80 年代早期，我与来自加拿大圭尔夫大学乡村发展拓展项目的地理学家、景观规划设计师和规划师组成的团队合作，开展了多个项目，包括安大略湖北部加拿大印第安社区的开发规划。[55] 我在伯沃什本土居民项目（Burwash Native People's Project, BNPP）中担任项目领导，对 8000 英亩的场地进行生物物理和文化资源评价，为新社区选址，制订概念总规。[56] 场地位于安大略湖北部，萨德伯里（Sudbury）以南 25 英里，属于圣劳伦斯河（St. Lawrence）与针叶林带间的过渡区域（图 4.10）。

127

图 4.10　伯沃什社区场地。前景和中景是牧场和开阔野地。背景由山包、山岭、阔叶林和常绿树组成，是典型的安大略北部的寒林带。对于伯沃什的居民，场地以多样的生态系统为特征，支撑了居住、捕鱼、打猎及诱捕等生存活动，唤起了对奥吉布韦定居历史的强烈情感（作者摄，1982 年）。

　　这一研究由非营利机构伯沃什本土居民项目（BNPP）委托进行，伯沃什本土居民项目成立于 1978 年，由 11 名奥吉布韦印第安人和 7 名非本土的加拿大人组成的理事会领导。它致力于解决印第安社区的社会和经济衰退。除了开展大多数生态研究中常用的生物物理评估，伯沃什本土居民项目理事会还要求规划设计团队增加社区成员的参与。理事会担心在类似规划中的传统公众参与方法无法充分地收集当地的价值取向，因此要求使用其他途径保证规划设计的过程和成果反映奥吉布韦的价值取向。理事会同时认为当地独特的生活方式也应该整合到新社区的设计之中。

　　因此，首要的挑战在于制定并完善一个框架，将当地的观点纳入资源评估、选址和概念设计过程中。于是，在人文生态规划中尝试加入文化交叉的维度。当规划师或设计师所属的社会团体与委托人所属的团体不同时，就会出现文化交叉的状况，可能导致规划过程中沟通不良和信息曲解。

128

　　规划团队综合了多个来源的观点，制订场所的构建、文化适应以及适宜性分析为重点的概念基础。[57]我们重新理解规划挑战——为未来伯沃什社区居民寻求体验和物质环境之间可持续的匹配。在此，凯文·林奇的解释非常具有启发性："一个好的聚居地是可以被感知的……也是对于其居民有意义的……其组成元素与事件和场所联系起来，成为时空的精神代表……并能与非空间的概念和价值观相联系。这就是环境形式和人类感知过程的结合。"[58]

然而，由于体验和物质环境之间的匹配与文化有很大关系，因此各种社会群体对于两者的匹配持有不同意见。戴维·肯特和爱德华·雷尔夫在场所构建中简明地表达了匹配这一概念，如图4.5所示，在图中我用体验代替了意义和概念。所以我的框架建议是将当地信息有效地整合到规划和设计中，包括：（1）当地居民和规划者视角下生物物理环境（场地）提供的机会和限制；（2）奥吉布韦为满足自身需求采取的行动和制度、其决定因素、稳定性和随时间的变化；（3）辨析过去聚居地的空间组织得出的居民对未来自然环境的优先图景，以及对未来场地的期望。另外，由于局外者（规划师和设计师）对当地居民的生存方式理解有限，委托人团体在规划过程中的持续参与至关重要。

伯沃什社区规划和设计框架中使用的人口调查方法与乔纳森·伯格的方法相似。包括（1）奥吉布韦的文化和自然历史回顾，如土地利用历史，民俗和神话故事；（2）参与者行为观察；（3）关键人群访谈，特别是在奥吉布韦社会结构中广受尊重的老年人；（4）直接交流，包括与委托人在待开发的场地中进行"环境"徒步旅行；（5）绘制认知地图，确定居民偏好的未来场地的空间组织和元素；（6）场地踏勘和分析（图4.11）。

我们获得了以过去–现在–未来方式延续的3类结果。这些结果包括：（1）生存方式中的重要因素，随时间推移始终决定着聚居地物质组织；（2）场地的文化解译，包括生物物理资源、环境质量概念和活动偏好；（3）土地利用需求和环境质量的界定，即理想的活动场地的空间质量和位置联系。

综合以上结果形成了文化为基础的规划设计准则，随后的应用方式有以下两种。第一种，伯沃什社区未来的居民可根据设计师对空间和基础设施的结构性规划，布局未来的聚居地。第二种，规划设计师与社区合作制订出总规或场地方案。第一种方法抓住了社区参与的真实意义，但我们推荐第二种方式，因为它符合加拿大联邦政府所使用的社区方案评估方法。

伯沃什本土居民项目的研究成果非常丰富。例如，我们发现历史上几乎所有的奥吉布韦聚居地都邻近水域，强调了在奥吉布韦文化中水是"生命之源"的象征意义。且这一倾向一直延续至今。此外，对于奥吉布韦人来说，游憩是生活的一部分，而不是在指定时间和地点才发生的。因此，聚居地不为游憩专门设立区域，游憩区域往往存在于类似公园的区域自然环境之中，如单个住宅间的大片分隔地带。此外，直线形和方格网形态从未在他们的聚居地中出现，只有曲线和圆形才表达了"自然过程中统一、延续、完整和循环的理念"。[59]

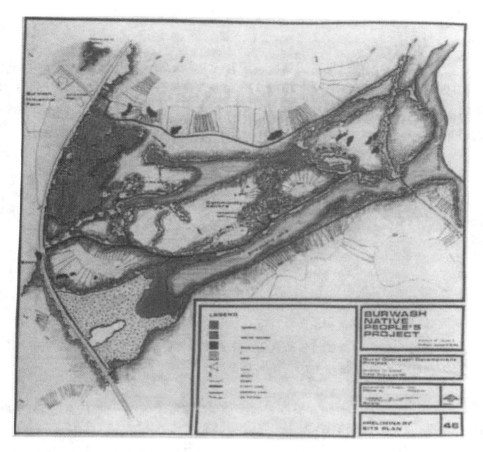

图4.11　加拿大安大略湖伯沃什社区规划总平面（经许可，转载自 Ndubisi 的
"Phenomenological Approach to Design for Amer-Indian Cultures"）

　　我们完成的框架揭示了奥吉布韦隐含的社会结构，超越了大多数规划设计中典型
的功能和美学考虑。例如，视觉研究发现我们感知的美的概念是与奥吉布韦人有所差
别的，但这些人群才是这个美好环境每天服务的对象。

　　承担此类规划研究的规划师和设计师不一定都承认伯沃什案例的重要性，但许多
规划设计师都能从中得到借鉴。其中关键的方面包括仔细研究委托人在其认为的重要
问题上的观点和期望；同时从自然和文化的角度理解景观变迁；理解委托人对于空间
组织和环境质量的观点；在规划制订和实施过程中提供社区持续参与的机制。

　　伯沃什本土居民项目的研究为本土社区规划设计提供了概念和程序模型。跨学科
的团队成员包括伊丽莎白·布拉贝克（Elizabeth Brabec）、理查德·福斯特（Richard
Forster）、乔治·彭福尔德（George Penfold）以及我的导师和朋友，已故建筑师琼·西
蒙（Joan Simon）。[60]

130

4.6.2　其他研究

最近，我从前的两位学生使用场所构建作为规划的分析基础。在得克萨斯州德尔里奥（Del Rio）的中央商务区（CBD）设计中[61]，杰弗里·法斯（Jeffery Fahs）使用了场所构建概念。德尔里奥位于划分美国和墨西哥国界的里奥格兰德河（Rio Grande）河岸。70% 的城市人口为墨西哥裔美国人，其中许多移民来自德尔里奥的姐妹城市——位于边界的墨西哥阿库尼亚城（Ciudad Acuna）。

杰弗里·法斯以一系列问题的形式运用了场所构建概念。这些问题的答案将"揭示出那些随时间迁移仍然留存于景观中的空间要素及相关关系，同时揭示出哪些要素符合使用者的期望和体验，更适合保留。"[62]他将场所分解为功能的、结构的和体验的三大类元素：

功能的：人们做些什么？是谁在做这些事？为什么而做？怎么做？何时做？

结构的：人们在哪里开展何种活动？场地的形态怎样呼应使用者的目的？

体验的：公开和隐蔽的场所氛围是如何显现的？场地的元素和氛围对于使用者有何意义？与氛围相关的空间主题是什么？

杰弗里·法斯通过人口调查为以上问题提供了答案。他将调查信息与场地分析相结合，提出了符合使用者需求和价值观的设计准则。

菲利普·杜瓦诺（Philippe Doineau）在开发佐治亚州萨佩罗岛（Sapelo Island）的遗产和示范路径中也采用了类似的场所构建概念作为分析工具。[63]萨佩罗岛是佐治亚州海岸线的一座堰洲岛，位于萨凡纳（Savannah）东南约 45 英里，是少数几个仍有奴隶后裔嘎勒族非洲裔美国人（Gullah Afrian Americans）居住的东海岸岛屿之一。杜瓦诺使用了由阿摩斯·拉普卜特提出的场所概念，将场所理解为连接文化和活动的系统。[64]我的细化框架揭示了文化是价值体系、行为方式、人工制品、行为体系和生活方式的体现。[65]价值体系可用于区分各种亚文化，它激励人们用特定的方式满足自身需求。同样的目标下，一定感知领域中，满足需求的方式也会大体相似。因此，人类需求的满足也反映在他们的行为体系和生活方式之中，而这两者都受到文化影响的。生活方式在阿摩斯·拉普卜特的定义里，包含习惯、职责、选择、职责分配和资源分配。[66]

杜瓦诺对于遗产和示范路径的设计基于：（1）萨佩罗岛对于景观和资源的价值观；（2）嘎勒族文化中人工制品和技术的稳定性，特别是未经历过多改变的本土制品和技术；（3）现存的非洲裔美国人仍参与的传统活动；（4）这些活动的开展方式；（5）支撑此类活动的生态上适宜的土地特征。他的设计就是建立在匹配上述 1~4 和 5 的结果基础上。

麦克·霍夫在他观点激昂、插图丰富的著作《场所之外：恢复地域景观的特征》

之中仔细研究了当代景观为何及如何失去了认知性，随后叙述了重塑独特性的过程原则。霍夫的观点非常具有启发性，他触及 20 世纪 80—90 年代一次重要的文化与生态的论战。[67]这次论战的一个重要争论在于是否需要拆分自然和文化系统单独进行分析，从而引起自然过程和人文学科的分离。如果这一论点成立，我对此抱有怀疑，那么人文生态方法，特别是宾夕法尼亚州实践的规划肯定将遭到批评。另外，虽然霍夫等人并不认为自己的作品是人文生态规划设计的延续，但是，他们综合人文和自然过程以指导设计决策毫无疑问地属于人文生态范畴。

根据霍夫的观点，自然过程和社会力量创造了景观的特征和认知性。他引用世界范围内中国香港、英国、土耳其、加拿大和美国等地的多个案例，阐明了逐渐毁坏当代景观认知性的力量。当今景观的首要决定因素是资金、经济和科技，这些因素都漠视丰富的传统以及生态系统和人类社会固有的多样性。

霍夫还论证到，创造当代景观中的场所应始于对区域特征（Regional identity）的寻求。区域特征代表了当地景观（区域与地方的自然过程）和社会过程（人们感知、使用和适应的方式）的融合。相同的自然过程会导致相似景观的出现。相反，相似的文化力量"作用在不同生物物理景观中，将形成相似的空间形式……同时产生区域间的差异，而这种差异在单纯的生物物理力量下是不存在的。"因此，人们开始仔细研究景观的自然历史以解释"为适应特定环境而产生的空间形态、种群……以及生命形式的复杂性"。[68]

但是霍夫指出，一旦我们将人类看做自然过程的一部分，自然历史就已不是完全的"自然"。因此，文化历史便成为下一个重要的研究。乡土（Vernacular）是地方历史的主要表达方式，是人类在已有的区域、气候、社会、法律制度及科技条件限制下，适应景观以满足需求的过程中产生的形式。当人类由于对景观的投入而与场所紧密联系，乡土形式便产生了。新的人类需求及技术力量的出现可能造就新的景观形式，这一形式可能与已有的乡土形式不一致。但是乡土景观并不能完全被抹去：它可能表现在留存的植物群落、古旧的铺装石、地形和其他类似元素之中。

区域特征的第三个组成部分是人类的审美体验，这是自然过程和文化因素相互作用的结果。一旦人类被看做是自然的一部分，我们就要设法理解人类对景观的美学体验。但是通过现在大多数生态规划中的景观感知手段，还不能完全理解人类的美学体验。大多数景观感知方法"忽略了那些无法计量的、转瞬即逝但实际上对美学体验起主要作用的事物。"[69]霍夫论证到，美学体验与创造乡土景观的关系不大。相反，美学感受决定于景观与人们解决生存和居住问题能力的一致程度。

因此，霍夫建议创造场所应从理解地区特征开始。但是人们对区域的特征在时空中不是一成不变的，需要不断维持："区域特征和土地持续性的联系是必不可少的。因此一条有效的设计哲学与生态价值和原则、环境、社会健康以及生存本身的持续性是紧密相连的。"[70]

这一说法衍生了多条设计原则：

通过自然和文化过程的方式理解一个场所，通过景观确立独一无二的特性，为不同的人群创造不同的场所。

通过人们的使用及新老融合保持历史感。

推动环境教育，鼓励人们维持自然和文化景观的完整性。

必要时才进行干预，以最少的资源和能量产出最大的环境和社会效益。

在增加景观的生产能力和多样性上投入，聚焦于可能完成的事物。

类似观点在许多设计师的作品之中也有明显体现。安妮·斯本在《城市与自然的诗意》中呼吁理解作为设计基础的隐含的景观结构（自然过程和社会结构），这也是她在《景观的语言》（The Language of Landscape，1999 年）中详述的主题。社会批评学家和景观设计师兰多夫·赫斯特（Randolph Hester）长期提倡社会价值和设计的整合。他的许多作品，特别是 20 世纪 80 年代早期的曼蒂奥〔Manteo，在北卡罗来纳州东北海岸罗阿诺克岛（Roanoke Island）上〕例证了如何理解场地，这需从使用者的重要性和维持场地与社会结构和自然过程这两个角度出发，这两者是场地演变的来源。[71]

琼斯 & 琼斯是西雅图的一个从事景观规划设计、环境规划和城市设计的公司。该公司尝试运用场所的概念开展生态规划设计研究。过去 30 年的许多项目中，公司设法理解人类在景观中的美学体验以更好地解释景观的作用机理。公司创始人和合伙人格兰特·琼斯以及梅根·阿特金森（Megan Atkinson）将公司信条叙述为"懂得如何设计我们与土地的关系。"[72]

琼斯 & 琼斯公司于 1973 年对华盛顿州诺沙克河（Nooksack River）的研究是将信条付诸实践的一项著名的研究。[73]研究目的在于寻找河流的哪些部分最适合于保护（限制使用）、静态游憩（Passive recreation，中度使用）以及动态游憩（Active recreation，密集使用）；建议河流获取必要的区域范围；并确定实施保护的关键区域。研究强调"基于河流自我表达的强烈程度，发现河流体验的最高潜力。"[74]

琼斯 & 琼斯公司在河流规划案例中设法解决信条中的第一个问题是"我身处何处，这个场所是什么？"人们体验景观的方式是河流的本质功能。根据格兰特·琼斯的观点，河流"最高的美学质量是其内在自然过程和形式强烈而独特的表达……因而体验质量可根据自然景观的表达程度和健康程度进行预测和评价，这两个方面也代表了景观的完整性。"[75]

琼斯 & 琼斯公司建立了一个河流分段体系作为收集和评估数据的框架，将研究范围定义为*流域*（River realm），由地理上的水域和人们在水域中的所见范围*视域*（Viewshed）组成。根据水系级别将河流分为几个部分，划分出几个小型流域，接着记录下每个河流段的类型、频率和自然文化特征。

根据指标对每个河流段进行生态健康（Ecological health）评估，例如，独特性（Uniqueness），即自然和文化特征的重要性和独特性；多样性（Variety），即河流及河流景观范围内的物质和视觉特征的多样化、复杂性和均匀度；以及脆弱性（Fragility），

133

即经历压力后的恢复能力。河流特征与健康度信息共同决定了河流的完整性（Integrity）价值，即他们用来划分诺沙克河流保护区域和游憩区域的首要标准。

　　在解决第一个问题后，琼斯＆琼斯公司接着聚焦于第二和第三个问题，由于两个问题重点在于场地设计，这里不做详述。公司关于人类景观体验的设想为之后的许多项目提供了框架，包括阿拉斯加中南部的苏西特纳河（the Susitna River）上游研究项目（1974 年），华盛顿州亚其马河（the Yakima River）保护项目（1976 年），西雅图低地大猩猩展示区（1979 年）和北卡罗来纳州植物园（1989 年）。

　　佐治亚大学环境设计学院的前院长达瑞尔·莫瑞森的作品也值得介绍。莫瑞森将自己的作品视为可持续设计。他的设计深受奥尔多·利奥波德的土地伦理、詹斯·詹逊区域景观本质表达的理念以及巴西布雷·马克斯（Burle Marx）视觉终点始终变化的曲线形式的影响。他支持理解场所的理念，认为必须理解区域景观的特征、人类使用的类型和场所的"视觉本质"。场所的视觉本质由景观衍生而来，景观的形式、线条、肌理和格局一起赋予了场所的连贯性、完整性和记忆性。[76]

　　根据达瑞尔·莫瑞森的观点，场所构建是一个格局设计过程，通过自然生长的植物群落、使用者价值观和期望的表达以及视觉特征反映了历史和生态特征。他为亚特兰大历史学会和得克萨斯奥斯汀野花中心规划的方案就反映了他推崇的原则（图 4.12）。

　　如果人文生态规划设计的基础理念是综合自然和人文过程信息以指导规划设计决策，那么这一理念在今天仍然非常有活力。不管那些关于人类和环境之间关系的种种不同观点，人文生态规划者和设计者的中心论点是寻求生态适宜和文化理想选址之间的最佳匹配，将区域内各类使用者的适应优势最大化。人类及其与土地间的互动是人文生态规划的首要关注点，人文生态规划也假定文化是人类与环境互动中的媒介因素。

图 4.12　得克萨斯州奥斯汀野花中心。莫瑞森的设计抓住了场地的景观结构和视觉精髓（Darrel Morrison 摄，1996 年）

134

　　人文生态规划在理论和实践中还未得到应有的关注。事实上，最近的理论研究已经很少用到人文生态规划（*Human-ecological planning*）这一说法，规划师和设计师已使用可持续设计（*Sustainable design*）和场所营造（*Place making*）来代替它。

　　人文生态一直是多学科的交叉产物，很少被看做独立的学科，也缺乏清晰的概念界线。现在已有很多人文生态概念，为社会和文化过程提供了有价值的见解，也对自然环境进行了概述，但是却缺乏发展成熟的生态规划方法。

由于缺少明确的方法上的指导，人文生态概念的运用十分复杂。多数规划设计师不常用到诸如人口调查的整套定性方法。所以将人文生态概念运用到规划过程中都是建立在单个项目的基础之上。

景观生态学聚焦了 3 个不可分割的视角：视觉、时间序列以及生态系统，它的出现令许多规划师和景观设计师极感兴趣。[77]实际上，景观生态学试图解决的问题与人文生态规划设计非常相似。但是与人文生态不同的是，景观生态学拥有明确的空间侧重。

第5章　应用生态系统方法

5.1　应用生态系统规划

应用生态系统方法主要是在人类生态背景下对人类社会的管理，它包含了一系列方法，主要用于研究景观的结构、功能以及景观响应人类和自然的影响。应用生态系统方法的倡导者将生态系统的概念作为理解和分析景观的框架，认为生态系统是人类和自然相结合的系统，系统中各组成部分相互关联、相互影响，具有自我调节和恢复的能力。

生态系统方法在生态规划中并不特别。它应用于人文生态学、文化人类学、社会学及心理学等多个学科。但在生态规划中，应用生态学方法来源于多个概念的融合，主要包括：（1）生态系统学，尤其是生态系统生态学，它侧重于通过理论工作及现场调研来获得生态系统的结构、功能及行为[1]；（2）系统论，倾向于因果关系及与之相关的控制论和整体论。（3）经济学，关注于资源利用过程中的外部环境因素；（4）景观适宜性，特别是在技术和方法上尽可能实现生态过程与景观场所之间的联系。20 世纪50 年代末和60 年代初，系统思维影响甚大，生态系统被视为理解人工景观和自然景观及其响应变化的组织框架，为自然景观和人工景观的融合奠定了基础。

应用生态系统方法中的一般系统理论明确定义了管理问题的范围。系统概念包含的最基本元素有自然或社会环境、输入、转换、输出和复杂的反馈机制。如果生态系统概念能够描述景观的边界，那么生态系统恢复力、更替时间、生态系统平衡可以用于监测生态系统特征和深入了解生态系统对人类和自然干扰的潜在响应。定量评估生态系统动态变化及响应相对于定性方法而言更受人们青睐。

生态系统状态的评估标准涉及生态系统的价值、质量、健康状况或者整体性。虽然生态系统的输出不断变化，然而却常常成为指导管理行为的准则。应用生态系统方法通常都有一个强有力的管理和体制导向。然而这种方法却往往忽视生态系统的美学特征。

景观设计师、规划师、资源管理人员、野生动植物保护专家及环境管理人员等生态规划专家青睐于应用生态系统规划方法而不是景观适宜性评价方法和应用人文生态学方法。尽管此方法的实践应用多以自然和乡村景观为主，但从理论上看，它主要应用于解决城市化的景观和乡村景观中大尺度的开发、保护、保存、恢复及管理问题。

应用生态系统方法的实践案例已有很多，如伦敦全球环境监测中心所撰写的联合国环境规划署（UNEP）的环境数据报告等一系列环境变化报告；环境和水质质量指数研究；食物和纤维产量最大化的农业生态系统管理；已破坏景观的恢复；依据北美五大湖水质质量协议（于 1972 年颁布，1978 年修订）开展的水质质量改善研究；州立及国家公园、野生动植物保护区、荒野地的规划和管理。在试点和试验项目研究中我们已看到许多记录在案的应用实例，而且实践应用的案例仍在不断地增加。

生态规划专家运用应用生态系统方法回答了以下几个问题：什么是生态系统现状、健康性、健康状况和整体性？什么是自我维持的能力？生态系统如何响应人类和自然的影响？对于人类或自然所引起的变化，什么样的管理措施和行政措施才能保证生态系统的完整性或者健康性？很大程度上这些重要问题将应用生态系统方法与其他方法区别开来；尤其在方法论指导下，应用生态系统方法提供了在景观中管理人类行为的方法论体系。

更为典型的问题包括：依据生态单元如何定义所研究的区域？什么是生态系统的结构特征？物质、营养和能量的主要输入和输出途径有哪些？人类和自然影响引起的变化如何影响这些途径的质与量？生态系统变化的影响有哪些？输出处理的副作用有哪些？哪种管理行为(恢复、保护、保存)能保证生态系统生产力的持续性？如何预测管理决策对生态系统的累计效应？为了成功实施管理行为，哪些资源(资金、人力、组织)是必需的？哪些部门机构最适合管理生态系统？在长期的管理中各部门是如何合作的？

以应用生态系统方法为基础的方法致力于研究上述问题，但它们的侧重点各有不同。形容词"应用"说明了生态规划是一个解决问题的规划。它借鉴生态系统科学及相关学科的原理，解决人类适应景观环境的方法和方式等问题。因此，我认为这些方法都是实践方法而绝非理论方法。

5.2　重要概念

5.2.1　生态系统概念

生态系统是由物理环境因素、化学环境因素及生物因素通过物质流、能量流相互作用相互联系而组成的系统。它是自然系统层次结构的一部分，这个层次系统范围小到原子大到宇宙。均衡是促使生态系统的组织结构及保存趋向稳定状态的基本动力。然而生态系统很少达到稳定状态，它仅仅能够接近于某个状态——"不论何时，作用中的要素长时期处于稳定状态"。[2]

生态系统是一个开放的系统，能量、物质不断地进入和流出，物种也不断进出其中。同时，生态系统也有自己的结构和功能特征（图5.1）。结构是自然或人类环境中的生物和非生物要素的空间组合，功能是生态系统之间及其内部的能量流和物质流。生态系统尺度大到一个生物圈小到一个池塘。作为生态系统不可缺少的一部分，人类拥有大幅度改变生态系统的能力。生态学家弗兰克·格利认为："对生态事业和人类事业而言，最基本的要求是对生态系统概念的认知及对于人类是这些复杂生物化学圈中一部分的正确认识"。[3]

图 5.1　景观的视觉特征——地貌、河岸带、树木——由营养流、能量流、物种流维持（作者摄，1998 年）

生态系统概念是如何运用于应用生态系统方法中的？格利认为生态系统概念服务于科学和社会的途径有三种。第一，生态系统作为科学研究的对象。因而可以认为生态系统是一种生态型，"生态型是具有科学属性的最小空间单元"。[4]1935 年亚瑟·坦斯利用这种方式定义了生态系统概念。在坦斯利带领下，雷蒙德·林德曼在明尼苏达州锡达博格湖的研究中运用了生态系统理论，这项研究已于 1942 年发表。国际生物圈计划（IBP）的许多生态研究也开始以生态系统为研究对象。

第二，生态系统可以作为组织生态研究的理论模式。格利认为"当用到这种方法时，生态系统概念需要让研究人员（和生态规划者）意识到他们正在研究一个自然系统，系统的各个组成部分相互联系相互影响；该系统具有一定的可操作性和可控制性，并且已经被证明在一定的条件下具有可持续性……如果从这个观点出发，我们可能会以另一种方法处理人类与人类之间、人类与环境之间的关系，这种方法不同于将人类和自然视为独立系统的方法。因此，生态视角可能导致生态哲学的产生，而生态哲学又可能导致环境价值体系、环境法律、政治议程的产生"。[5]

第三，将生态系统概念与科学范式、整体论观点结合在一起。由于应用生态系统方法关注于生态原则在规划中的应用，因而大部分规划者认可第三种观点。研究区域被重新视为生态系统之后才能成为调查研究的对象。在监测过程中，研究人员可以监测生态系统的属性和行为，同时时刻牢记生态系统中各组成部分通过营养流、能量流和物种流相互联系和影响。可以通过上述观点制定出以生态系统为对象的生态调查研究方法以获取其他实质的信息。第 1 章中赫伯特·博尔曼和吉恩·利肯斯关于水域生态系统的长期研究就是一个案例。

5.2.2　一般系统理论

坦斯利在定义生态系统概念时使用了系统论观点。系统论有助于解释他的自然组织结构观点。系统是复杂的，各个相互影响的部分决定了整个系统的功能。景观生态学家泽夫·纳韦和亚瑟·利伯曼定义了一般系统理论（General Systems Theory，GST）：它是一种整体科学理论，也是一门自然等级秩序哲学；它还是一个开放系统，系统的复杂性不断增加，组织结构也不断增大，并且生命系统和生态系统是其特有的生物系统的子系统。[6]GST 强调开放系统的控制论，其重点是自我调节，自我组织，反馈及应用于相互作用体系研究的控制论。

尽管 GST 观点可以追溯至公元前 5 世纪的希腊哲学家赫拉克利特（Heraclitus，公元前 535—前 475 年）[7]，但大家普遍认为 GST 是由德国生物理论学家路德维希·冯·贝塔朗菲（Ludwig von Bertalanffy）在 20 世纪 30 年代后期正式提出的。赫拉克利特和贝塔朗菲都认为复杂的生物系统不能理解为简单的线性关系。传统的科学方法往往忽视系统整体而局限于系统的组成部分并以此来揭示因果的线性关系。

相反，GST 强调各部分之间的关系，并尽可能考虑到存在的反馈、自我调节和等级关系。GST 认为只要系统处于平衡的状态，系统的各个部分就能够和谐共存。由于生态系统是一个开放系统，所以 GST 在解释生态系统复杂性方面极为有用，推而广之，也有助于解决生态规划和资源管理的边界问题。类似于生态系统概念，GST "链接和整合了文化的、意识形态的、定量的标准化方法和定性的描述性方法"。[8]但是一些人认为 GST 应用的重点放在了系统各部分之间的关系上，从而忽略了系统的细节。此外，应用 GST 往往会得出不符合现实的模型。这种现象在 IBP 所做的生态模型研究中更为明显，这是由于一方面缺少足够的数据；另一方面无法对生态系统进行综合描述，作出的预测也无法验证。

与 GST 相联系的整体论概念由生态学家约翰·斯马茨在《整体论与进化》一书中提出。整体论的提出基于以下思考：统一的结构或者整体不是各个部分的简单组合，而是各部分的创造性整合。一个整体事物产生于事物各组成部分创造性的整合过程。将其扩展到生态研究中，整体论的重要意义是能让研究人员不需了解生态系统的组成也可以研究生态系统。安娜·霍斯伯格（Anna Hersperger）认为 "整体论推动了 GST 的发展，在分析人员和整体论者之间架起了一座沟通的桥梁"。[9]然而，操作层面上的整体论效用还存在很大的争议。

5.2.3　生态系统动态变化和行为

应用生态系统方法可以让我们了解生态系统的结构和功能特征以及特征之间相互作用的机理。研究人员可以评估因人类活动和自然事件而产生的压力的影响和意义，进而制定出适当的管理行为。我用动态变化这个术语来揭示生态系统特征之间的相互作用。当生态系统响应压力时，系统行为暗示了相互作用的变化。表5.1给出了生态系统重要的结构和功能特征。

生态系统的主要结构和功能特征　　　　　　　　　　　表5.1

生态系统结构

1. 生物群落的组成（如生物量和自然史）
2. 非生物物质的数量和分布（如营养物质和水体）
3. 现状条件的范围和梯度（如温度或者阳光）

生态系统功能

1. 系统内部能量流的范围
2. 养分循环的频率
3. 自然环境和有机体（包括人类）的调控

来源：摘自 Odum 的《生态学和人类濒危的生命支持系统》（Ecology and Our Endangered Life-Support Systems）。

生态系统的极端复杂性制约了人们对生态系统动态变化和行为的认识。生态系统处于一个嵌套等级结构中，然而为了描述和分析生态系统，研究人员常将生态系统从实际中抽离出来，放入一定边界范围内。[10]研究的生态系统尺度大小取决于分析人员的兴趣或者便利性。事实上，清晰的生态系统边界很少存在。通常研究人员会扩大生态系统的边界以将研究区域内所有的功能过程包含在内。例如，养分循环和能量流动过程包括在研究范畴内，保证研究的完整性。

生态系统动态变化研究需要对大范围生物体之间多方面的相互作用进行监测。[11]相互作用本身也是动态的、有时效性的和不断变化的。并且一些相互作用产生的影响也会反馈到它们的源（反馈作用）。当影响增加时，有些反馈可能是积极的；当减弱时，有些可能是负面的。一个生物体的行为有可能直接或间接影响其他生物体，生物有机体之间的竞争和捕食就是如此。从这个意义上讲，有生命的生物体也是在不断变化。

由于这些生态系统特征，生态学家已通过多种方法监测到了生态系统的功能、结构和动态变化。[12]自然史记录了所有的生态实体。相对于能量和养分循环这些抽象概念来说，我们很容易感知生态实体。一般来说，像关键种的捕食关系和栖息地的监测一样，研究人员会更详尽地监测一个或多个生态系统的子系统特征。

描述生态系统特征和相互作用的方法还包括（1）分室流分析法：模拟生态系统内部及生态系统之间的能量和物质交换过程[13]；（2）刺激-响应策略：将自然影响或者人类行为与生态系统变化相联系，特别关注生态系统承受行为影响的系统能力[14]；（3）热力学方法：描述生态系统的物理状态及其转换，用墒来确定系统是否将由一种状态转变成另一种状态。[15]这些监测生态系统特征和动态变化的方法都承认生态系统的复杂性，以及预测人为诱导和自然发生的压力所产生的有限影响。

5.2.4　生态系统对压力的响应

平衡性和稳定性是生态系统的两个基本特征。生态系统是一个动态实体，因而它

图 5.2　佐治亚州皮埃蒙特（Piedmont）地区景观在干扰后的演替次序（作者摄，1993 年）

们总是朝着平衡状态发展或者寻求一种稳定状态（图 5.2）。生态系统的稳定性越大，它支持自身的可能性越大。生态学家尤金·奥德姆认为生态系统最终会发展到"某种稳定状态，达到极点。在这种极点状态下，生物量（或者信息内容）最大化，每单元的能量流都能够维持有机体之间的共生功能。简言之，作为短期过程的演替"策略"，基本上等同于生物圈长期进化发展的"策略"，即加强控制或者平衡内部物理环境。在这个意义上我们可以尽可能避免对生态系统的干扰，实现最大限度的保护"。[16]

压力或者干扰可能会改变生态系统行为，进而扰乱它的稳定性。尽管就此问题出版的书籍已有许多，但生态系统压力的定义仍然是一个急需解决的问题。[17]由于生态系统不断地承受外部环境的压力，所以定义"压力"的问题随之出现。自然压力可能是空气污染、气候极端波动或者植物病虫害，建设活动、采伐森林、臭氧浓度升高等人为活动强化所带来的影响。然而在某些情况下，最小限度压力能够提高生态系统的生产力。事实上，生态系统的进化一直是在各种压力中进行的，它不断地进化出各种能力，逐步恢复，建立新平衡。如果没有能力做上述行为，生态系统将逐步退化。

因此，在满足人类需求的生产力最大化的同时，维持生态系统稳定性是大部分应用生态系统方法追求的最终目标。这种最终状态被称为生态系统健康性、生态系统完整性、生态系统价值。这些术语直接或间接地含有稳定性的含义。稳定性是一个更为复杂的状态，因而对生态系统稳定性的最精确测定方法颇有争议。在这场争论中，一个重要的核心问题是：对于人为或者自然的压力所产生的变化，哪些生态系统特征应该保持稳定状态？生态学家对于这个问题持有不同的看法。但他们都建议监测以下因素：(1) 物种数量的稳定性,包含物种之间的食物链[18];(2) 物种的生物量[19];(3) 生态系统的完整性,它由物种多样性[20]、自然性[21]、能量转移和养分循环的效率共同决定。[22]

141

其他的观点还包括：（1）确定生态系统应对干扰的敏感性或者脆弱性（生态系统越敏感,稳定性越低）[23];（2）确定生态系统的恢复能力或者应对干扰的响应能力——由生物群和蓄水能力的有无等要素测定[24];（3）确定生态系统应对干扰的恢复能力——由生物量、必要资源储存能力及环境变化的生存历史等要素决定；（4）监测生态系统结构和功能的变化——依据物种组成、物种多样性、总生产量、生物量－呼吸量以及熵来测定。[25]

这些不同的观点表明了生态系统动态变化和行为指标存在极大的分歧。最近 30 年,突变理论和非平衡动态变化理论使得生态系统稳定性指标的确定更加复杂化。这些理论表明生态系统等复杂系统的发展有时是非线性的、间断性的(大灾难)、不可预测的(分支现象)和多途径的。[26]伊利亚·普里果金(Ilya Prigogine)因比其他任何人更好地解释了生命系统如何违背热力学第二定律(有时又称为熵定律:在某些条件下,生命系统会脱离平衡状态,建立新的组织结构和物种)而获得了 1977 年的诺贝尔化学奖。[27]

总而言之,生态系统概念提供了组织框架,这个框架确定了景观研究和景观变化管理的问题。GST 和整体论通过强调系统方法来建立方法论原则。但是,复杂的生态系统需要多样的程序来监测它的结构、功能、动态变化及行为。这一系列过程也会涉及生态系统稳定性指标的现有分歧。

142

5.3　应用生态系统方法的子方法

应用生态系统方法可以细分为生态系统分类法、生态系统评估法和整体生态系统管理法等方法。类似于 LSA2 方法,这种分类反映了应用生态系统方法实现目标的能力不断增强,特别是完成与保护规划相关任务的能力：确定目标、调查评估、提出替代方案、决策和实施。研究人员都能够依据系统观点完成这些任务,系统观点强调因果关系、互赖性和反馈关系。

生态系统分类方法在空间上和时间上描述生态系统的结构特征和功能特征。生态系统评估方法用于生态系统特征的分类,监测它们之间的相互作用,评估它们应对压力所产生的变化。整体生态系统方法则能够完成所有这些任务。此外这些方法还具有综合性、跨学科性及目标导向性以及明确的管理和制度方向。

5.4　生态系统与土地分类方法

为了了解生态系统的特性,我们有必要描述生态系统特征,并监测特征之间的相互联系（非生物要素、生物要素和文化要素之间的联系）,这就是生态系统分类方法要做的。但是，这个描述并未考虑生态系统的未来利用。既然依据工程目标和其他相关因素可以评估生态和空间的复合单元，那么生态系统特征的分类是生态系统科学和规划之间最重要的联系桥梁。分类方法揭示了生态系统特征空间异质性的观点，分类目的是统一认识异质性的类型和意义。景观适宜性评价（LSA）分类方法和本章中介绍的方法的主要区别在于人们将生态系统视为景观监测的单元。生态系统的动态变化是研究生态系统特征之间相互联系的重点。

大量的研究成果促成人们将生态系统之间的相互作用编成目录，其中两项研究的影响最为深远：博尔曼和利肯斯主持的长期流域研究及尤金·奥德姆将景观生态功能概念化的研究。[28]近30年来，就生态分类方法而言，以计算机和遥感技术的发展为代表的科学技术已大幅度提高了信息管理的客观性和效率。尽管生态研究不断发展，但自然生态系统和人文生态系统的复杂性却一直制约着生态土地分类方法的发展。生态学家保罗·瑞瑟（Paul Risser）注意到"像土壤生产力和植物生产力之间的联系一样，一些简单的联系很容易观测，但更多复杂的联系就不是那么直观明显了"。[29]

生态系统与土地分类方法发展过程中的主要争论集中在：如何定义生态系统，非生物、生物和文化三项组分之间哪些交流应该得到重视。我在人文生态规划评论中指出传统的北美生态研究强调生态系统的物理（非生物的）和生物（生物的）因素。尽管现实中根本不存在不受人类影响的生态系统，但假如这种生态系统存在，那么就能证明生态系统中人类影响也是近期所形成的。

包括人类文化过程在内诸多过程都十分复杂和棘手，以至于我们很难将非生物要素和生物要素整合起来。之所以产生这些复杂的问题，其原因一方面是我们对人类文化过程缺乏足够的认识；另一方面是人类主导的生态系统和自然生态系统有着根本性的区别，如社会文化、经济、政治等要素对人类生态系统的分布和功能有着深刻的影响。相对于人类主导的生态系统，自然生态系统的稳定性所依赖的基础更为狭窄，因为物质和能量是由自然生态系统转移到人类主导的生态系统。此外，人类主导的生态系统结构和功能的变化频率不同于自然生态系统的频率。[30]

分类方法在许多方面描述了表5.1所列出的生态系统结构和功能的特征。除了自然－历史方法以外，其他方法更多地具有理论意义而非实际应用意义。在生态规划研究中自然－历史分类法的变体、定性分室流分类法（尤金·奥德姆提出）[31]、能量流分类法［生态学家皮尔·丹塞罗（Pierre Dansereau）和地理学家 M·S·莫斯（M. S. Moss）提出］[32]是具有应用前景的方法，研究人员通过完善这些方法以实现生态系统特征分类的目的。

5.4.1 自然－历史分类法的变体

植被分类广泛应用于生态规划研究中，其主要原因是植被可以作为生态系统状态的指示物。它是主要的生产者，其他的有机体最终都要依赖于它，并且它把生态系统功能的环境要素整合为一体；同时具有相对的稳定性。广泛应用的植被分类方法有植物种类分类法、优势种分类法和生态分类法。

约西亚·布莱恩·布朗克（Josias Braun Blanquet，1884—1980 年）于 1932 年提出了植物种类分类法，这种分类法依据科、属、种等来划分植物个体，并且采用被广泛接受的植物命名体系。1949 年斯坦利在英国野生和半自然植被研究中推广了优势种分类法，这种方法关注于植物群落演替中优势种之间的联系，例如，在美国东部的皮德蒙特（Piedmont）地区顶级阔叶林森林群落中，山胡桃树（山核桃属）和橡树（栎属）之间的联系占主导地位。生态分类方法是依据植物的生境或者植物与物理环境之间的重要联系（如土壤、水分、季节性温度）来分类的。尽管关键种和生态分类方法能替代生态群丛，但仅关注生态系统的子系统，我们就不能彻底了解整体生态系统对全球变化的响应，而了解这些变化正是生态规划研究的主要目的。

麦克哈格在其大量的生态规划研究中大力提倡自然—文化策略。这个策略描述了生态系统在进化序列中的结构和功能特征——历史地质特征、基岩地质特征、地形特征、水文特征等。人们可以更深入地了解生态系统社会价值或相关功能，以达到生态系统的预期利用。通过运用发达的空间分析技术，研究人员可以将所记录的独立特征联系起来，可以进一步检验功能关系。叠加技术和矩阵技术是空间分析技术的代表。运用这种方法监测生态系统动态变化会使生态系统特征相互分离、相互独立，它的侧重点是在生态系统潜在利用及其所带来的影响上。生态规划专家布兰达·李（Brenda Lee）指出"生态系统中的一些因素决定了它的恢复力和生命周期，并且这些因素往往无明确的实用价值。研究人员很少将这些因素构建为一个框架［麦克哈格的策略未提出］，以预测管理决策对生态系统的影响或者判定整个生态系统（对变化的）响应"。[33]

随着生态系统与土地分类方法的不断完善，安格斯·希尔斯于 1974 年依据生态系统概念进一步解释了地文学单元分类方法（1961 年首次提出）。他认为生态系统是解释和分析景观的基本单元："在景观（生态）规划中，不论是来自农业、森林或者养殖业等生态系统的生物产出，还是来自于矿藏、地下水、或者能源等地文产出，都促进了生态系统或者社会文化生态系统的发展，而这种将生态系统作为一个生产体系的观点是具有极大价值的。"[34]

希尔斯认为了解景观的基本单元是立地类型，源于相互作用能控制生产力的景观特征的叠合，立地类型包括：（1）地文生境，即气候、地形形态、土壤、水体等；（2）生物生境，即动植物群落；（3）文化生境，即人类社会与生物立地类型的叠合。没有人质疑这个分类方法的逻辑性，但是它的可复制性仍存有争议。由于用这种方法描述立地类型存在实际的困难，所以不同的人运用此方法达到相同结果的可能性不大。同时在看待自然现象和文化现象之间的相互作用时，希尔斯也表达了一种表面上看似简化的观点，但这个观点实际上是复杂的，且具有动态性。

5.4.2 分室流分类法

1969 年尤金·奥德姆在《生态系统发展策略》中依据景观的生态功能提出生态区

划方案（图 5.3）。奥德姆主张依据生态系统的发展理论，按照不同的土地利用方式确定景观的生态功能。土地利用方式可以分为保护性用地（如成熟林、湿地）、生产性用地（如农业用地、生产性森林）、非重要用地（工业用地）、调和性用地（如森林覆盖区域的郊区发展）。

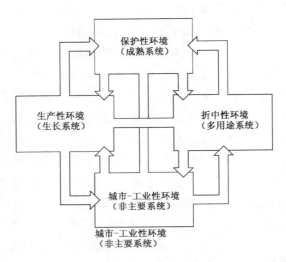

图 5.3　尤 金·奥 德 姆 的 分 室 流 方 法 （由
M. Rapelje 重绘，2000 年）

在奥德姆看来，生态转换活动包括群落新陈代谢（如光合—呼吸作用比率、食物链）和生物地球化学循环（如贮藏能力、内部循环），这些转换实际就是不同土地利用之间的养分循环和能量流动。奥德姆的兄弟霍华德·奥德姆提出了一种用来描述能量交换的能量语言，但这种语言还存在缺陷，尤其是在大尺度景观上，需要进一步的研究（图 5.4）。尤金·奥德姆认为资源的开发利用和保护之间的矛盾是不可避免的，因而他建议土地利用的空间配置应依据不同土地的生态功能。而且它认为在一个密闭的空间状态下，生物的光合作用量与呼吸作用量相当。但实际情况并非如此，尤其是对于人类主导的生态系统而言，它必须依赖大量能量和营养的输入。

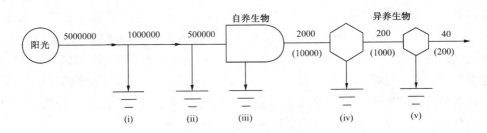

图 5.4　霍华德·奥德姆的能量流语言（经许可，摘自 Odum, "Environment, Power, and Society"）

尤金·奥德姆的分类方法已经用于很多生态规划项目中，然而景观规划设计师威廉·亨德里克斯（William Hendrix）和其他人员发现奥德姆的分类法仅仅是以概念的方式组织生态规划的问题，我很同意这个看法。因此我们需要其他的研究来定量模拟生态学中的相互作用。

5.4.3 能量流分类法

1972 年，皮埃尔·丹塞罗及其蒙特利尔大学的同事们提出了一种基于能量流的分类方法，1977 年进一步得到完善，它将土地利用方式的变化与能量过程联系在一起。[35] 土地利用方式的转变过程可以视为土地利用史。安大略省圭尔夫大学地理学家 M·R·莫斯提出了一种分类体系，它是基于景观中的自然特征和文化特征之间水分和能量的交换。[36] 其成果是一套描述初级生产力的地图，这些地图有助于确定大尺度的、更为复杂的规划区域内不同土地利用方式的配置。实际上丹塞罗和莫斯的成果只能是所期望的研究目标。因为在实践层面上，我们还需要一些关键的专业技术来支撑，其中的影射技术尤为复杂。

基于事物结构的不同等级和将不同等级结构整合为一个统一框架的必要性，罗曼·伦茨（Roman Lenz）提出了等级分类方法。他的一个重要观点是：在既定的区域，人为干扰越大，基于过程而非结构特征的生态系统分类方法的必要性越大。最近，荷兰莱顿大学的弗朗斯·克利金（Frans Klijn）在其著作《环境管理的生态系统分类法》（*Ecosystem Classification for Environmental Management*，1944 年）中评价了许多生态系统分类方法。如罗曼·伦茨的方法一样，一些方法明显地属于生态系统分类方法[37]；而其他方法更像是景观生态学的分类方法。

尽管付出了大量的努力，但对生态系统动态变化方面认识的不足仍制约了各种分类方法的发展。过去常用于生态规划的生态系统分类方法是以静态形式来描述生态系统功能的，这就需要附加文字和插图来描述过去和将来的生态过程。那些强调生态系统功能的分类方法被广泛应用于实践项目中，从而需要消耗大量的资源（时间、技术熟练的人员、资金），而这些消耗在专业实践中并不是很划算的。分室流模型等基于功能的分类方法的实用性仅局限于概念层面上。

然而包含人类文化进程在内的分类方法也存在一定的问题。尽管包含社会、经济和人口特征的分类方法已经得到一定的发展，但这些方法却常常忽视了人类评价、利用和适应景观的方式。在决定使用什么分类方法研究生态规划和资源管理时，项目的目的和目标成为首要考虑的因素。其他需要考虑的因素还包括成本、简单性、可复制性、不同空间尺度问题解决的适应性以及与专业和外行人员交流的简易性等。

5.5 生态系统评估方法

一旦我们重新将景观诠释为一个生态系统并描述生态系统特征时，就有必要详细研究这些特征是如何相互作用的。研究常常涉及的有：生态系统动态变化和行为的监测、工程目标、生态系统稳定性的维持和相关社会价值的综合信息评估。输出是空间单元的一项指标。这些空间单元要么因易受影响而应被保护起来，要么已在详细的管理实践中有所改变。这些都是生态系统评估方法中首要关注的方面。

　　生态规划专家通常运用生态系统评估方法来达到以下目的：（1）确定问题的边界，鉴定项目的目标和目的；（2）结合生态系统的观点重新解释研究区域；（3）用一个或多个分类方案描述生态系统结构和功能的特征；（4）监测生态系统的行为和动态变化，尤其是对养分循环和能量流动的定量和定性研究以及生态系统对压力的响应；（5）利用一系列价值概念，依据项目目标和目的评估变化的重要意义或影响，这些价值概念类似于"生态系统对压力响应"部分的内容；（6）在未来使用时，制订出维持生态系统稳定性的管理方案。由于这些活动之间存在着反馈，所以实际上它们不会按照所呈现出来的序列按部就班地发生。

　　生态系统评价方法的主要区别在很大程度上取决于它们怎么样评估生态系统的健康状况和行为，其中两种子方法较为突出。一种方法依赖于指标来评估生态系统的动态变化、状态和健康水平，这种方法我称之为指标法。[38]第二种方法是使用模型方式来模拟必要的能量流和物质流，以了解生态系统行为及其对干扰的响应。但是指标法和模型法之间的界限有时并不清晰。威廉·亨德里克斯和其他人员对此作出了更详尽的说明："由于许多环境指标来自于数学模型，所以两个子方法之间的区别带有主观性……由于一个数学模型的建立可能需要比现在还要多的数据和理论，因而环境指标法显得更便捷更具吸引力。"[39]

　　在我看来，两者的区别在于：在制订管理方案之前，我们是否用模型监测生态系统的动态变化和行为；在建模过程中是否用相关的指标来评价生态系统的状态。

5.5.1　指标评价方法

　　我可以运用指标评价方法来管理或监测湿地、水质、土壤侵蚀等某种特殊资源或者管理多种资源。规划人员认为生态系统的结构和功能特征会随着它们在景观中的位置改变而发生相应的变化；同时生态系统的质量和健康水平与指数相关。指标不仅可以减少大量的数据，是形式的最简化，而且还会保留数据所代表的生态意义。[40]一个指标侧重于生态系统的一个特征，如土壤生产力、优势种或者水体中聚集的硝态氮。指标综合在一起形成指数，用于说明生态系统的行为和变化。

　　实际上，有关生态规划、资源管理及保护规划等方面的著作已介绍了许多生态资源评价方法，这些方法都是指标评价方法。资源调查评估方法有时被认为是生态评估方法，这个方法已广泛应用并经得起更深入的检验。环境状况报告法、环境指数及目录法、环境阈值法、累积影响评价法等也是值得了解的相关方法。

资源调查评估方法

资源调查评估方法用于描述生态系统的特征及依据指标评估其动态变化和行为，

目的是在维持生态系统养分循环和能量流动的质和量的同时，实现生态系统生产力的最大化。这种方法的使用依赖于以下几个因素：项目目标、资源（技术、资金、时间）的可获得性、相关数据、应用尺度、总结成果所需的细节水平。运用这些方法的规划师同时还需要解决其他的问题，而这些问题实际上是技术问题。

生态系统的哪些生物特征、非生物特征、文化特征是需要进行描述和调查的呢？所收集的原始数据是否详细到可以得出研究成果？所监测生态系统特征的相互作用是怎样的？在编制评价和评估清单阶段，哪些步骤需要将所记录的单个的生态系统特征整合在一起以阐明它们之间的相互作用？需要采取跨学科的、图表的还是生态的整合方式呢？用什么价值标准来评价生态系统的生产力和稳定性？它们是如何生效的？最终成果以何种方式对技术人员和外行人员进行有效的交流？

这些问题是资源调查评估方法中易变性的主要根源。为了说明研究人员的研究意图，有必要介绍非生物－生物－文化策略（Abiotic-biotic-cultural strategy，ABC 策略）方法。

非生物－生物－文化策略（ABC 策略）

ABC 策略由罗伯特·多尼于 1976 年提出，后经杰米·巴斯蒂杜和约翰·瑟伯格（John Therberge）在内的加拿大滑铁卢大学学者不断地修正完善。杰米·巴斯蒂杜和约翰·森伯格将这种策略应用到环境敏感区（Environmentally sensitiveareas，ESAs）的规划中［这个敏感区包括育空（Yukon）地区的大片土地］。[41]1993 年，我和我的研究生将这种方法用于佐治亚州亚特兰大以东 40 英里沃尔顿县的绿道规划资源调查和评估中。[42]

ABC 策略将景观划分为自然生态系统和人文生态系统，并且依据它们的结构（描述性的）和功能（相互关联的）特征划分为非生物现象（如自然地理学和土壤）、生物现象（如植物群和动物群）及文化现象（人类活动变化）。由此得出的信息被用于解释相关的生态价值和约束条件，通过这些信息的整合来确定优先项，制定管理 ESAs 的政策（图 5.5）。

ABC 策略是一个垂直结构，它包括 4 个层次的数据整合。层次 1 是对生态系统的生物、非生物、文化特征原始数据的鉴定和制图。研究人员依据生态系统结构和功能属性组织数据。土壤及排水或许是结构性非生物属性的例子，而功能性非生物属性或许是目前正在改变的生态系统特征，如土壤侵蚀就是一个例子（表 5.2）。层次 2 中，研究人员用更具意义的可定义的指标组织原始数据，从而有可能在 ESAs 内对重要的文化资源、自然价值与限制条件进行比较。这些指标具体反映了系统目标和自然、文化及管理等各因素特征。例如，历史独特性就是文化资源的一个指标（表 5.3）。

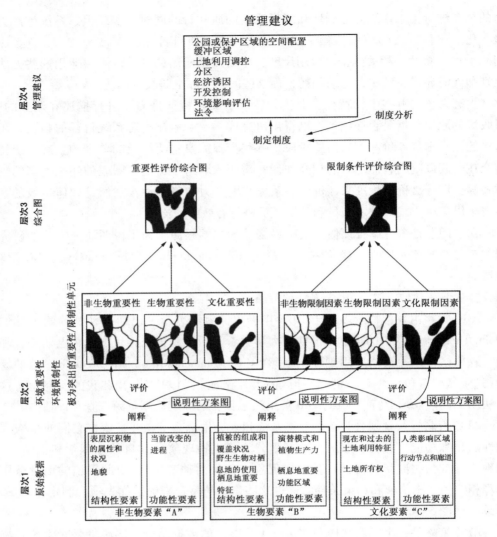

图 5.5　ABC 策略（源自 Bastedo, "ABC Resource Survey Method for Environmentally Significant Areas", 由 M. Rapelje 重绘，2000 年）

150

自然和文化系统	绿道规划的数据变量	表 5.2

自然和文化系统	属性	
	结构性要素	功能性要素
生物要素	岩床的类型和特征	洪泛区和冲积物
	地形起伏和地貌	水体质量
	坡度	地下水补充区域
	气候规律	潜在破坏区
	土壤质地和降雨规律	
	地表水和地下水水文	
	到岩床的深度—地表裸露的表现	

续表

自然和文化系统	属性	
	结构性要素	功能性要素
非生物要素	土地覆盖情况 植物群落 物种组成 植物群落集中区域	演替模式 野生生物繁殖、捕食、迁移或者越冬区域
文化要素	考古遗址和历史地 风景区	土地利用模式的历史 现存的和建议的土地利用 交通通道 土地利用趋势 所有权形式 土地利用的社区感知能力

来源：Ndubisi, DeMeo, and Ditto, "Environmentally Sensitive Areas"

可解释性指数样本　　　　　　　　　　　　　　表5.3

可解释指数类别	环境组成成分		
	非生物要素	生物要素	文化要素
指数反映了自然和文化资源的价值；在评估阶段用于确定环境的重要性	非生物特征或者过程的独特性或代表性 生态重要性 潜在的地质灾害 敏感区域	动物多样性 群落多样性 群落的独特性 动物栖息地的附属地 植被可恢复性 火灾易发性	历史独特性或者代表性 考古学上的重要性 美学或者象征意义价值
指数反映了所选择的管理因素；在评估阶段用于确定环境的限制条件			土地利用改变频率 土地利用互动 环境影响

来源：Bastedo, Nelson, and Theberge, "Ecological Approach to Resource Survey and Planning for Environmentally Significant Areas"

层次3通过对非生物、生物及文化三方面重要性评价地图进行综合，得出生态系统重要性和限制性的汇总图。通过整合呈现出生态价值突出与土地利用矛盾的协调性。这个层次需要解决的问题还包括边界的改进以及为保护ESAs而确定和建立的重点项目与管理准则。层次4关注将政策和管理准则与项目实施的组织安排相协调，主要包括设定目标、明确公共与私人机构及土地所有者的责任，同时修订土地利用规章及发展控制导则。由于层次4尚不完善，因此ABC策略选择在此处论述而不是在整体生态系统方法部分再去论述。

巴斯蒂杜认为ABC策略"试图促进土地利用（生态系统）规划形式的发展，这种形式整合了世界保护战略的三大目标：（a）生态过程及生命支持体系的维持；（b）基因多样性的保护；（c）物种和生态系统的可持续利用"。[43]

ABC策略承认自然和人类演替过程中的相互依赖性，试图依据非生物、生物、文

151

化特征来了解生态系统。与这个方法相似且已得到充分证实的另一套方法是一般生态模型（General ecological model，GEM），它是由荷兰住房和环境规划部门（the Ministry of Housing and Physical Planning）提出的区域生态规划模型（图 5.6）。[44]

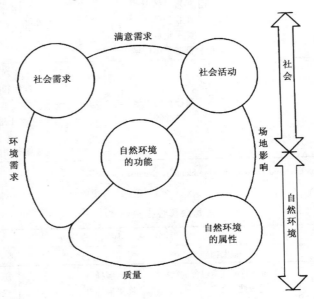

图 5.6 一般生态模型（经许可，转载自 Netherlands, Ministry of Housing, Spatial Planning and Environment, "Summary of General Ecological Model"）

GEM 用于监测景观生物和非生物的特征，并依据这些特征的社会功能来解释它们。这与尤金·奥德姆在分室流模型提出的方法相似。监测中用图解法表示生态系统内部能量、物质和信息的交换，通过评估这些特征的能力来确定生态系统的服务功能。其次是生态相互作用分析，分析不利因素，尤其是对来自于社会活动的负面影响进行分析，这些因素制约了功能实现过程中的生物和非生物特征。最后，运用社会评估和矛盾分析方法确定功能实施过程中各个社会团体的利益。

分析的目的是为了制订景观最优化利用的管理方案。与 ABC 策略不同的是 GEM 通过强调生态系统的社会功能、人们强加于功能上的价值观、相互冲突的价值最小化等方面来监测自然和文化演替进程中的相互作用，在此过程中往往忽视那些没有明显利用意义的因素，如未受威胁的植被及动物物种延续生存的能力。

ABC 策略强调生态系统的结构和功能特征，它对生态系统动态变化有着明确而详尽的监测。一些方法在一开始就用指数方法来定义所要调查和分析的特征。而另一些方法，与 ABC 策略不同，研究人员只调查那些已明确的生态系统特征。如 J·P·格莱姆（J. P. Grime）提出了一个由物种的组成、压力及植物分布三个指标组成的监测植物生境的方法[45]，研究人员只需收集反映指标的数据就可以了。由指标确定的生境空间成为生态系统的基本单元，格莱姆用这些单元评估生态系统对人类影响的敏感性。

同样，保育植物学家杰伊·安德森（Jay Anderson）建议用"自然性"这个概念来评估生态系统的整体性。他将"自然性"定义为"在缺少人类干扰的情况下，目标系统可能存在的运行（或者有可能已经运行的）方式"[46]，安德森建议数据收集、评价、评估应重视能量补给等指标。能量补给指标表示通过一些技术向生态系统补给必要的能量，达到维持生态系统现有功能或者现存本土物种数量稳定性的目的，这个数量要多于人类生活区域内的物种数量。

依靠指标确定资源调查和评估范围的有效性在很大程度上依赖于指标本身的可靠性和有效性。在何时首次将生态系统特征进行分类至关重要，分类是客观地将生态系统特征分布规律归类的行为。但当对每个类型进行价值判断时，评价和评估就含有主观判断的成分。植物学家沃森（P. Wathern）及其同事认为如果将分类、评估、评价整合为一个行为，就会模糊主观性和客观性的争论。[47]贝利（R. G. Bailey）及其同事提出了另一种解释："资源通常是不相同的，资源相互作用的复杂性决定了不能简单地将它们划入同一类别中，应依据每种资源的固有特征、社会价值和使用背景来分门别类。如果可以单独分类，就可以进一步研究不同资源之间的相互作用"。[48]

随之而来的问题是如何将所记录的生态系统特征整合在一起，并说明它们之间的功能关系。巴斯蒂杜提出了三种整合类型：（1）多学科型：整合多个学科的研究成果（进度表、报告书等）；（2）图表型：聚合技术，如经常使用的叠加技术和矩阵技术；（3）生态型：用模型或其他方法来监测生态系统的动态变化及行为，促进物质循环和能量流动（这两者对生态系统的自我维持起着至关重要的作用）。由于 ABC 策略是通过多学科和图表的整合来探索生态系统的功能关系，因而它是一种静态方法，以基础信息的补充文本形式来说明生态系统的功能过程。

评估是资源调查评价方法中至关重要的一环，也是最容易发生变化的环节。因此在生态系统的状态稳定性和健康状况方面缺少统一的适当方法，这也就不足为奇了。由于生态系统的复杂性，在生态规划研究中严格监测生态系统动态变化和行为是不可行的。相反，只有基于不同生态系统特征所具有的不同功能，生态系统特征才被赋予特定的价值，濒危野生生物栖息地规划就是如此。虽然这些价值不能直接测得，但可以通过评估那些能够说明这些价值的替代措施来获得。表 5.3 中所列出的指标就是典型的替代措施。

指标可以单独使用，也可以组合形成复合指标。20 世纪 70 年代在赫利韦尔（D. Helliwell）领导的英国多个保护规划研究中，植物的稀有性是确定保护区域边界的唯一指标。[49]无独有偶，1968 年植物学家阿德里亚尼（M. J. Adriani）和范德马雷尔（E. Van der Maarel）对鹿特丹市附近的福尔讷（Voorne）境内沙丘进行的生态评估研究中，他们将植物群落、鸟类、地形和地貌视为场地评价的指标[50]，对每个因素都单独进行评价而不是将它们整合在一起进行评价。阿德里亚尼和范德马雷尔依据文献和数据资源确定

152

价值基线并将价值基线作为参考点来评价场地。

　　与此相反，1980 年库珀（C. F. Cooper）和泽德勒（P. H. Zedler）用复合指标确定南加州的能量传输线。[51]他们分析了生态系统重要性、稀有性及恢复力三个要素，制定了生态敏感性综合指标；每个要素都用于绘制生态单元图，识别和评价生态单元。一个由六位生态学家组成的团队通过整合独立的评价结果来确定敏感性价值。该价值是主观意义上的数字化，是整合后形成的综合价值，在整合评估过程中含有主观性的成分。[52]由此看来，ABC 策略应用一个综合指标作为评价和评估的标准。但将数个单项指标整合为综合指标的有效性是值得怀疑的。

　　最后，在相关人员将生态评估结果与目标用户进行交流的过程中，资源调查评估方法也有可能发生变化。合理的做法应该是让目标用户和决策人员都能够了解生态评估的结果，并在公共场合公开讨论，进一步评价该方法的优势和劣势。ABC 策略的一个优势在于评价结果很容易介绍给专业和外行人员。

基于指数的综合技术

　　环境监测是将一系列生态、人口、社会经济等方面数据进行标准化收集和整理的方法。它认为可靠的易获得的信息对了解和解决环境问题至关重要。在美国，《国家环境政策法》（NEPA）为环境报告及指标的使用提供了法律框架，这些指标来自于政府机构所收集的关于环境质量的权威且及时的信息。环境监测能够指导总统下属的环境质量委员会"记录和定义环境变化"。[53]现今许多国家已通过了环境质量报告的相关法律。

　　环境监测致力于解决相互联系的两个基本问题：自然和文化环境有哪些结构和功能特征？环境质量和价值是什么？这些问题强调了如何理解和监测人类活动与景观影响之间的因果关系。环境状况报告主要解决上述的一个或两个问题。

　　在全球范围内，最权威最综合的环境报告之一是由位于伦敦的全球环境监测中心（the Global Environmental Monitoring Center）完成的。自 1987 年起，该中心就已经负责编制联合国环境规划署两年一度的《环境数据报告》。这份报告包含了大量的一系列数据，同时也包括了由位于华盛顿的世界环境与发展资源研究所（the World Resource Institute for Environment and Development）所编制的《世界资源报告》。世界资源报告包含了环境质量的准确信息。根据 1989 年的《环境数据报告》，截至 1989 年已有十个国际机构和 38 个国家编制了相似的报告。甚至一些国家还根据环境的不同方面编制了多种报告，如美国环境质量委员会（CEQ）出版了《环境统计》（Environmental Statistics）、《环境发展趋势》（Environmental Trends）及年度《环境质量》（Environmental Quality）等报告。在许多国家，环境现状报告（State-of-the-environment reports）是由政府机构和非营利组织机构共同编制。

　　环境监测报告包含了指标及支撑指标所需的数据。由于指标能够提供环境状况标准，评估管理方案的有效性，确定方案设计中的资金分配及优先顺序，鉴定环境质量的变化，告知公众生态系统的健康状况等，因而此指标有助于政策的制订。[54]此外，指标也可以用来建立环境门槛，评价环境变化的累积效应，进而评估生态系统风险。[55]

虽然美国的许多官方和非营利机构已经编写完成了环境的各个方面的指标，但环境保护局仍扮演领导角色。同时，由于各机构编写的指标差别较大，尤其是依据变量和指标整合评价指数的过程、信息的组织以及为用户编写的针对性指标存在更大的差异。

环境指数体系是通过数学运算将指标与指数整合在一起的方式而构建起来的，有些指数的数值会随着污染的加剧而增大（如空气污染指数），有些指数则相反（如水污染指数）。以水污染指数为例，它是许多指标的集合，如营养状况（生物状况强度）、溶氧量、pH值及温度等指标。目前的趋势是研究人员在环境门槛等概念的基础上，将综合指数与它们对人类及其他有机体的影响关联起来，以观察为基础评价压力对生态系统的影响的新方法。

指标和指数的运用主要争论是：（1）当用指标简化复杂生态关系时所能接受的信息丢失量；（2）指标的有效性和可靠性；（3）综合指标所用的数学运算方法的有效性；（4）基于生态系统是一个在内部及边界之间有着能量流、营养流和物种流的复杂系统，在整合过程中需要深入细致地考虑外来变量的作用方式。

环境门槛已在生态规划和资源管理研究中得到广泛应用，它是一种评定压力关键点的方法。超过这个关键点，额外的压力会导致生态系统功能大幅度下降。规划师斯图尔特·格拉索（Stuart Glasoe）及其同事们指出"生态系统的质量都有一定的限度，我们认识和了解生态系统质量状况的能力直接影响着我们的决策能力——能够制定出维持生态系统整体性的土地利用方式和环境规则的能力"。[56]

20世纪60年代初期，门槛分析首次被看做是一种评价城市发展机会和限制因素的工具。自此以后，它就一直用于生态规划研究中。[57]过去30年中，生态规划及资源管理研究广泛使用阈值及累积效应评估等概念。[58]阈值的运用取决于阈值的定义方式。

格拉索及其同事们在华盛顿州立大学环境科学和区域规划项目中获得了一些阈值，他们将这些阈值成功地运用到新泽西州派恩兰兹水资源管理、内华达州和加利福尼亚州的塔霍湖盆地、得克萨斯州爱德华兹地下水、华盛顿州和爱达荷州的斯波坎－拉斯德拉姆地下水等研究中。这些阈值包括：(1)耐受力的研究和承载力的评估；(2)以维持水体质量，防止环境退化，减少营养沉淀及维持海藻数量为目标，建立描述性政策阈值；(3)指示生态系统状态和质量的定量指标。例如，在新泽西州的研究中，格拉索及其同事认为：在未受干扰的水域中，若氮－硝酸盐的浓度由0.17ppm上升到1.00ppm，它就会对派恩兰兹的陆地生态系统和水生生态系统的敏感性产生不利的影响。

环境门槛只有在一个前提下才具有极重要的价值，即人们承认生态系统的相互作用和人类活动之间有着明确的因果关系，这些关系可以转换成能够预测生态系统价值和稳定性的数学方程。但在实际中我们很少了解这些关系以至于无法用数学的关系来明确地定义它们，因而我们对生态系统中的相互作用考虑甚少，如氮－硝酸盐浓度。在生态规划研究中，阈值方法也能够解决不适宜指标和指数的问题。我更倾向于依据各个指标

154

155

的相关优点,运用多重指标来评价,而不是将它们整合为综合指数之后再使用。综合指标仅仅能监测一维的或者多维的物种和物理化学环境之间的相互作用,它仅仅是通过简化的方式来说明生态系统复杂性的一种方法。

5.5.2　基于模型的方法

模型提供了一种既有逻辑又有条理了解生态系统内部大量相互作用的途径和方式。模型就是现实世界现象的简化结构,它能够让我们理解和预测复杂的未来。模型以特定的形式保留了生态系统相互作用的复杂性和易变性,并且这种形式经得起分析和检验。模型类型极为广泛,从描述性模型(如文字或图标阐明关系)到复杂的数学模型。

数学模型以一种符号逻辑方式来简明地表达观点和关系。如果对生态系统动态变化有充分了解并且将其量化,我们就能够预测处于压力中的生态系统的变化,这些预测为模型和现实情况的比较奠定了基础。国际生物圈计划在全球推广通过数学模型来监测生态系统行为及其对变化的响应。

生态学家杰弗斯(J. N. Jeffers)注意到虽然单个的模型不是描述模型就是数学模型,但在研究过程中,两者都可以从一种类型转化为另一种类型。若不考虑类型,所用的模型都可以至少细分为三组变量:(1)输入变量:压力源(如有毒的化学物质);(2)状态变量:如生物量数量、磷、氮;(3)输出变量:压力效应(如鲑鱼数量减少)。这些变量通过反馈与养分循环、能量流相互联系。

在生态规划研究中,生态系统的动态变化和行为可以通过分室流模型和刺激—响应模型来监测,这两个模型或许是描述性模型,或者是数学模型,或者两者兼有。[59]分室流模型是将生态系统描述成一系列隔室,在隔室之间存在能量流、营养流和物质流。包括分室流模型在内的一些模型可以通过数学运算的方法来运用量化的数据,例如,在北美五大湖的一系列研究中都用到了多室流模型来评定磷负荷,[60]在这些研究中所遇到的问题相对简单,几乎没有需要监测的变量。分室流模型也可以用在不适宜定量分析的情况中,例如,简单的因果分析就不适合定量分析,在这种情况中,分室流模型就以一种概念性的方法来建构所研究的问题(一个显著的例子就是前面所说的奥德姆的分室流模型)。

刺激—响应模型关注于生态系统因现在和将来的压力而发生的变化。刺激通常是外因,而响应通常是内果。其重点是鉴定什么指标能够最好地描述和量度阈值。超过阈值,人类引起的不同强度和频度的压力都会损害能量流和养分循环的途径。[61]一些研究人员进一步将这些指标转变为指数,用以探讨生态系统的健康性和稳定性。[62]

和分室流模型一样,刺激—响应模型有可能是描述模型,也有可能是数学模型。约翰·莱尔倡导使用描述性模型,在《人文生态系统设计》及《可持续发展的再生设计》中的许多案例都清楚地说明了描述性模型的用法(图5.7)。

保罗·瑞瑟认为数学模型常常很难构建并很难运作和保证其有效性。模型的研究通常不仅占用大量时间,而且模型的复杂性也不利于进行说明。[63]在生态规划和资源管

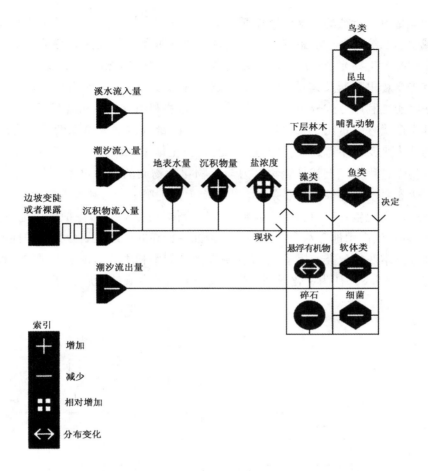

图 5.7　上游退化的影响：南加利福尼亚圣埃利霍泻湖湿地内部要素因
果关系的简化示意图（源自 Lyle《人类生态系统设计》（Design
for Human Ecosystems），由 M. Rapelje 重绘，2000 年）

理研究中，目前的趋势是运用蕴含丰富内容的简单模型来研究生态系统的特征，阐明
潜在利用的冲突。对奥德姆的分室流模型用法的简要综述实际上就是这个模型在生态
规划中的一个尝试。加拿大统计局的压力－响应环境统计体系（S-RESS）对技术和累
积效应评价的监测也是进一步说明刺激－响应模型的理论目的和方法原理。

运用奥德姆分室流模型的生态系统评价程序　157

　　20 世纪 80 年代中期，马萨诸塞州立大学的研究人员将奥德姆的分室流模型修改
成为一个区域生态系统评价程序。这个程序已经用于马萨诸塞州西部伯兰顿
（Bernardston）和格林菲尔德（Greenfield）社区的森林管理和土地利用的研究中。[64]威
廉·亨德里克斯、朱利叶斯·法布士和约翰·普赖斯之所以采用奥德姆模型是因为该
模型可以通过不同土地利用来实现生态功能，例如，农业（生产性用地）和成熟林地
（保护性用地）（图 5.3）。奥德姆的模型也认为土地利用之间的相互作用是以地球化学

循环和能量流为特征的。亨德里克斯、法布士和普利斯对奥德姆模型的修改是为了阐明区域生态系统是开放的系统，并以边界间的物质和营养交换为特征。基于此，奥德姆的模型暗含生物光合作用生产量和生物呼吸消耗量并不相等的假设。

　　首先亨德里克斯及其同事确定了生态系统的分类方法。他们利用差异分析法的统计方法将土地利用方式分为五个组群，并且将这些利用方式匹配给有相似生态特征的组群。其中产量呼吸量比、生物量（现存量）和生产量都被视为差别变量。土地单元都有一定的能力来支撑生态过程，基于这个能力，将土地单元细分为不同的基本功能。所要监测的生态过程实际上就是生物潜力与生物化学物质的丢失过程（径流和侵蚀），这些是维持生态系统稳定性的必要条件。生物潜力是土壤生产力和太阳辐射承受力的体现。自然本底是土地生物潜力和侵蚀可能性的综合体，可以划分为保护性用地、高产农业生产用地、自然生产用地等八个类别，例如，侵蚀性较高的土地被划分为保护性用地。

　　在自然本底的分类前提下，亨德里克斯及其同事利用叠加技术来评估八种土地的生态相容性（图 5.8），认为文化景观的生态特征和自然景观的基底特征存在一种关系。在

		生态功能				
		保护	生产力农业	生产力自然环境	折中	城市—工业
基底功能	保护	+3	-2	-1	-2	-3
	高生产力	0	+3	+2	-3	-3
	高生产力农业	0	+2	+2	-2	-2
	高生产力自然环境	0	+3	-1	-3	-3
	生产力农业	0	-1	+3	-2	-2
	生产力自然环境	0	+1	-1	-1	-2
	生产力自然环境	0	-1	+1	-1	-1
	权衡	0	-1	-1	+3	+3

生态相容性　+3　极为相容
　　　　　　+2　中等相容
　　　　　　+1　轻微相容
　　　　　　 0　自然状态
　　　　　　-1　轻微不相容
　　　　　　-2　中等不相容
　　　　　　-3　极不相容

图 5.8　景观基质功能和生态功能相互作用示意图。依据土地生物潜力和侵蚀作用的可能性来描述八种类别的基质［经允许，摘自 Hendrix，Fabos，and Price 的《GIS 技术支持下的景观规划生态方法》（Ecological Approach to Landscape Planning Using Geographical Information System Technology）］

马萨诸塞州两个城镇的森林管理和土地利用规划中，规划人员通过亨德里克斯的方法得到了生态相容性地图，这幅地图显示了需要保护和开发的区域。地理信息系统能够实现对空间数据和属性数据（如生态系统特征）的运算分析，它的运用使得生态系统动态变化的分类和评价更为便利。

奥德姆在他的分室流模型中用景观的生态功能因子来划分景观，这些因子包括群落能量、养分循环、群落结构和生命史。由于在区域景观中测量这些因素极其困难，同时已经拥有大量定量的和观测的数据，所以亨德里克斯及其同事仅仅关注于群落能量。另外，研究人员试图用生态相容性指数作为主要依据建立生态系统动态变化模型，依据生态相容性决定哪些空间单元应该受到保护，哪些单元的管理措施需要进行适当的调整。

压力－响应环境统计体系

加拿大统计局在 20 世纪 70 年代后期开发出了压力—响应环境统计体系（S-RESS），它是一项管理加拿大和美国之间劳伦森达湖盆地的生态系统的策略[65]，主要研究生态系统健康水平与某些人类活动（这些活动能提升或降低健康水平）之间的关系。S-RESS 提供了包括管理工作、环境质量和不可逆性（永久性损害物理环境）三方面的数据库。这个体系认为生态系统内的每个物种都有不同的能力来吸收和承受人类活动带来的影响，系统地将人类引起的压力与生态系统动态变化和行为联系在一起。

S-RESS 策略有四个主要特征：（1）它描述了压力类型、生态系统特征及有可能受到的影响的相互作用，同时也承认压力的协同作用效应；（2）建立了反映压力源活动（在社会经济意义层面上定义人类影响）、行为（生态系统相互作用的变化）和响应（生态系统的单个和集体响应）的指标。这些相关数据的测量已经完成；（3）明确了压力源活动和生态系统行为之间的关系；（4）辨识压力源活动、生态系统行为、单个和群体的生态系统响应之间的差别，同时尽可能收集历史数据以建立连续完整的数据系列。

压力对生态系统影响的评估是基于社会经济的压力源和生态学的响应而进行的。未来的管理方法将会依据生态系统对人类活动的响应预测而制定，但是生态系统响应压力的最佳指标构成仍然是一个存在争论的问题（如化肥之间的协同化学反应）。

累积效应评估（Cumulative Effect Assessment，CEA）

累积效应评估关注于由于人类个体活动所产生的附加的、综合的、协同作用而引起的景观变化。人类个体行为影响在空间不断积累，最终累积效应超过个体影响的总和。例如，居住在某一水域的个体农民使用杀虫剂或化肥的行为可能不会对附近湖泊造成明显的生态污染，但随着时间的推移，化肥的使用有可能最终导致湖水质量的严重恶化，当然这些行为也是大多数人的本性行为，对环境造成压力也是自然而然的结果。

《国家环境政策法》（NEPA）对环境影响评价的开发是 CEA 发展的催化剂。一直以来，EIAs 虽然不强调个体行为的累积效应，但 EIAs 一直影响着 CEA 的发展。通过建立生态系统经验模型，完善分析和预测生态系统响应压力的方法，EIAs 从理论上认

159

同了累积所形成的变化。[66]

大部分 CEA 的应用都需要一个描述性的建模过程，此过程类似于莱尔的方法，同时它也会用到 LSA2 网络方法，以指导 EIAs 的管理。CEA 通过一系列循环方法来追踪人类活动的踪迹，这些循环强调压力源（如点污染源或非点污染源、建设活动）、因生态系统变化而产生的变化（如污染对能量途径和养分循环的干扰）以及压力影响（如鲑鱼数量的减少）的类型、强度和持续时间。与追踪单个行为或扰动影响的方法不同，CEA 强调多种行为、直接和间接的过程或途径以及累积和协同效应（化肥的协同化学反应）。

CEA 已发展为科学导向和应用导向两个方向。科学导向强调信息的收集，用于鉴定和定义累积效应所引起的生态系统的动态变化和行为；应用导向以这些信息为基础，制定原则，实施管理行为。然而实际中，通过 CEAs 的科学导向而得到的结果与通过网络影响评价方法所获得的结果并没有太大的区别。

由于大部分项目时间较短，所以 CEA 的应用范围往往很狭窄。除了极少数的特例，对研究范围一般限制场地尺度。资源的有限性及对多种变化源和途径协同作用认识的有限性是另外的一些不足之处。总之，简单的因果关系只能监测到少量的行为、生态系统特征及其相互作用。地理学家哈利·斯巴林和巴里·斯密特认为"这个有限的范围忽视了由多重干扰、复杂的因果关系、高阶影响（higher-order impacts）、相互作用过程、时间迟滞、延伸的空间边界等因素引起的环境变化。"[67]总之，CEA 的许多概念性框架缺少成功的例证。累计变化的有效指标的缺失也一直制约着 CEA 在生态规划和资源管理研究中的应用。

5.6　整体生态系统管理方法

整体生态系统管理方法（HEM）最能代表应用生态系统方法，能够描述生态系统的特征和动态变化，可以依据生态系统预期功能评价系统的行为。此外，与其他的应用生态系统方法不同，HEM 方法可以获得生态评估的结果。

HEM 方法主要解决技术和政策方面的问题，这些问题在保护规划的各个过程都会受到重视，主要包括：哪些社会、经济、技术、生态因素的相互作用能够评价生态系统的健康水平？在相互作用研究的基础上明确问题的范围？如何描述和监测生态系统的结构、功能和动态变化？如何评估压力对生态系统的影响？生态系统在维持自身稳定性的同时能否调整它的预期功能？如何认识压力对生态系统的影响并指导一系列管理方案的制订？

政策问题也需要引起我们的关注。公众、决策者及其他的相关人员或机构在问题的界定、生态系统的评价、管理决策的制订及实施等方面扮演什么样的角色？哪些机构或团体将制订和实施管理方案？谁将扮演协调员的角色？为了实现目标需要什么资源（资金、时间等）？如何获得这些资源？什么样的机制能够评估和监测项目实施所带来的影响？

许多社会、经济、技术和生态的因素会影响生态系统，HEM 侧重于从整体上认识这些因素之间的相互作用和影响及其因果关系。HEM 方法的目的就是通过定性和定量分析得到一系列的管理目标和方案，从而保证公众参与，管理方案能够长期得到实施。

HEM 一般适用于资金充足、周期长的区域景观规划和资源管理研究，这些研究涉及多重目标、资源、利益相关者和众多的政治分歧。HEM 方法得到充分应用的案例或许是于 1978 年修订的北美五大湖水质协议中众多策略的实施，这份由加拿大和美国签署的正式协议致力于恢复和提高圣劳伦斯河流域的水体质量。HEM 应用案例还包括：（1）北美五大湖渔业委员会的研究，该研究主要监测水生生态系统的生态恢复情况，进而探讨 HEM 在五大湖生态系统中的应用[68]；（2）六年（1972—1978 年）研究计划——由国际联合委员会主持的五大湖水域点和非点污染源的管理[69]；（3）1985 年加拿大皇家学会（RSC）和美国国家研究委员会（NRC）的联合研究——改善更新五大湖生态系统管理设施。[70]其他案例大多数是栖息地的保护规划，在里德·诺斯（Reed Noss）、迈克尔·奥康奈尔（Michael O'connell）和丹尼斯·墨菲（Dennis Murphy）的《保护规划的科学性》（1997 年）（The Science of Conservation Planning）一书中都有描述。

虽然 HEM 方法已应用于大尺度生态系统的研究中，但它的逻辑性和理论目的也适用于解决较小尺度生态系统的规划和资源管理问题。例如，20 世纪 70 年代罗伯特·多利（Robert Dorney）在加拿大安大略省所做的生态规划研究都用到了生态系统管理方法中的重要原则。这些研究包括安大略省埃林米尔斯和汤森新两个镇的规划。下面简单论述 HEM 方法的支持者是如何解决这些技术和政策问题的。

HEM 方法的思想是生态系统以社会、经济、生态、科技和体制等方面为动力而发展的。这些动力之间存在着复杂的时间和空间上的相互作用，它们或暂时的独立存在，或短时的组合存在。该方法认为某个时期占主导地位的动力有可能会在下个时期被其他动力所取代。[71]HEM 方法会对压力和生态系统特征之间系统性的相互作用进行探索，其出发点就是确定问题的边界以及构建需要规划和管理的问题。安大略省提出的一项渔业管理策略说明了这一点："为了了解和明确渔业的现状和问题，我们必须考虑到更大的系统范围。除了一般的组成要素，该系统还包括鱼类群落、水生环境、渔民、污染者、土地利用冲突、水、空气和渔业机构。"[72]因此，系统的扩大一方面限定了问题的界限，另一方面组成要素本身就是评估这些要素响应压力的变量。

应用 HEM 方法的步骤都有一个共同的主线。1985 年 RSC-NRC 联合报告中所阐述的策略就涉及下述的主要步骤：

1. 科学地评估湖泊现状以及对湖泊演替的影响；
2. 拟订解决问题的科学与技术措施；
3. 识别制约措施有效实施的规定以及相关的政治和经济问题；
4. 鉴定实施过程中涉及的重要行动及行政机构，并建立相应的支持体系。

　　这个方法是应用在大量生态系统管理研究中的典型程序。[73]而多尼提出的程序则明确区分了规划的制订和实施，它分为生态规划和环境保护两个阶段（图 5.9）。生态规划包括定义问题、制订计划和作出决策；环境保护着眼于项目的实施和监测。两个阶段都适用于各种尺度的水域生态系统和陆地生态系统的规划。

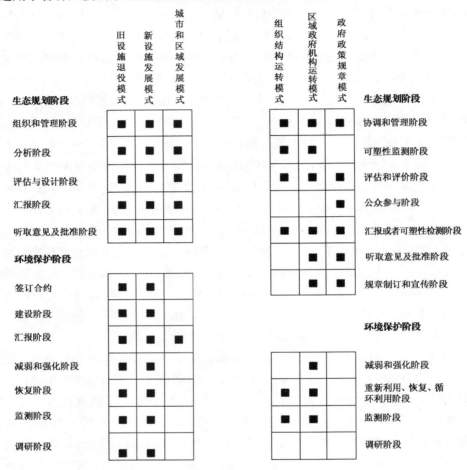

图 5.9　生态系统管理过程 (源自 Dorney, "Professional Practice of Environmental Management", 由 M. Rapelje 重绘, 2000 年)

　　由生态学家霍林（C. S. Holling）提出的适应性管理策略是另外一个值得关注的方法，大量的生态系统管理著作都引用了这个策略，它最早发表于 1978 年的《适应性环境评估和管理》杂志上，随后在 1990 年和 1996 年的研究中进行了更新。[74]霍林和温哥华哥伦比亚大学的同事提出了生态系统管理策略，这个策略强调了生态系统的适应性本质。他们认为现有知识对生态相互影响的更深层次的了解存在不确定性，这种不确定性也体现在经济系统和生态系统相互联系的方式上。这个策略同样认为生态系统响应变化的预测存在很大的难度："在部分已知的系统中，变化越多，系统自身和系统管理越有可能对不可预测性因素和影响作出响应。"[75] 为了说明生态系统的不确定性和不可预测性的本质,霍林等人认为适宜性策略应该有一个不断更新的管理方案。

在问题鉴定和生态系统评估过程中,研究人员需要研究社会、经济、生态等各方面的因素,这正是霍林的适应性生态系统管理策略的研究重点。这个策略强调通过各种分析技术来获得信息,强调生态系跨学科的评估和管理。公众、决策人员、市民是决定分析技术的主要人员,通过技术分析得到的成果是相互独立的,研讨会是成果能否成功整合的关键环节。霍林及其同事进一步指出了整合的问题:"在研讨会初期,研究人员应整体考虑并整合所有要素—变量、管理行为、目标、指标、时间范围和空间尺度"。[76] 举行研讨会的目的就是确定问题范围,设立管理目标,探讨有助于制订替代性管理方案的不确定性因素。

定量和定性技术用于评估生态系统的行为,探索未知和部分已知的人类对生态系统的影响,评估管理方案的价值,其范围从非定性模型(例如,交叉影响矩阵)到简单的描述性模型和大尺度的定量模型。技术的采用取决于所要考虑的一系列变量、管理行为及其空间范围、社会经济和生态过程认知的广度和深度、数据的数量和质量等。此外,补救机制是作为生态管理过程的一部分而非作为政策实施后的补充。

模型的运用有两种途径:一是理解生态系统的行为,二是评估替代性管理方案对社会、经济和生态的影响。20 世纪 70 年代的加拿大新不伦瑞克云杉蚜虫的森林管理研究就是霍林适应性管理策略的应用案例,它是多机构(加拿大森林服务机构和英国哥伦比亚大学资源生态研究所)、跨学科的研究。另一个代表性案例是 20 世纪 70 年代霍林及其哥伦比亚大学同事们对太平洋鲑鱼的研究。

1997 年诺斯、奥康奈尔和墨菲制订了一项栖息地发展的保护计划,其战略方针吸收了适应性管理策略的基本特征。他们指出适应性管理或许是保护计划实施阶段中最重要的策略。由于栖息地的保护规划是带有不确定性的尝试,所以在实施过程中需要一些弹性的策略以便管理者拥有一定优势,能够从经验中学习并相应调整他们的实际行动。[77]

1988 年詹姆斯·阿吉(James Agee)和达若尔·约翰逊(Darryll Johnson)在《公园及荒野生态系统管理》(Ecosystem Management for Parks and Wilderness,1988 年)中提出了管理不确定性的重要话题。他们认为在社会信息和生物信息的质量和数量随着时间不断增加和提高的情况下,很难精确地预测生态系统行为。他们的研究策略包括:(1)确定目标和生态系统状态的可测量指标;(2)由于生态系统的各个组成部分都有其各自的界限(如灰熊和巨型红杉),所以有必要为初级组分确定它们各自的范围;(3)制定管理策略,实现超越政治界限的目标;(4)在实现既定目标过程中,评估管理策略的有效性。同时他们也指出由于行政界限制约了生态问题和成果的阐述,所以应该以生态系统的观点来定义研究区域。生态系统的健康性评估是确定适当干预战略的出发点,它们可以分为可保护型(养护、维护或保存)、改造型(恢复或重建)和利用型(人类利用的最大化生产力)。

在五大湖生态系统管理中，一些 HEM 方法认为生态系统正在不断地或多或少地退化，因而研究人员有必要建立连续的生态系统状态。例如，调查生态系统的历史状态并且与相似的生态系统进行比较。生态系统的连续状态可以依据历史记录、物种组成、水质量等数据信息建构起来。规划人员通过生态系统现状和历史状态的比较建立退化等级[78]并制订管理方案——从更深层次的退化状态（Further Degrade）到复原状态都有可能是方案所追求的目标。

HEM 方法的核心本质是促进公众的参与。在大尺度项目，特别是涉及多重应用、所有权和机构的项目中，对于管理问题和管理权以及广泛的公众理解的缺乏将会直接导致项目实施的失败。研究采用的方法要特别注意加强信息共享和交流的机制，这些信息涉及当地群体、官员和居民等。[79]

HEM 方法都会为管理方案的实施制定制度策略。曾任五大湖委员会执行主管的迈克尔·多纳休（Michael Donahue）认为，如果我们认为政策是组织结构的结果，那么关于政策形成、阐释和实施的制度及安排则是政策影响社会的一个关键性步骤。[80]对于管理方案的实施，尤其当生态系统超越了行政管辖界限时，区域治理就成为一个重要的机制。构建高效的区域治理体系不是一项容易的任务。争论的话题包括：（1）生态系统管理概念共识的缺乏；（2）参与管理的机构采用不同管理理念的可能性；（3）机构的角色和责任之间的承诺程度；（4）共同管理共享资源的承诺范围；（5）授予的权利；（6）投入的资源；（7）实施这些选择的政治意愿；（8）客观评价结果的方法设计。按照多纳休的观点，区域治理是管理生态系统的一种可行方式，"我们必须……接受一种事实：区域治理行动仍是一些尝试，因此必须不断进行改变。"[81]

应用生态系统方法包含了一系列用于监测生态系统的结构、功能、动态变化和行为的方法和技术。若不考虑项目的目标和目的，维持生态系统的完整性和稳定性就是这个方法的核心特征。生态系统概念提供了一个界定研究区域的框架，用弗兰克·格利的话来说，这个研究区域能够在任何时候进行地理查阅。生态系统也被当做一个概念框架，以鉴定因人类—自然对立而产生的问题。适宜的景观单元划分（如分水岭和流域）能够很好地确定生态系统的边界，但总体看来依据生态系统确定研究区域的方法仍然存在一定的问题。

生态系统特征用于理解和缓冲压力效应，指标用来测量短期和长期的压力结果。由于人们至今对生态系统响应人类引起的或者自然的压力的机制缺少足够的认识，加之生态系统的极端复杂性，所以研究人员对于生态系统特征之间的相互影响和指标持有不同的观点。

生态系统的质量、健康水平和生态完整性评估需要直接和间接的评价标准。以定量分析占主导地位的定量和定性分析有助于理解生态系统的行为，确定恰当的管理方案。

应用生态系统方法的主要子方法包括生态系统分类方法、生态系统评估方法和整体生态系统方法。这些子方法反映了解决问题的难度在不断增加，尤其体现在用生态系统的观点进行组织的传统规划上。尽管应用生态系统方法在理解生态系统动态变化和行为方面取得了一些成就，但是整体来说，这种方法不能有效地揭示生态系统的空间分布影响生态过程的机理，反之亦然[82]，生态系统如何演变成为可识别的视觉和文化实体？如何通过营养流、能量流、物质流在水平和垂直方向相联系？如何理解如南部阿巴拉契亚山脉或者黄石国家公园这些大尺度区域的生态过程?[83] 此外，应用生态系统方法另一个不足之处是对人类文化过程缺乏严格的监测，它在人类感知、评价、利用和适应景观的方式上显得尤为突出。若景观和人类相分离，那么景观的物理和生物的特征信息就变得毫无意义。

第6章 应用景观生态学方法

　　景观生态学属于理论与应用的交叉领域，且具有成熟学科的多数基本特征，主要关注生物物理过程与人类文化过程（Biophysical and human-culture process）相互作用而引起的空间变化。景观生态学将地理学中强调空间分析的空间方法与生态学中关注生态系统运行的功能方法结合起来。

　　景观生态学作为交叉学科形成于20世纪70年代的欧洲，主要研究人类主导景观（Human-dominated landscape）中的土地保护问题。它于20世纪80年代早期引入北美。也许因为北美拥有大量研究自然景观的机会，因此北美的景观生态学主要聚焦于景观格局与景观过程（Landscape patterns and processes）的研究，此外还促进了生态学家、地理学家、景观规划师、野生生物学家等各类专业人员的合作。景观生态学关注理解生态系统相互作用导致的空间变化，从而为各种创造可持续景观理念的交流提供了模板。

　　图6.1　西华盛顿地区常规的火山黄土地格局，用于农业生产。种植地、绿篱与林
　　　　　　地的斑块形状不同，但具有同质属性。物质、能量与物种穿越斑块流动
　　　　　　（Robert Scarfo 摄，1999 年）

　　由于景观生态学是一门新兴学科，还未发展出代表学科明确特征与方向的知识核心体。[1]然而，过去的十年见证了景观生态学这一大议题下研究数量的急剧增长。景观

生态学家莫尼卡·特纳、罗伯特·加德纳（Robert Gardner）和罗伯特·奥尼尔（Robert O'Neill）指出，景观生态学研究不断扩展的主要原因在于，人们需要更好地理解并评估由环境巨变、时空尺度概念发展及技术进步带来的影响。[2] 因此，学科设法解决的主要问题包括：景观要素与生态对象的空间布局（Spatial arrangement）（结构）如何在大范围土地镶嵌体（Land mosaics）中影响能量、物质与物种的流动（过程）？景观功能如何影响景观结构？如何揭示出体现景观功能的空间布局？在理解景观结构与过程时，适合采用何种空间分辨率（Spatial resolution）与时间尺度？景观结构与过程的改变如何体现在物质、视觉及文化方面？对景观结构、景观过程及景观变化的理解如何用于解决人与自然辩证关系中的空间问题？

前五个问题是景观生态学的理论重点，强调景观格局与过程的起源、功能运作及变迁。最后一个问题强调应用，即将景观生态学的知识应用在与空间相关的用地及生态问题中。大量文献记载证明了景观生态学是生态规划设计有效、可靠的科学基础。我把运用景观生态学基本理论的规划称为景观生态规划（Landscape-ecological planning）。

如今，景观生态学仍然在不断发展其学术及应用领域的学科特征，正着手架构实证研究支撑下的学科理论。虽然景观生态学在生态规划设计方面已有应用案例[3]，但尚未形成明确的应用程序。本章节将介绍景观生态学的基本原则，并展示景观生态学对生态规划的贡献。[4] 目前已有大量景观生态学理论及生态规划应用案例的评论和文章可供细致研究，考虑到上下文背景以及本书历史分析的主题，我仅简要叙述景观生态学的发展历史，强调其特征并突出其发展过程中的主要贡献。[5]

6.1　历史概述

景观在科学史与艺术史中是反复出现的主题；而景观生态学则是近期出现的新兴学科。学科的演进过程可分为三个主要阶段。[6] 第一阶段觉醒期始于 19 世纪末，至 20 世纪 50 年代发展兴盛，人们在理解大片土地上的物理及生物过程方面取得了科学进展。第二阶段形成期从 20 世纪 50 年代一直延续到 80 年代，期间景观生态学发展成为一块包含学术与应用的独特交叉领域。1980 年之后是巩固期，期间学科的概念基础进一步得到巩固，并被引入北美。

生态学家 A·冯·洪堡（A. VON Humboldt）、J·布莱恩－布朗克、弗雷德里克·克莱门茨与赫伯特·格里森等人为大尺度生态学的开端提供了宝贵见解。而直至 20 世纪 30 年代，德国生态学家、地理学家卡尔·特罗尔（Carl Troll）才首次创造了景观生态学一词。特罗尔对坦斯利 1935 年提出的生态系统概念以及航拍照片中描绘的景观全景非常感兴趣。一直到 20 世纪 50 年代末 60 年代初，才出现了景观生态学的初步概念基础。在 1963 年的国际植物科学联合大会（International meeting of the association of vegetation science）上，特罗尔将景观生态学定义为"研究特定景观中占据优势的生物群落及其环境条件的复杂因果关系网络，这非常清晰地表现在（航拍照片中描绘的）特定的景观格局中，或是由不同大小等级形成的自然空间分类之中"。[7]

　　特罗尔的定义揭示了景观由异质要素组成。他将最小的生态景观要素定义为*生境单元*（*Ecotope*），类似于前苏联森林植物学家 V·N·苏卡切夫（V. N. Sukachev）[8]提出的生物地理群落（Biogeocoenose）概念。特罗尔在定义景观生态学的核心主旨时，还清晰地指出了地理学与生物学两个学科的优势。地理学给景观生态学带来了空间方法与整体视角。而景观生态学从生物学中汲取了生态系统结构及功能的见解。土壤学（Soil science）、地形学（Geomorphology）和植物学（Vegetation science）有助于空间方法的应用，特别是在绘制土地及其资源所在的位置及面积方面。

　　除特罗尔以外，其他生态学家和地理学家也为景观生态学的定义作出了重要贡献。20 世纪 60 年代和 70 年代，德国学者恩斯特·尼夫（Ernst Neef）、约瑟夫·施密图森（Josef Schmithusen）和 G·哈泽（G. Haase）对景观生态结构提出了见解。他们的贡献加上德国学者伊萨克·左内维尔德（Isaak Zonneveld）、V·索恰瓦（V. Sochava）和 V·维诺格拉多夫（V. Vinogradov）以及斯洛伐克·米兰·卢奇卡（Slovak Milan Ruzicka）的发现共同揭示了景观生态学的一些特征。用左内维尔德的话说，生态系统生态学（Ecosystem ecology）主要关注于相对同质空间单元的生物物理要素（植物、动物、水、土）*内部*（*Within*）的"拓扑"（Topological）关系或垂直关系，而景观生态学还研究了单元*之间*（*Among*）的"分布"（Chorological）关系或水平关系。事实上，在理解景观时突出拓扑关系与分布关系也是景观生态学的主要特征（图 6.2）。[9]左内维尔德进一步阐释到："每个独立的相关学科（如地理学、土壤学等）都选择某一层面的特征属性进行研究，而将其他层面视为这一属性的组成因子，而景观生态学则将由全部的土地属性形成的水平与垂直分异（Horizontal and vertical heterogeneity）作为整体研究对象"。[10]

169

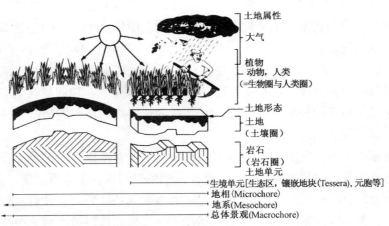

　　图 6.2　伊萨克·左内维尔德这一得到广泛引用的插图描述了景观生态
　　　　　学研究的垂直与水平尺度以及特定的景观特征（源于 Zonneveld
　　　　　《土地单元》（Land Unit），由 M. Rapelje 重绘，2000 年）

　　此外，许多学者还对空间变迁与景观结构之间的关系进行了解释。1967 年 R·H·麦克阿瑟（R. H. MacArthur）和 E·O·威尔逊（E. O. Wilson）提出了岛屿生物地理学（Island biogeography）的概念，关注于孤岛中的生境多样性（Habitat diversity）及其与大小、形状、物种互动的关系。[11] 1970 年 R·莱文（R. Levin）提出了复合种群理论（Metapopulation theory），用于研究野生生物与其栖息地的关系（Wildlife-habitat relations）。[12] 由 E·波兰德（E. Polland）及其同事们开展的英国绿篱（Hedgerow）生态调研提供了景观结构、景观功能与人为改造之间的联系的见解。[13] 德国生态学家 H·莱瑟（H. Leser）探究了地理学与生态学中的方法及概念间的关系。[14] 1977 年，在一次为特罗尔献礼的重要演讲中，德国景观生态学家 K·F·史瑞伯（K. F. Shreiber）勾勒了景观生态学概念与方法的发展，强调了生态系统调查对景观分类与排序的重要性。[15] 瑞典生态学家 C·范·莱文（C. Van Leeuwen）则将景观中的时间变化与空间分异联系起来。[16]

　　随着人们对景观生态学研究兴趣的日益增加，相关学科的学者们扩展了景观生态学的研究范围。都市主义理论学家们对景观廊道与网络（Landscape corridors and networks）进行了定义和描述。[17] 文化地理学家 D·梅尼格与景观历史学家 J·B·杰克逊指出文化与美学在景观研究中的重要性。景观规划设计师们提出了对景观结构、功能与美学三者关系的理解。[18] 类似于第一代与第二代景观适宜性方法的土地评估技术不断发展，为景观生态学增加了更多释义。土地分类（Land classification）是应用景观生态学理论的主要方式。生态规划与土地利用规划都需要依靠土地评估（Land evaluation），而土地评估的基础就是土地分类单元。尤其值得关注的土地分类方法包括由澳大利亚的 C·克里斯琴与 A·斯图尔德（A. Steward，1964 年）、德国的 G·奥尔肖（G. Olshowy，1975 年）、加拿大的 J·蒂（J. Thie）与 G·艾恩赛德（G. Ironside，1976 年）以及荷兰的左内维尔德（1979 年）提出的方法。[19] 此外，森林学家、保护生物学家和其他相关专业提供了支撑的研究案例。

170

　　到 20 世纪 70 年代末，景观生态学已经作为一门拥有明确研究领域的交叉学科出现在欧洲。事实上，欧洲很多景观学者意识到，将景观视为相互作用的生态系统进行综合理解，需要众多学科的贡献。约翰·斯马茨的整体论为景观的整体理解方式提供了哲学与概念基础，他强调研究一个完整系统无须细究具体的组成部分。一般系统理论（GST）进一步强调了景观的系统性，认为景观是相互影响、相互联系的部分以特定的层级结构组织而成的系统。因而，将景观理解为异质组分构成的整体是景观生态学的又一特征。

　　20 世纪 70 年代以来，遥感技术（Remote-sensing technology）的进步促进了对景观的整体理解。卫星影像比航空照片（Aerial photographs）更为清晰地描绘了由异质元素组成的地表。此外，卫星影像还提供了更为精确的大范围土地镶嵌体的自然系统信息。有了大尺度的影像，科学家在对地表进行研究时，能够采取比生态系统更大的尺度（景观），同时还拥有更高的分辨率。另外，地理信息系统（GIS）技术的发展也增强了整体景观调查数据的捕捉、储存、操纵和演示能力。

　　欧洲景观生态学家也为景观生态学理论的应用作出了重大贡献，特别是对人类主导景观中土地利用及生态问题的研究。他们迅速意识到景观生态学为生态规划者提供了框架，探究土地结构如何因人类影响与自然过程而演变。景观生态学所强调的空间变化对自然及文化景观运行功能的影响，在景观生态规划中格外有用。荷兰与德国景观生态学家提出的景观分类方案具有很强的指导性。一直到 20 世纪 80 年代，主要的景观生态学文献都产生于德国与荷兰。[20]

　　相较于欧洲，景观生态学在北美是一门更为新兴的学科。1981 年美国科学家开始参加欧洲景观生态学大会，此时景观生态学才引入北美。在 1981 年《生命科学》（Bioscience）中发表的一篇重要的论文中，理查德·福尔曼与米歇尔·戈登提出将景观作为开展生态研究的有效单元。他们提出了斑块、廊道、基质等概念术语，在现今的景观生态学研究中仍广泛使用。[21]生态学家泽夫·纳韦清晰阐述了人类与景观的整体联系并指明了系统方法的重要性，从而为景观生态学提供了概念基础。[22]理查德·罗默（Richard Romme）对黄石公园的火灾历史的研究为量化景观变迁提供了新技术。[23]

　　在 20 世纪 80 年代早期的两次会议讨论中，逐渐整理出了景观格局与过程相互作用关系的原理。[24]首次会议于 1982 年在荷兰召开，一些美国专家加入欧洲学者一起讨论研究中的共同思路。[25]第二次会议于 1983 年在伊利诺伊州阿勒顿（Allerton）公园召开，美国景观生态学家们对景观生态学概念进行了系统的研究。此后又召开了众多会议。这些景观生态学会议及相关学科会议中发表的大量论文、一些开创性的景观生态学篇章的出现以及《景观生态学》刊物的发展，共同促成了北美景观生态学令人振奋的发展阶段。[26]

　　时至今日，景观生态学已成为北美生态研究领域中一门独特的分支学科。20 世纪 80 年代的研究侧重于景观生态学的生物方面以及景观结构、功能与变迁的基本问题，尤其关注类似国家森林公园的自然景观。与之相对应的另一个应用侧重点也日益显现。越来越多的相关专业的学者与专家正在寻求运用景观生态学原理解决生态规划设计问题，例如，栖息地破碎化、自然保护区设计、资源管理以及可持续发展等。地理学家、森林学家、景观设计规划师、土壤学家、野生生物学家对此作出了重要贡献。[27]今天，大多数北美景观生态学家都会同意 F·范兰吉维尔德（F. Van Langevelde）的论述"景观生态学既不是以知识增长为唯一目标的纯科学，也不是以解决问题为唯一目标的纯应用学。"[28]

6.2　景观生态学与生态规划：主要联系

　　景观的空间结构、功能与变迁是景观生态学的主题。景观生态学与生态规划联系紧密；两者都关注于自然主导或人类主导的景观，特别是其时空格局及过程。两者都是跨学科领域，都关注于人类与自然过程相互作用产生的空间变化。生态规划可以看做是从空间上直观地预测景观在应对人为或自然影响时产生的功能变化。景观生态学则为其中的空间预测提供科学基础。

　　在另一些方面，景观生态学与生态规划则有所差异。生态规划为期望的景观空间结构制定规范。当景观生态学提供丰富的辨识最佳空间结构的基本理论时，生态规划必须设法处理理论应用的结果，包括伦理方面的结果：生态规划是否符合当地的社会、经济与社会背景？社会成本与收益如何？此外，生态规划不是对景观格局与过程的描述、分析与模拟，而是直接指向最终目标的相关信息的综合过程。[29]生态规划试图理解引发干预需求（Intervention）的力量，并提出合适的空间结构与对策来减缓这一力量，防止其再次发生。

　　图 6.3 即是一种景观生态学与生态规划关系的概念化表述，意图达到启发作用。图中 A 代表景观生态学理论，关注格局、过程及变化，是景观生态理论学者的主要科研领域。应用景观生态学者通过现场实验（AB）对这些理论展开测试与验证，依据实际情况采用定性与定量的方法分析景观的异质组成。应用景观生态学者还将理论和实践用于管理景观中的人类活动，将这种应用表述为过渡概念（Bridging concepts）（B）。

172

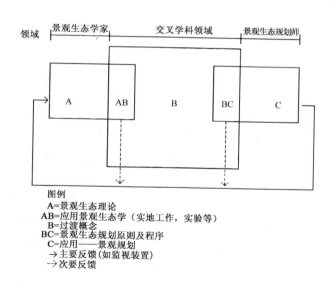

图例
A=景观生态理论
AB=应用景观生态学（实地工作，实验等）
B=过渡概念
BC=景观生态规划原则及程序
C=应用——景观规划
→主要反馈（如监视装置）
→次要反馈

图 6.3　景观生态学与生态规划的联系 （由 M. Rapelje
　　　　重绘自作者的原图）

　　过渡概念是说明景观格局与过程的空间概念与框架，用于描述景观中可持续的土地利用空间形态；如下文将详述的斑块 – 廊道 – 基质、栖息地网络（Habitat networks）、水文景观结构（Hydrological landscape structure）等概念。过渡概念最大限度融合了景观生态学家及相关学科关于景观时空变化的思想。各学科的专家们，尤其是生态规划师与设计师，将过渡概念应用于具体的生态规划模式与流程（BC），用适当的技术（如地理信息系统与卫星影像技术）对可持续的景观土地利用配置进行描述（C）。经过规

173

划的景观（C）则为景观生态学家提供了理论验证的样板，从而大大丰富了景观生态学（A）的理论基础。每一阶段（AB，B，BC，C）都可能产生反馈，促进 A 的发展。景观生态规划直接涉及的阶段是 BC 与 C。

在章节剩下的部分，我将回顾构建景观生态学知识体系（A）的基本概念。其中将略过那些单纯解释景观生态研究中生物方面的概念。接下来将对过渡概念（B）进行综述，阐述其各种功能。程序指导（BC）将通过不同背景下的案例（C）展开。

6.3　基本概念

景观生态学建立在众多科学理论与概念的基础上，吸收了多样的哲学与理论元素，很难将这些理论与概念截然分开。其中有两组概念对于理解景观生态学的基本原理非常有用，因为它们与生态规划设计具有潜在的关联。这些概念涉及景观尺度的生态系统功能，或揭示了景观生态学知识的组织体系，如一般系统理论（GST）、整体论（Holism）和等级理论（Hierarchy）。下文将突出这些概念对景观生态学的特殊贡献。

6.3.1　景观尺度下的生态系统功能

景观这一术语对不同人而言具有不同的意义。16 世纪末，荷兰语 Landschap 随荷兰风景画（Landschappen）引入英国，由此出现了景观一词，并广泛用于日常场合。景观通常指土地表面及其相关特征或某一视点所见的自然景观。[30] 从景观生态学的角度来看，景观具备某些特征，它由异质元素或对象组成，如地形、植被及道路。景观具有从几米到几千米的多种尺度。塑造景观的各种过程（地形演化、自然干扰与人类影响）随时间推移，反复作用在广阔的土地镶嵌体上，创造了独特的视觉特征与文化认知。景观是由不同时空尺度上的生态过程支撑并维持。

理查德·福尔曼与米歇尔·戈登在《景观生态学》一书中综合以上特征，提出了景观的严密定义："在千米范围内，以类似方式重复出现的、相互作用的生态系统或元素的聚合所组成的异质性地域。"[31] 根据亚瑟·坦斯利提出的概念，生态系统（Ecosystems）是相互作用的物理化学元素及其生物(文化)特征组成的多层系统的一部分。生态系统之间的联系通过景观镶嵌体中的物质、能量、物种的流动进行。因此，格利将景观生态学定义为，特定景观尺度（Landscape scale）下的生态系统功能研究。[32]

然而，最近的景观生态学研究不赞成用绝对的空间尺度来定义景观。典型的景观生态学研究范围通常介于群落层面与生态系统层面之间，如哥伦比亚河域盆地（Columbia River Basin）或南阿巴拉契亚山（Southern Appalachian Mountains）。特纳加德纳和奥尼尔阐释说："景观生态学没有规定一个先验的（Priori）、具体的空间尺度可以普遍应用：重点是找出一个最佳尺度，以描述空间异质性与所关注的过程之间的关系特征。"[33] 因此，他们将景观定义为"至少在一个关注因素上具备空间异质性的区域"[34] 他们同意福尔曼和戈登的观点，认为在人类尺度范围内有可能观察到"在千米范围内，以类似方式重复出现的、相互作用的生态系统或元素的聚合所组成的异质性土地地域"，但是他们更侧重强调"景观生态学的研究范围可以是几十米而不是几千米的景观，景观甚至可以界定为一个水生系统"。[35]我同意特纳、加德纳与奥尼尔对于景观的定义。

尺度（*Scale*），即生态知识的组织手段或空间分辨的范围，在景观生态研究中非常重要。生态学家使用层次等级体系来构筑生态理论。尤金·奥德姆将从小到大的等级定义为：生物体、种群、群落、生态系统、景观、生物群落、生物地理区域和生物圈。[36]以上各层级都可以从生态系统角度开展研究，而在景观层面理解生态系统功能时，最重要的层级是种群、群落、生态系统与景观。[37]

本章中尺度的另一个解释是对象或过程的空间尺寸。例如，在生态研究中常用的*小尺度*（*Fine scale*）指精细分辨率或小面积研究区域，*大尺度*（*Broad scale*）指的是粗分辨率或大面积研究区域。尺度在景观生态研究中极为重要，因为生态过程控制因素的重要性会随着空间尺度而改变。由于景观是由异质空间元素组成，其结构、功能与变化都由尺度决定。[38]例如，在某一空间尺度下稳定的景观，在另一尺度下就不再稳定了。

空间尺度还拥有*时间维度*（*Temporal dimension*）。通常，多数短期变化发生在小区域内，而长期变化则发生在更大的区域内。例如，生态学家W·H·罗默（W. H. Romme）和D·H·奈特（D. H. Knight）指出了黄石公园中火灾干扰的两种时空尺度：小型、频繁火灾的影响面积小于100公顷；大型、不频繁的火灾则影响大范围土地镶嵌体（面积达100公顷或以上）。[39]景观尺度下的生态系统研究包括大片区域中时空格局与过程。

在景观尺度下，应该考虑生态系统的哪些特征？福尔曼与戈登提出三个特征：*结构*（*Structure*）、*功能*（*Function*）与*变化*（*Change*）。*结构*是指景观镶嵌体的异质组成元素的空间关系。景观*功能*指的是空间元素之间的相互作用，即组成元素间的能量、物质、物种流动。*变化*是一定时间内生态镶嵌体的结构与功能的改变。改变可能是由自然干扰、人为影响或两者共同引起的。

景观生态学的一个重要特征是同时研究景观的垂直结构与水平结构。垂直覆盖层通常用土地属性来进行描述，如地形、土壤、植被、动物及人造物。实际上，第一代与第二代适宜性方法指导下的资源调查描述的就是景观的垂直结构。

在福尔曼与戈登的引导下，水平的景观元素使用斑块、廊道及其周围的基质来定义。每一种元素都具备独有的特征与功能。景观元素也可以通过生境单元来定义，这一由特罗尔提出的术语现已被广泛应用，指具有同质性的最小空间土地单元。生境单元是由土壤、植被等结构特征决定的生态系统在空间上的表现。因此，景观的结构也可以表述为生境单元的集合。

6.3.2 景观生态学知识体系

景观生态学家将景观看做一个整体，其中相互作用的组成元素可归入一个复杂性及组织程度渐增的层级体系之中。每个层级都具备自我调节（Self-regulation）、自我组织

（Self-organization）与反馈（Feed-back）的能力。一般系统理论及控制论（Cybernetics）、等级理论、稳定性、整体论等相关概念有助于解释景观生态学这一特征。

如第5章所述，一般系统理论认为自然是相互作用的开放系统按照一定等级组织而成。系统由生物体与生态系统构成，等级越高系统越复杂。一般系统理论扩展应用到景观研究领域，则为理解与认知由相互依存的整体所构成的景观提供了方法。一般系统理论使不同学科的学者通过聚焦组分间的相互作用关系来研究景观，尽管它牺牲了具体细节。泽夫·纳韦与埃里伯曼（Alieberman）认为一般系统理论对景观生态学的贡献之一是能"提供一个概念框架，不仅连接了科学与人文，还沟通了两者与决定土地利用决策的技术经济及政治文化之间的联系。"[40] 一般系统理论还使我们关注于景观元素间的因果联系，并将其他与系统相关的概念囊括进来丰富我们对景观的理解。

整体论为一般系统理论提供了哲学基础。正如1962年约翰·斯马茨提出的观点，以及一些具备生态思想的科学家与哲学家，如 F·E·埃格勒（F. E. Egler）、J·菲利普斯和 E·V·贝库奇斯（E. V. Bakuzis）所详细叙述的那样，宇宙是一个有秩序的整体，由原子、分子、无机物和生物体按照一定的等级结构组成。每个整体都代表着组织完好的一系列稳定状态下的关系。A·凯斯特勒（A. Koestler）创造了整体元（Holon）一词来描述这样一组稳定的关系。[41] 然而整体元的功能运行依赖于更大背景或整体之间的关系，因此整体元被认为既是部分又是整体。

整体论对于一般系统理论乃至景观研究领域的重要意义在于，我们无须理解内部功能运作的细节就能理解生态系统或景观。由于景观是复杂系统，从基础元素往上展开研究是异常艰巨的，并且花费巨大。虽然整体论把景观作为相互作用的整体进行理解时非常有用，但实际操作起来却很麻烦。由于景观生态学处于科学与哲学的交界面，所以当整体论运用在其非科学背景中时常被误解，例如，探讨某一领域各组成部分之间形而上学的联系时。因此，左内维尔德提醒我们在景观生态方法论的研究中应该避免使用整体论。[42]

景观生态学者和传统生态学家提出一些机制来解释稳定状态的维持，即整体元中的内稳态（Homeostasis）。生态系统能进行自我维持，通过一系列正向与负向的反馈机制来保持动态平衡（Dynamic equilibrium）。控制论研究相互作用的系统，对于反馈机制的运作方式提供了有价值的见解。控制论在因果关系基础上研究系统各组成部分之间的相互作用。生态研究发现遭到破坏的生态系统会通过重新组织达到另一平衡状态。但是系统并不像想象的那样容易被破坏，因为其内部反馈将大的干扰减到最小，帮助系统维持稳定。稳流（Homeorhesis）是另一个帮助景观生态学家了解系统如何趋于稳定状态的概念。

等级理论关于组织层次的思想，是一般系统理论与整体论的基础。它提供了理解复杂系统的框架，即在两个或以上的尺度上分析系统各组成部分之间的功能联系。等级体系可分为若干功能组分。例如一片大面积森林景观可分为多层级的汇水流域（Watershed），而汇水流域又由若干林分（Tree stand）与林隙（Tree gap）组成。林隙拥有自身的特定的属性及动态，如一棵树与周围环境间的养分与能量交换，这些属性与动态又成为下一层次的功能集聚体。林分代表属性相似的林隙斑块组成的镶嵌体，其属性包括物种的组成与生长状况等。因此，等级体系中层级越往上就对应着愈加复杂的结构与生态过程。

R·V·奥尼尔及其同事们在过程速率的背景下对组织层次的概念进行了重新诠释。[43]特定层级（如林分层级）的事件具有特定的自然频率与相应的时空尺度。[44]前文的黄石公园火灾事件中，低层级的事件及过程的发生倾向于小范围与高频率。而高层级事件则发生于大范围且频率较低。等级理论应用在景观生态研究中，聚焦于不同时空尺度下景观的功能组分与过程速率间的关系，有助于我们更好地理解景观。甚至可以预测外部因素将如何改变景观的功能运行。

其他一些概念也对我们理解自然与文化景观的空间格局与过程提供了有价值的见解。欧氏几何（Euclidean geometry）能帮助我们理解规则物体与空间的比例关系，如点、线、面与立体。却无法解决不规则物体属性问题，例如，集时间、空间与生物尺度关系于一体的景观问题（图6.4）。

图6.4　佐治亚州理查德罗素湖(Richard B. Russel Lake)。其不规则岸线无法用欧式几何进行精确描述（作者摄，1993年）

分维几何（Fractal geometry）是对非线性、运行方式不可预测的动态系统进行的研究，也是理解景观中空间关系的手段。不可预知性是源于"初始状态对刺激反应的极限"[45]现象。系统不同部分微小的、可能不易察觉的变化在一定时空内累积，引致系统范围内的显著变化。在 P·A·伯勒（P. A. Burrough）、B·T·米尔恩（B. T. Milne）与 F·伯勒尔（F. Burrel）等人的引领下，如今景观生态学家能定量地测量、描述景观元素的形状与结构，甚至能够预测不同尺度下的景观动态过程。[46]分维几何在景观生态研究上的应用还包括测量景观结构[47]、描述景观格局特征[48]、创造人工景观[49]及景观设计等。[50]

　　分维几何也可称作混沌几何学（A geometry of chaos）。简单来说，混沌是"不可预测的秩序"（Order without predictability）。[51]混沌理论（Chaos theory）使我们注意到预测系统（包括生态系统）运行时的不确定性。它使景观生态学家对生态系统中可能出现的混沌运行方式更为敏感，从而扩展了对于景观稳定性的传统理解。此外,景观生态学信息理论等其他系统相关概念也应用在景观生态学中,在 M·伯德莱（M. Berdoulay）与 M·菲普斯（M. Phipps）所著的《系统生态学》（Paysage et Systeme Ecologique）一书中有具体描述。

　　渗透理论（Perculation theory）提供了关于景观破碎度与连接度的见解。[52]用于分析随机组织系统中的空间格局。[53]渗透理论应用在景观研究中,深入阐释了生境大小、形状及连接度之间的关系,并用它们来衡量该类型生境景观的数量。[54]

6.4　过渡概念

　　过渡理论关注于景观中的空间关系,揭示了景观格局与功能的知识,对构建可持续景观非常有价值。过渡理论有助于我们理解生态规划设计过程中遇到的关键挑战;决定应该调查分析何种景观特征;形成信息综合分析的原理;以及选择景观中可持续的空间结构。

　　值得深入探讨的过渡概念包括:（1）生境单元集合体;（2）斑块 – 廊道 – 基质框架;（3）水文景观结构;（4）栖息地联系（Habitat relations）;（5）景观生态学空间原则（Landscape-ecology-based spatial principles）。以上五个概念体现了过渡概念的不同功能。前三个概念描述了景观的功能构成。它们为景观分类提供了基础,是将景观生态学原理应用于实践的主要方式。栖息地联系强调通过综合格局与过程信息,达到既定目标。第五个概念——景观生态学空间原则,阐述了反映生态联系与影响的土地利用配置基本原则。与此同时,过渡概念在评估多个景观空间的布局方案时也很有帮助。

6.4.1　生境单元集合体

　　景观可以通过其自然地理、气候类型与农业实践等方面的特征来描述。历史上曾经提出很多便利的描述方法,但迄今为止建立在结构、功能与历史特征上且与植物相关的景观描述仍未出现。在欧洲,在生境单元基础上对景观进行描述有着深厚的传统。[55]正如上文所述,生境单元是具有相同属性的最小土地空间单元,属性包括地形、土壤和植被结构等。生境单元也是独特的生物、非生物集合组成的生态系统在空间上的表现。

　　相似的生境单元有规律的重复出现，从而聚集成大的生境单元集合体（景观类型）。当这些单元集合体对应于景观中的特定位置，则被称为分类单元。在应用景观生态学中，集合体按照景观类型进行绘图并标上图例。每一尺度的集合体都表现出相同特征并承担特定的生态功能。G·哈泽、W·哈伯（W. Haber）与左内维尔德提出了特定的分类方法。例如，左内维尔德提出的分类中的尺度等级由小到大分别为*生态区*（*生境单元*）、*地相*（*Land facets*）（生境单元的集合体）、*地系*（*Land systems*）（地相的集合体）以及*主导景观*（*Main landscapes*）（地系的集合体）（表6.2）。

　　生态立地（*Ecochores*）是由地理学家提出的另外一个术语，用于表达生境单元集合体。哈伯将生境单元与生态立地结合成为更大的空间单元——区域自然单元集合体（Regional natural units，RNUs），它通过相同自然地理与地形属性以及独特的气候特征进行划分（表6.1）。

主要生态系统或用地类型　　　　　　　　　　　　**表6.1**

生态系统类型	特　　征
生物生态系统	以自然要素和生物过程为主导
自然	不受到人类直接影响，能够进行自我调节
近自然	受到人类影响，但与自然生态系统类似；在人类弃用之后变化很小；能够进行自我调节
半自然	由人类利用自然和近自然生态系统而形成，但并非有意创造；在人类弃用之后变化很大；自我调节能力有限，需要管理
人类（生物系统）	人类有意识地创造形成；完全依靠人类管控
技术生态系统 如聚居地（村庄，城市），交通系统，工业区	人类（技术）系统；以技术体系（人工制品）与技术过程为主导；人类为满足工业、经济及文化活动需求而创造；依靠人类管控及周边的生物生态系统

来源：Haber，"Using Landscape Ecology in Planning and Management"

　　大的景观单元集合体可被细分为更小的单元集合体，最小的单元即为生境单元。由C·克里斯琴与G·斯图尔德提出的澳大利亚联邦分类体系，由J·蒂与G·艾恩赛德提出的加拿大生态（生物物理）土地分类系统都是著名的分类实践。在澳大利亚分类体系中，景观被分为地系、土地单元（Land units）与生境单元。土地系统是绘图的基本单元，可描述土地单元与场地组合形成的格局。土地单元由生境单元集合而成，可描述地表特征的重复规律。生境单元是可识别的、具有相同地形、土壤及植被属性的最小土地单元。

　　尺度层级（空间等级）的提升或下降未必会引起相应的系统等级结构（集合等

179

级）的提升或下降。例如，在一由不同物种的森林斑块构成的景观镶嵌体中，将同一物种的森林斑块结合起来并不能产生更高等级的系统层次，只能产生更大的森林斑块。[56]但如果每个组成单元都有其独特属性，就可以形成系统的等级分类。F·克莱恩（F. Klign）提出："最终结果不是在系统各个层面下进行单一分类，而是特定的空间尺度层级下的一系列分类"。[57]

R·多尼（R. Dorney）提出的类似分类方法，将景观视作若干生境单元按照一定的等级结构集合而成的自然及文化生态系统（表6.2）。多尼将景观按等级结构细分为尺度渐小的生境单元的集合。其用意在于表达岛屿生物地理理论揭示的景观生物利用的主体及较小部分。正如多尼所述："岛屿生物地理理论表明这些岛屿（农业与城市）占据着景观的较小部分，例如，镶嵌于基质背景中的小面积区域。"[58]

多尼的分类方法辨识出三种主要的生境单元集合体——自然、农业与城市。在自然集合体中，人类管理或自然生长的自然植被覆盖超过50%的土地。在农业集合体中，50%或以上的土地用于农业生产。城市生境集合体分为三种类型——建成区、城市边缘区（Urban fringe）、城市影响区（Urban shadow），三者占据了城市通勤范围内50%以上的土地。多尼指出这一分类方法的优点在于简单且适用于解决不同空间尺度上的问题。但他同时也建议首先界定研究范围，并应进行细致的景观生态调查。调研结果可以应用在每一类生境单元集合体之中。

自然、农业及城市生态系统　　　　　　　　　　　　表6.2

空间尺度	制图比例尺	最小地图单元	自然生态系统[a]		农业生态系统[b]		城市生态系统[c]		城市生态系统案例
生态区域 ecoregion	1:1,000,000-1:3,000,000	15平方公里-150平方公里	农业生态系统岛	城市生态系统岛	自然生态系统岛	城市生态系统岛	农业生态系统岛	自然生态系统岛	多伦多-温莎
生态地区 ecodistrict	1:125,000-1:500,000	160-400公顷	农业生态系统岛	城市生态系统岛	自然生态系统岛	城市生态系统岛	农业生态系统岛	自然生态系统岛	多伦多大都市区
生态地段 ecosection	1:50,000-1:125,000	6-8公顷	农业生态系统岛	城市生态系统岛	自然生态系统岛	城市生态系统岛	农业生态系统岛	自然生态系统岛	伦敦（加拿大安大略省）
生态点 ecosite	1:10,000-1:50,000	1-4公顷	农业生态系统岛	城市生态系统岛	自然生态系统岛	城市生态系统岛	农业生态系统岛	自然生态系统岛	沃特卢（加拿大安大略省）
生态元素 ecoelement	1:2,500	0.01-0.02公顷							无城市尺度案例[d]

来源：Dorney, "Biophysical and Cultural-Historic Land Classification and Mapping"

a. 50%以上的地表为自然生长或人工管理的植被。

b. 50%以上的土地用于农业生产。

c. 50%以上的地表处在城市三个圈层（建成区，城市边缘区，城市影响区）的影响之下。

d. 面积太小，无法成为城市；该尺度下可绘制聚落范围的图纸。

180

6.4.2　廊道-斑块-基质空间框架

福尔曼与戈登在《景观生态学》一书中提出了斑块-廊道-基质的空间框架，用于描述包括从城市到乡村的各类景观功能构成。他们在1981年的文章中首次使用了斑块-廊道-基质的术语。[59]不同于生境单元集合体的概念，他们的框架强调了景观元素的异质性，使我们能够将景观作为斑块镶嵌体进行描述。斑块是不同于周边环境的景观要素。斑块拥有多样的尺寸、形状与边缘类型。例如，乡村景观中的斑块可包括农场建筑、边缘清晰的森林与农田等。

廊道是不同于周边环境的带状土地。围绕其周围的是基质。河道、电线及绿篱都是廊道。宽度、连接度与质量是廊道结构的三个重要特征。连接度指的是有无断点。基质是指对景观过程与变化影响最大的景观元素。一般来说，尽管基质可能分布不均，但其总面积超过任意其他的景观元素。

斑块-廊道-基质框架的每一部分都承担着特定的生态功能。例如，斑块的形状、大小、边缘等特征都影响到其生物数量、产量、养分储存、物种组成及物种多样性。廊道的连接度和宽度等特征决定了其通道或屏障功能。基质对于景观的动态演变（Landscape dynamics）具有决定性作用。

景观因人类与自然的干扰而改变，斑块-廊道-基质框架使我们能够从理论上推测干扰对景观结构与过程的影响。使用推测（Speculation）一词，因为我们无法确定斑块-廊道-基质框架在理解生态功能时的精确程度。尽管如此，这一框架在理解景观的空间关系方面仍然极具前景。事实上，福尔曼以这个框架为基础确定镶嵌序列（Mosaic sequences）的类型，特定的镶嵌序列会对景观的功能运行施加独特影响（图6.5）。

(a) 大斑块　　(b) 小斑块　　(c) 枝状　　(d) 直线形　　(e) 棋盘形　　(f) 互相交叉

图6.5　镶嵌序列模块。每种格局对景观中的物质流、能量流与物种流动起到特定控制作用（经许可，摘自 福尔曼《土地镶嵌体》）

在福尔曼洞见深远的著作《土地镶嵌体》（Land Mosaics）中，研究了创造不同的廊道-斑块-基质空间布局的景观变迁过程。他还探究了各种空间布局的生态结果，为创造可持续景观作出贡献。斑块-廊道-基质空间框架越来越多地应用在生态规划设计项目中，用于描述景观结构。福尔曼在将景观生态融合到景观规划设计方面，拥有巨大的影响力。

181

6.4.3 水文景观结构

水文现象长期以来都被视为生态规划设计中重要的信息来源。例如，水是景观设计中重要的视觉元素。同时水也具有文化意义，正如景观规划师安妮·斯本在 1988 年关于景观与城市设计新审美的文章中所述。[60]根据景观生态学视角，水与水文系统创造的景观关系在土地利用配置中扮演着重要角色。

以 1963 年 J·托特(J. Toth) 提出的地下水径流(Ground-water flow) 概念为依据，荷兰的瓦赫宁根大学的米凯尔·范布伦(Michael van Buuren) 与克拉斯·科克斯特拉(Klass Kerkstra) 提出地表与地下径流，即水文景观结构，造就了特定景观格局。[61]这些格局或关系决定了各种景观元素与生态对象的联系程度。他们将地表径流与地下径流进行了区分，以便精确地理解景观中的生物地理关系或垂直关系对水文现象的影响。

水文景观结构的基本概念是景观中的水体流动运输了养分及其他化学物质。随时间推移，与水有关的景观形成了各种格局，从湿润区域到干旱地带。这些景观的环境特征为各类动植物提供了梯度生境。一些环境特征可能随着具体景观要素而改变（如地质、地形与气候），但与水相关的景观的结构特征却保持着相对稳定。因此，有关各类景观间的关系的知识被用于创造可持续的多功能景观。水文景观结构被认为是一个特殊的生境单元的类型，因为由水流形成的土地具有同质的属性。

水文景观结构概念关注的是研究何种景观关系，最终的土地配置方案则是由科克斯特拉与 P·乌里兰德（P. Vrijlandt）提出的框架概念（Framework concept）决定。[62]框架概念指出，划定并连接大型自然斑块可以为自然保护区、林业与户外游憩等需要时空稳定性与连续性的土地用途创造长效的可持续环境。范布伦与科克斯特拉将水文景观框架概念成功地应用于大量项目中，如荷兰东部的雷赫河流域（Catchment of the Regge River）自然网络规划。

水文景观结构的概念印证了由斯本与保罗·塞尔曼（Paul Selman）提出的思想。[63]他们二人都认为表面背后的"深层结构"为景观中人类活动研究提供了非常有价值的知识。在这些缓慢变化的体系的基础上可以形成规划与设计方案。对水文现象的理解就是揭示景观深层结构的一种方法。

6.4.4 栖息地网络

景观镶嵌体中持续的营养流、能量流和物种流动是景观生态学与生态规划的重要对象。然而，城市与乡村的密度持续增加，导致景观的异质性下降，破碎度增加。同质化与破碎化的景观还扰乱了物种的生存与迁移。它们也是生态恶化与生物多样性下降的最主要原因之一。[64]人们开展了大量破碎化景观中物种的动态变化研究。[65]其中一项研究致力于通过栖息地网络，即在空间上连接物理及结构特征（如物种构成和土壤湿度）相似的生境，以维持景观镶嵌体中物种间的相互作用。网络对于还未适应人类主导景观的当地物种的生存至关重要。它能起到帮助物种迁徙以及增加营养与能量流动的作用。

栖息地网络理论是以 R·莱文斯（R. Levins）提出的复合种群（Metapopulation）理论以及 G·梅里亚姆（G. Merriam）提出的连接度（Connectivity）概念为基础的。[66]复合种群指的是由个体混合而成的一组当地动植物种群的集合。当地物种的宜居斑块与保证斑块连接度的廊道一起，共同避免了物种灭绝,使物种能够移居至新的斑块之中。[67]

连接度的概念描述了景观增强物种联系的品质，以便形成个体间互动丰富的复合种群。因此，维持复合种群成为栖息地网络的主要目标。[68]由于物种对栖息地的需求各异，栖息地网络体系也随物种有所不同。栖息地网络研究为生态规划提供了大量标准与导则，以应对各类问题，诸如自然保护区规划以及破碎景观中的土地配置等。例如，景观生态学家与规划师迈克尔·克莱尔（Michael Kleyer）就曾成功地使用栖息地网络为德国斯图加特大都市区制订了自然保护规划。[69]

6.4.5 景观生态学基础上的空间导则

从前文综述中可见，景观格局与过程在不同时空尺度下具有复杂的相互作用关系。生态规划者没有足够长的时间开展实证研究，来确定空间布局与景观过程间的对应关系，因而必须依赖源于景观生态学研究和保护生物学（Conservation biology）等相关学科的知识。景观生态学者用清晰的空间原理与导则来表达学科知识，以促进可持续景观空间布局的创造。于是，这些导则被越来越多地记录下来。

J·M·戴蒙德（J. M. Diamond）等人以岛屿生物地理学理论为来源，提出了设计自然保留地的空间原则。[70]岛屿生物地理学理论由 R·麦克阿瑟与 E·威尔逊首次提出，理论指出物种迁徙到某一岛屿的几率和岛屿面积成正比，和岛屿与陆地间的距离成反比。一旦物种入驻某一岛屿，其灭绝几率与岛屿面积大小有关。

图 6.6 即为戴蒙德原理的图示表达。在广为生物保护学家与景观生态学家所知的著作《自然保护：岛屿理论与保护实践》（Nature Reserves: Island Theory and Conservation Practice,1990 年）中,M·L·谢弗（M. L. Shafer）精炼了戴蒙德的空间理论，并提出了关于生境异质性的一些新理论，其中多个理论还有待实践检验。事实上，众多证据表明，

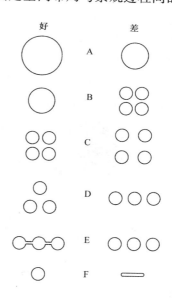

图6.6 以岛屿生物地理学理论为基础的自然保护区空间设计原则。原则 B、C、F 有待进一步探讨。辛巴洛夫（Simberloff）所著《生物地理学》（Biogeography）和辛巴洛夫与阿贝尔（Abele）所著《保护与困惑》（Conservation and Obfuscation）认为其中一些原则并非来源于岛屿生物地理学理论(如原则 B)，或与岛屿生物地理学理论无关(如原则 F)（经许可，摘自 Diamond, "Island Dilemma"）

岛屿生物地理学理论虽然是生物保护及景观生态学发展过程中的里程碑，但由于其假设过于简化，这一理论作为景观研究的基础模型仍有相当大的局限。在景观生态学中，将岛屿生物地理学理论推及景观斑块的研究已受到批评。例如，物种的丰富度与隔离度（Species richness and isolation）是岛屿生物地理学理论的基本特征指数，但在陆地中却是次要的变量。[71] 尽管如此，岛屿生物地理学理论仍然是自然保护区设计中有效的探索式工具，众多实证研究都验证了该理论的基本设想。然而在生境破碎化研究中，复合种群模型被证明是比岛屿生物地理学理论更为有效的理论框架。

与之类似，R·诺斯（R. Noss）与 L·哈里斯（L. Harris）提出了综合利用模块（Multiple-use-modules，MUMs）的概念，以研究在各种空间尺度下生境多样性的维持方法，该模块清晰地界定出足够大的核心栖息地（Habitat core）以支撑其内部物种。[72] 他们论证出每一景观至少应有一个综合利用模块。在综合利用模块周边建立缓冲地带可将外部扰动降至最低。由于各类物种对栖息地的要求有所不同，组成核心栖息地的斑块在大小及空间构成上也具有物种的特异性。

福尔曼提出的集聚间有离析（Aggregate-with-outliers）原理虽然有待严格验证，却很有意义。很多实证研究都证实了该原理。这一原理聚焦于创造可持续多功能景观的空间导则（图6.7）。福尔曼提出："应该将土地利用集聚起来，同时保护开发地区中的廊道与小型自然斑块，并沿主要边界离散布置一些人类活动空间"。[73] 福尔曼提出的原则包括保持1）少量大型自然植物斑块；2）沿主要河流的大型植物廊道；3）连接大斑块之间的关键物种迁徙廊道；4）人类开发地区的小型异质性自然空间。

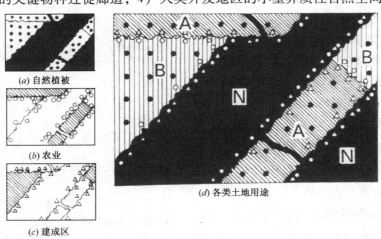

图 6.7　以集聚间有离析原理为基础的土地利用布局，N = 自然植被；A = 农业；B = 建成区。注意离散布置的自然植被、农业及建成区域用小点（a）、圈（b）和三角形（c）表示（经许可，转载自福尔曼的《土地镶嵌体》）

福尔曼还进一步解释了集聚间有离析原理中强调的景观生态属性，包括大型自然植物斑块的性质、粒度（Grain size）（景观中所有斑块的平均面积）以及土地利用边界区域的性质。例如，多功能景观的设计中应该结合大型植物斑块，因为它们能保护地下蓄水层，维持内部物种的多样性，缓冲自然干扰。然而，福尔曼也预先提醒到，这一原理还未得到各空间尺度上的验证。

1996 年 W·德拉姆斯泰德（W. Dramstad），J·奥尔森（J. Olson）与福尔曼在《景观规划设计与土地利用规划中的景观生态学原理》（Landscape Ecology Principles in Landscape Architecture and Land-Use Planning）一书中，提出了 55 个景观生态空间原则，并提供了它们在众多规划设计项目中的应用实例。其中一些原则是对福尔曼的集聚间有离析原理的细化阐述。这 55 个原则可按照斑块、边界、廊道连接与景观镶嵌体进行分组。此外，书中还提供了 14 个研究参考范例。

C·杜尔科森（C. Duerksen）及其同事们提出了在景观与生态区尺度下的生物原则和管理导则，用于减少居住区开发对当地野生动植物的影响，并为科罗拉多州前山地区（Front Range of Colorado）开发了一套交互式决策支撑系统（Interactive decision-support system）。[74]这些生物原则建立在生物保护与景观生态学原理的基础上。他们还提出了操作性的原则来加强生态学家、规划师与市民之间的合作。在景观尺度与生态区尺度采取不同原则也符合生态学家强调的在不同空间尺度上研究景观的观点。

在大尺度中，杜尔科森与同事们认为开发活动影响到野生生物种群及群落的分布、存活与保护。与之不同，在生态区尺度中，开发活动影响到个体动物的习性、生存与繁殖。因此，他们为每一尺度都提供了各自的生物原则和管理导则。其中景观尺度下的栖息地保护导则为"保护大型完整的原始自然斑块，避免开发活动对其造成的破碎化"。这一原则与福尔曼提出的集聚间有离析原理非常相似。[75]类似的生态区尺度的原则为"保留人类活动区与野生栖息地核心区之间的缓冲地带。"[76]杜尔科森及其同事们指出，生态区尺度原则在已经破碎的城市景观中非常有效，而景观尺度原则更适用于动植物栖息地相对完整的乡村地带，以避免未来开发对野生栖息地的消极影响。

类似的物种栖息地修复[77]、栖息地网络规划[78]与绿道建设（Developing greenway corridors）[79]等原理相继被提出。由于其中许多原理还未得到实践证实，生态规划与设计者的挑战在于慎重地将原理应用于实践。或许我们能从已经规划好的景观之中得知哪些原理是起作用的。

6.5 景观－生态规划：程序指导与应用实例

景观生态学中的概念与生态规划是密切关联的，特别是将这些概念系统地综合到规划的理念、原则与过程中时。虽然景观生态学和生态规划都聚焦于景观的生态关系，但景观生态学中强调的由非生物、生物及社会文化过程的相互作用产生的空间变化，对于生态规划而言是崭新的概念。因此，非常有必要将两个专业的思想、方法及技术进行系统的整合。

大量的证据显示，目前两个专业的整合已经出现，但并非以系统的方式。将景观生态学应用于规划并没有确定的方法。一些方法与技术已包含在本书对其他景观生态规划方法的论述之中，如景观适宜性方法与应用生态系统方法。不断发展的空间原则就是系统性整合的重要领域。

以下将选择性地回顾一些景观生态学在规划中的应用。包括福尔曼、弗朗斯·克莱恩、米兰·鲁奇卡（Milan Ruzika）与兰尼斯拉夫·米克洛什（Lanislav Miklos）等景观生态学家提出的特定程序与步骤。选择回顾的内容包括：（1）生境单元拓扑研究（Ecotope-based topologies）的运用；（2）斑块－廊道－基质空间框架的应用；（3）栖息地网络的运用；（4）生态系统各组成部分相互关系的综合评估。

6.5.1　生境单元集合体概念的运用

早期景观生态学原理的应用关注于乡村及半乡村区域的土地评估，以确定不同功能土地的适宜性。生境单元及其集合体是景观绘图及评估的空间单位。由于生境单元集合体被视作具有自我调节能力（稳态及稳流）的整体元，因此土地评估的目的在于说明生境单元集合体内部及之间的相互关系，使其保持稳定的状态与持续的产出。[80]因此，土地评估常常重点考察预期的土地利用下生境单元集合体的稳定性、脆弱性（Fragility）及易损性（Vulnerability）。在景观生态规划中运用生境单元拓扑学研究时，还包括连接度与相互依存性（Mutual interdependency）两个重要属性，因为生境单元集合体是通过物质流、能量流及物种流动相互联系的。与土壤调查相类似，土地评估的结果常常成为土地利用决策的直接信息来源。

目前，多数生境单元分类主要用于描述土地属性及其格局，而生境单元集合体描述的是景观的稳定图景。生境单元集合体的图面需要补充文字来描述景观功能与过程间的互动关系，尽管如此，生境单元拓扑学研究在景观生态规划中的应用仍然富于活力。

伊萨克·左内维尔德总结了由荷兰景观生态学家们提出的生境单元研究的一般方法，具体如下。

1. 在首次讨论中，确立项目目标、范围及数据要求，并明晰调查评估的类型。

2. 确定列入考虑范围的不同土地利用类型，以及各类用地的需求及限制。

3. 确定需要绘制的生境单元集合体（土地单元），并评估其属性。

4. 评估土地利用需求（步骤2）与土地属性（步骤3），并综合考虑经济、社会及环境影响，确保土地利用决策与土地属性达到最佳匹配。

5. 在步骤4的结果上进行土地适宜性评分。

6. 将结果提交利益相关者。

7. 提出土地的最优利用建议。[81]

以上方法与第二代景观适宜性评价方法非常类似。但两者的差别在于，第二代景观适宜性评价方法研究了景观中生物物理元素与社会文化元素之间的垂直关系，而荷兰景观生态学家们提出的方法则同时研究了元素间的水平关系与垂直关系。

德国慕尼黑科技大学的景观生态学教授沃尔夫冈·哈伯（Wolfgang Haber）及其同事们运用区域自然单元分类，提出了影响评估策略（表6.1）。[82]策略包括5个步骤：

1. 用区域自然单元（RNU）分析法识别区域主要的土地利用类型及子类型，依据自然度高低进行排序，对其产生的环境影响（分为物质及非物质影响）以及受到影响的水土等自然资源进行赋值。

2. 绘制区域自然单元的空间分布图，并测算每个单元内的土地数量以确保生境单元的多样性。

3. 对区域自然单元内环境影响敏感度及保护价值最高的生境单元或集合体进行普查与评估。

4. 评估区域自然单元内所有生境单元或集合体间的空间联系，重点考察连接度与相互依存性。

5. 根据步骤1—4得出的信息来评价该区域自然单元的影响结构，关注于影响敏感度与影响范围。

最终的信息成果是以区域自然单元及子单元的结构进行组织的，并用GIS技术进行数据处理与储存，以协助政府作出土地利用决策。空间格局与过程的分析不仅探究了其因果联系，而且巩固了景观生态学的基本理论，即景观系统如区域自然单元系统是开放系统，只有掌握了社会、经济与环境因素的影响，这一开放系统才能得到全面深入的理解。

在《环境管理的生态系统分类法》一书中，克莱恩提出了对应不同空间尺度的生境单元等级，每一尺度下都有特定的重点环境问题。他认为地下水污染、破碎化及酸化等环境灾害可以被视作生态过程的约束力，影响了多个时空尺度下生态系统的结构特征。这些结构特性包括土壤质地、土壤有机质含量与地表径流方向及流量。这些环境灾害会直接影响到景观的某些生物物理特征，并传递给其他特征，例如，污染首先影响大气，之后影响传递到地表水、地下水与地质状况等。

克莱恩提出了5步骤的程序来评估生境单元对特定环境灾害的敏感性（Susceptibility）：

1. 确定环境灾害影响的时空尺度或"作用点"。

2. 检视特定环境问题中决定生境单元及集合体敏感度的过程，如降水与过滤。

3. 识别出控制以上过程的景观结构特征，如土壤矿物质含量与地下水波动（Ground-water fluctuations）。

187

4. 确定步骤3特征与步骤2过程之间的相关性以估算承载力。

5. 综合信息结果得出敏感性的梯度分布（Gradient of susceptibility）。

克莱恩聚焦于环境灾害在景观中的直接作用点，从而揭示了解决问题的最佳尺度。同时该程序还包括不同尺度上人类活动对生境单元特征影响的因果评估。

如果生境单元代表属性相同的空间单元，那么由地表及地下径流构成的景观型就可视为生境单元。由范布伦与莱斯彻（Lerlstra）提出的水文景观结构即可视为水文现象基础上的生境单元集合体。他们阐述了景观规划水文方法（Hydrological approach to landscape planning）的应用程序，以创造可持续的多功能景观。该方法包括：（1）描述水文景观结构的类型，包括分析历史及当下的地表水与地下水特征；（2）评估土地利用空间分布现状与水文景观结构特征之间的关联；（3）根据水文景观结构内的空间单元对土地利用进行重新配置。

其中的步骤1需要进一步的阐述。范布伦与莱斯彻建议水文景观结构的分析从 G·B·恩格伦（G. B. Engelen）与 G·P·琼斯（G. P. Jones）提出的区域水文系统分析程序出发，包括对现有地质、地貌、土壤类型、地下水位、水系格局、土地利用和植被的图纸及资料进行定性描述。恩格伦与琼斯还指出，可以用一简单的电脑模型"流网"（FLOWNET）进行补充评估，该模型能模拟底层土壤的方形同质截面上稳定饱和的地下水径流。但模拟结果并不能提供精确数值及水文关系的定量数值。

具体来说，恩格伦与琼斯复原了历史上的景观水文结构，能够提供人类大规模改造前的水文状况。通过对比水文状况的历史与现状，可以更好地把握特定景观中新出现的生态问题。恩格伦与琼斯还提出了解决问题的方法。

范布伦与科克斯特拉将这一方法成功应用于雷赫河流域（Regge River）自然网络的规划之中（图6.8）。亚利桑那州立大学规划与景观规划学院的爱德华·库克使用了类似步骤进行了亚利桑那州的索尔特河（Salt River）下游的生态恢复，并同时满足了城市居民的需求。[83]水文景观结构概念的应用是一项创新研究，在理解景观生态关系方面具有极大潜力。此处讨论的程序所得出的结果，仍然需要补充考虑社会、经济及技术等因素，以实现最优化的土地配置。

6.5.2　廊道－斑块－基质空间框架的运用

在福尔曼与戈登提出斑块－廊道－基质框架的同时，还提出了使用该框架指导土地利用配置的程序。[84]该程序通过斑块－廊道－基质之间的相互作用分析、斑块相对均一性分析、斑块改变后的恢复时间分析以及因果关系模拟，达到管理景观的异质性与变迁的目标。

一旦确立方案目标，例如，将斑块改造为建设场地，即可确定斑块及其周围（基质）的范围。随后分析斑块—基质间的相互作用，以研究斑块改变对基质的影响。例如，开发是否会导致上游地表径流增加？野生动物迁徙通道是否会受到干扰？之后通

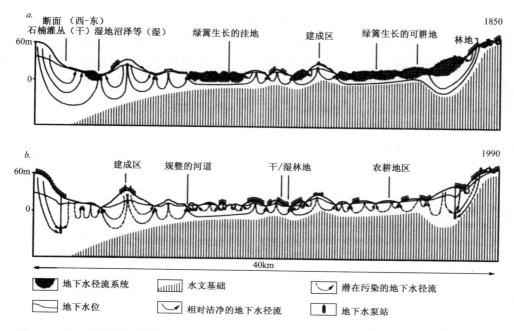

图 6.8　荷兰东部雷赫河流域的水文景观结构（源自 Van Buuren Kerkstra,"Framework Concept and the Hydrological Landscape Structure"，由 M. Rapelje 重绘，2000 年）

过相对均一性（Relative uniqueness）及更迭时间（Replacement time）确定斑块（生态区）的特性。例如，替换一片成熟的橡木－胡桃混交林比一片空地需要更多的时间。

　　然后使用输入－输出模型，在因果关系的基础上估算场地改造产生影响的理想水平与最高水平。大气（如降水量）、土地（如地下水有害物质）以及人类（如建造设备）方面的变量可作为输入信息或输出结果，用于表达场地改造对景观结构与过程的影响，如土壤压实（Soil compaction）或径流过量（Excessive runoff）。

　　模拟将产生三类结果：（1）用热能衡量的人类直接投入产出比；（2）大气与土壤流动产生的污染水平差异（流动增加是对周围环境的消耗）；（3）通过生物量变化等属性确定改造方案引起的环境退化。环境退化的例子包括物种多样性降低或外来物种入侵。将以上评估结果与社会、经济资料结合就能确定最优化的土地利用配置。

　　这一程序的变体已经应用于绿道与多功能景观建设、野生动物保护区设计以及河流廊道网络建设。在《土地镶嵌体》一书中，福尔曼举例说明了如何将该程序的变体运用于美国马萨诸塞州波士顿以东 25 千米（16 英里）的康科德开放空间网络规划。研究过程见图 6.9。图 6.10 为康科德开放空间的规划方案。福尔曼分析了斑块与廊道之间的空间关系，并评估了特殊区域的均一性及更迭时间。一般而言，保护大面积高地价斑块的经济合理性仍具争议。

　　爱德华·库克则提出通过斑块－廊道－基质间的相互作用评估来建立城市河流生态廊道网络的框架。[85]这一框架随后被加拿大景观规划师 L·巴斯查克（L. Baschak）与

177

R·布朗（R. Brown）简化为生态设计框架（EDF）。[86]

EDF 生态设计框架由三个主要部分组成：（1）评估区域的自然与文化资源；（2）制定河流廊道的空间结构；（3）确定廊道－网络的组成要素。巴斯查克与布朗将评估部分应用于加拿大西部的南萨斯卡通河流（South Saskatoon River）廊道网络建设项目中，并为另两个部分提出了详尽的应用导则。

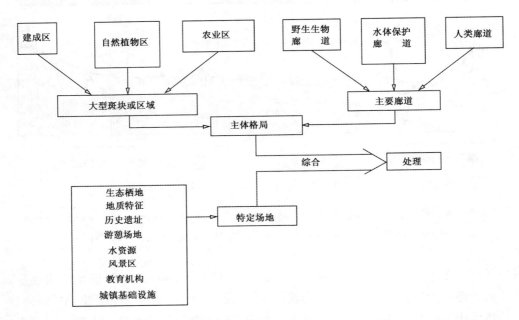

图 6.9　开放空间网络规划的程序（源自 福尔曼《土地镶嵌体》，由 M. Rapelje
　　　　　重绘, 2000 年)

190　　巴斯查克与布朗首先确定了景观中的斑块、廊道与网络，并在多个层级绘制其分布图。接下来，评估景观元素的质量、数量、位置及其与周边城市背景的关联。表 6.3 展示了运用生态学指标进行评估的结果，指标包括植物物种多样性、自然度、对干扰的敏感度，类似于前一章讨论的巴斯蒂杜与瑟伯格的 ABC 策略中采用的指标。

　　实施这一框架需要大量资源，因为每个部分都需要细致考虑。但巴斯查克与布朗指出，在有限范围内对空间结构及过程进行系统调查与分析仍然是可行的。巴斯查克与布朗的应用颇具指导意义，因为它涉及斑块－廊道－基质模型用于景观分析时遇到的技术与实际问题。例如，在精细尺度下对高度破碎化景观中的斑块与基质进行识别与制图非常繁冗。巴斯查克与布朗有效地使用了代表性绘图（Representative mapping）方法，并且保证结果的有效性。在代表性绘图中，所有土地利用类型的范例都被绘制出来，结果可推广至区域内所有拥有类似使用结构的场地。然而，EDF 生态设计框架中的其他组成部分仍然有待检验。

　　1993 年保罗·塞尔曼（Paul Selman）提出了应用于乡村规划的程序原则以减少破

178

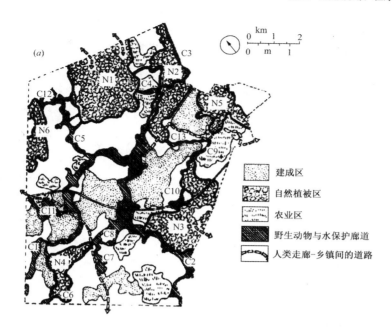

图 6.10　美国马萨诸塞州康科德开放空间规划方案。规划反映了福尔
　　　　　曼的集聚间有离析原理。大型完整自然植被斑块得到保护，
　　　　　并通过廊道连接，以保护野生动物与水资源（经许可，转载
　　　　　自福尔曼《土地镶嵌体》）

碎化并发展可持续的农业景观。[87]这一程序称为突变原则（Emergent principles），它建立在斑块、边缘及廊道的空间关系理论、等级理论与 GIS 技术的基础之上。

　　该原则的应用包括：（1）确定研究区域；（2）调查区域的社会、经济与生态特征；（3）辨识小范围的指示物种（Indicator species）；（4）定义斑块之间的分布距离；（5）识别外侵物种（Colonists species）的来源；（6）确定边缘、廊道、保护区域及限制使用区域的范围；（7）尽可能确立大型完整斑块及众多小型斑块，并将它们用一定宽度的廊道连接起来，如绿篱；（8）进行分级规划设计；（9）结合生态、视觉及游憩特征；（10）建立管理条例；（11）创建 GIS 模型；（12）模拟未来变化。[88]这 12 个步骤形成了一个宽松但连贯的框架将景观生态原则整合到生态规划之中。塞尔曼建议将这个原则视作探讨与评论的基础而非确定的方法。

　　丹尼尔·史密斯（Daniel Smith）与保罗·卡尔蒙德·海尔蒙德（Paul Carwood Hellmund）在《绿道生态学》（1993 年）（Ecology of Greenways）中提出的绿道生态设计方法将斑块 – 廊道 – 基质框架作为描述景观的出发点。同时还整合了明确的空间导则，用于管理绿道的具体功能或创造不同类型的绿道。导则设立的目的在于维持生物多样性、保护水资源、保护土壤及支撑游憩活动。这一设计方法包括 4 个阶段：

191

1. 确定区域特征的整体重要性及可能的保护方法。
2. 确立项目发展的指导目标并初步确定研究区域的地理界线。
3. 依照主要功能来确定绿色通道的布局及宽度。
4. 开展基地设计并制订实施方案。

景观元素评估　　　　　　　　　　　　　　　　　　　　　表 6.3

景观元素	生态标准[a]						
	I	II	III	IV	V	VI	总计
1. 深谷	2[b]	2	2	2	2	2	12
2. 洪泛平原	1	2	1	1	1	2	8
3. 填土区	1	1	1	1	1	1	6
4. 邻近公园（金斯公园）	1	1	1	1	1	1	6
5. 邻近公园（孟德尔公园）	1	2	1	2	1	1	8
6. 步道	1	1	1	1	1	1	6
7. 交通走廊	1	1	1	1	1	1	6
8. 样带廊道	1	2	1	1	1	1	7
9. 植生陡坡	2	2	1	2	2	2	11
10. 侵蚀陡坡	1	1	1	1	1	1	6
11. 河口	1	1	1	1	1	1	6
12. 高地草原	2	2	1	1	2	1	9
13. 高地草原（经过修剪）	1	1	1	1	1	1	6
14. 高地灌木	2	2	1	2	2	1	10
15. 灌溉草坪	1	1	1	1	1	1	6
16. 农地	1	1	1	1	1	1	6
17. 绿篱	1	2	1	1	1	1	7

来源：Baschak 和 Brown，"River Systems and Landscape Networks"

[a] 生态标准：I = 植物物种多样性；II = 自然度；III = 物种稀有度；IV = 植物群落结构；V = 景观类别；

VI = 干扰敏感度

[b] 1 = 低价值；2 = 中高价值。

　　绿道设计过程中的每个阶段都对应着不同的空间尺度。海尔蒙德指出以上方法是探究绿道设计中重要景观生态问题的框架，在适应绿道功能管理的景观生态原则基础上解答一系列详细问题。绿道设计者必须使这些问题符合项目要求和当地状况。这些问题具有直观意义并且有大量的景观生态学基本理论支撑，但是仍然有待验证。

6.5.3　栖息地网络的运用

　　威姆·汀莫曼（Wim Timmermans）与罗伯特·斯内普（Robert Snep）近期在荷兰的研究工作是栖息地网络在生态规划中的运用实例。他们使用了由荷兰瓦赫宁根绿色世界研究机构（Alterra Green World Research）开发的专家模型（Expert model）来探索如何评估城市区域的动物种群生存能力（Viability）。[89]这一专家模型，即栖息地布局的景观生态分析与原则（Landscape Ecological Analyses and Rules for the Configuration of

Habitat，LARCH），用于评估乡村地区生态空间网络的可持续性。

LARCH 栖息地布局模型已用于预测特定动植物在特定景观中的长期存活率。复合种群由相互作用的当地动植物种群组成，迁徙廊道连接各个物种并为其混合提供可能。由于复合种群占据巨大面积并散布于空间之中，因而比单个种群存活率更高。LARCH 栖息地布局模型运用以下程序来促进动物物种的可持续性：

1. 用植被分布图确定每一物种的潜在栖息地。栖息地的承载力由栖息地面积与性质决定。某些类型的植被是理想的栖息地，而其他类型则是边缘栖息地。承载力数据由专家提供，并存储于数据库中。

2. 辨识栖息地斑块（Habitat patches）、扩散廊道（Dispersal corridors）及隔离带（Barriers）的空间布局（大小，形状），从而确定当地种群与复合种群的分布位置。相互靠近的斑块能够进行日常物种交换，它们属于同一栖息地网络。距离较远或由高速公路等隔离带分隔的斑块就不属于同一栖息地网络。偶尔单个生物体在生命周期的某一特殊阶段会寻找新的栖息地。扩散距离以内的当地种群属于同一复合种群。无法产生相互作用的当地种群不属于同一复合种群。

3. 步骤 1 与步骤 2 得到的数据记录到数据库后，LARCH 栖息地布局模型即可计算研究区域的生态结构，主要数据包括各斑块及整个网络的空间形态及承载力、扩散廊道及当地复合种群的位置等。

4. LARCH 栖息地布局模型可在个体数量及关键种群存活的基础上评估复合种群栖息地网络的可持续性。当地关键种群包括大量用于移居附近斑块的储备生物。

结果用于建立可持续的栖息地网络，为动植物物种提供生存场所。虽然 LARCH 栖息地布局模型最初应用于农村地区，但后来众多荷兰的城市也开展了这一模型的应用与实践。在规划中运用栖息地网络的众多案例都被收入库克与范利尔（van Lier）的著作《景观规划与生态网络》（Landscape Planning and Ecological Networks）一书当中。

6.5.4　景观生态优化法

生境单元评价的结果可被整合到景观综合评估以及土地利用配置的复杂程序中，以达到景观的最优化利用。制定最优化的土地配置决策需要考虑到景观演化的其他驱动力——土地供给与需求、人类多样化的需求、政治现实以及新兴技术。

M·卢奇卡（M. Ruzicka）与 L·米克洛什的景观生态优化法代表了这一研究方向的重大进步。[90]1990 年纳韦与利伯曼（Lieberman）将景观生态优化法描述为"景观生态规划方法最重要的实践应用"。[91]景观生态优化法的目标是寻求生态方面最优的景观利用方式,并指出空间布局不合理引起的生态问题。这一土地利用优化体系包括景观生态的全面分析、综合各部分分析结果、特定区域景观评价、提出最优化的空间布局方案。

景观生态优化法强调了3个问题：

194

1. 景观的既定生态属性适应土地利用的功能需求的程度如何，即特定区域能够开展何种强度的活动？

2. 区域内特定活动的布局对该地的生态属性产生了何种影响？

3. 当前的自然过程、景观特性（如稳定性、平衡性、抵抗力，生态系统受到干扰后产生变化的大小，为衡量系统受外界干扰而保持原状的能力）及人类改造活动处于何种状态？[92]

以上问题要进行两个阶段的调查（图6.11）：

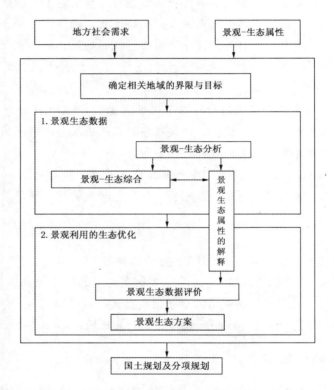

图6.11　景观生态与土地利用优化法（源自 Ruzicka 和 Miklos，《景观生态规划和优化的基础前提和方法》（Basic Premises and Methods in Landscape Ecological Planning and Optimization ） 由 M. Rapelje 重绘，2000 年）

1. 收集景观生态数据。这一阶段对生物及非生物体因素、景观结构现状、生态现象与过程以及景观中人类活动的影响与后果开展调查、评估、解释与综合。

2. 对景观利用进行生态优化。优化法聚焦于同质生态单元的景观生态数据分析，这些单元符合特殊场所、场地或区域的发展要求。确定每个空间单元对人类活动及土地利用的合格度，在景观生态标准的基础上提出景观活动的最佳位置。

虽然计算机技术适用于景观生态优化法，但是要利用遥感及计算机技术的最新进展还需要许多努力。景观生态优化法解决的问题与使用的程序在某种程度上类似于第二代景观适宜性评价方法，如大都市景观规划（METLAND）。两者的主要区别在于景观生态优化法研究了景观的垂直（主要）与水平（次要）结构并确定了分析、解释及综合信息的标准，而景观适宜性评价等建立在生态系统基础上的方法则很少关注景观水平结构对生态功能的影响。在景观生态优化法中，水平景观要素以生境单元集合体的方式存在，其性质、数量、空间结构及功能（生态完整性）都是分析的对象。

景观生态优化法试图连接所有稳定可用的景观要素与过程来保证景观的长期稳定。稳定可以用稳定性（抗压能力）及抵抗力（抗外部干扰能力）来界定。景观生态优化法已经应用于不同尺度（1∶500—1∶50000）的100余个项目之中，包括农业生产优化、自然保护与管理以及区域规划等类型。

景观生态规划运用格局与过程的知识寻求可持续的土地利用配置。在规划中引入景观生态学，形成了与其他生态规划方法不同的认知、规划和设计场地的独特方法。

景观生态学强调空间格局与过程之间的关系，它提供了一套理解景观的整体方法，关注由各类土地属性形成的水平及垂直方向的异质性。与之不同的是，其他方法假定通过研究垂直要素可以揭示出水平关系所反映的生态功能（如斑块、廊道与基质或生境单元在景观镶嵌体中承担的特定功能），于是侧重于研究同质单元中生物物理要素与社会文化要素的垂直关系。

景观生态学用过渡理论丰富了规划的内容，过渡理论将格局与过程的知识转化为空间框架和原则，用于创造可持续的景观空间布局。然而，将景观生态学的概念系统地整合进行规划，形成一定的程序方法仍然是一重大挑战。只有程序向前发展，景观生态学才能为生态规划提供更多贡献。我们可以从文献中辨识出程序的一般特征。

大多数程序首先调查更大范围背景区域的生物物理现象，包括水文结构及过程、大片林地斑块、物种扩散道等，同时还将调查人类定居与自然干扰的历史。接下来，根据空间单元等级与景观功能要素来描述景观，如斑块、廊道、基质与网络。并使用叠合技术来分析、描述景观的垂直关系。随后，按照项目目标与相关标准对空间单元展开评估，评估过程中考虑到单元之间存在不同时空尺度下的联系。评估假定景观存在一个生态过程发生质变的关键阈值（Critical thresholds）。

196　　　景观生态规划是一门新兴专业，其潜力仍然有待挖掘。左内维尔德提醒我们景观生态学从三个不可分离的角度来理解景观：视觉、时序及生态系统。如何获取视觉方面的信息以及人类评价、改造和使用土地的信息并将其用于创造可持续景观的过程，仍未得出明确的方法结论，但已取得部分进展。如景观规划师琼·纳绍尔通过研究景观的文化释义来增加对生态功能的理解。[93]除却宽泛的一般原理，我们才刚刚开始理解景观元素的空间布局对功能的影响，何种形式的制度安排能够确保景观生态规划成果得以实施也仍不明确。

　　随着计算机与遥感技术的不断进步，对景观格局与进程的理解不断增加。随之在规划设计中应用不断深入，景观生态规划将为运用生态原理创造可持续景观提供一套完整可靠的方法。

第7章 景观评价和景观感知

　　生态规划协调着景观中人类活动与自然过程的对话。这一对话包括了人类与景观交流过程中的体验。一些体验是美的——给人"内在的愉悦"[1]，提高了"生活品质"[2]，且"对人文思想和人文关怀的发展至关重要"[3]。研究景观价值和感知是为了理解人类价值观和审美体验，用于创造并维护对公众负责且生态健康的景观。[4]

　　古希腊的哲学家认为人类有四个方面的追求：真理（科学）、美德（伦理与道德）、财富（政治与经济）与美（美学）。[5]14 世纪，意大利锡耶纳画派的画家安布罗焦·洛伦采蒂（Ambrogio Lorenzetti，1290—1348 年）描述了公共政策对锡耶纳的城市与乡村景观造成的视觉审美效应。他提出了一个重要观点：景观拥有值得欣赏的与生俱来的美。这一观点与中世纪早期畏惧未知自然的观念截然相反。20 世纪 70 年代早期以来，景观审美已经"与生态、经济和技术一起"成为规划、设计与管理中的惯例。[6]

　　不同于其他生态规划方法，景观评价与感知着重研究人与景观互动中人类的感受与体验。感知是通过感官理解对象的行为。景观评价与感知研究将景观视为价值观和文化意义的物质体现，主要通过景观的物质要素（地形、植被等）、组合要素（尺度、形状、颜色等）和心理特性（复杂、神秘、易读）展现。人们在与景观的互动中满足自身的栖居需求，同时感受到景观的品质。这种人与景观的互动还能唤起多样化的体验，例如，人的需求能否得到满足；是否感觉舒适；能否获得归属感；景观是失败的还是成功的，丑恶的还是美丽的（图 7.1）。

　　韦氏词典将审美定义为"对美的欣赏"。[7]审美体验是"人在体验过程中表达的主观思维、感觉和情绪"。在景观范畴中[8]，审美体验是无形的、整体的、令人愉悦的，"因为接受者仅通过观察就可以获得满足"。在管理景观中人类的活动时，生态规划师、设计师以及管理者试图确定、维持、强化或恢复审美体验。由于审美体验的主观性，人们难以完整地捕获它。

　　关于景观感知与评价领域有三类共性问题：人们如何区分各类景观？[9] 为什么某些景观的价值高于另外一些景观，景观评价的意义何在？[10]在人与景观的互动过程中，哪些体验是美的；如何找到这些体验，将它们整合到景观设计中，使人们受益？

　　这些问题吸引了多个学科的专家学者，尤其是规划设计、资源管理、环境学、心理学和地理学的专家学者。每个专业都将自身的学科方向带入景观感知的研究，并由此出现了众多景观感知和景观评价的范式、方法与技术。多种多样的应用实践涵盖了从人类主导到自然主导的各类景观。尽管为规划、设计与管理而开展的美学质量及偏好的系统性调查仅仅开始于 20 世纪 60 年代中期，但是已经产生了大量研究记录。几

图 7.1　美产生于观察者的眼中，以上两种景观哪个更能让人感觉愉
　　　　悦？——是俄勒冈州的史密斯岩州立公园（Smith Rock State
　　　　Park）的河畔（上图），还是东华盛顿帕卢斯（Palouse）的
　　　　景观（下图）？（B. Scarfo 摄，2000 年）

十年来人们写作了大量景观价值和感知领域的文章，其中包括对各种评估方法与技术
进行深入比较的文章。[11]

　　本章将对景观感知的关键理论立场（范式）进行概括，并回顾景观感知与评价方
法与技术的应用案例。章节开头是该领域的历史概述，以便与本书强调历史的特点保
持一致。我将通过阐述各个范式的共性与区别对其进行总结。

7.1 历史概述

7.1.1 当代景观价值的起源

人们认识景观的方式多种多样：将景观视为需要征服的荒野，食物和矿产的来源，用于交换的商品，或是可欣赏的美景。[12]14 世纪的意大利画家普及了欣赏景观美的思想，他们指出了景观具有与生俱来的美学价值，人们通过欣赏景观之美可以获得愉悦感。

在欧洲 14 世纪到 17 世纪的文艺复兴和巴洛克时期，无论是平坦的、起伏的还是有斜坡的场地，都被设计成规整、几何、充满秩序感的景观。如图 7.2 中所示的这个位于意大利案例，就是一个在艺术和日常生活中都充满古典主义魅力的例子。在生活的方方面面，设计都强调这种井然有序的罗马式价值观。[13]

到了 18 世纪，英国的风景画家和设计师通过设计作品和实例反驳了强加式的、规整几何形式的景观。画家克洛德·洛兰（Claude Lorrain）、尼古拉斯·普桑（Nicholas Poussin）和萨尔瓦多·罗萨（Salvator Rosa）以浪漫化的手法表现英国风景，他们回避直线，用连绵蜿蜒的曲线来描绘风景。在一些评论文章中，强调了这种景观"有机表现方式"，例如英国《卫报》（Guardian，1714 年）中蒲柏的文章以及威廉·肯特（William Kent）"自然厌恶直线"的观点。然而总体来说，这一时期仍然是以评判绘画的方式来评价景观。约瑟夫·爱迪生（Joseph Addison）和理查德·斯梯尔（Richard Steele）在《观察家》（Spectator，1712—1714 年）中发表了一篇颇具影响力的文章，主题就是"自然和艺术应该相互模仿"。[14]

风景园林师开始效仿风景画中有机的、自然的观点，开展景观创作。在 18 世纪和 19 世纪，出现了三大主题（Themes），它们形成了影响至今的审美价值观。这三大主题是田园式（The pastoral）、如画式（The picturesque）与崇高式（The sublime）。"万能"布朗（Lancelot "Capability" Brown，1750—1783 年）是田园式造园最有力的拥护者，他强调风景是为了展现地貌，要以一种"简单、流动的形式"改造景观。之后的威廉·吉尔平、尤夫德尔·普赖斯以及理查德·奈特（Richard Knight）批判了布朗的观点，认为布朗倡导的景观是平衡的、整齐的"程式化的自然"（Stylized nature）。[15]他们提出了一些新颖的观点，强调景观的如画式特征——不规则、未加梳理、粗犷。尤夫德尔·普赖斯在文章《论画意》（Essay on the Picturesque，1794 年）中阐述了"如画式"和"崇高式"的不同，他认为"崇高式"更为强调巨型尺度与荒野特征，这种景观存在于惊奇和恐惧之中。[16]对此，欧文·祖伯评论到："风景园林师能创造出优美如画的景观，却无法创造出崇高的景观，这需要更强的能力"。[17]

我注意到早在 19 世纪的美国，乔治·卡特林、拉尔夫·沃尔多·爱默生、亨利·戴维·梭罗和约翰·缪尔就提倡保护如画的景观与景观中的荒野特质。1861 年亨利·

200

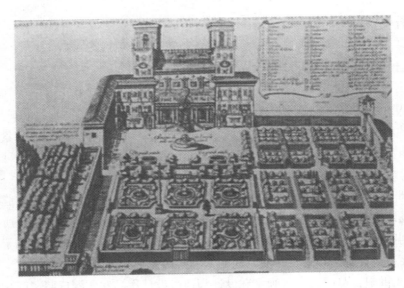

图7.2　意大利卡瑞奇（Careggi）的美第奇别墅，由米开罗佐（Michelozzo）所设计。我们可以从图中注意到，景观空间和元素的组织是规整而对称的。类似设计在文艺复兴时期的法国的宫廷和花园设计中也能看到，其中一些设计影响了美国的城市设计，如朗方（Charles L'Enfant）、托马斯·杰斐逊（Thomas Jefferson）和乔治·华盛顿（George Washington）所做的华盛顿规划[经许可，摘自 Smardon，Palmer 和 Felleman 的《视觉项目分析基础》（Foundations for Visual Project Analysis）]

梭罗在他的日记中写到："让一个小镇拥有魅力的自然特征是什么？是拥有瀑布和草地的河流、湖泊、山丘、峭壁、孤石、森林或是孑然而立的古木。这些事物是美的，有着金钱无法取代的重要作用。明智的小镇居民将会努力保护这些事物。"[18]

　　富有远见的学者让我们认识到，美是景观的自然属性。越自然则越美。同样的观点在哈得孙河谷画派（Hudson Valley school）的作品中得到了共鸣，这些画家以浪漫主义的手法描绘哈得孙河如画的、壮丽的风景。此外，一些杰出的美国历史人物诸如托马斯·杰斐逊、弗雷德里克·奥姆斯特德以及弗兰克·劳埃德·赖特（Frank Lloyd Wright）将乡村美学推广普及，他们使公众更加欣赏乡村，并形成了对乡村生活的偏好。在奥姆斯特德及其追随者设计的景观中，展示出他们对自然主义（Naturalistic）观点的信奉。其中的案例包括纽约中央公园的规划（1858 年），加利福尼亚州奥克兰的山景陵园（1864 年），加利福尼亚州约塞米蒂谷（Yosemite Valley）的荒野保护（1865 年），以及伊利诺伊州里弗赛德社区（1869 年）。

　　到 20 世纪，延斯·延森、本顿·麦凯、奥尔多·利奥波德、雷蒙德·达斯曼（Raymond Dasman）、菲利普·刘易斯、伊恩·麦克哈格等思想家延续了梭罗和缪斯的工作，进一步强化景观的美学价值和自然特性的联系。1930—1950 年早期，野生生物学家和林业学家奥尔多·利奥波德热切呼吁将在他所倡导的土地伦理（Land ethics）中纳入审美的因素。同时，他还提醒我们审美能力需要学习。

7.1.2 公共政策与景观价值

美国公共政策从 19 世纪就开始通过法律手段维护景观之美。然而，维护进程的发展却十分缓慢、零散。1872 年，联邦政府在怀俄明州留出数百万英亩土地用于设立黄石国家公园，首次在国家层面以社会和美学而非私人经济利益为目标进行了重要的尝试。类似的州立层面行动始于 1863 年，奥姆斯特德致力于保护加利福尼亚州约塞米蒂谷，使之成为一处公共景观保留地。约塞米蒂谷于 1864 年成为美国首个州立公园，并于 1865 年由奥姆斯特德亲自制定了设计和管理导则。

图 7.3 欧文·祖伯，图森市（Tucson）亚利桑那大学荣誉教授，对景观评价和感知有重大贡献（照片承蒙 Ervin Zube 提供）

首个国家公园和州立公园的建立激励了各州寻求特定的土地范围用于保护。这类行动一直持续到 20 世纪，保护范围不仅仅包括大型的自然景观，还包括公园路系统，史迹名胜地以及小片的生态敏感区。公众还逐渐认识到，这些美丽的景观同时还拥有丰富的游憩价值。

从 20 世纪早期开始，美国制定了一系列法律和政策，并设立相应的政府机构，以加强公共土地的保护与留存。1906 年的《古迹保护法》（The Antiquities Act）赋予总统设立国家历史遗址（National monuments）的权利，使得文化景观资源得以保护。[19] 1916 年的国家公园法宣告了保护大片自然区域行动的合法化，该法案保护了土地的生态和美学完整性，确保了在当下和未来人类都可以拥有享有它的权力。[20] 20 世纪六七十年代，景观保护获得了更多的法律支持，期间通过了一系列法案，特别是为保护风景区游憩价值而通过的风景保护法案以及改善不良景观法案。例如，1965 年的《土地和水资源保护法》要求联邦政府向州政府和地方政府提供财政支持和技术援助以支持公园的发展。

20 世纪 60 年代，保护景观美感的公共政策发生了重大转变，即优先改良丑陋的景观，保护风景美丽的土地次之。期间出版了一系列书籍，如 P·布莱克（P. Blake）的《上帝自己的垃圾场》（God's Own Junkyard，1964 年），C·图纳德（C. Tunnard）和 B·布什卡尔维（B. Pushkarev）的《人造美国：混乱还是控制?》（Man-Made America：Chaos or Control?，1965 年）。1965 年白宫召开以自然美为主题的会议，使人们在国家层面上注意到这些视觉质量已经恶化的景观。[21] 自然景观的美学品质顺理成章地成为评判与改善不良景观

202

的基准。此外，美国最高法院的判决案例也为消除建成景观（Built landscape）的视觉破坏铺垫了道路。1954 年，最高法院对伯曼帕克（Berman v. Parker）案的判决结果，支持了当地政府对建成景观的视觉美感进行规范管理的权力。[22]

景观美学价值也影响着生态规划，其中《美国国家环境政策法》（NEPA）就要求联邦部门确保"美学上和在文化上令人愉悦的环境"得到保护，并"发展出方法和程序"以保证制定土地利用决策时系统地考虑到美学价值。其他国家也通过了类似法案，如 1968 年英国的《乡村法》（Countryside Act），提倡保护乡村的自然美和宜居性。随着美国《国家环境政策法》的出台，联邦和州政府紧接着通过了大量实质性法规，将辨识景观美学价值和景观美化作为公共管理的约束性目标。[23]这些立法进一步促进了对美学价值的理解和评价，并且使其影响到土地利用决策。

毫无疑问，在景观的保护、美化与管理中纳入美学价值，我们已经有了大步的跨越。然而正如祖伯的评述，"18、19 世纪的如画式和崇高式美学思想在当今社会仍然适用"，景观的自然特征似乎支配了公众对美的感知。

7.1.3　景观感知与评价的研究

设计师在规划时空中的自然和文化现象时，常常需要美学考虑。第 2 章曾提到的格式塔方法仅仅是分析景观形式和感受质量，而不考虑景观组织方式的一种方法。系统性地把美学价值、生态规划与土地利用决策结合起来的格式塔方法始于 60 年代中期。60 年代后期，美国的 K·卡瑞克（K. Craik）、L·利奥波德、B·林顿（B. Linton）、E·萨菲（E. Shafer）、J·沃维尔（J. Wohwill）和 E·祖伯，以及英国的 K·D·法因斯及其同事们在景观感知和评价方面都进行了开拓性研究。[24]

祖伯 1966 年的马萨诸塞州楠塔基特岛（Nantucket Island）视觉评价研究（Visual-assessment study）和 1968 年的美国未开发岛屿资源评价研究（Resource-assessment study），为视觉资源评估与生态规划的结合提供了方法上的指导。[25]工作于美国林业局西南太平洋实验站（USFS Pacific Southwest Experimental Station）和伯克利的小伯顿·林顿在 1968 年提出用于描述与分析大面积森林景观的视觉元素框架。[26]林顿的视觉框架随后被联邦部门采纳，用于管理公共土地。随后，美国林业局的环境林业研究负责人 E·萨菲于 1969 年开发出一套景观偏好预测模型。[27]伯克利的心理学家肯尼斯·卡瑞克则对景观的公众视觉质量感受（Public perception of visual quality）进行了研究，并将其对应到物质景观元素上。[28]

美国《国家环境政策法》与 20 世纪 70 年代通过的多部环境法规共同推进了景观感知和评价方法的发展，也推动了这些方法在负责公共土地管理的联邦机构中的应用。在制定土地利用和管理决策时，联邦机构设计了一套用于确定和评估视觉价值的视觉资源管理系统（Visual-resource-management systems，VRMs），将视觉价值和其他因素结合。该方法也适用于景观的视觉现状评估和规划实践的视觉影响评估。

最早的视觉资源管理系统是 1974 年由美国林业局（USFS）在林顿的视觉框架基础

上发展而来。随后，1978 年自然资源保护局（NRCS），1980 年美国土地管理局（BLM）也相继发展了各自的视觉资源管理系统。[29]这些视觉资源管理系统均关注视觉质量，且尤为关注景观的自然特性，在评估视觉资源时既涵盖专业知识也包括公众观点，同时使用定性和定量技术，目前这些视觉资源管理系统被实践者和研究人员广泛使用。

　　美国和英国召开的一系列研讨会探讨了景观感知和评价领域的概念和方法论。例如，1967 年在英国，由景观研究学会召开的景观分析方法首次会议。1973 年在马萨诸塞大学阿默斯特分校举办了第二次会议，会议促成了祖伯、布鲁斯（Brush）和法布士所著的《景观感知：价值、感知与资源》（Landscape Perception：Values, Perceptions, and Resources，1975 年）一书出版。此外，1979 年美国林业局、自然资源保护局和美国土地管理局在内华达举办会议，探讨了视觉评价中的定性和定量技术。这些会议既说明了景观感知和评价领域取得的成绩，也指出了理论和概念上的缺陷。

　　20 世纪 70 年代和 80 年代早期是景观感知评价研究的蓬勃发展时期。但大多数研究在对景观的视觉质量和偏好作出判断时，往往依赖于专业知识和公众观点，缺乏严密的、可以得到广泛应用的景观感知理论框架（Theoretical framework of landscape perception）。于是，英国地理学家杰伊·阿普尔顿和密歇根大学的环境心理学家雷切尔·卡普兰和斯蒂芬·卡普兰另辟蹊径，进行了开拓性的研究。1975 年，阿普尔顿提出了"瞭望–庇护理论"（Prospect-refuge theory），这个理论基于人类天生的生理需求与生存要点：希望看到他人的同时不被别人看到。[30]1982 年卡普兰将景观偏好与人类处理信息的能力联系起来，提出了一个信息模型，1989 年他们又进一步提炼了该信息模型[31]（理论细述见下文）。

　　早期的景观感知研究专注于视觉质量和偏好，不包括景观的其他价值。因此，一些研究开始尝试着理解人类归属于景观的意义以及在与景观互动过程中的人类体验。开展这部分研究的学者包括人类学家、文化地理学家和现象学家，如爱德华·雷尔夫（Edward Relph）、段义孚（Yi-fu Tuan）和戴维·洛温塔尔（David Lowenthal）等人。他们认为任何景观都具有文化含义，"以一种有形的、可见的形式，反映了我们的鉴赏力、价值观、志向甚至恐惧……"[32]在进一步的研究中，他们并不把视觉从各种审美活动中抽离出来进行单独分析。

　　在景观感知和评价的研究中，出现了专业和学术两个目标，这两个目标分别是为了解决实际问题和推动知识进步。在大量的方法、技术和实际应用支撑下，研究朝着以上两个目标努力。这些研究方法包括视觉景观特性的表现、景观质量和偏好的判断以及定性和定量评估技术。

　　实践中的景观感知是"没有边界的连续体。多数情况下，景观感知的评价方法应该将多种范式的特征融合起来。"[33]多数研究仍然以实践经验为基础。早期的研究着重研究乡村和自然景观，而现在的研究范围则涵盖了城市、乡村和自然景观。

204

7.2　景观评价与感知的研究范式

　　景观感知领域拥有大量的人与景观相互作用的理论观点和概念范式。解释这些范式的途径多种多样，我采用祖伯 1984 年的分类体系，根据学科目标的分异归纳为专家范式、行为学研究范式和人文主义范式。[34]祖伯体系的概念简单明晰，这一优点在该研究领域的基础理论与方法盘根错节的情况下显得尤为关键。此外，祖伯的分类系统还对一些相似的方法、技术与研究成果作了分类。

　　在行为范式中，我在 1982 年祖伯、赛尔斯和泰勒提出的体系基础上，进一步将其分为心理物理学（Psychophysical）模型和认知模型。两类模型虽然相似，却强调了不同的感知模式。表 7.1 将祖伯体系与其他分类法进行了对比。这些分类体系是由丹尼尔（Daniel）和瓦伊宁（Vining）、彭宁 – 劳斯尔（Penning-Rowsell）、祖伯、赛尔斯等人提出。其中泰勒、切诺韦思（Chenoweth）和戈比斯特（Gobster）的分类法强调乡村和自然景观；庞特（Punter）的分类法着重考察城市景观；阿瑟、丹尼尔和博斯特（Boster）、波蒂厄斯（Porteous）、帕尔默（Palmer）提出的分类法则涵盖了包括城市与乡村的景观范围。[35]

景观评价与感知范式　　　　　　　　　　　　　　　　　　表 7.1

来源	研究范式		
	专家	行为	人文主义
阿瑟、丹尼尔和博斯特 1977	描述性的 直觉的	公众 偏好	
彭宁 – 劳斯尔 1981[a]	统计学的 复杂且难懂的方法		
波蒂厄斯 1982[b]	规划师	实验	人文主义
庞特 1982	景观/视觉质量	景观感知	景观解释
祖伯、赛尔斯和泰勒 1982	专家	心理物理学认知	经验的
丹尼尔和瓦伊宁 1983	生态学的，形式的， 审美的	心理物理学 心理学	现象学
切诺韦思和戈比斯特 1986	专业人员	公众	
帕尔默 2001	专业的，经济的 功能的，资源的	景观感知： 人，视觉，景观	

来源：Smardon，Palmer，和 Fellman "Foundation for Visual Project Analysis"

[a]这个分类法中包括了一个关于美学经济价值的分类。此外，他们和切诺韦思、戈比斯特进一步将价值分为定性和定量两大类。

[b]波蒂厄斯还加入了一个激进分子的类别，包括那些倡议在近期内制定与非城市和城市景观"保护（Conservation）和保留（Preservation）问题""相关的目标"。

7.2.1 专家范式

专家研究范式最初起源于专业人员对景观空间和景观组织视觉方面的关注，因此，专家研究范式理论的产生本质是为实质问题提出理想的解决方案。这种评价模式认为景观具有物质、艺术和心理三方面的属性，景观向观察者提供刺激，而观察者对景观产生回应。专家研究范式中的观察者是指在艺术、设计、生态或资源管理方面受过专业训练的人士。

专家研究范式依据的概念基础包括艺术理论和生态概念。当艺术理论作为研究主导时，重点强调景观形态的艺术特征，如形态、均衡、对比和特征。伯顿·林顿、凯文·林奇和唐纳德·阿普尔亚德（Donald Appleyard）的工作就是典型的艺术方向。[36]而当生态与资源管理作为研究的首要基础时，则更为强调生物资源管理的概念，如自然度（Degree of naturalness）、生物多样性（Ecological diversity）等。理查德·斯马东的工作是这一方向的例子。[37]生态规划同时在2个方向上进行景观美学评估。例如，由美国林业局（USFS）和美国土地管理局（BLM）发展的针对各类风景要素的视觉资源管理系统（VRMs），以及1970年多学科的水资源管理项目中由祖伯等人在美国北大西洋地区（NAR）开展的风景评估。[38]

一般而言，定性技术用于判断视觉品质，定量技术则常常涉及简单的统计学处理，如计算平均数和频率。专家研究范式的初步研究成果是"景观质量的评估"或是景观感知的提炼。[39]以专家研究范式为基础的方法是建构得最为完善且最常被实践者使用的一种方法。应用范围包括从城市到乡村景观的各类问题，例如，道路和公共设施输送通道（Utility-transmission corridor）的选址，以及湿地、废弃景观（Derelict landscape）和景色优美的河流等特种资源的评估。

7.2.2 行为学研究范式

行为学研究范式评估的是公众对景观物质元素和空间组织中美学品质的偏好，以及人们与景观的联系。行为学研究范式认为景观具有物质属性和可被人类感知的品质，这种品质予人以刺激，使人们接收到信息或对信息作出响应。行为学研究范式借鉴了社会学和行为学的概念，诸如刺激反应、激发、适应和信息处理。不同于专家研究范式已有的规范化基础，行为学研究范式试图找到哪些景观要素和景观空间的哪些品质，决定了公众的审美偏好并能用来判定景观的美学品质。行为学研究范式主要分为心理物理学模型和认知模型两大类型。

心理物理学模型

心理物理学模型又被称为公众偏好模型，主要对人类的风景美学偏好与判断进行系统评价，寻找决定人类美学偏好的具体物质特征，如地形、植被、水和建筑。祖伯等人认为"景观能对外界的人和物产生刺激，这一属性即可体现为景观的价值。这种价值可以被人类直接感受而无须意识的处理。"[40]

205

206

心理物理学模型与专家范式在解决问题方面有相同的考虑，但是在确定景观偏好和美学质量时，专家研究范式运用的是专业知识，而心理物理学模型采用的是公众判断。正如 J·瓦伊宁（J. Vining）和约瑟夫·史蒂文斯（Joseph Stevens）所述，公共判断可以"扩展规划决策的信息基础，为公众提供重要的交流和教育信息，也许还能避免代价高昂的法律争端"，尤其是涉及公共土地时这种作用尤为明显。[41]公共判断也让公众参与制定能影响自身的规划决策。心理物理学模型将公众的主观感受与特定的景观特征关联起来，通过设计和管理来控制具体物质特征，使用定量分析技术，用数字表达人们的风景审美和偏好。[42]

认知模型

认知模型试图在体验历史、未来期望和当下社会文化条件的基础上，定义景观的意义和价值。认知模型认为，如果人们对景观的刺激可以作出反应，那么这种刺激就是有意义的，应该对这种刺激作出解释。认知模型的概念基础是，将景观的空间组织与人类的认知过程关联起来，用以解释人们的审美判断以及偏好。

认知模型的早期研究建立在唤起理论（Arousal theory）的基础上，该理论假设景观的复杂性对审美判断会产生影响。唤起理论将刺激审美的因素与人类生物遗传特性相联系。[43]重要的理论基础还包括阿普尔顿的瞭望 – 庇护理论和卡普兰夫妇提出的信息处理模型（Informational-processing model）。

认知模型使用定量技术将公众偏好与决定景观美丽程度的各种属性联系起来。研究成果包括评估景观激发人类感受的程度和意义以及景观满意度和偏爱度评级。认知模型的应用范围很大，涵盖自然、乡村、郊区和城市景观。认知模型不同于专家评价法或心理物理学模型，不强调解决问题，而是试图发展关于景观感知和价值的知识。

瞭望 – 庇护理论

阿普尔顿在其具有开创性意义著作《景观体验》（The Experience of Landscape，1975 年）中提出了瞭望 – 庇护理论，认为景观中的人类审美体验是建立在天生的生物生存需求之上。在人类进化历史中的捕猎采集时期，看见他人而不被他人所看见的需求对于人们的生存是至关重要的，并且这种本能一直延续至今。一个能提供丰富审美体验的景观，应该可以提供看的机会（瞭望），同时又不会被看到（庇护）的可能。

> 通过对环境提供的机会予以关注，可以增加生存机会。有两种环境机会尤为重要：一是保持获取信息的渠道。获取信息的过程涉及所有的感官，但是就"景观"而言，自然更加关注视觉感受，因此，用"看"来描述在景观中获取信息的过程是合理的。第二种环境机会是隐蔽，即"瞭望"和"庇护"简单分类中的另一项。[44]

在景观感知领域缺乏实质概念基础的时期，阿普尔顿的瞭望 – 庇护理论填补了理论空缺。阿普尔顿汲取诗人、历史学家、哲学家和行为科学家作品中艺术与科学的发现，把景观审美体验，放在通过将行为与环境适应性相关联对其进行生物学解释的背景中。瞭望－庇护理论也曾引起剧烈争论。[45]1984 年，阿普尔顿再次论述了瞭望－庇护理论，但并没有提出实质性进展。到目前为止，该理论的实证检验仍很有前途，但依旧尚无定论。

信息处理框架

20 世纪 70 年代早期，雷切尔·卡普兰和斯蒂芬·卡普兰提出了环境感受框架，将人类认知能力的演进和景观偏好关联起来。[46]他们认为人类长期的生存活动都取决于处理认知信息的技能，这项技能使人类日益精通于从环境中提取信息。这种信息的储存和处理也被称作"人类机能的基础"。[47]

卡普兰夫妇最初假定了两个基本范畴来代表人类与信息关系的两个关键方面——可解性（Making sense）与参与性（Involvement），它们会影响到人们的环境感受。简单来说，人们更偏爱能够理解其意义并能参与其中的景观。这个环境偏好框架经历了几次转变，两人在最新的框架里用理解性（Understanding）与探索性（Exploration）替换了可解性与参与性两个范畴，这一新框架的内容记录于《自然的体验》（Experience with Nature，1989 年）一书之中。

人类想要理解环境，"弄清周边正在发生什么"，这一需求与生俱来且影响深远。因此，人们似乎更加偏爱易于理解的环境。然而很多时候理解并不足够，人类也偏爱能使他们拓宽视野的环境，或者能提供这种可能性的环境，这种环境可以使人类在环境中丰富自身，更确切地说，"获得更多周边环境中发生的信息。"[48]通过探索，人们可以拓展知识，理解从前心存困惑的环境，或者在熟悉的环境中探索到新的方面。

人们理解和探索某一特定景观的效果取决于风景信息的可获得性，即人们需要付出多大努力来选取景观中的信息并进行推断。人们直接面对的环境已经提供了大多数的风景信息，而并不直接提供其余的信息，但是由于人们通过之前的体验过程已经获取许多信息本质，因此可以通过推断来获取剩余信息。当环境中的信息较容易获取时，例如一幅表现视觉环境的二维图画，仅需少量推断就能掌握信息。但是，当环境中的信息不容易获取时，则需要人们作出更多推断，例如在现实或画面中的三维空间中，从观察者的视点出发推测风景的深度。

信息要素		表 7.2
信息获取	了 解	探 寻
直接的	一致性	复杂性
推断的，预测的	易读性	神秘性

来源：Kaplan 和 Kaplan，"Experience of Nature"

结合理解和探索这 2 个基本的信息需求与信息的可获得程度——直接和推断（或预测），便可获得 4 个清晰的信息要素。正如卡普兰夫妇指出的，这 4 个信息要素概括了景观评价文献的全部组成，有助于人们了解和探寻景观的二维和三维特性。换而言

208

之，它们代表了景观组织的环境属性。卡普兰夫妇对以下属性做了清晰的解释：

连贯性（Coherence），景观的统一程度或者联系程度。连贯性可通过亮度、尺寸和肌理等形态的组织得到强化。

易读性（Legibility），景观的清晰度，使观察者理解并记住景观。易读性预示着人们同时具备理解和有效利用该景观的能力。

复杂性（Complexity），风景中不同视觉元素的数量；表明风景错综复杂的程度及其丰富性。

神秘性（Mystery），景观使人们获得更多信息的程度，这些信息在原来的有利位置也不易获得。[49]

以上 4 个信息要素中，连贯性和复杂性是建立在二维景观的层面上。涉及风景特征的直接感受，与其数量、分布和组织相关。[50]而易读性和神秘性建立在三维风景的层面上，它们要求人们推断第三维甚至在风景中想象他们自己。一般而言，连贯易读的风景较容易被理解，因此人们比较容易认知一个组织良好的清晰的环境。对比之下，复杂的风景给予人们了解更多（秘密）的期望，鼓励人们进行探索。在一幕景观背景中，4 个信息元素共同起着作用。

卡普兰夫妇提出的信息框架在景观价值和感知领域有过大量实证研究，下文将探讨部分案例。卡普兰夫妇在著作《以人为本》（With People in Mind）中，以信息框架为基础提出了 45 个详细建议，指出怎样的景观设计管理方式能满足人们需求，对人们有益。[51]

7.2.3　人文主义范式

人文主义研究范式试图理解的是个人、社会团体与景观之间的交流、互动与体验。人文主义研究范式中的体验，"不仅仅是作为刺激响应或者内部心理过程的理性审美概念"[52]，还包含了价值观、意义、偏好和行为。体验是一个整体，很难将审美反应与其他体验类型剥离。

人文主义研究范式的出现，源于人类学家、地理学家、现象学家想要解释人们如何与景观相互作用、人们如何体验景观以及景观由此产生的变化等问题。由于人文主义研究范式关注的景观体验取决于其所在背景，因此这种范式依赖于定性评价，例如文学和创意回顾。研究成果包括景观体验的评估、理想的景观品质、美学理想以及个人与团体的发展。

7.3　方法与应用实例选

除了人文主义范式，各种生态规划途径中评估美学质量和偏好的程序都是相似的。

1. 详述研究问题和研究机会，例如定义研究目标和对象，确立研究范围。研究目标可以是景观偏好、景观质量或景观视觉承载力（Capacity for visual absorption）的评估。

2. 定义美学资源，例如建立审美评估框架，确定景观中的感受影响因素或者需要调查的要素。

3. 制订美学资源清单，例如以视觉或其他感受为标准对景观进行描绘并分类，用文字或图像记录美学资源。

4. 在项目目标和相关标准基础上，通过定性和定量技术，分析美学资源。

5. 对美学品质的评估、偏好与判断的结果进行排列、组合及比较。

6. 设立适合的设计、规划、管理的活动与标准，以缓和、维持、强化美学品质。

评估的研究结果往往用作更大规模研究的输入信息。在实践中，由于反馈的存在，以上步骤可能不按照顺序精确进行。此外，行动实施还取决于研究目标、可用资源（时间、资金、人力）以及空间尺度（区域、地方、场地）。

不过，采用何种景观感知范式将使各条行动产生最大的变化。例如，第 5 步行动的要点与专家研究范式最为接近。在心理物理学模型中，第 5 步行动可能变为：将景观偏好与景观物质要素相关联，通过建立美学品质和偏好的统计模型，用规划和管理的方式对这些景观要素进行控制。认知模型与心理物理学模型相似，但它关注的是理解景观空间布局的意义，在此基础上发展景观偏好的预测模型。在人文主义研究中第 5 步行动可能并不存在，因为人文主义研究并不倾向于作出判断。

景观评价的应用涵盖了很多类型的问题（廊道研究、游憩和林业等），运用于多种地理尺度（区域、地方和场地等）和各种物质环境（城市、郊区、荒野和自然）。已有的研究记录中，专家和行为学研究范式占主要部分。

7.3.1 专家范式研究实例

基于专家研究范式的研究在评估景观的视觉质量时，更多使用了定性和定量的方式。这些研究认为景观美通过视觉途径会更容易体现出来。研究首先辨识出与视觉品质相关的元素（例如地形、植被），然后对这些要素进行编目和评估。[53]最终的评估结论依赖于专家的判断标准。

林奇在《城市意象》（Image of the City，1960 年）中提出的视觉分析系统是一个杰出的定性方案，使研究者能够理解人们如何感知和使用城市环境。林奇的系统记录了支撑城市景观感知的单幅景象及意向组合。这个系统中的基础要素——路径，边缘，节点，区域，标志——被普遍用于城市设计和生态规划设计中。另一个重要尝试是阿普尔亚德、林奇和迈耶（Meyer）在著作《道路景观》（View from the Road，1964 年）中描述、分析运动着的人们感受到的城市景观，例如一个乘车前进的人对城市的感受。

1968 年林顿在美国林业局西南太平洋环境站开展的工作，是另一项评估非城市视觉资源和大面积森林景观的早期开拓性尝试。林顿确定了 5 个影响景观视觉感受的主要因素：空间限定、视距、视点、光线和组合。空间限定是由三维空间中物质景观元素的凹凸所创造，特别是地形、植被，或者二者同时作用。视距影响到感受的深度。一般而言，前景（0.25—0.5 英里）向观察者提供了最多细节，但这些细节在背景（3—5 英里）的层面将会消失，这个距离上事物逐渐简化成轮廓。中景（0.25—0.5英里到 3—5 英里）则提供了前景与背景之间的关键衔接。

210

视点能够限制或者加强观察者所见景观的完整度，图 7.4 展示了在一个丘陵景观中，观察者位置越高视觉位置则越好。光线的昼夜和季节强度变化影响了景观的色彩、质地、距离和方向。空间和事物组织、观察者的距离和位置与光线共同作用（即序列）强化了景观的感受。林顿以这些视觉景观元素作为基础，进行了视觉景观的系统化分类。随后美国林业局和美国国家土地管理局对林顿的视觉分类系统（Visual-classification system）进行了发展以便进一步利用。

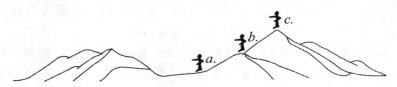

图 7.4　丘陵景观中，观察者位置越高，他的观察位置就越好（经许可，转载自 Linton，"Forest Landscape Description and Inventories"）

1978 年林顿和 R·泰特洛（R. Tetlow）在美国大平原地区北部（the Northern Great Plains）又完成了一次重要尝试，开发出一套可以在多种地理尺度中使用的视觉分类系统。[54]20 世纪 60 年代后期祖伯在他的英国未开发岛屿资源管理研究中曾提出过一个类似的系统。[55]

以上提及的所有评价体系都仅仅是描述性的；并未对各种资源进行集中与计量，专家们仅仅对景观视觉质量作出了概要性的陈述。

专家研究范式中还有一些研究，在对景观资源进行描述和统计之后，使用定量技术对视觉资源进行评价。这类评价常常将各种资源进行打分、加权与加和，以便在几种特定视觉偏好和视觉品质之中进行直接对比。定量评价可以使用物质要素，如地形和植被覆盖，也可以使用艺术因子或综合因子，如生动性、统一性、连贯性、色彩和质地。定量评价的方法往往用于大尺度的景观评价研究，以获得准确的、量化的、经得起推敲的视觉质量指标，从而与植被和土壤的其他资源进行比较与加和。

此类研究案例包括 1968 年卢纳·利奥波德的江河美学特征定量比较；英国东萨塞克斯（East Sussex）K·法因斯的景观演进研究；1970 年祖伯的美国北大西洋区域视觉质量评估以及美国林业局、自然资源保护局和美国土地管理局开发的视觉资源管理系统（VRMs）中的视觉评价部分。

其中，视觉资源管理系统（VRMs）依托专家判断和公众判断来分析大尺度景观中的视觉资源，调查景观改变时潜在的视觉影响，并对项目的视觉影响进行细致的评估。一般步骤包括（1）分类并列出清单，在物质元素的基础上分析景观视觉质量；（2）根据人们的使用、可见度和对景观的（文化）解读，对景观进行敏感性评价；（3）据此进行管理分区，并对相应的景观单元制定相应的管理目标，如果自然资源保护局认为有必要，还会识别出指定的地区有待进一步专家讨论。

第一个步骤涉及专家判断。例如，在美国林业局的系统中，用形状、线条、色彩和质地4个基本要素描述视觉质量。按照这4个要素，即可对由土地、植被、水、建筑物组成的特定景观综合体进行评价。在此基础上，根据要素的特点和组合的多样性，进一步判定景观视觉质量，分为3个等级：独特的（Distinctive），一般的（Common）与下限的（Minimal）（表7.3）。

211

美国林业局的风景多样性分级　　　　　　　　　　　　　　　　　　表 7.3

	等级 A：独特的	等级 B：一般的	等级 C：下限的
地形	坡度超过 60% 拥有不平整的、剧烈起伏的切割地形（Dissected）或类似显著的景观特征	坡度 30%—60% 拥有一定起伏的切割地形	坡度 0—30% 单调，无切割地形或类似的显著景观特征
岩石形态	突出地形之上，尺寸、形态与位置特异的雪崩沟槽、岩屑堆或地表岩石	坡度 30%—60% 有一定起伏	坡度 0—30% 单调，无切割地形或类似的显著景观特征
植被	植被覆盖率高，形态非常丰富，有古树名木，种群类型丰富	连续的植被覆盖，植物形态多样，树龄成熟，植被种群具备一定丰度	连续的植被覆盖，植物形态较少，缺少上层、中层或地被植物
湖泊水体形态	面积为 50 英亩或以上，小于 50 英亩的水面需具备以下一个或多个特征： （1）罕见的或者出色的湖岸线轮廓 （2）映射出主要的景物特征 （3）拥有岛屿 （4）岸线植被和岩石形态属等级 A	面积 5—50 英亩不规则的湖岸线仅仅体现出等级 B 的岸线植被	面积小于 5 英亩，岸线规则，湖面没有反射景物
河流水体形态	急转或直下的流水、跌水、急流、池塘、曲流与水声	普通的蜿蜒与流动	间歇的小型支流，基本无曲折、蜿蜒和急速的水流

来源：U. S. Congress，"National Forest System Land and Resource Management Planning"

7.3.2　行为学范式研究实例

行为学范式研究的基本特征是将公众信息加入审美偏好和美学质量的评价之中。行为学范式研究以社会科学和行为科学的实践经验为基础，强调严谨的科学方法。研究中常常使用定量分析技术，对景观的描述信息和空间元素如何与风景的整体或特定方面的美学质量关联起来的问题，进行了研究尝试。

行为学范式研究的典型程序是选出一些公共团体来观察评述特定景观，或者回答感受相关的问题。收集研究数据的方法包括现场访谈、图片、视频以及文字调查。收集的数据应该易于转化为数字或易于排序，以便对数据进行简单的推断性统计操作。行为学范式的研究成果取决于研究所使用的行为模型。

7.3.3　行为学范式中的心理物理模型研究

心理物理学研究确定了决定审美偏好和美学品质的主要物质因素，包括地形、植被和建筑物等。研究通过统计分析将人们对风景的主观感受与这些因素关联起来，结果通常是一组风景的偏爱度排序，整体美学质量的评估，或者确定美学质量评估中特定因子的权重。[56]

心理物理学研究的范围很广，其中一个极有参考价值的典型案例便是 1974 年祖伯及其在马萨诸塞州大学的同事一起开展的美国南康涅狄格河谷视觉评价研究。[57]他们对河谷的风景感受品质进行了评价，并且探讨了几个在当时的景观感知研究领域具有争议性的问题，比如：人们在评估特定景观时有多大程度的一致；公众和专家对同一处景观的判断是否总能保持一致；通过现场观察与通过照片 2 种途径进行的景观评价，是否会得出相同的判断？[58]

这个研究有一部分内容是，研究者选择了代表南康涅狄格河谷的各种非城市景观的 56 张彩色风景照片，要求参与者描述并评估其中的 8 张。参与调查的人员观察了这些照片，选择了每张照片的景观特征，并根据景观质量将景观进行排序。此外，参与者还把 56 种风景按景观质量分为 7 级。另一组参与者完成了同样的任务，但他们通过现场游览而非观察照片的方式。运用统计学的方法对变量进行相关分析和双因素方差分析，结果显示使用不同感受方式的参与者在景观偏好方面存在着明显的一致，在进行景观质量评估时却存在明显差异。

由西雅图琼斯公司（Seattle-based firm of Jones-Jones）开展的生态规划设计研究是景观偏好评价的另一典范案例，其中包括 1974 年华盛顿州公路风景游憩规划中应用的方法。[59]琼斯公司的设计人员评价并综合了已有的评估技术，包括伯顿·林顿和 E·祖伯等人的研究成果，认为景观的视觉品质由这 3 个方面决定：可记忆的程度、整体性以及各部分间的和谐程度，即景观的生动性、完整性和统一性。明确找到决定景观品质的因素后，设计人员用一个简化公式来客观计算各种类型的视觉品质：

$$VQ = 1/3 \ (V + I + U)$$

其中，VQ = 视觉质量；V = 生动性；I = 完整性；U = 统一性。

琼斯公司的设计人员对每个景观要素进行排序，并划分为 7 级。他们将视觉质量的数字结果修正为 1—100 之间的取值，用 100 代替最高的视觉品质，1 代替最低的视觉品质。

琼斯公司还成功的提炼了这一方法并使其应用于多项研究，包括丹佛水资源委员会（Denver Board of Water Commissioners）委托开展的山丘环境评估项目中的视觉影响评估［与西图工程公司（Engineering firm of CH$_2$M Hill）合作］；美国原子能协会（U. S. Atomic Energy Commission）委托开展的运输线路选择的社会、美学和经济意义研究［与巴特勒西北太平洋国家实验室（Battelle Pacific Northwest Laboratories）合作］以及为美国军工局阿拉斯加区（U. S. Army Corps of Engineers, Alaska District）委托开展的阿拉斯加苏西特纳河上游的环境、美学和游憩资源调查评估项目。以上研究中，视觉质量评价为后续的生态研究奠定了基础。

由特里·丹尼尔（Terry Daniel）和罗恩·博斯特（Ron Boster）提出的风景美学评价法（1976 年）广泛应用于测度景观的美学价值。[60]这种评价法的主要目标是测量风景的感受偏好。丹尼尔和博斯特认为人们对景观的感受不只依赖于视觉因素，还取决于几个认知要素。因此，他们把用于评估景观美学价值的评价标准分为 2 种：人们"真实"感受到的景观美与主观的判断标准（评估要素）。要正确评估景观的美学价值应该消除由于主观判断标准差异造成的不确切性。[61]

丹尼尔和博斯特请参与者对彩色幻灯片中的景观进行打分，1 表示低景观价值，10 表示高景观价值。他们没有用分值的平均数来评价整体的景观美学价值，而是将参与者对某一种景观的评分与对其他几种景观的评分做了比较。由于景观美学包含多元的价值，所以求平均分并不能抵消"真实"情况下与主观判断标准下的景观美学价值的差异。丹尼尔和博斯特认为在各种景观类型中，当分数的高低分布相同时，分数的差异往往是参与者拥有不同主观判断标准造成的。

另一个值得详细探讨的案例是卡尔·斯坦尼兹为阿卡迪亚国家公园和芒特迪瑟特岛所作的环岛道路视觉景观研究和生态完整性研究。[62]芒特迪瑟特岛是查尔斯·艾略特和麦克哈格也曾开展过的生态研究的地方。斯坦尼兹利用视觉模拟模型（Visual-simulation modeling）进行了环岛道路的景观视野线与视域范围评估；辨识出影响景观偏好的要素；并综合其他研究中的要素，发展出一套预测视觉景观偏好的框架。同时他还探究了人们在视觉上偏好的风景和对维持生物多样性非常重要的景观要素之间的一致性。

1986—1987 年间，斯坦尼兹共采访了约 1500 名游园完毕的旅客，确定了他们对公园的使用模式。1987 年，他还进行了视觉偏好研究，让 200 名公园游客对环岛道路景观的 48 张黑白照片进行排序，从最美到最丑分为 5 级。排序共进行 2 轮，一轮是按顺时针方向播放照片，而另一轮是按逆时针方向播放。斯坦尼兹分析了数据结果，确定了景观偏好的优先顺序，并考察了景观偏好与社会经济、文化背景的关联度，结果发

213

现两者之间存在着 95% 的相关性。

　　接下来，斯坦尼兹选择了 5 个基于不同理论的视觉感受框架，对调查数据进行线性回归分析（Linear-regression analysis）。选择的这 5 个框架包括：（1）美国土地管理局视觉资源管理方法，强调自然景观要素；（2）谢弗提出的自然环境感受研究框架，关注景观视觉结构，使用的要素包括前景和中景中植被的面积与周长等；（3）卡普兰夫妇提出的信息处理框架，着眼于人与景观在心理上的相互影响；（4）斯坦尼兹关于马萨诸塞州河流风景游憩法案的前期研究框架，用于分析特定景观中各类景观要素的情感意义[63]；（5）阿普尔顿的瞭望 - 庇护理论，基于人类进化史中的生存需要。分析结论显示出以上 5 个框架在预测景观偏好时各有所长。其中，采用美国土地管理局视觉资源管理方法中的自然景观要素（如地形、植被）进行预测的结果与调查结果最为相符（50%），而采用谢弗框架进行的预测与调查结果偏差最大（17%）。

　　斯坦尼兹没有直接使用这些框架，而是吸取了其中一些关键要素，例如文化认同、神秘性以及水资源特性等，提出了一个新的预测框架。然而，斯坦尼兹的框架不像卡普兰夫妇的信息框架或者阿普尔顿的瞭望 - 庇护理论，能严密的解释预测要素如何对人类的景观偏好产生影响，也不像之前的部分框架已经在实证研究中得到了很好的验证，如卡普兰夫妇的信息框架。

　　进入研究的另一阶段，斯坦尼兹使用了地理信息系统（GIS）来考察视觉上人们偏好的景观格局在维持生物生境方面的表现。结果显示二者之间存在高度的一致性，但在某些重要区域也存在着不匹配的现象。景观价值高并不一定意味着生态上的可持续，而生态规划研究中的一项重要任务正是找到生态和美学价值的同时达到最优的途径。为此，斯坦尼兹提出了一系列解决矛盾的管理措施。例如，保护兼具较高的视觉美学价值和生态价值的区域，如淡水沼泽、湖泊和植被边缘；对于美学价值低而生态完整性高的景观区域，管理应该侧重于提升其视觉景观质量。他模拟了环岛道路规划的空间实施，并使用电子表格的方法对规划的视觉和生态影响进行了评估。

　　自亚凯迪亚国家公园项目中成功应用新的框架方法开始，卡尔·斯坦尼兹及其哈佛同事们将这一方法应用于众多后续的景观偏好研究之中。这些研究方法均使用了先进的视觉模拟技术（Visual simulation technologies）与地理信息系统，整合了大量的社会、经济、环境和政策分析的数据和信息。他们在多地的规划实践中都将风景偏好研究作为规划方案选择的前期研究，例如宾夕法尼亚州的门罗县（Monroe County）、加利福尼亚彭德尔顿营地（Camp Pendleton）以及 2000 年在亚利桑那州和墨西哥州索诺拉省的圣佩德罗河上游流域地区。

7.3.4　行为学范式中的认知模型研究

　　认知研究关注于"景观表征或附属的心理层面含义"。[64]认知研究的过程以及研究中采用的分析技术与心理物理学研究相似，区别在于认知模型的研究重点不在于物质要素，而是偏向于景观的组合特质，如一致性、神秘性和复杂性。认知研究强调萃取这些品质对于人们的价值和意义，并以此建立景观偏好的预测模型。阿普尔顿的瞭望 – 庇护理论和卡普兰夫妇的信息模型是众所周知的 2 个概念框架，其中卡普兰夫妇的信息模型也被公认为景观感知的基础理论。

卡普兰模型被广泛应用于众多实证研究中，也有许多研究将它作为问题解决的理论基础。案例包括 1979 年罗伯特·伊丹（Robert Itami）开展的澳大利亚荒野景观特征研究[65]；1981 年 J·赫伯特（J. Herbert）开展的密歇根州奥克兰风景资源调查，研究中使用了伊丹提出的测度、分级和衡重分析技术[66]；还有 1982 年特里·布朗（Terry Brown）的澳大利亚维多利亚地区荒野景观特征评估[67]；以及卡普兰夫妇开展的一系列景观偏好研究和 T·赫尔佐格（T. Herzog）的自然景观研究。[68]此外还有一些为了景观管理而开展的景观偏好和品质评估案例，包括 1983 年迈克尔·李（Michael Lee）的路易斯安那河视觉偏好研究[69]，和 1995 年威廉·韦斯莫（William Withmore）与库克和斯坦纳一起完成的亚利桑那州中部韦尔迪河（Verde River）的视觉廊道评估。[70]

1985 年，兰迪·金布利特（Randy Gimblett）、伊丹和约翰·菲茨吉本（John Fitzgibbon）的南安大略省（South Ontario）乡村景观研究展示了典型的认知模型研究过程。[71]研究者们考察了调查对象对神秘感认知的一致性，神秘感也属于卡普兰框架中的一个因素，随后研究者们探究了影响景观偏好的物质特性。研究者请 65 个调查对象依照卡普兰夫妇对神秘度的定义将 200 张乡村景观的黑白照片进行打分（最高分为 5 分）。研究者对这些打分结果计算数学平均值和标准差，并使用多维排列程序（Multidimensional scaling procedure，MSP）进行分析，将顺序数据（参与者的评分）分布在一定的区间内。通过查看每个区间内的照片内容，金布利特及其同事们确定了决定神秘性的物质景观元素。

金布利特、伊丹和菲茨吉本确定了与神秘性紧密相关的 5 项景观空间特征：遮蔽性（视线被阻挡的程度），视距，空间限定或围合，可达性（穿越景观的难易程度）和光线明暗度（光影对比）。他们得出的结论是，神秘感能够给予人们两个重要暗示：信息和参与机会，从而使人们在脑海中形成了对景观的想象图景。遮蔽性和光线明暗度会影响景观提供的信息，而可达性、视距与空间限定则影响到景观提供的参与机会。

1989 年理查德·肯特（Richard Kent）进行了类似研究，测试了建成景观中是否也能找到与神秘性相关的元素。研究人员以购物广场环境为代表，由一个专家组把 45 个购物广场的幻灯片按照神秘度分级，并由三组学生依据偏好对它们进行排序。[72]相关数据的皮尔森极差分析（Pearson's product-moment-correlation analysis）结果显示神秘性的等级和人们的偏好之间存在一定关联。肯特采用因素分析法（Factor analysis），单独分析各类影响因子对景观偏好的影响。1993 年，他在康涅狄格州高速公路风景质量评估中采用了类似的研究程序。[73]

以 1979 年美国内政部费城区域办公室（the Philadelphia regional office of U. S. Department of Interior）R·D·麦肯基负责的新泽西州派恩兰兹国家保护区视觉感受研究为范例，亚利桑那州大学的韦斯莫、库克和斯坦纳对韦尔迪河开展了景观廊道研究。研究者们使用了三种技术来评估河流廊道的视觉偏好和视觉质量：公众评价、专家评估和公众推荐。[74]他们对迈克尔·李 1983 年的路易斯安那河流景观视觉偏好研究进行了一些调整，最后得到了廊道空间特征类型。

各景观类型的空间特征		表 7.4

信息元素	空间特征
一致性	空间围合和空间深度，例如凹陷的或者突出的海岸线轮廓；前景和背景的优势，顶面是否有覆盖
易读性	植被或者水所环绕的地形，例如，被大量植被所遮挡的海岸线，能对人们产生视觉影响的动水，比如涟漪；能产生视觉边缘的陡坡
复杂性	多样性的植被，天际线及海岸线，例如，由天际线和周围的植物所创造的边缘对比的程度
神秘性	植被格局或者岸线植物，例如，可以改变光的强度或者能遮挡住视线的格局

来源：Whitmore, Cook 和 Steiner, "Public Investment in Visual Assessment"

研究小组通过彩色幻灯片展示了 29 种视觉景观类型，类似于卡普兰模型中的四项空间分类。表 7.4 就是各类景观的空间特征范例。研究者请 62 个被访者将两张为一组的幻灯片进行排序，每组幻灯片都代表着韦尔迪河廊道的两种不同景观类型的对比。研究者将被访者的偏好转化为分数，并计算每种景观类型分数的平均值和频率，然后综合各景观类型的平均数计算出综合景观分数。不过该研究并未把认知评估的结果与专家判断和公众推荐的结果结合起来。此外，韦斯莫、库克和斯坦纳也并未采纳丹尼尔和博斯特的建议，对被访者的判断因素进行分析。

7.3.5　人文主义范式研究实例

人文主义研究范式研究考察的是人们如何使用、评价和适应景观，也就是景观如何影响人们的价值观和行为。美学体验产生于人们与景观的相互作用之中，所以无法将两者分开进行研究。人文主义研究范式便是针对人与景观相互作用关系的现象学探究。地理学家 D·W·梅尼格（D. W. Meinig）在文章《视觉感知》（The Beholding Eye）中提出："任何景观都不仅是眼之所见，还包括心之所见。"[75]因此，对同一景观的人文主义研究可以有多种出发点——历史的、文学的、环保的等，这完全是由研究者的兴趣和"心之所见"（Mind's eye）所决定。

人文主义调查研究包括景观的历史分析，我们可以从 W·G·霍斯金斯、戴维·洛温塔尔和约翰·斯蒂尔戈（John Stilgoe）的研究中看到这种分析；还包括解译景观设计作品的社会和文化意义，这一点在 J·B·杰克逊、D·W·梅尼格和菲利普·刘易斯的研究中有明显体现。[76]数据收集方法主要包括：开放式的信息访谈、文学及其他创作作品回顾，比如分析从历史上到现代普通人和精英的记录、日志、游记以及所有可以阐明景观价值的其他材料。由于"景观审美体验与景观元素是美学创作的源泉"，所以文学和艺术创作也有可能成为体现景观价值的最重要的信息来源。[77] 然而要使这些信息资源对景观分析具有意义，必须将收集的资料置于适当的历史背景并作出正确的解释。

人文主义研究中用到的许多方法都是基于景观内部的人类视角，类似第4章叙述的应用人文生态的方法。J·B·杰克逊的关于美国景观价值发展历史的文章便是人文主义研究方法的一个案例。杰克逊在18世纪神学家和教育家蒂莫西·德怀特（Timothy Dwight）康涅狄格河谷的旅行日志中，找到了塑造当时美国景观及理想景观标准的两种社会力量。德怀特在日志中细致描述了这个峡谷，成为当时清教主义（Puritan ethic）盛行的缩影。信奉教义的小型家庭社区培育着周边景观。对于这些家庭而言，景观美展现在道德伦理的准则之中，"景观的美学品质反映了所有居民所追求的道德和伦理上的完美。完美或完整性不仅仅存在于景观之中，更存在于不断创造美景的人类精神之中。"[78]

杰克逊以清教主义作为模版，批判性地分析了19世纪的功利主义（Utilitarianism）。功利主义格外注重生产效率，景观的美学价值也是通过其中能量流动的效率来估量。如杰克逊所描绘的那样，新的产业秩序的形成，伴随着从乡村到城市的移民，打破了人们与景观的紧密联系。从此，人们与景观的接触"不仅仅是短暂且少有的，而且是定式的。"杰克逊最后总结到，生态规划师和设计师应致力于提供和维护景观之美——"提供自我认识和终极认知的非凡体验场景"[79]。

正是这类丰富的信息拓展了人类对景观价值及景观意义的认识。杰克逊将人类对美的感知与满足日常需求的行为以及人类的行为变化联系起来。他还探讨了由景观价值变化导致的生态结果。

虽然人文主义研究拥有众多充满前景的案例，但在景观价值和偏好的所有研究类型中，它的研究记录却是最少的。20世纪80年代末期，祖伯通过分析日记、杂志、旅行日志和通俗文学等历史文献，研究了美国西南部干旱和半干旱景观价值的历史演进。[80] 爱德华·雷尔夫对城市演化的历史文献做了分析，并且从社会、文化和经济力量角度，对现代城市景观的形成进行了诠释。[81] 80年代中期，笔者使用人口调查的方法，研究南安大略省新克莱迪特的奥吉布韦族印第安人社区中，居民之间如何互动，人们如何与景观相互作用，以及人们如何评价当地景观及背后的动因。[82] A·西基尔尼克（A. Shkilynk）通过关键信息访谈、参与者行为观察以及历史文献分析，对北安大略省的格拉西纽约湾海峡奥吉布韦族印第安人作过类似研究。[83] 这个案例中，她集中研究了北奥吉布韦族的生活方式，包括他们对时间和空间的感受。

戴维·洛温塔尔通过研究游客们对喜爱地点和景观的描述和绘画，考察了景观价值。[84]（约翰·斯蒂尔戈）系统地回顾了历史文献，揭示了美国景观美学的变迁。[85] 丹·罗斯通过艺术和文学材料研究安德鲁·怀斯（Andrew Wyeth）的绘画对宾夕法尼亚州

217

东南部地区景观演化的影响。[86]部分研究关注群体价值观，像杰克逊和笔者所开展的研究，其他研究则考察个人看法，如 P·T·纽比（P. T. Newby）对特殊类型景观的美学价值评估。[87]人文主义研究中，一个反复出现的主题是，在人们与景观的互动过程中展示出的美是人类感情与目之所视的结合。

人们日渐认识到人文主义研究是景观定量评价信息的丰富来源，于是其他评价法也越来越多的具备人文主义研究色彩。此类研究的方向多种多样，例如，亚利桑那州的韦尔迪河廊道视觉质量研究中用到公共推荐的方法。韦斯莫、库克以及斯坦纳认识到这一方法与人文主义研究的原则是一致的。研究者们挑选了一些来自不同部门的对韦尔迪河熟悉或有所接触的人们，请他们选出感觉中具备较高景观价值的区域片段，并提供这些区域片段的位置、简短的文字描述以及作出这些选择的原因。所有推荐结果都具有相同的重要性，通过累计相似结果，河流廊道的 8 个片段得到推荐。文字描述为推荐原因提供了丰富的信息。

英国乡村委员会（Countryside Commission）1991 年的沃里克郡（Warwickshire country）景观特征研究是一个与众不同的案例。[88]案例的研究目的是根据该郡预计的土地利用变化，提出保护、恢复和强化景观的措施。研究小组首先对沃里克郡区域的生物物理要素、历史与生态综合信息、人口调查数据和土地利用趋势进行了评估。然后通过实地调查，辨识并定位了区域内的视觉景观特征，在"特色区域和景观类型"的框架下进行归类。研究小组评估了各类景观中构建"场所感"的要素，特别是审美要素、景观要素以及历史与生态综合信息。图 7.5 所示是特征评估的分析样本。

研究的下一阶段是沃里克郡居民对当地景观特征的感受调查。研究小组分析了历史记录和文学艺术作品，对各种各样的使用者开展深入采访，包括居民、专家和自然资源保护者，最后，这些内容清晰地说明了历史上和当前的人们对景观特征的感受。与此同时，研究小组也分析了景观的脆弱性，重点研究了景观的现状、影响地区发展的作用力以及景观管理措施的应对策略。研究小组综合各项评估结果，为沃里克郡提出应该保存、恢复或者加强的景观类型及优先顺序。

景观价值和感受研究从多学科的理论视角出发，探究在人们与景观相互作用中人类的体验与感知。理解景观的感受、价值和意义，对于发展和维护有益于社会和生态的健康的景观是非常关键的。景观价值和感受研究对于生态规划的关键联系在于找准景观价值，使之与其他设计规划和管理信息实现有效整合。

多数研究者发现，无论使用何种范式，人们对最美与最丑的景观的判别往往非常一致。而在这两个极端之间的评判则存在多样的看法。每一种景观价值和感受的研究范式都对如何最好地理解美学体验做了尝试。

这些研究范式探究的问题包括：如何评估视觉美学体验？视觉价值如何与其他美学价值相互影响？美学体验是否可以单独分离出来进行比较分析？人类健康是否需要特定的景观品质，而这些景观特质是由自然决定、由文化决定，还是由两者共同决定？景观随时间流逝而改变，人们的感受是否也发生变化？如何在设计中最准确地捕获人们的景观感知？人们如何区分景观的差异？[89]判断美学质量和偏好时应基于专家标准还是公众标准，还是同时考虑？成果表达采用地理学方式、统计学方式、文字描述，还是将这些方式综合使用？

　　回应以上问题时，每种研究范式在合理性、可靠性、易理解性以及研究结果的应用效果方面都存在着很大分异。[90]专家研究范式的使用最为广泛，但结果的可靠性最差。行为学研究范式的合理性与可靠性最强，但最不易于理解，有效性也难以评估。人文主义研究范式是最易理解的，但结果缺乏合理性和可靠性。[91]

　　由于各研究范式对以上问题都有不同解答，发展出一个统一的景观价值和感受理论是一项重大挑战。而实践中的景观感知是不存在范式界限的，所以很多研究会将不同范式中的要素综合起来。

调查清单 2 特征评估

219

清单：	位置：	日期：	照片：

审美因素——你对这个地区的最初印象是什么？

尺度	私密的	小的	中等的	大的
围合	有限的	封闭的	开放的	显露的
多样性	复杂的	多样的	简单的	一致的
活动	轻微的	空闲的	平和的	生动的
统一性	统一的	非连续性的	破碎的	混乱的
自然	未受干扰的	受限制的	被开垦的	受扰乱的

景观要素——景观主导要素是什么？

地形	耕地	林地	水
立地格局	定居点	灌木树篱	其他

历史和生态的综合信息——以下景观现在是否还存在？

村庄	不规则的田地	狭长的小路	古树
村镇	混交灌木林	灌木篱岸	公园用地
公共用地	田地池塘	蕨	荒野
古迹	山脊和犁沟	橡树灌木篱墙	矮树丛
浅滩		古老的树桩	粗糙的草坪

图 7.5　特征评估表样本［经许可，摘自 Countryside Commission 的《景观特点的分析和保护》（Assessment and Conservation of Landscape Character）］

第8章 生态规划综合分析方法

19世纪以来,生态规划走过了一段漫长的路。梭罗、奥姆斯特德和缪尔等人曾提醒我们人类滥用自然景观会产生严重后果。尽管如此,受哲学思想和传统框架的制约,以协调人类行为与自然过程为目的的生态规划却发展缓慢,呈现出渐进甚至是脱节的现象。新的理论提出来之后在不断讨论中逐步完善。从20世纪50年代末期到现在,生态规划快速发展,发展过程被压缩,发展速度超过了之前的萌芽时期、形成时期和稳定时期。在过去40年间,生态规划的发展过程虽然曲折,但却一直朝前发展。从过去与现在的比较来看,过去生态规划一般用自然规划的主题思想进行阐述和分类,而现在生态规划设计的领域已经在类型、尺度、所处理的问题和使用方法等多方面上都有所扩展。

方法论上的假设是我们选择方法的前提。随着生态规划尺度的扩大,明确这些假设的需求与日俱增。每一种方法都揭示了解决人与景观相互作用所产生问题的一种特殊方式,并提供了解决问题的方向。这一章我尝试性地把生态规划方法归纳为五种:(1)景观适宜性评价(第一代景观适宜性评价方法与第二代景观适宜性评价方法);(2)应用人文生态学;(3)应用生态系统生态学;(4)应用景观生态学;(5)景观价值与感知评价。上述归纳是基于系统思考各方法之间的联系和研究它们的异同的基础上,并通过以下三个问题研究各方法之间的相同点与不同点:这些方法主要关注的内容是什么?如何建议人们关心这些重要事件?预期得出的结果是什么?基于方法优劣势的评论,我认为虽然一个人无法完全依靠自己的力量完成一系列生态规划的议题,但景观规划设计师与规划师必须知道在什么情况下需要选择使用何种方法,而不是其他方法。

鉴于生态规划方法所用技术的多样性,对这些方法的比较分析存在一定的风险,这种比较分析有可能被批评为过度的分析与比较。所以本书是集中对每种问题解决方法的主要趋势进行分析,统计学家会称之为"偏好"。严格意义上讲,景观价值与感知评价研究不应该包括在生态规划方法内,但由于人们"对景观价值的理解对取得社会影响力和支持力来说至关重要"[1],因此景观价值与景观感知与生态规划紧密相关。除此之外,在前面章节中已经广泛地讨论了每一种方法的情况下,在本章的比较评论中,一些内容的重复也是不可避免的。

8.1 生态规划中的基本程序理论

在接下来的讨论中,我探讨了生态规划理论的两种类型:基本原理与基本方法。[2]

生态规划的基本原理（Substantive theories of ecological planning）——作为人与自然过程相互作用界面的景观具有可描述性与可预测性。广泛来说，基本原理与方法来源于自然科学和人文科学，主要包括人类学、生物学、生态学、艺术学、地理学和历史学等。当我们试图把景观作为一种文化现象来理解时，我们会求助于 J·B·杰克逊、约翰·斯蒂尔戈、戴维·斯凯勒（David Schuyler）、丹尼斯·伍德（Denis Wood）、尼尔·埃文登（Neil Evernden）和科顿·马瑟（Cotton Mather）等人的作品；[3] 当我们想要理解土壤的时候，我们同样会求助于土壤学家。第 8 章总结的传统原理揭示出每种方法其基本理论的源泉。

方法理论（Procedural theories）侧重于意识形态、宗旨和生态规划的原则，在解决人与景观的矛盾中，运用人类的智慧和关于自然过程的知识，阐明每种方法所具有的功能性关系。此书研究的五种方法都是生态规划的基本程序理论，每种方法都提供了将理论转化为实践的工作原理和程序。因此，在生态规划中，我们将基本理论作为学科知识，将程序理论作为组织相关知识进一步解决生态规划问题的框架。

8.2　尝试性分类

第 8 章是对生态规划主要方法进行的尝试性分类，目的在于为生态规划提供一个供大家理解的共同基础。弗雷德里克·斯坦纳认为"如果能够建立这样一个基础，就能在过去经验的基础上建立并运用预测程序进一步预测未来，而不像现在这样总是从偶然开始"。[4] 在这些方法当中有的方法不符合该分类系统，但这并不奇怪。很明显，每种方法的本质与现实相一致，也就是说在实践中每一个方法都从其他方法中获得相关的原理。所有方法都共同关注一个焦点：如何在景观管理变化的过程中正确体现人与景观相互依赖的知识；同时如何维护景观持久和合理利用。在"人与景观之间"这个短语的使用中，我并没有将两者相互分离的本意；相反，与奥尔多·利奥波德所说的生物共同体的其他成员相比，如"土壤、水、植被、动物或者土地"，人类具有有目的的选择来调整人与自然间关系的能力。[5]

每一种方法都对其知识体系及应用程序进行了界定。从把相互作用视为深受自然环境影响的方法（如第一代景观适宜性评价方法），到把它们看成是解决潜在关键因素的方法（如应用生态系统方法），再到关注相互作用中个体与群体的感知、价值观和体验的景观价值与感知研究，这些方法覆盖了所有范围和领域。

有些方法比其他方法要更进步一些，最古老的方法（第一代景观适宜性评价方法）可追溯至 19 世纪，源于如艾默生、奥姆斯特德、乔治·珀金斯·玛什等空想家的智慧。到 20 世纪，曼宁、格迪斯、国家自然资源保护局（NRCS）、希尔斯、麦克哈格、斯坦尼兹以及其他一些人为此方法的发展作出了贡献。在 20 世纪 60 年代后期和70 年代初期，在资源管理专家们持续施加压力的情况下，第一代景观适宜性评价方法发展到第二代景观适宜性评价方法，提出了系统的、技术的、环保的、合法的方法体

222

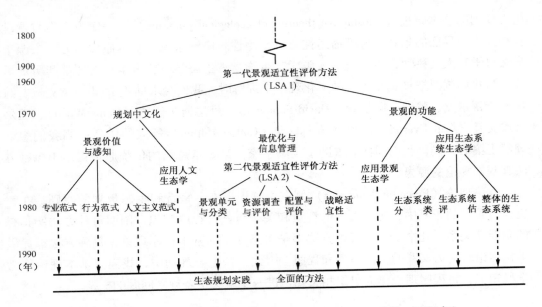

图 8.1 生态 – 规划实践：多元化的方法（由 M. Rapelje 重绘，2000 年）

系。其中包括第二代景观适宜性评价方法、具有良好发展基础的应用生态系统方法，以及被广泛争论和广泛使用的景观价值和感知评价方法。与此相反，应用人文生态学方法和应用景观生态学方法还没有发展成一个连贯的知识体系，未形成明确的特征和发展方向。

在执行与传统规划过程相关的任务时，一些方法出现明显的分化，反映出复杂性的增加。在初级阶段，第一代景观适宜性评价方法内部出现与项目有关的个体差异。格式塔法应用在适宜性的初步判别中；自然资源保护局（NRCS）的潜力系统与希尔斯的地文学单元方法在不考虑未来的使用用途的前提下，将景观分成均质的自然区域。[6]

刘易斯的资源 – 格局方法和麦克哈格的纽约斯塔滕岛研究都通过定义同质区域以判别土地利用的适宜性前景；理查德·托斯的托克岛研究以及 1968 年麦克哈格为里士满公园路做的最低社会成本的廊道研究（Least-social-cost corridor study）开展了环境影响评价。[7]斯坦尼兹及其在哈佛的同事们提出了计算机辅助方法，通过计算机技术评估景观适宜性和确定土地利用方案的影响。事实上，他们使用生态物理学方法和社会经济学方法来测定适宜性，这在第一代景观适宜性评价方法中是极其少见的。[8]

第二代景观适宜性评价方法是第一代景观适宜性评价方法下一个发展阶段，因此景观单元和景观分类（Landscape-unit and Landscape-classi fication）景观资源调查与评价法（Landscape-resource survey and assessment）、空间配置评价法（Allocation-and-evaluation）、战略性景观适宜性方法（Strategic landscape-suitability methods）等方法Ⅱ的子方法同样具有独特性和系统性。应用生态系统方法也存在相似的子类：（1）生态系统分类法（Ecosystem-classification）；（2）生态系统评估法（Ecosystem-evaluation）；（3）整体生态系统方法（Holistic- ecosystem methods）。评价方法的子类划分是以是否依赖指数评价生态系统动态过程与行为（指数基准）（Index-based）为基础的；但与此不同，多尼的非生物-生物-文化（ABC）策略是依据模型化过程模拟能量流、物质流、营养流所形成的扰动影响（模型基准）（Model-based）进行的分类，如作为管理加拿大南部五大湖流域生态系统策略之一的统计局的压力-响应环境统计体系（S-RESS）方法。与应用生态系统方法不同，第二代景观适宜性评价方法是建立在因果反馈关系的系统视角基础上的方法。

景观价值与感知评价有明确的理论和方法论子类。依据学科定位和土地利用目的能否解决问题和推进学科发展这两个标准划分为专家、行为学（心理物理学和认知）和人文主义三个范式。相反，应用人文生态学方法和应用景观生态学方法自成一体，具有特殊使用人群和方法。过去他们还没有发展出一套测试方法体系，即使存在许多考证完好的方法，也没有围绕特定主题系统地组织起来。自20世纪80年代初以来，景观生态学已形成了严格的理论体系和实证研究基础，因此我们有理由期待在不远的将来景观生态学会出现更加权威的方法。

8.3 主要关注的问题

景观适宜性方法试图决定土地资源与土地利用途径之间的适应性。它们的概念基础来源于艺术、设计和自然科学，其中包括群落生态学、生态系统生态学以及植物和土壤科学。第一代景观适宜性评价方法很大程度上依赖于景观的自然特征来达到辨别适应性的目的。

第二代景观适宜性评价方法将适应性定义为优化，是在面对自然、社会、经济、政治和技术力量发生改变时，能揭示出维持土地生态稳定性和生产力的最佳用途。因此，20世纪60年代末和70年代初，在资源管理、游憩、社会科学（例如经济、地理和政策科学）方面，随着具有专业知识和技能的人士开始涉足生态规划，生态规划的概念基础不断扩展。其中第二代景观适宜性评价方法的一些子方法解决了更广泛的实际问题。空间配置评价方法关注选择和评估更具竞争力的适宜性方案。战略适宜性方法在处理这些问题的同时研究实施最佳方案的程序、策略和制度安排。

应用人文生态学方法将适应性视为某地方生态适宜与文化意愿两者之间相一致的产物，它最大限度反映出不同使用群体所具有的适应能力。更特别的是，它涉及人们如何使用、评价和适应景观以及如何影响土地利用分配。应用人类生态学方法来源于社会学和生态科学，尤其是文化人类学、生态学、生态心理学、经济学、人文地理学及社会学，彼此之间相互制约。

应用生态系统方法主要研究景观的结构和功能，探索景观对人类和自然影响作出响应的机理。应用生态系统方法的根源在于生态系统科学，尤其是生物生态学、系统

224

科学、经济学和政策科学，它也注重将生态过程与景观中特殊过程相联系的景观适宜性技术研究。该方法假定生态系统会对人类和自然的影响作出回应，因此系统干预的目的是确认当前研究的生态系统状况，评价自给自足的能力，提出正确的管理目标与行为。除此之外，整体生态系统方法还探讨了制度因素，目的在于确保管理标准能够得到有效执行。

应用景观生态学方法主要包括以下内容：随着自然和人类的影响，景观结构与生态过程共同演化的机理。应用景观生态学方法利用相关知识寻求景观中可持续土地利用的空间布局。支持该方法的人把景观看做是一种相互作用的系统的镶嵌体，是在不同尺度空间范围内物质、能量和物种流三者紧密相连的系统。它是建立在生态系统学和地理学基础之上进行研究的跨学科领域。不仅如此，土壤科学、地貌学和植物学等其他领域很大程度上也成为景观生态学的理论基础。应用景观生态学方法存在两个不同但侧重点相关的分支：欧洲分支强调景观元素的识别和命名，反映出对植物学及其应用的兴趣；北美分支则更关注格局和过程。从 1980 年的早期阶段开始，欧洲和美国景观生态学家的观点就渐渐融合，目前两种分支的区别已经变得十分模糊。

景观价值与感知的研究尝试理解在人与景观互动中审美体验的偏好、价值、意义及经验。景观价值与感知三大学派强调不同领域的美学体验：专家范式根植于艺术、设计和生态，强调的是视觉体验；行为学范式根植于社会和行为科学，尤其是心理学，强调的是视觉和其他情感反应；而人文主义范式根植于人文地理学、文化人类学和现象学，强调的则是人类与景观互动中的体验。

8.4　组织原则

上述这些方法都是建立在生态原则及其相关概念的基础之上，旨在定义人与景观之间的关系，明确两者之间存在的问题，从而更易于调整两者之间的关系。生态系统作为一种基础性概念，各种物理、生物、文化因素通过物质流、能量流和物种流构成紧密联系的系统。均衡性（Equilibrium）是驾驭并维持生态系统稳定的根本动力。在一定条件下，极小的干扰不仅增强了生态系统的稳定性而且提高了生态系统的生产率，稳定的生态系统能够从干扰中很快恢复，进而建立新的平衡。因此，生态系统逐步形成了适应各种干扰的恢复能力。在设法维持生态系统稳定性的前提下，生态规划方法最大限度地提高生态系统的生产力。

弗兰克·格利指出，生态系统的概念已经被列为调查研究的对象或者作为诠释各组成部分相互作用的一种框架。然而在我看来，景观适宜性评价方法和应用人文生态学方法更倾向于将生态系统作为诠释生态关系的一种框架而非对象。除了一些特定的应用外，上述两种方法很少把生态系统重新定义为一个研究领域，以便对各成分的相互作用进行精确解释。相反，在应用生态系统和景观生态学的方法中，这一概念既被作为框架也被作为对象，它们试图将生态系统的相互作用的边界重新定义为一个研究

225

领域，依托经验对边界的特征和行为进行研究。就严格意义上来讲，生态系统这一概念被作为客体使用，经常与生态系统实证研究联系在一起，这也丰富了生态规划的基本理论。

等级理论、一般系统理论（GST）和一些相关的概念，如整体论、控制论、内稳态（Homeostasis）、反馈、因果关系（Cause and effect）和自我调节等，都是一系列使生态学知识更容易理解的重要原理。这些原理有助于我们了解环境是作为一个相互作用的生态系统而存在的，并且显示出系统内部越来越高的层次间的组织性和复杂性。由于每个级别的生态系统始终处于相关联系的状态，从而使社会和自然条件、系统输入、系统变化，以及输出和复杂的反馈机制成为必要。

对于如何运用应用生态系统方法和景观生态学方法，就人与景观之间关系来说，用系统性的观点看待生态系统不仅是这些方法应该关注的重要方面，而且还需明确解决人与景观两者之间关系所产生问题的途径。由于基于以视觉关注为重点的美学、生物地理学和全球生态系统三个不可分割的因素，因此，相比较来说景观生态学方法显得更为全面。[9] 在景观适宜性和应用人文生态学方法中，美学因素具有同等重要的地位，也是景观价值与感知评价的主要内容，但在应用生态系统方法中却往往不受重视。

应用人文生态学方法虽采用了系统平衡和等级组织观点，但其重视程度仍取决于所采用的人文生态学框架。以场所的建构为例，不仅要清楚理解现在、过去和未来之间的密切联系，而且还要理解场所与更大范围的背景之间的联系。G·扬等人提出的人文生态学框架并不是从社会学的观点出发，与应用生态系统和景观生态学方法相似，它们以同样的方式将相互作用论、等级论、功能主义与整体论有机地结合在一起。根据G·扬及其同事们的观点，互动意味着"对等行动以及相互影响的人或事物，互动的性质和频率对彼此关系和协作有很大的影响。就人类系统而言，相互作用为生态系统和区域系统等提供了发挥自身功能和实现特定目标的媒介。只有相互作用存在，各个系统才可以继续存在。"[10]

生态系统相互作用过程中体现出了生态流的层次性、功能性和整体性。它有助于解释整体与部分之间以及在社会发展进程中各个要素之间的相互作用。约翰·贝内特的人文生态学框架是基于人类对景观逐渐适应的系统观点。[11]景观是人文生态系统的综合体，它是开放的。在系统内部较低或较高的层次中，人文生态系统与生态系统的资源使用、组织结构和技术水平紧密相关。

景观适宜性评价方法的第一代和第二代着眼于系统性和层次性观点。从哲学的角度分析生态的关系，换句话说，许多景观适宜性评价的方法是采用了这种观点，但是在如何使用并定义和解决生态系统性和层次性问题上却没有达成一致。例如，希尔斯的地文学单元方法，它使用层次的概念描述了在不同空间尺度下的生产力水平。莱尔和冯·伍德克提出了输入输出关系（Input-output relations）的信息系统，使其能够在20世纪70年代圣迭戈开展的众多项目中建立一系列开发活动的营养流和物质流的影响模型。

226

以此类推，在对资源的调查和评估中，斯坦纳的战略适应性方法采用了区域、地方和场地三种层次性的概念。他指出，"与生态学家所采用的分级组织概念相一致，不同尺度空间的开发利用，需要与每个层次特定的性质相一致"[12]；相反，有关设计、激励、瞭望 – 庇护、信息处理与场所感的理论却和景观价值与感知评价方法中人的审美经验息息相关。

由于文化有助于准确确定每种方法所涉及的问题性质，并直接与解决方法相关，因此应该进一步明确每种方法对文化因素的考虑程度。如果将景观的自然和生物特征信息从人类所关注的内容中分离出来，那么景观的意义将会下降。

8.4.1 人文与文化过程

第一代景观适宜性评价方法中对人文与文化过程的强调程度存在差异。这种差异大部分取决于每个研究方法对适应性的定义。自然资源保护局（NRCS）将适应性解释为限制土地的某种用途以满足其他的多种用途，因而也就强调了土地的自然景观特征。同样的，在麦克哈格《设计结合自然》一书中，使用了年表法来解释自然现象和社会现象，在建立适应性过程中更多地依赖于景观的物理和自然特点。

希尔斯的地文单元方法识别了在确定的适应性条件下景观变化的动力学特征。它依据景观的现存潜力、实际潜力，以及在当前与未来社会与经济条件下的预期潜力对适应性进行定义。其中，预期潜力的评价需要专家和公众的意见，并将它们同时作为判断依据。1968 年，祖伯在对维尔京群岛（U. S Virgin Islands）进行资源评估时，使用了刘易斯的资源模式方法，该方法进一步强化了人类心理健康与景观的视觉、文化以及与自然特征之间的联系。在用专业图表研究景观的价值和感知的过程中，基于变化性和对比性等艺术语言，对景观的视觉质量进行了评价，而"适应性"最终的确定是综合考虑视觉和自然资源等因素的基础上形成的。

刘易斯也让当地居民和决策者参与资源详细清单的收集与分析，以增强他们的区域设计意识，这是他们成功实施环境廊道规划的关键因素。如果这些参与者具有艺术和设计学科的知识背景，那么在景观适宜性的研究中自然会考虑美学因素。

应用人文生态学方法关注人类及其与景观的相互作用，它试图将文化适应作为衡量人与景观相互关系优劣的关键指标，从而推断社会发展进程与景观之间的系统化的适应性。它的主要关注点和景观价值与感知研究的重点极为相似。从方法子类来看，与景观适宜性评价、应用景观生态学和应用生态系统生态学这三种方法的研究重点也有一定的相似性。

人文生态学和景观感知学研究努力探索人与景观相互作用所产生的价值、意义与体验。前者主要解决基于一系列关系之上的相互作用机理，这些关系包括开发体系与自然环境、开发模式以及在整个适应过程中人类所作出的决策之间的关系；然而，后者更侧重于在这些关系相互影响下的美学价值和体验。景观价值与感知评价的方法间也存在差异，这主要是由于对美学体验的定义不同：专家范式（The professional

227

paradigm）与心理物理行为模型（The psychophysical behavioral model）两者都假定景观的美学价值是基于其视觉感知，因此，强调视觉感知必须提供合理而精确的价值评价。除此之外，视觉是制订规划设计决策时最具连贯性、可定义性和易于获得的美学价值；认知行为模型（The cognitive behavioral model）强调的则是意义与价值，而人文主义范式（The humanistic paradigm）则更倾向于处理体验更广的领域。就专家范式而言，大多数是运用专家的知识来评估视觉质量；而行为学范式（The behavioral paradigm）则依据公众的判断。

首要关注的是其具有的与景观相关的文化价值和社会行为方面的内涵，人文主义范式没有像专家和行为学范式那样将美学与体验分离开来。与应用人文生态学方法相比，人文主义范式很少关注能够代表大众兴趣的价值观和体验。相反，它主要关注景观中个人和群体间的相互影响。

景观生态学的欧洲分支一直关注着生物物理和人类文化过程之间的辩证关系。此分支形成于人在景观中占主导地位的价值观背景下；而欧美分支则侧重于自然和半自然景观的研究。然而，两个分支一致认为，随着时间和空间的转换，生物物理与人类文化过程之间相互作用，产生了具有可识别性的视觉文化特点的景观，因此，应用景观生态学方法和应用人文生态学方法的共同之处是人类利用景观和赋予景观价值的方式，但前者尤其关注人类价值观在空间和时间范围内的扩展，而人文生态学和人文主义范式则概括归纳人们的价值观。

第二代景观适宜性评价方法的主要趋势是基于社会文化学和经济学以及反映景观演化的制度动力来解释人类文化过程，而且在具体的方法应用中采取公众参与手段，作为景观利用决策时体现公众价值的附加形式。然而，受宾夕法尼亚项目影响的景观规划设计师们在发展、提炼与实施第二代景观适宜性评价方法后，伯格、麦克哈格、罗斯和斯坦纳等重要人物都赞成应用人文生态学的方法，第二代景观适宜性评价方法也逐步接受了人文文化过程。作为第二代景观适宜性评价方法的许多支持者，在20世纪七八十年代伯格、麦克哈格、朱尼加、罗斯和斯坦纳等也参与了大量的人文生态规划项目的研究。

在得克萨斯州伍德兰兹社区的规划中，人们实施了华莱士、麦克哈格和罗伯茨、托德景观设计事务所（华莱士、麦克哈格、罗伯茨与托德共同创办的事务所）（WMRT）发明的千层饼模式（1971—1974年）。这两种模型按时间顺序将人类、生物体和非生物体之间的关系概念化[13]，其中人类因素包括社区交往需要、人类历史、人口统计和土地利用。与此相类似的是，卡尔·斯坦尼兹及其团队在为宾夕法尼亚州门罗县、加利福尼亚地区的彭德尔顿营地、圣佩罗河上游流域规划时，清晰地研究了人口、经济、政治与环境因素。在处理人类社区（Human-community）目录和研究社会文化过程与生物物理信息之间联系的分析中，斯坦尼兹的战略适宜性方法不仅明确了其组成要素，而且在该方法所有阶段都系统地包括了市民参与和社区教育等内容与途径。

相比较来说，应用生态系统方法中关于人文文化过程的系统内涵是于近期发现的。

228

部分归因于过去生态学将重点放在生物物理因子上。麦克哈格对此给出了精确的解释："生态学一直试图通过调查人类较少影响的或者未被人类影响的环境掌握生态系统的规律，它强调生物物理环境。然而一个清楚的事实就是不存在未被人影响的系统，因此生物有机体和环境之间的相互作用的研究，很有可能揭示了人类占统治地位这样无争的事实。"[14]

上述说法并不表示生态学家没有意识到人类在生态系统相互作用中所起的重要作用，得出这样的结论的基础是：正如多尼指出的，人文文化过程太复杂，以至于不能和自然与物理过程系统地结合。[15]麦克哈格的解释也揭示出某种程度上第一代景观适宜性评价方法也强调生物物理因子的原因。过去四十年应用生态系统方法融合人文因素这样的想法一直呈上升趋势，例如，后来被巴斯特杜进一步发展的多尼非生物 – 生物 – 文化策略（ABC）、荷兰的一般生态模型（GEM）以及有关数据信息的加拿大统计局的压力 – 响应环境统计体系（S-RESS）方法和整体生态系统的方法都呈现出这样的趋势。[16]

8.4.2　程序指导

与传统的规划一样，生态规划的所有方法都使用了有组织的结构框架，不同的只是从生态学的视角出发思考问题。景观适应性评价方法定义了景观结构的生物物理和社会文化属性。适应性是通过一系列的替代指标（Surrogate）来建立的，只有在假设生态系统的稳定性、自身维持生命的能力和生产效率这三者之间都能达到辩证的平衡时，这些替代指标才有意义。替代指标可以是容量、机遇和约束，也可以是吸引力、承载力或者脆弱性等指标。

判断适应性的方法可以通过以下方式获取：（1）减少那些不适合开发的土地[17]；（2）识别场地的吸引力和脆弱特性[18]；（3）分析生物物理因素与社会文化因素之间的兼容性，采用逻辑组合原则或评价功能将其整合。[19]在景观适宜性评价方法 II 中，莱尔和冯·伍德克的信息系统就采用的是卡尔·斯坦尼兹在圣佩罗河上游流域研究的过程模型。环境管理决策辅助系统（一个预测适宜性的网络模型）叙述性地模仿了土地扰动在物质流与能量流中的影响。[20]虽然我们并不清楚具体细节，但在研究中仍需要假设物质和能量在景观要素之间或者在生物有机体之间的流动方式。

人文生态学方法仔细研究社会结构下的景观价值观、需求、欲望和适应机制。运用口头叙述、文字描述和定性分析技术，在自然和生态环境机遇和限制条件下建立模型进行结构上的匹配。伯格认为"只有用接近人类的方法来探索景观对世界的含义，才能更好地理解景观潜在的结构，同时选择的方法应具有灵活性、技术上的实效性和自我的探索性并能够及时提供调研过程中的反馈信息。"[21]由于我们对人类价值和景观适应性理解有限，因此大多数人文生态规划方法都为那些受到影响的相关利益者提供了清晰的解读方法。

应用生态系统方法和景观生态学方法认为，生态单元是按照部分与整体的关系来组织结构的。因此，他们首先依据生态系统和投入产出的关系重新定义研究领域，然后再根据相关的生态指标和模型技术，研究在人类行为和自然影响下生态系统的特征和行为。其中一些指标对应生态系统的特征，例如阈值（Thresholds）、延迟时间（Lags）和反馈；而其他的指标则关注生态过程，例如恢复力、更迭时间、食物关系（Feeding relationship）以及能量转换（The efficiency of energy）和养分循环（Nutrient cycling）。

举个指标运用的例子，在20世纪80年代，巴斯蒂杜和瑟伯格在运用ABC策略的同时还使用了库珀和泽德勒1980年在加利福尼亚州南部采用的电力线选线方法。[22]也可以将这些指标综合起来构造环境指数，美国环境保护局（EPA）开发的水资源质量指数就是如此。但是构成生态系统质量和完整性的敏感性、有效性、可靠性的指标还存在着分歧。

以一部分模型为例，国际生物圈计划（IBP）在监测五大湖含磷水平时所采用的分室流模型（Compartment-flow models）以及在荷兰淡水湿地景观生态水体富营养化研究（Studies of fresh-water wetlands in the Netherlands）中都采用可操控的定量数据。也有一部分模型是描述性的模型，加州理工大学波莫纳分校再生研究中心（The Center for Regenerative Studies at California State Polytechnic University）莱尔曾经在他的设计中模仿物质和能量的相互转换，亨德里克斯（Hendrix）和法布士指导的马萨诸塞州西部土地利用研究，以及普赖斯使用的奥德姆的分室模型（Compartment model）就是描述性模型。[23]

像流域和排水盆地那样，如果生态系统边界不能很好地适应周围的景观单元，依据生态系统概念定义研究区域就仍然存在着问题。除此之外，由于生态系统很复杂，我们对生态系统响应人类诱导和自然压力的过程了解甚少，因此，在应用生态系统方法及景观生态学方法的应用过程中，提出了以下重要问题：（1）生态系统的文化特征应当得到更进一步的深化；（2）何种生态系统之间的联系应该得到强化？（3）哪种压力影响了生态系统的特征和过程，又是运用了何种方式（压力症状的时空特征）并达到了怎样的程度？（4）哪种生态系统过程能承受最大的压力？（5）哪种指标能最好地反映出短期和长期的压力影响？生态系统方法是在宏观组织层面上对研究领域进行监测；景观生态学方法是以人的视角观察景观的尺度所关注的空间尺度远比传统生态学要大得多。

景观生态学方法通过空间分辨率和时间尺度突显生态功能的重要性，在生态系统格局和过程研究中，空间分辨率和时间尺度被证明是正确的。与其他方法不同，景观生态学方法研究景观要素和生态实体的空间形态是如何影响生态功能的。从景观生态学方法中，我们更准确地理解了线性要素，水、矿物质营养物、物种通道以及水资源保护的过滤器等能量流的廊道是如何行使其功能的。同时我们也更好地了解了斑块面积、形状特征，边缘对内部的动植物物种组成、数量及多样性影响的机理。

景观生态学方法也能够揭示出土地分类形成的垂直和水平差异。以生态系统方法

230

为代表的方法强调的是，在相对同质的单元中生物物理和社会文化要素内部的垂直关系，是通过垂直因子来揭示系统的水平关系。然而在水平关系中，斑块、廊道、基质或生境单元（Ecotopes）都具有独有的特点和特殊的生态功能。

应用景观生态学方法认为，整体景观结构和土地地段特征要比其景观内部特点更重要。[24]斑块、廊道、基质不仅整合构成了一大片土地；而且三者之中可以相互转换，物种、能量、物质在景观镶嵌体间流动。除此之外，非生命体、生命体和文化要素的景观变化也要求将特定地段的土地与其环境进行统一研究。在土地的形成过程中，除了早期的人类影响，自然的干扰是影响景观可持续利用能力的关键因素。景观生态学的欧洲流派倾向于生境单元的分类和评价，它与景观适宜性和生态方法的程序应用方面是一致的。[25]

除了人文主义范式之外，景观价值与感知也试图使用物理的、艺术的及心理的因子来鉴别美学景观单元。专家和公众基于对指定因子的偏好、价值、意义和整体美学质量特征来评判景观单元。行为学范式为了建立"偏好"的数据模型，使用定量分析技术在评判与因子间进行关联分析。相反，人文主义范式根据景观现象，探索性地运用开放式访谈和文学化的评论等定性分析技术来研究人的价值观和行为。

景观资源分类是所有方法中的一个重点。以自然资源保护局的土壤调查和林顿（Linon）的视觉分类[26]为例，第一代景观适宜性评价方法通过评价标准将景观划分成与未来土地利用相分离的同质景观单元。也可以如希尔斯的地文单元法[27]那样通过多种标准将景观分门别类。其他方法的分类也是如此。第二代景观适宜性评价方法的分类方法则包括霍尔德里奇（Holdriage）的生物气候带（Bioclimatic life-zones）[28]、美国渔业和野生动物局湿地分类[29]以及土地评估以及立地评价（LESA）（The Land Evaluation and Site Assessment）。[30]应用生态系统方法的分类包括分室模型[31]、能量流（Energy flux）[32]以及自然地理 – 生命 – 文化（Physiographic-biotic-cultural）场所类型。[33]应用景观生态学方法用以下三个例子来说明，加拿大的生态土地分类[34]、地相 – 地系 – 主导景观格局（The land facet-land system-main landscape configuration）[35]以及斑块 – 廊道 – 基质（Patch-corridor-matrix）方案。[36]然而，景观适宜性评价方法关注的则是生态系统结构与众不同的特征，应用生态系统方法和应用景观生态学方法则强调生态系统之间的相互联系。

应用人文生态学方法以一种非常常见的方式对景观进行分类。地理学家威尔伯尔·泽林斯基（Wilbur Zelinsky）通过对区域的研究反映了当地人的空间感知；唐纳德·梅尼格（Donald Meinig）根据核心区、领域、范畴定义文化区域。[37]这里的"核心区"是对人类学家朱利安·斯图尔德（Julian Steward）的文化概念中"核心区"的拓展（参见第 4 章）。

8.4.3 定量和定性技术

所有的生态规划方法均采用定量分析和定性分析的技术。具体而言，应用生态系统方法和景观生态学方法倾向于定量分析。景观适宜性评价方法、景观价值与感知评价方法和应用人文生态学方法则倾向于定性分析。

231

　　人们倾向定量分析技术是不足为奇的。自然科学和物理学运用的科学方法多强调其客观性，这就要求我们揭示隐藏在现象下面的本质。科学严谨性与数据整理能力密切相关，可以通过管理数据达到验证假设的目的；同时为获得更精确的结果也提供了更多的可能性。然而定性评价的支持者认为，定量分析不能充分揭示生态系统的复杂性与社会价值观的本质，从而导致数学公式与等式的精确性下降。即使这样，价值判断仍然深刻地影响着数学公式产生的法则。

　　过去 30 年中，生态科学、信息与计算机技术以及地理信息系统的发展，通过辅助定量评价描述和分析景观的方法更加受到重视。在应用生态系统方法和应用景观生态方法中定量评价往往占主导，虽然也会考虑定性的方法，但是这两种评价在景观生态规划研究中更加明显。作为一个跨学科的研究领域，生态学家、地理学家、景观设计师、植物学家、野生动物学家等都在各自领域中占有主导地位，各领域专家都带来了各自专业解决问题的学科方法，尽管定量分析的数量超过了定性分析，但仍然导致定量与定性研究的融合。在 2001 年，第十六届国际景观生态协会美国地区分会中，超过 70% 的论文都是以定量研究为基础的，论文主题广泛，从植物与动物栖息格局的定量模型到景观生态文化与美学主题的定性描述。莫尼卡·特纳和罗伯特·加德纳的《景观生态学中的定量方法》（Quantitative Methods in Landscape Ecology，1991 年）、法里纳（Farina）《景观生态学原理和方法》（Principles and Methods in Landscape Ecology，1988 年）以及特纳、加德纳、罗伯特·奥尼尔的《景观生态学理论与实践》（Landscape Ecology in Theory and Practice，2001 年）等书对北美景观异质性的研究方法是以空间格局和过程为导向的定量研究方法。

　　景观适宜性评价方法运用定量和定性评价或两者结合使用，目的都是为了提高适宜性评价的精确性。通常而言，在适宜性分析时就可以使用定量分析技术，最具代表性的例证包括麦克哈格对里士满公园路的研究、斯坦纳对波士顿信息系统和圣佩罗河上游流域研究、大都市景观规划模型（METLAND）以及土地利用规划（LUPLAN）。许多澳大利亚规划机构使用评分系统整理生物物理和社会文化的数据，借助于计算机程序模型获取最终的适宜性综合指数。另外，定性评价包括通过规划师和景观设计师评估所获得的空间配置法则，而这些必须与项目宗旨及景观的自然文化特征一致。[38]在实践中，大部分的景观适宜性评价方法都同时包括了定量评价与定性评价。

　　一些景观价值与感知研究学者对此强烈反对，美学价值的定量分析需要理性的判断。以专家范式支持者为分界线，如果以景观表象为基本目标，那么大多数人认为定性描述是有效的，但人们却否认景观质量评价也是基于定量或定性的判断。

　　行为学范式认为定量分析对于景观偏好与景观质量评价也是必要的。按照惯例，社会和行为科学家们运用定量分析来评价相类似的价值。G·代尔顿（G. Dearden）和 P·米勒（P. Miller）坚信如果能够"结合公众的感受，那么就可以通过真实的自然环

232

境特征对景观的价值进行预测。"[39]

与之相反，人文主义学者认为由于人类美学价值的判断在本质上具有内在的主观性，那么在描述、计量、比较和整合之后的结论必然也具有先天性的缺陷。由于我们对美学价值要素之间的相互作用知之甚少，但在定量的项目研究中，单独隔离一种要素的研究方法仍是不可行的。由于景观符号是主观定义的，权衡与整合这些主观定义的类型，并用来建立数据模型，由此得出的美学偏好和质量判断就值得怀疑。因此，人文主义范式的研究虽支持定性评价但并不对其作出进一步判断。

应用人文生态学方法也主要依赖定性评价来研究人文文化过程。众多的应用程序运用了一系列技术，其中包括关键信息访谈、参与者观察、基地勘测、历史调查、文学表达和艺术作品。这些信息是通过社会、经济及人口评估（来自人口普查资料）获得的。由于许多人文生态规划的研究内容是生物物理与人文文化过程的综合评价，所以生物物理要素的评估也就必然包含着定量和定性方法的综合应用与综合分析。

8.4.4 成果

生态规划研究的成果集中反映在项目目标、方法类型和所体现出的系统功能上。上述分类方法得出的成果是一系列伴有注释的图纸，标示出基于生态系统特征的同质空间单元，如基于生态系统之间的相互作用的景观适宜性评价方法、生态系统方法和景观生态学方法都是如此。景观适宜性评价方法的图纸包括了：（1）独立的资源数据（比如土壤和植被）。编制地图的数据来源于自然资源保护局所进行的土壤调查研究，或是美国渔业和野生动物局所进行的湿地深水栖息地野生动物分类等级研究；（2）多种资源数据。地图采用了华莱士、麦克哈格等人的景观设计事务所（WMRT）的千层饼模式和霍尔德里奇的生物气候带的分类系统（Bioclimatic life-zones classification）。运用第二代景观适宜性评价方法所获得的结论通常包括社会、文化和经济信息，其中土地评估与立地评价（LESA）就是最好的例证。

应用生态系统方法和景观生态学方法的成果往往只关注过程而不关注结果，这就造成了单纯以大量资源为基础的评价结果[40]，只能以解释说明的形式将数据信息展示在地图上；而不能像景观适宜性评价方法的成果图那样，既能解释说明（例如希尔斯的地文学单元图、自然资源保护局土壤图、还有加拿大的土地普查图）又能展示原始数据信息（例如植物和野生动物调查能提供具有特殊目的的基准数据）。

资源调查评价方法是景观适宜性评价子类方法Ⅰ。它的主要成果是含有注释的一系列地图或者单一的综合地图，用来说明每一块土地的适宜性特征，从而实现单一利用或多种利用的土地利用目标。空间配置和评价方法是景观适宜性子类方法Ⅱ，它通过提供基本原理信息，在相互矛盾的适宜性选择中进行决策。另有一部分理论与环境影响和每种方法的社会成本效益有关。除此之外，斯坦纳的生态方法和赛络计划（区域土地利用规划的澳大利亚方法）（SIRO）等战略性适宜性方法成果都包含了项目制度安排以及项目实施所需的资源。

233

人文生态规划的研究成果与适宜性研究成果十分相似，不同的是后者反映了同质空间地区的梯度，这些地区文化优越，土地也符合生态适宜性要求。作为人类宜居战略之一，必须仔细考察这些研究，提供组织和制度规划的详细信息。伯格和辛顿在新泽西州派恩兰兹的工作就是如此。[41]

生态规划以空间单元地图和文本相结合的形式传达信息。由于生态规划提出的问题超出了土地空间资源的分配能力，因此重大成果很大程度上仍取决于项目目标。这些目标包括降低非资源性污染[42]，恢复生态系统[43]，重新规划土地利用[44]，评估动物数量减少所产生的影响等。[45]结论经常包括以下的一项或者两项内容：（1）生态系统质量与价值的说明，用来区分生态系统本身所具有的价值，或者经过价值管理，提升生态系统的价值；（2）选择适当的指标，用来评估生态系统行为；（3）适当的管理目标——保护（保育、维护或保护）、改进（恢复或康复）、开发（土地干扰活动，如民用和商业发展），或者是以上目标的组合。整体生态系统方法的结论和战略适宜性方法有一点类似，都包括制度安排和资源实现的详细说明。

由于应用景观生态学方法还没有经过大量的实证研究，所以成果多种多样。以水文学模型研究（Hydrological-modeling studies）[46]为例，一部分成果和某些生态规划研究成果相似。一部分方法形成的地图与适应性研究形成的地图相似，成果都包含对景观过程的说明。[47]为了评选出最优的土地利用空间配置方案[48]，景观生态优化方法（LANDEP）取得的成果也会包含着对该方法基本原理的说明。

景观价值与感知方法的评价成果依赖于各个学派。专家范式倾向于阐述视觉偏好与视觉质量。行为学范式倾向于评估景观偏好、质量、意义和感染力。人文主义范式的成果与人类生态研究的成果略有相似，包括鉴赏、美学评论和重要的景观描述。一般来说，人身上不仅能够展现出景观体验和随之而来的变化，而且景观本身也会有所体现。人文主义范式和人类生态学方法的区别在于——前者以新知识为导向，后者则主要以现有的成果为基础开展景观适宜性评价。

很明显，没有任何单一的方法可以解决所有的生态问题。每一种方法都有它的优势和劣势。规划人员和景观设计师在利用每种方法有利方面的同时也不能忽视其不利方面。

第一代景观适宜性评价方法和第二代景观适宜性评价方法在于解决人与景观利用之间适宜性的最优化。第一代景观适宜性评价方法在早期就强调自然因素。到20世纪70年代初期取得的进步主要是形成了第二代景观适宜性评价方法的重要理论和方法论。主要体现在：（1）在寻求最优景观利用时，优先采用社会文化信息系统；（2）改进技术分析的合理性；（3）更加关注生态过程；（4）扩大以评估和实施为主导的功能范围；（5）在公开讨论中加强结论的说服力。除此之外，经过20年的发展，由于集合了信息综合、遥感和计算机等现代技术，其中还包括视景仿真和地理信息系统等新技术，因此，第二代在信息储存、传输、展示过程中更为高效。卡尔·斯坦尼兹曾提出第二代的六大问题[49]，而我在此则要提出第七大问题，它对于解决任何尺度景观问

234

题都十分重要：景观应该如何表现？景观应该如何发挥作用？景观是否发挥了正面作用？景观应该如何改变？景观产生了何种预期中的变化？景观是否必须变化？景观中所提出的变化应该如何实现？

景观适宜性评价方法广泛应用于生态规划领域，这种说法目前仍存争议。在致力于保护与发展城市、乡村、自然环境的过程中，以高速公路廊道的选线为例，部分方法能够解决单一资源的空间配置和管理问题，部分方法能够解决多种资源配置问题。在第一代景观适宜性评价方法中，格式塔法比较适用于小块场地的分析，但随着土地面积的增加，了解土地完整性的困难也在增加，但大多数生态规划方法仍采用了格式塔分析法。在受数据搜集成本限制时，规划者和设计者可以使用景观单元和景观分类方法作为景观适宜性研究的第一步。

空间配置评估方法能够满足景观配置多因素评价的需求。随着生态系统科学和计算机技术快速发展，评估模型变得越来越复杂。以卡尔·斯坦尼兹及其同事们所领导的圣佩罗河上游流域研究为例，他们采用了一系列过程和分析模型，评估该区域未来20年城市发展对水资源管理制度和生物多样性的影响。这要求数据库有非常强大的动态性能，否则景观适宜性评价方法只能在静态条件下监测生态功能，美国得克萨斯州伍德兰兹社区的水文研究也是如此。而且自从景观适宜性评价方法应用到人文及其他方面的适应性研究之后，我们常常忽视那些影响景观特性的间接因素，除非这种因素和影响本身就是研究目的，例如生物多样性保护。

在文化要素占主导的情况下，人文生态学方法提供了一个明确认识人文文化过程的途径，与其他生态规划研究的社会和经济分析相比，人文生态学方法更能扬长避短。人文生态方法发展的部分趋势可以看做是景观适宜性评价方法Ⅱ的延伸，它的适应机制明确包含了人文过程的思想。其他发展趋势强调景观作为空间配置的场所，该场所中的人类价值观、景观体验与生物物理过程相一致。但与那些独具特色的方法相比，人文生态学方法还没有较高严密度的理论体系。

最近生态规划几乎不使用"人文生态规划和设计"这类术语，取而代之的是对生态规划真正有意义且与时俱进的术语。例如人文生态偏好（Humanecology bias）、可持续设计、场所营造、焦点组群（Focus groups）、历史主义（Historicism）和胡塞尔现象学（Phenomenology）等。但人文生态学仍然位于多学科的边缘。除此之外，文化适应等概念对解释人类环境相互作用具有重要作用，但应用到规划设计领域却存在着问题。例如，人类学调查及相关技术虽不是主流方向，但规划设计者却经常使用人类学调查方法搜集和分析资料。规划师关心的是公众争论的合理性，与此相关且重要的问题在于文化适应模型能够解释人理解和适应环境的机制，但也只是涉及人文文化过程中的空间配置机制。许多规划者和设计师根据场地原则完成的设计构图十分吸引人，但将设计图应用于实践时却产生了一系列问题，最终导致民众对项目设计的可靠性和正确性产生疑问。

应用生态系统方法和景观生态学方法赋予了景观监测更多的科学严谨性。这两种方法都以系统的观点去看待生态问题。依据投入转化产出的关系监测景观，在生态过程中清晰地追踪人与自然相互作用所产生的特殊影响。对于形成系统而正确的管理建议来说，生态环境的质量和环境响应具有重要作用。

景观生态学方法还具有其他的优势。它揭示了：（1）随着相关功能过程的改变，生态系统结构的改变使生态系统发展到视觉上可识别、文化上相一致的程度；（2）生态系统通过营养流、能量流和物质流将水平过程和垂直过程联系在一起，它适用于研究像哥伦比亚盆地等大尺度景观。对于规划学科来说，景观生态的决定性贡献是将空间框架（Spatial frameworks）和直观原则（Explicit principles）两种不同的概念联系起来。空间框架是描述景观的功能要素；直观原则是创造可持续景观的空间布局。除此之外后者还可以：（1）维持景观生态的完整性，景观中的植物在自然界中是具有一定生产力的；（2）保持营养流、能量流和物质流的扰动最小化；（3）提高土壤的生产能力和维持持续健康的水生群落（Aquatic communities）。[50]

应用生态系统方法是用来处理发展、保护和恢复等问题，也处理城市化和自然 – 农村景观重建中所出现的问题；景观生态规划同样适用于城市环境出现的相似问题。欧洲一直关注由人口快速集聚所引发的土地利用生态问题，以及农业、林业、工业和城市发展对空间的激烈竞争所产生的问题。对于人类长时间统治和影响的欧洲来说，在这种情况下，土地资源紧缺也就不足为奇了。相反，北美则聚焦于栖息地网络规划和农村与自然地区的野生动物保护，特别关注生态多样性保护和土地资源的可持续利用。[51]可见，这些方法以城区为主要应用范畴的情况是很少见的，尽管这些方法的应用并不排除城市地区应用的可能性。

亚利桑那 – 菲尼克斯中心长期生态研究计划（The Central Arizona-Phoenix Long-term Ecological Reasearch）（CAPLTER）是一个很有发展前景但却依赖大量数据信息的研究项目，这些数据是规划师和设计师在城市区域内开展生态规划的基础。查尔斯·里德曼（Charles Redman）和南茜·格林姆（Nancy Grimm）领导了亚利桑那 – 菲尼克斯中心长期生态多层面的研究，了解该州中心区域的发展逐步改变地区生态环境的生命过程，也了解该地区生态环境对改变该州中心区域的发展格局所形成的影响。它是美国国家科学基金会（US，National Science Foundation）长期支持的将城市作为生态系统中相互影响的综合体来研究的两个生态研究基地之一，另一项研究中心位于巴尔的摩市。

当人文价值和体验成为生态规划考虑的主导因素的时候，景观价值与感知评价才具有现实意义。应该提出何种美学价值？哪些人应该介入美学价值判断？如何介入？这些问题都因学派不同而具有不同的答案。按道理说，专家范式是运用最广泛并经文献证实的学派，但评价结果的可靠性却很低，在公众争论中也不占优势。与定量和定性的技术无关，评价结果的有效性很大程度上取决于主观感知、技术专业化和社会文化指标的调节作用。

行为学范式关注的重点在于客观性与定量化，通常能够经受严格的合理性与可靠

236

性检验，这种检验与社会行为科学的经验理论有着紧密的联系。人文主义范式虽然规划了一系列景观价值和偏好信息来源，但这些信息源的合理性和可靠性不仅不高，而且经常需要花费很长时间才能完成，结果很难公开讨论，方法也难以推广普及。由于景观感知是没有边界的连续体，这就为许多研究广泛合理地吸收不同学派的方法要素和理论开展融合研究提供了可能。

在人与景观相互作用方面还存在一些独特学派的理论观点，这些观点虽然与学科发展方向具有一致性，但要形成统一的景观感知理论仍是一件极其困难的事情。上述议题 20 年前就由杰伊·阿普尔顿提出并经后人努力尝试，但从今天来看，阿普尔顿提出的想法仍然具有极强的生命力和现实意义。祖伯等人对此评论到：在缺乏共同的理论与方法基础的情况下，"为什么某些景观的价值要比其他景观的高并具有价值的显著性"等一系列问题仍旧没有答案。"[52]

美学家艾伦·卡森（Allen Carson）也提出了关于人类景观相互作用的一个理论，这个理论是可解释的、可验证的。[53]可以通过解释型理论来证明"事物及其所处的状态……允许我们对其进行解释、预测和控制。"验证型理论提供了规范的工作框架，用来"阐述观点，确定立场，验证并使之合理化"。如果我们的立场不是建立在事物及其所处的状态之上，那么解释型理论就成了无本之木。[54]而且仅从这一点上我们也就可以认为该理论尚未形成完整和系统的理论。

后　记

感谢在环境保护、资源管理和全球化领域上相关法规数量的不断增加，以及科学知识和技术的加速进步，在此背景下我们今天才能够在生态规划方面形成一系列的途径、方法和技术。此外，在过去40年里，公众对人类行为的不良影响已经有了清醒的认识。全球变暖、酸化、人口膨胀、动植物栖息地的退化、景观破碎化以及随之而来的生物多样性侵蚀等生态问题，每天都在加剧发生。无数的峰会、年会和书籍都在给我们敲响警钟。然而，生态问题仍旧像洪水猛兽一般继续席卷着地球上的每个角落，从国家、区域到地方、场所无一幸免。约翰·莱尔认为，自从1970年以来美国的环境质量就没有得到过明显的改善[1]，真实的情况是整个世界的生命保障系统都在不断退化。

人们广泛地讨论各种生态问题产生的根源并提出了一系列解决方案。讨论的范围涵盖了人类在面对自然时的道德立场和基本的社会关系与过程，比如西方的工业经济生产模式和技术乐观主义。道德立场和社会关系的讨论与生态规划方法有着直接的联系。

生态规划方法是以大自然独特的世界观为基础的，对于生态问题的限定和解决方法都能够通过这种独特的世界观跃然于眼前。麦克哈格在《设计结合自然》中所提出的适宜性评价法表达了这样一种世界观：人们的生活场所存在于自然之中，必须认识到生物环境和物理环境对人类行为、经济活动以及社会组织所产生的影响，就像周围的空气一样与我们形影不离。由于人对环境的影响是不可避免的，因此技术乐观主义以技术为依托来缓解人类行为对环境的影响是行不通的。对此观点有人提出异议，认为技术乐观主义是以理性–经济人的概念为基础的，它是依靠"管理能力和效率"来解决生态问题。因此，如果我们对科技创新、专业技术应用以及充足的资源供给缺乏足够的信心的话，人类合理行为的类型、规模和时机与那些不良行为又有什么区别呢？

从严格意义上来说，就像人文生态和景观感知那样，以现象学调查为基础的研究认同人类意图对自然环境的重要影响。在对自然的世界观中，每一个个体与景观的关系都是独一无二的；同样的，他或者她对于自然和物质环境不同属性的价值观也是不同的。戴维·裴波（David Pepper）把这种道德立场称为胡塞尔现象学。他的解释如下："重点是人类意图的相互依存与变化……如果我们想要研究自然环境，只能通过研究人类对自然环境的意图和认识进行内在研究，而不是通过一些外部的机械因素来研究……如果没有人类，那么自然本身也就不存在价值和权利的意义。"[2]

在生态规划方法的反实证批评中也隐含了现象学的意义。由奥古斯特·孔德发展起来的实证主义（Positivism），作为一种信条，很多人相信它是人类所掌握的用来组成事实和维系人类关系的唯一知识。[3] 通过实证方法人们可以客观地描述景观并对景观的发展进行科学的评估，但是实证主义的概念却为批评者们所不齿。[4] 认为实证主义忽视了在理解景观内在结构和意义时必不可少的美学特征。特别是在人们对景观实际利用和亲身体验的微观尺度上，更是如此。

生态规划的方法也需要在社会、经济和政治框架内运行。在英国，生态规划具有详尽的法规保障，在决策过程中给予规划师更大的权力。[5] 在美国，规划是一项孤立的行为，与欧洲国家相比，法律赋予美国规划师的权力少之又少。这在很大程度上阻碍了生态规划在美国的发展进程。规划的法定权限使生态规划在世界各地的实施存在着巨大的差异。

在解决人与自然对话中所出现的矛盾时，生态规划的确是一种解决矛盾的有效途径。当然生态规划并不能解决所有的问题，但是绝对会提供莫大的帮助。正如理查德·福尔曼所说的那样，"毋庸置疑，空间解决方案是存在的，这些方法就是生态系统和土地利用的空间配置，它在任何景观或地区中都具有生态意义。行之有效的运用空间解决方案，可以让我们信誓旦旦地说：为子孙后代保留生物多样性、土地和水并不是一种空谈。虽然保护和供给不会具体到每一个物种、每一寸土地或是每一颗水滴，但是这种空间解决方案会保护这些因素大多数的重要特征。"[6]

在我看来，如果我们想有效地响应福尔曼提出的这一挑战，我们就必须采取或者重新确立一个明确的道德框架，在这个框架中不仅要包含环境和美学价值，也要根据利益主体提出适当的解决方式，利用和调整每种方法的重要特征并排除一些不理想的因素。

这里所提到的奥尔多·利奥波德的土地伦理就与这种方法相关。在他的伦理概念中，人类与自然相辅相成，并没有优劣之分，人类只是"生物群落中的普通成员和居民"[7]，我们只有保护"生物群落的完整性、稳定性和自然的生态美"[8] 时，我们所做的事情才是正确的事情。利奥波德认为，我们应该是社会的"爱心会员"，人类有责任和义务来保护生物群落的这些特征。

从道德的立场理解世界的需求，这种理解需要包含人们对生物群落美感的欣赏。确实，理解人与自然的真实关系是生态学的本质。我认为只有把生态学作为一种认识方法，才能够使生态规划专家在所有的空间和时间维度内明确的研究生物物理和社会文化过程之间的联系。历史观的思维方式也尤为重要，它能够使规划者探索推动景观演化的历史力量，包括人类对景观资源的滥用；同时也能够使规划者应用再生机制，将物质、能源和物种的流动作为行动的基础，持续地对景观进行监测。按莱尔的观点，"再生就是要在生命自身的重生下进行，然后我们才能对未来抱有希望。"[9]

生态思维也要求规划师和设计师的认识达到一个新的水平，只有这样才能够更好地理解和体会人与自然之间错综复杂的互动过程。不论是何种尺度，人、石头、野花是一个整体的一部分，而这个整体应该处在一个更大的相互依存的系统内。有了生态的思维，打破人和自然之间的藩篱成了水到渠成的事。当然生态规划思想也认为，生态规划人员在理解人与自然过程的复杂性上有一定的局限性。因此，人们应该以一种有意义的方式把生态规划看做是一个广泛的参与过程，这个过程中当然要包括原住民。无论发展到什么程度，生态规划都只是人与自然作用过程中的一个副产品，能够展现出人与景观相互关系的复杂性。因此生态规划思想的核心就是参与性。斯蒂芬·卡普兰指出，"参与性设计（规划）促进了人们对社区更好的理解，参与性本身就是生态过程朝着更高形式演化的反映。"[10]

理解生物群落的生态美是生态认识的一个组成部分。生态认识涉及更加广泛的人类价值、观念和体验。在建立社会责任和持续发展以及整体平衡的生态布局中，上述每个因素都至关重要。如果能够有效地恢复和维持生物群落，我们首先要欣赏它的内在美。正如乔治·汤普森和弗雷德里克·斯坦纳在《生态设计和规划》中所提到的那样，"最好的设计是美学形式和生态功能的高度结合。"[11]但是利奥波德提醒我们：审美是一种学术行为，大多数人看到的"只是一些表面的东西"，所以对大多数人来说"美国把动植物群落令人难以置信的复杂性称为生物体的内在美"可能仍然是"无形的且难以理解的"。[12]因此，教育公众去欣赏景观的内在美是生态认识的另一个重要方面。

利奥波德的土地伦理概念以及拓展后的生态认识概念都是生态规划的基本原理，应该被所有生态规划的实施者所了解，它们是我们思想的源泉。为了将这些想法付诸实践，首先生态规划和设计人员应该提出适当的问题以解决利益的主体，这些问题与卡尔·斯坦尼兹所提出的问题类似[13]；然后根据需要采用最为稳定和有效的方法，要确保所选的特征能够以和谐的方式共同产生作用，就像是在演奏一首爵士乐一样。生态规划的固有价值在于它的思想、方法和多元化的技术。事实上，所有方法中行之有效的想法都是生态规划重要的借鉴对象和经验。

从根本上讲，生态规划的意义绝非是一种规划的方法和途径。它更是一种经营人类与土地之间关系的世界观，它的出现更确保了"生物群落"在未来有能力满足子孙后代的需求的能力，而不是被现在的人类消耗殆尽。

240

译　后　记

距离《明日的田园城市》发表已过去一个多世纪，"城"与"乡"的融合与制衡，在今天却更多呈现为大都市地区（Mega-City Region）的蔓延与传统乡村的凋敝，人类聚居地不断侵入有价值的自然环境或生态敏感地区，曾经广袤、美丽的自然基底，在世界城镇化水平超出 50% 的今天变成更为破碎化的景观。在人类对全球气候变化的隐忧与对生态灾害频发的恐慌中，21 世纪既是城市的世纪，也更是人类重建城市与自然的关系、寻求人类与自然共生的新世纪。

当前，中国面临快速城镇化进程中急剧的空间变迁与严峻的资源环境危机，可持续发展视野下城市的低碳转型与生态规划绝非只是城市营销的时髦口号，而是严肃的、哲学层面的审慎思考，是城市管理者、规划决策者或规划师必须直面的艰苦践行。因此，城市规划、景观学等相关学科亟待系统地引进国外生态规划的设计理论与方法，将我们所从事的生态规划实践建立在对以往经验的深度理解之上，以应对当前迫切的生态问题。

得克萨斯 A&M 大学景观规划设计与城市规划系主任福斯特·恩杜比斯教授所著的《生态规划历史比较与分析》一书，无疑是当今最为全面、深刻地展现生态规划方法演进历程的著作。本书对生态规划理论实践的起源、发展和演化线索的厘清，有助于我们将生态规划方法与具体问题正确匹配，并将生态思想最大限度地融入土地利用与管控的过程。

本书中的"生态规划"一词主要指的是景观生态规划，但书中介绍的错综复杂的生态规划方法体系却不仅限于景观规划设计领域，而更似整个规划学界"生态思维"演进与更新的过程缩影，涉及城市规划、环境学、生物学、地理学、生态学、心理学等诸多学科。书中考察了过去 150 年中生态思想的基本原理及主要贡献者，以及近几十年来由于全球生态意识不断增加而导致的规划模式转变。本书将当代生态规划的主要方法分为 6 类：第一代景观适宜性分析方法（1969 年之前）、第二代景观适宜性分析方法（1969 年之后）、应用人文生态学方法、应用生态系统方法、应用景观生态学方法与景观评价与景观感知方法。

景观适宜性分析方法（LSA）是生态规划领域中最为经典的开创性方法，它聚焦于土地对于特定用途的适应性，寻求土地的最优配置、内在潜力及可持续的利用。它以 1969 年为界分为两代，第二代景观适宜性分析方法是在基本概念、程序原则和分析技术三方面对第一代方法的改进。尽管如此，第二代景观适宜性分析方法仍对几方面问题关注不够，如人们如何感知、评价、使用及适应变化中的景观？人类及自然生态系统是如何运行的？景观如何变化以响应生物物理及社会文化的互动？怎样理解景观才能最便捷地揭示环境和审美方面的考虑？对上述问题的思考衍生出以下多元视角的规划方法。

应用人文生态学方法（The applied-human-ecology approach）强调生态规划中的文化因素，将文化看做协调人类与环境关系的媒介。它考虑的核心是在景观利用中寻求生态适宜和文化理想选址之间的最佳匹配。这一方法在规划设计实践中的运用包括"文化适应"与"场所构建"两个主要方向。

应用生态系统方法（The applied-ecosystem approach），主要探讨生态系统层面上的景观功能。它把人类社会置于生态背景之中，将生态系统的概念作为理解和分析景观的框架。它包含了一系列方法，主要用于研究景观的功能、结构以及景观如何响应人类与自然的影响。

应用景观生态学方法（The applied-landscape-ecology approach），主要探讨景观层面上的景观功能。它将地理学中强调空间分析的空间方法与生态学中关注生态系统运行的功能方法结合起来。与应用生态系统方法不同，应用景观生态学方法强调空间格局和生态过程之间的关系，并认为动态演变是景观的基本特征。

景观评价与景观感知方法（Assessment of landscape values and perception）主要探讨人们在与景观互动中的审美体验，并将审美体验系统地纳入景观设计、规划和管理之中。它吸引了规划设计、资源管理、环境学、心理学和地理学等多个专业的学者，将自身的专业方向带入到景观感知的研究之中，从而形成了多个景观感知与景观评价的范式、方法和技术手段。其应用也覆盖了从人类主导到自然主导的各类景观。

以上多样的方法提供了理解人类与自然过程互动关系的多元视角。每一种生态规划方法都有一套理念基础、数据要求及技术手段，为实践提供不同的路径指导。例如，麦克哈格的适宜性分析方法与福尔曼与戈登的景观生态学方法所提供的路径指导就大为不同。每种方法也都有其适用的实际情形。例如，已受到干扰的保护性景观规划与城市化景观中的土地开发规划所采取的方法路径也完全不同。但事实上，实践中的生态规划并未截然分类，往往需要一种或几种方法综合应用，才能解决具体问题。因此，本书的最后一章提供了多个方法的比较综合，揭示其理论与方法的内在假设，便于规划者进行方法上的选择。

生态规划的理论与历史研究是一项异常复杂的工作，涉及大量的学科交叉，无法从单一角度彻底明晰。恩杜比斯教授运用历史与比较的方式，敏锐地追溯并分析了主要生态规划方法的多元知识起源和实践，分析了各种生态规划方法应用中的优势所在，并将这些方法的源流及其历史背景进行了逐一还原。书中展示的对浩瀚文献资料的掌控力及辨析力令人赞叹。书中对各种生态规划方法的解析独到，观点极具思想深度与启发性。

作为一个城市规划背景的译者，该书的翻译，毋庸是艰辛的学习与解惑的过程。由于自身惯性的城市规划思维模式，在领悟书中诸多生态学者思想进程时常常会陷入困惑与迷思。然而幸运的是，翻译组众多成员的积极思辨和严谨求索帮助本书的翻译与译审工作得以良好完成，并成为一个集体心力的结晶。需要特别感谢刘滨谊教授、王云才教授在全书翻译与审校过程中的睿智指导，感谢黄筱敏同学高效的工作组织和推进，感谢覃毅、李洋、韩丽莹、赵岩、孙辰、高凌峰、张英等同学的初译工作。由于译者水平及时间所限，译文不免存有粗疏及不当之处，祈读者赐教，以便改进。

陈蔚镇
2013 年于同济大学

附翻译分工：

1. 前言、致谢、后记：王云才，李洋
2. 绪论：王云才，张英
3. 第 1 章：陈蔚镇，覃毅
4. 第 2 章：王云才，李洋
5. 第 3 章：王云才，韩丽莹
6. 第 4 章：陈蔚镇，黄筱敏
7. 第 5 章：王云才，赵岩
8. 第 6 章：陈蔚镇，孙辰
9. 第 7 章：陈蔚镇，高凌峰
10. 第 8 章：王云才，张英
11. 作者简介：陈蔚镇，高凌峰

一审：陈蔚镇，王云才
二审：刘滨谊

注 释

_____

绪 论

1. The Club of Rome is a group of eminent educators, economists, scientists, industrial-ists, and public officials who came together under the leadership of the Italian industrialist Arillio Peccei to discuss the future of humankind. Eugene Odum, the prominent ecologist at the University of Georgia, in Athens, noted that Meadows, Meadows, and Behrens, *Limits of Growth*, used a modern systems approach to pursue arguments similar to those made in classics by such works as Marsh, *Man and Nature*; and Vogt, *Road to Survival*.

2. World Commission on Environment and Development, *Our Common Future*.

3. Toth, "Contribution of Landscape Planning to Environmental Protection," 2.

4. Steinitz et al., *Comparative Study of Resource Analysis Methods*, 1.

5. This is, of course, a topic that has been explored by others, although not in the man-ner I approach it. Comparing a wide range of ecological-assessment approaches is diffi-cult in part because their formats differ. Most evaluations usually focus on subcategories within a major approach, for example, the suitability analysis, or they emphasize tech-niques for analyses. Those that focus on a few individual approaches include Belknap and Furtado, *Three Approaches to Environmental Resource Analysis*; idem, "Hills, Lewis, McHarg Methods Compared," 146–47; Steiner, "Resource Suitability"; and Diamond, "Compara-tive Approaches in Lake Management Planning."

A majority of the comparisons have been largely directed at refining the suitability methods, including that proposed by Ian McHarg in *Design with Nature*. Representative works include: Jacobs, "Landscape Development in the Urban Fringe"; Giliomee, "Eco-logical Planning"; Rose, Steiner, and Jackson, "Applied Human Ecological Approach to Regional Planning"; Roberts, Randolph, and Chiesa, "Land Suitability Model for the Evaluation of Land-Use Change"; Laird et al., *Quantitative Land-Capability Analysis*; McHarg, "Human Ecological Planning at Pennsylvania"; and, Sandhu and Foster, "Land-scape Sensitive Planning."

The most comprehensive assessment of a wide variety of methods is Steinitz et al., *Comparative Study of Resource Analysis Methods.* However, the assessment focused only on resource-suitability methods. Another comprehensive assessment of techniques for generating land-suitability maps is Hopkins, "Methods for Generating Land Suitability Maps." Other comparative evaluations of many methods include: Slocombe, "Environmental Planning, Ecosystem Science, and Ecosystem Approaches for Integrating Environment and Development"; Briassoulis, "Theoretical Orientations in Environmental Planning"; McAllister, *Evaluation in Environmental Planning;* Nichols and Hyman, "Evaluation of Environmental Assessment Methods"; Lee, "Ecological Comparison of the McHarg Method with Other Planning Initiatives in the Great Lakes Basin"; and Wathern et al., "Ecological Evaluation Techniques."

In the field of landscape perception and assessment the notable comparative works include: Arthur, Daniel, and Boster, "Scenic Assessment"; Porteous, "Approaches to Environmental Aesthetics"; Zube, Sell, and Taylor, "Landscape Perception"; Zube, "Themes in Landscape Assessment Theory"; and, Schauman, "Countryside Scenic Assessment."

6. Leopold, *Sand County Almanac,* 145.

7. Alexander Pope, quoted in Steiner, "Landscape Planning"; Plato, quoted in MacKaye, "Regional Planning and Ecology," 340.

8. Steiner, *Living Landscape,* 4.

9. In his classic book *The Primitive World and Its Transformation* the anthropologist Robert Redfield defined *world-view* as the way people characteristically look upon their world. In the context of ecological planning the notion of world-view can be extended to include the way people view the relations between humans and natural processes, which provides the basis for appropriate social conduct.

10. Carl Steinitz, at Harvard, suggests a series of questions to conceptualize these activities: How should the landscape be represented? How does the landscape function? Is the landscape functioning well? How might the landscape be changed? What predictable differences might the changes cause? How should the landscape be changed? (Steinitz, "Landscape Change"). I add a seventh question because implementation is an important activity in ecological planning: How can the proposed change in the landscape become a reality?

11. Steiner, *Living Landscape,* 4.

12. The suitability method developed by Ian McHarg and his colleagues and students has been the subject of many reviews. For some negative reviews, see Litton and Kieieger, "Book Review on *Design with Nature*"; and Gold, "*Design with Nature:* A Critique."

第1章　生态规划历史回顾

1. T. D. Galloway and R. G. Mahayni used Kuhn's idea of a paradigm to explain developments in the planning profession, which in many ways are similar to those in landscape planning (Galloway and Mahayni, "Planning Theory in Retrospect"). They discussed the difficulties in adopting Kuhn's framework to explore the evolution of an applied field such as planning and concluded that it was a useful framework. See also Rosenberg, "Emerging Paradigm for Landscape Architecture"; Rosenberg used Kuhn's framework to focus thinking and research in landscape architecture during the 1980s.

2. Kuhn asserted that scientific communities pass through phases in which (1) there is no consensus on a central body of ideas or paradigm to guide the community; (2) there is some agreement on a paradigm; (3) the paradigm constitutes the basis for research and problem solving in the community; (4) there is an awareness of things the paradigm cannot explain or resolve; and (5) attempts are made to formulate alternative paradigms.

3. The knowledge base used in landscape architecture is drawn from the natural, physical, and social sciences, as well as from the creative arts. The artistic nature of landscape architecture may help to explain the discrepancies between the phases of paradigm development proposed by Kuhn and those I have identified for ecological planning.

4. Kuhn, *Structure of Scientific Revolutions,* 4.

5. For an excellent account of the history of American environmental thought, see Nash, *American Environment.*

6. Catlin, *Letters and Notes on the Manners, Customs, and Conditions of North American Indians,* 1:261–62.

7. Thoreau, *Walden,* 281.

8. Other notable examples of Olmsted's works are the designs for Prospect Park in Brooklyn (1865–73), South Park in Chicago (1871), Franklin Park in Boston (1878), and the Columbian Exposition in Chicago (1893).

9. Since Olmsted advocated understanding the landscape from ecological and aesthetic perspectives, it is useful to comment on his ideas about aesthetics and landscapes. Olmsted's aesthetic philosophy was rooted in the English landscape-gardening tradition, a clear departure from the highly formal European tradition. Notable proponents of the English landscape gardening tradition include William Gilpin, Uvedale Price, and Humphrey Repton. In his *Remarks on Forest Scenery and Other Woodland Views* (1791) Gilpin pointed out that natural scenery was the primary factor that distinguished one region or locality from the other. He argued for its preservation and enhancement. In addition, Gilpin made a clear distinction between two competing design styles: the pastoral (finished and beautiful) and the picturesque (irregular and wild).

Gilpin's ideas on scenery enhancement were a departure from those proposed by the English landscape designer and painter Lancelot "Capability" Brown, who advocated the enhancement of scenery through modifications to the landscape to reveal the topography and create "simple and flowing forms." Uvedale Price expanded upon Gilpin's ideas on the distinctions between the pastoral and the picturesque in his *Essay on the Picturesque* (1794). He located the essence of the picturesque in the physical characteristics of the landscape. While the writings of Gilpin and Price influenced much of the aesthetic theory of the late eighteenth and nineteenth centuries, their ideas did not produce a picturesque tradition of landscape design.

In a series of articles and books, including *Sketches and Hints on Landscape Gardening* (1795), Humphrey Repton expanded upon the ideas advocated by Capability Brown. However, he offered a more flexible and subtle approach to the enhancement of scenery, relying on both the natural and the architectural features of a site to create "subtle massings" and to achieve unity in the treatment of spaces. By the 1840s the famous nurseryman from New York, Andrew Jackson Downing, was promoting the adaptation of the English landscape-design tradition to the United States, which he documented in *A Treatise on the Theory and Practice of Landscape Gardening, Adapted to North America* (1841). Downing stressed the preservation and enhancement of scenery, though he provided very little guidance on how to translate his ideas into practice.

Similar attempts to adapt the English landscape-design tradition to the United States include J. C. Loudon's *Suburban Gardener* (1838) and H. W. S. Cleveland's *Landscape Architecture as Applied to the Wants of the West* (1871). Olmsted subtly combined the ideas rooted in the pastoral and picturesque traditions in his works, although he was primarily concerned with revealing a site's intrinsic natural qualities. For Olmsted, the site was the park, emphasized earlier in the writings of Catlin and Thoreau as a source of spiritual healing that counteracted the dehumanizing aspects of city life.

10. Wood, "Extended Garden Metaphor," 16.

11. Marsh, *Man and Nature*.

12. Ibid., 280.

13. Powell, *Reports of the Lands of the Arid Region of the United States*, viii.

14. Howard, *Garden Cities of To-Morrow*.

15. Muir, *Yosemite*.

16. Eliot, *Charles Eliot, Landscape Architect*, 496.

17. G. Pinchot, *Breaking New Ground* (New York: Harcourt, Brace, & World, 1947), cited in Roderick, *American Environmentalism*, 41.

18. W. J. McGee, quoted in ibid.

19. Landscape or ecological planning was an integral part of the profession of landscape architecture until 1910. The division corresponded with two major events. First, many landscape architects moved away from designing parks and large open spaces to working on private estates, such as the Biltmore Estate. Second, there was disagreement among landscape architects regarding the appropriateness of the *natural style* to site-specific residential design. Two contrasting styles emerged in the planning and design of landscapes: the natural style, espoused by Frederick Law Olmsted and his followers, and *formal geometry*, based on Renaissance architecture, promoted by the landscape painter Charles Platt and the architect Richard Morris Hunt. Formal geometry emphasized simple, rectilinear spaces connected by strong long axes and views.

20. Peter Towbridge, at Cornell University, used the term *trial and error techniques* to describe a way of analyzing landscapes that relied primarily on common sense and experience (Naveh and Lieberman, *Landscape Ecology* [1984], 200–201).

21. *National Park Act of 1916, U.S. Statutes at Large 39* (1916): 535.

22. Kuhn, *Structure of Scientific Revolution*, 15.

23. I rely mainly on two primary sources for my discussion of the development of the overlay technique: McHarg's account of the pioneering efforts of Charles Eliot in developing overlays using sun prints in the late nineteenth century, *To Heal the Earth*, 203–6; and

Steinitz, Parker, and Jordan's account of subsequent development and use of the overlay technique, "Hand-Drawn Overlays."

24. While the development of the overlay technique was a milestone in the evolution of ecological-planning methods, other developments were also important. Aerial photography, a well-known source of data in ecological-planning studies, was first used in geographical studies in 1917. In 1925 the geographer Carl Sauer provided theoretical rigor in analyzing landscapes when he published the article "Morphology of Landscape," in which he proposed a "morphological method" of spatial analysis for natural and cultural landscapes. In 1927 C. Marbut presented one of the first soil-classification systems at the International Congress of Soil Science. Soil classification was an early method for analyzing landscapes. These developments were cited in Bryant, "New Model of Landscape Planning."

25. Geddes, *Cities in Evolution*, 351.

26. Weaver, *Regional Development and the Local Community*, 31–73, provides an excellent account of regionalism.

27. Ibid., 60–61. Weaver argues that the weakness of the regional-planning movement was the failure by members of the RPAA to integrate the issues of class relations and contradictions in their formulation of regionalism, a fundamental characteristic of capitalist industrial societies. One outcome was that the RPAA adopted an organic and unrealistic view of the region that led to "an acceptance of government as a disinterested arbiter of regional problems" (61).

28. The Southern Regionalists, led by the University of North Carolina sociologist Howard Odum, promoted another form of regionalism. Primarily concerned with underdevelopment in the South, the Southern Regionalists advanced the notion of "regional reconstruction," which focused on "autonomous institutional building, education, and resource development at the regional level" (ibid., 60–62).

29. Odum, *Ecology and Our Endangered Life-Support Systems*.

30. Quinby, "Contribution of Ecological Science to the Development of Landscape Ecology."

31. Ibid., 10.

32. Although the concept of ecological succession was first described by Europeans (especially Warming) in 1895, the pioneering work in the field was by Clements and Gleason.

33. Grese, *Jens Jensen*, 52–61.

34. Friedmann, *Planning in the Public Domain*, 187–89.

35. See Weaver, *Regional Development and the Local Community*, 50.

36. Kuhn, *Structure of Scientific Revolutions*, 15.

37. I rely heavily on Golley, *History of the Ecosystem Concept in Ecology*, for my overview of the evolution of the ecosystem concept. Golley pointed out that another important aspect of the ecosystem concept was that it united the works of two opposing groups: plant ecologists, who emphasized the importance of hierarchical division among individual stands of vegetation, and those who stressed the life history and maturity of vegetation stands.

38. More specifically, Lindeman applied the energy approach to demonstrate how to convert the biomass (living weight of species) into energy units, how to describe the annual production of food crops in terms of trophic (feeding) levels, such as those of producers and consumers, and how to determine the efficiency of energy transfer between trophic levels ("Trophic Dynamic Aspect of Ecology").

39. Quinby, "Contribution of Ecological Science to the Development of Landscape Ecology," 10.

40. Golley, *History of the Ecosystem Concept in Ecology*, 1–3, quotation on 3.

41. MacKaye, *New Exploration*.

42. MacKaye, "Regional Planning and Ecology," 351.

43. Leopold, *Sand County Almanac*, 145.

44. McKenzie, *Pinelands Scenic Study—Summary Report*.

45. Mumford, *Culture of Cities*, 376.

46. Ibid., 315.

47. Ibid., 376–83.

48. John Dewey, quoted in Friedmann, *Planning in the Public Domain*, 189.

49. Graham, *Natural Principles in Land Use*.

50. Vogt, *Road to Survival*.

51. Sears, *Ecology of Man*.

52. Odum, *Fundamentals of Ecology*, 334.

53. APRR, *Town and County Planning Textbook*, 146–96.

54. Steinitz, Parker, and Jordan, "Hand-Drawn Overlays," 446–47.

55. Kuhn, *The Structure of Scientific Revolution*, 17.

56. Thomas, *Man's Role in Changing the Face of the Earth*.

57. The period between the mid-1950s and the mid-1960s corresponded with the transition from the industrial to the postindustrial era in the United States (Bell,

Coming of the Post Industrial Society). This period was characterized by political and economic turbulence and disenchantment. In a postindustrial era more people are employed in services and proportionately fewer are employed in industry. In "Planning in the Era of Social Revolution," Betram Gross argued that this transition was marked by uneven technological development, changing institutional structures, and social protests.

While the pace of technological development accelerated, most of the development emphasized technologies that enhanced opportunities for profit and material benefits, such as outerspace exploration. There was very little progress in technology related to education, housing, and community development. Changing institutional structures created fragmentation, deepening crisis, and rising expectations. The fragmentation was expressed in many areas, including the traditional bonds that held the family together, professionalism, and social roles.

In speaking of a deepening crisis I refer to the fact that the past could no longer serve as a guide for the future. There was no obvious symbols of responsible authority. The erosion of authority began with the family and extended into the economic and political spheres. The rise in expectations was primarily focused on a better and more equitable distribution of benefits. In addition, social protests coincided with the political crisis that marked the shift to postindustrialism. The major protests included the environmental movement, against deteriorating ecological health; the civil rights movement and the movement for minority rights, against various forms of social injustice; the leftist movement, focusing on political corruption; and the women's movement, demanding the liberation of women from centuries of imprisonment in social roles based on assumptions of their biological inferiority.

58. Commoner, *Science and Survival*.

59. Ehrlich, *Population Bomb*.

60. Thomas, *Man's Role in Changing the Face of the Earth*.

61. Schumacher, *Small Is Beautiful*; Capra, *Turning Point*. While scholars such as Schumacher and Capra argued for fundamental changes in the management of finite resources, many others have complete confidence in the ability of new technology to manage the world's resources. The well-known spokespersons for the latter view include H. Kahn, W. Brown, and L. Martel in *The Next 200 Years* and the economist J. Simon in *The Ultimate Resource*.

62. Blake, *God's Own Junkyard*; Tunnard and Pushkarev, *Man-Made America*; Nairn, *American Landscape*.

63. Ridd, "Multiple Use."

64. L. B. Johnson, "Natural Beauty—Message from the President of the United States," *Congressional Record*, 89th Cong., 1st sess., 1965, 3, pt. 2:2085–89, discussed in Nash, *American Environment*, 171–77.

65. *Federal Water Pollution Act of 1948*, U.S. *Statutes at Large* 62 (1948): 1155.

66. *National Environmental Policy Act of 1969*, U.S. *Statutes at Large* 83 (1970): 852.

67. In Britain, for example, ecological planning was a spinoff of controlling development to improve social and economic conditions. The legislative support was provided through a series of acts of Parliament, including the Countryside Act of 1968, the Nature Conservancy Act of 1973, the Land Drainage Act of 1976, the Local Government, Planning and Land Act of 1980, and the Wildlife and Countryside Act of 1981. Initially, much work on ecological planning Britain in the 1970s was restricted to identifying the scenic quality of landscapes. When other landscape resources were addressed in local planning documents, they were treated as individual entities. Thus, integrated ecological planning rarely exists in Britain.

In "Landscape Planning and Environmental Sustainability" Anne Beer pointed out that the apparent lack of integrated planning in Britain resulted from the different interpretation of the phrase *landscape planning* there. In Britain the landscape is interpreted as scenery; thus, landscape planning is interpreted as "planning for the visual aspects of land use." In contrast, ecological planning is fully integrated into the legislative and institutional context of planning in countries such as Germany and the Netherlands. For example, the legislative basis for ecological planning in Germany is the "Landeskulturgesetz," which provides guidelines used by each town and district in developing ecological plans. In the Netherlands the Reallotment Act, which was superseded in 1985 by the Land Development Act, provides the key legislative framework for ecological planning.

68. Hills, *Ecological Basis for Land-Use Planning*.

69. Hopkins, "Methods for Generating Land Suitability Maps," 388–89.

70. Lewis, "Quality Corridors for Wisconsin." Lewis's study of the upper Mississippi River was another significant piece of work in landscape planning during the mid-1960s.

71. McHarg, *Design with Nature*, 103.

72. Glikson, *Ecological Basis of Planning*.

73. Kuhn, *Structure of Scientific Revolutions*, 23.

74. World Commission on Environment and Development, *Our Common Future*, 5–9.

75. The Forest and Rangeland Renewable Resource Act of 1974 and the National Forest Management Act of 1976 focused on the management of public lands. They called for the management of landscape resources, including aesthetics, using an interdisciplinary approach.

76. Bosselman and Callies, *Quiet Revolution in Land Use Control*.

77. Frank Golley, interview by author, Athens, Ga., 6 March 1995.

78. Bormann and Likens, "Nutrient Cycling." Although Bormann and Likens's work was a useful experiment in using ecological modeling, ecologists began to question the usefulness of ecological modeling in describing whole ecological systems and producing testable hypothesis. Other theories emerged that surpassed the ecosystem concept as the dominant theory in ecological studies. For instance, a renewed interest in evolutionary ecology was propelled by the works of V. C. Wynee-Edwards (see *Animals Dispersion in Relation to Social Behavior*; for a more thorough discussion of the competition between ecosystem and evolutionary ecology, see Golley, *History of the Ecosystem Concept in Ecology*, 5–7).

79. Swank and Crossley, *Forest Hydrology and Ecology at Coweeta*; Schindler et al., "Long-Term Ecosystem Stress."

80. Odum, " Strategy of Ecosystem Development."

81. Golley, *History of the Ecosystem Concept in Ecology*, 166.

82. Friedmann, *Retracking America*.

83. MacDougall, " Accuracy of Map Overlays."

84. Hopkins, "Methods for Generating Land Suitability Maps."

85. McHarg and Sutton, "Ecological Planning for the Texas Coastal Plain," 81.

86. In "*Design with Nature*: A Critique" Andrew Gold argued that the McHarg method relied solely on nature as the framework within which human decisions must be made. Yet, the ultimate decisions regarding the use of the landscape are based on externalities, including the supply of land and economic and political realities. Consequently, stated Gold, the McHargian method "fails to recognize that it is intrinsic suitability in conjunction with the values people place on the use of intrinsically suitable land that should determine the correct allocation" (286).

87. Turner, Gardner, and O'Neill, *Landscape Ecology in Theory and Practice*, 4.

88. B. J. Lee discussed nine projects using concepts about ecosystem structure and processes and compared them with the application of the McHarg method in Toronto's Central Waterfront planning study (Lee, "Ecological Comparison of the McHarg Method with Other Planning Initiatives in the Great Lake Basin").

89. Forman and Godron, *Landscape Ecology*.

90. Zonneveld, "Scope and Concepts of Landscape Ecology," 5.

91. Berger and Sinton, *Water, Earth, and Fire*, 24.

92. Zube, "Landscape Meaning, Assessment, and Theory."

93. Berger and Sinton, *Water, Earth, and Fire*, xvii.

94. Ndubisi, "Variations in Value Orientation."

95. Kuhn's framework is instructive in explaining the evolution of landscape planning, but it provides no basis for speculating on scenarios for its continuing evolution.

第2章　第一代景观适宜性评价法

1. McAllister, *Evaluation in Environmental Planning*, 186.

2. Lyle, *Design for Human Ecosystems*.

3. Hopkins, "Methods for Generating Land Suitability Maps," 386–87.

4. *American College Dictionary*, 1953 ed.

5. Brady, *Nature and Properties of Soils*, 639; Laird et al., *Quantitative Land-Capability Analysis*, 2; U.S. Congress, "National Forest System Land and Resource Management Planning."

6. *American College Dictionary*, 1953 ed.

7. Hopkins, "Methods for Generating Land Suitability Maps," 387.

8. *Webster's Encyclopedic Unabridged Dictionary*, 1989 ed.

9. Passons, *Gestalt Approaches to Counseling*, 13.

10. Dewey, *Experience and Nature*, 8.

11. Hopkins, "Methods for Generating Land Suitability Maps," 388.

12. The Soil Conservation Service (SCS), originally the Soil Erosion Service, was established by the Franklin Roosevelt administration in 1933 in response to the disastrous drought that struck the Great Plains.

In 1935 it became a permanent agency under the Soil Conservation Act.

13. Soil surveys were conducted in the United States by 1899. During the next twenty-five years the purpose was to supply maps showing soil selection for determining which rural lands could be used for growing crops, grasses, and trees. By the mid-1920s empirical studies of selected engineering properties of soils were initiated largely through the efforts of the Michigan State Highway Department. Research on integrating the engineering properties of soils to soil behavior continued, and the integration was established by the end of World War II, paving the way for the use of soil surveys in planning and resource management. One of the earliest soil surveys prepared specifically for planning purposes took place in Fairfax County, Virginia (Kellogg, "Soil Survey for Community Planning").

14. Ibid., 3.

15. Steiner, "Resource Suitability," 402.

16. P. E. Davis, L. T. Lerch, N. S. Steiger, J. T. Andrus, and G. Boltrell, *Soil Survey of Montgomery County, Ohio* (Washington, D.C.: U.S. Department of Agriculture, Soil Conservation Service, 1976), cited in Steiner, "Resource Suitability," 402.

17. In 1963 the Chester County Planning Commission, in West Chester, Pennsylvania, published one of the first extensive planning documents to make use of the NSCS classification in estimating landscape suitability, especially for urban and agricultural development (Chester County Planning Commission, *Natural Environment and Planning*).

18. Hills, *Ecological Basis for Land-Use Planning*.

19. Coombs and Thie, "Canadian Land Inventory System."

20. Hills, *Ecological Basis for Land-Use Planning*, 10.

21. Ibid., 12–13.

22. Lewis, *Recreation and Open Space in Illinois;* State of Wisconsin, Department of Resource Development, *Recreation in Wisconsin*. Philip Lewis was a consultant for the latter study.

23. Lewis, "Quality Corridors for Wisconsin," 100.

24. Ecological corridors may comprise above-surface patterns, such as weather, odor, and noise; surface patterns, such as flood and natural areas; or below-surface patterns, such as aquifer-recharge areas, ground-water sources, and mud slides.

25. Lewis, "Ecology," 59.

26. Belknap and Furtado, *Three Approaches to Environmental Resource Analysis*, 31–58.

27. Many of the projects were conducted by McHarg and his colleagues and students in partnership with Wallace, McHarg, Roberts, and Todd and with its predecessor, Wallace-McHarg Associates, based in Philadelphia. A complete listing of the projects, compiled by Frederick Steiner, can be found in McHarg's autobiography, *A Quest for Life*. The Wallace-McHarg Associates projects were published as *Inner Harbor Master Plan*, for the city of Baltimore (1964); and *Plan for the Valley*, for the Green Spring and Worthington Valley Planning Council (1964). The Wallace, McHarg, Roberts, and Todd projects were published as *Ecological Study for Twin Cities Metropolitan Region, Minnesota,* prepared for the Metropolitan Council of the Twin Cities Area (1969); *An Ecological Study for the Future Public Improvement of the Borough of Richmond (Staten Island),* for the City of New York Office of Staten Island Development, Borough President of Richmond and Park, Recreation, and Cultural Affairs Administration (1969); *Least Social Cost Corridor Study for Richmond Parkway, New York,* for the New York Department of Parks and Recreation (1968); *Towards a Comprehensive Landscape Plan for Washington, D.C.,* prepared for the National Capital Planning Commission (1967); *American Institute of Architects Task Force on the Potomac* (1965–66); and *A Comprehensive Highway Route Selection Method Applied to I-95 between the Delaware and Raritan Rivers,* for the Princeton Committee on I-95 (1965).

28. In an article published in 1967 Lynn White expanded upon McHarg's views about the causes of our ecological crises and argued that the attitudes of Western societies and their traditions of technology and science were rooted in the Judeo-Christian dogma of creation. According to White, "Man named all the animals thus establishing dominance over them . . . no item in the physical creation had any purpose save to serve man's purpose." Christianity's insistence on dominance over nature is largely to blame for the current ecological crises. By implication, the solution to the crises must be largely religious, whether or not we refer to it as such (White, "Historical Roots of Our Ecological Crisis"). Nancy Denig, on the other hand, argued that the exploitation of nature by humans was a matter of choice rather than religion since humans have a free will. She said that Judeo-Christian theology holds that man is called into "a sacred relationship with nature that is lodged in dominion, stewardship, and convenantal co-existence" (Denig, "On Values Revisited").

29. McHarg, "Ecological Determinism," 529.

30. McHarg, *Design with Nature*, 173.

31. McHarg, "Ecological Determinism," 526–38.

32. McHarg, *Design with Nature*, 34.

33. Hopkins refers to the quantitative version of McHarg's method used in these studies as an *ordinal combination* method to suggest the underlying logic of combining factors using overlays (Hopkins, "Methods for Generating Land Suitability Maps").

34. Christian, "Concept of Land Units and Land Systems."

35. Zube and Carlozzi, *Inventory and Interpretation—Selected Resources of the Island of Nantucket*.

36. Zube, *The Islands—Selected Resources of the United States Virgin Islands*.

37. Toth, *Criteria for Evaluating Natural Resources of the TIRAC Region*.

38. For examples of computer technology employed in ecological planning, see Steinitz, *Computers and Regional Planning*; Steinitz and Rogers, *System Analysis Model of Urbanization and Change;* and Steinitz, Enviromedia Inc., and Roger Associates Inc., *Natural Resource Protection*.

39. See above, n. 27.

40. Gordon and Gordon, "Accuracy of Soil Survey Information for Urban Land-Use Planning."

41. McAllister, *Evaluation in Environmental Planning*, 202.

42. This issue was examined extensively in Lee's comparison of McHarg's method with many planning initiatives in the Great Lakes Basin (see Lee, "Ecological Comparison of the McHarg Method with Other Planning Initiatives in the Great Lakes Basin").

第3章　第二代景观适宜性评价方法

1. R. Dorney, at the University of Waterloo, in Canada, argued that landscape evolution is driven by five forces: institutional, social, technological, economic, and ecological (*Professional Practice of Environmental Management*).

2. Gold, *"Design with Nature: A Critique,"* 286.

3. Odum, *Ecology and Our Endangered Life-Support Systems*, 196.

4. Many practitioners and researchers in the field of outdoor recreation have been very active in interpreting and applying the concept of carrying capacity. As Steiner observed, they work with forest and range ecologists and are very familiar with ecological terms. In addition, they are faced continuously with balancing the demand for recreational uses with the potential negative consequences that arise from using recreational areas (Steiner, "Resource Suitability"). In the field of urban planning, D. Schneider and his colleagues interpreted carrying capacity as the critical threshold beyond which development will threaten public health, safety, or welfare unless needed changes are made in public investment, infrastructure, policy, or human behavior (Schneider, Goldschalk, and Axler, *Carrying Capacity Concept as a Planning Tool*).

5. Catton, "World's Most Populous Polymorphic Species."

6. McHarg's colleagues and students include many prominent individuals in landscape architecture and planning: Jon Berger, Charles Brandis, Michael Clarke, Thomas Dickert, Carol Franklin, Colin Franklin, Meir Gross, David Hamme, Bob Hanna, Lewis Hopkins, Michael Hough, Narendra Juneja, Bruce MacDougall, Jack McCormick, Charles Meyer, Laurie Olin, Bill Roberts, Carol Reifsnyder, Leslie Sauer, Anne Spirn, Frederick Steiner, and Dick Toth.

7. Lyle, *Regenerative Design for Sustainable Development;* Franklin, "Fostering Living Landscapes"; Sauer, *Once and Future Forest*.

8. Dorney, *Professional Practice of Environmental Management*, 54–91.

9. Friedmann, *Planning in the Public Domain*, 144.

10. Simon, *Sciences of the Artificial*.

11. Young et al., "Determining the Regional Context of Landscape Planning," 281.

12. Steiner, "Landscape Planning."

13. Lewis Hopkins was a student at Pennsylvania and later was a member of the landscape-architecture faculty at the University of Illinois before becoming chair of the planning department. MacDougall was on McHarg's faculty at Pennsylvania before becoming chair of the University of Massachusetts Department of Landscape Architecture and Regional Planning.

14. Hopkins, "Methods for Generating Suitability Maps." Steinitz and his Harvard colleagues examined the history, technical validity, and efficiency of information management in using hand-drawn overlays in suitability analysis. He recommended a weighted technique for analyzing the relationships among landscape characteristics. The data on each landscape characteristic (e.g., soil) and its subvariables (e.g., soil depth, soil drainage) should be stored on a separate file to enable selective recall as needed.

Regardless of whether the determination of suitability involves the use of computers or hand-drawn techniques, this manner of storing information provides flexibility and enhanced efficiency (see Steinitz, Parker, and Jordan, "Hand-Drawn Overlays"). Mac-Dougall reviewed the accuracy of the types of information typically used in conducting suitability analyses, such as on soils and vegetation. He identified the limitations of some sources of data, such as soil maps, and the inaccuracy resulting from combining many maps using hand-drawn overlays; for instance, when there are more than three or four overlays the maps become opaque (MacDougall, "Accuracy of Map Overlays").

15. Ingmire and Patri, "Early Warning System for Regional Planning."

16. Juneja, *Medford*; Steiner and Theilacker, *Whitman County Rural Housing Feasibility Study.*

17. Ndubisi, *Ecological Sensitivity Study for Richard B. Russell Lake.*

18. Meyers, Kennedy, and Sampson, "Information Systems for Land Use Planning."

19. Steiner, "Resource Suitability," 410.

20. Several planners and landscape architects have proposed schemes for sorting the methods into major groupings. Fabos, for example, organizes them based on whether landscape characteristics can be described as parameters to facilitate quantitative analysis (*Planning the Total Landscape*). The planner Donald McAllister distinguished between quantitative and qualitative methods for suitability analysis (*Evaluation in Environmental Planning*).

Steinitz views the relationship between facts and values and their uses as the basic concern of design processes (LSA methods). The degree to which LSA methods distinguish between facts and values was the prime consideration for his classification, tempered by issues such as scale, time, complexity, and participation (*Defensible Processes for Regional Landscape Design*).

For Lyle, the prime considerations are the manner in which natural and cultural characteristics of the landscape are analyzed and the specific functions the methods are designed to perform (*Design for Human Ecosystems*). Lastly, Hopkins's classification focused primarily on how the methods describe and analyze natural and cultural data ("Methods for Generating Land Suitability Maps.") Irrespective of the criteria used, one consideration is obvious. The methods use some process for organizing the type and array of operations to be performed in determining the optimal uses of the landscape. The process is similar to the design or planning process or variations thereof. I organize LSA methods using the logical series of activities used

in executing planning-and-design tasks. This series of activities is well known and understood by most planners and landscape architects.

21. M. E. Wamsley, G. Utzig, T. Vold, E. Moon, and J. van Barnveld, eds., *Describing Ecosystems in the Field*, RAB Technical Paper 4 (Victoria, B.C.: Ministry of Environment, 1980), 9, quoted in Bastedo, *ABC Resource Survey Method for Environmentally Significant Areas*, 32.

22. Cowardin et al., *Classification of Wetlands and Deepwater Habitats in the United States.*

23. Environment Canada, Lands Directorate, *Land Capability Classification.*

24. Holdridge, *Life Zone Ecology*, 7.

25. R. Beach, D. Benson, D. Brunton, K. Johnson, J. Knowles, H. Michalovic, G. Newman, B. Tripp, and C. Wunschel, *Auston County Ecological Inventory and Land Use Suitability Analysis* (Pullman: Washington State University, Cooperative Extension Service, 1978), cited in Steiner, *Living Landscape*, 81; for examples of layer-cake diagrams related to life zones, see p. 82.

26. Hills, "Philosophical Approach to Landscape Planning," 347.

27. Dorney, *Professional Practice of Environmental Management*, 55.

28. Tyler et al., "Use of Agricultural Land Evaluation and Site Assessment in Whitman County, Washington, USA."

29. For more detailed discussion of the technical aspect, see Tomlinson, Calkins, and Marble, *Computer Handling of Geographical Data;* and Switzer, "Canadian Geographic Information System."

30. Griffith, "Geographical Information Systems and Environmental Impact Assessment."

31. Bastedo, *ABC Resource Survey Method for Environmentally Significant Areas*, 32, 34.

32. Jacobs, "Landscape Development in the Urban Fringe."

33. Ingmire and Patri, "Early Warning System for Regional Planning."

34. EDAW, *Candidate Areas for Large Electric Power Generating Plants.*

35. Deithelm & Bressler, *Mount Bachelor Recreation Area.*

36. Crow, "Alcovy River and Swamp Interpretation Center."

37. Lyle, *Design for Human Ecosystems*, 245.

38. These projects are cited in ch. 2, n. 27.

39. Johnson, Berger, and McHarg, "Case Study in Ecological Planning: The Woodlands, Texas," 935.

40. International Planning Associates, *New Federal*

Capital for Nigeria. Archisystems, Planning Research Corporation, and Wallace, McHarg, Roberts, and Todd (WMRT) were consulting partners. Abraam Krushkhov was the overall project director; Walter G. Hansen, the associate project director; Thomas A. Todd, the partner-in-charge for WMRT planning and design; and Ian L. McHarg, was in charge of technical review.

41. T. Todd, "The Master Plan for Abuja, the New Federal Capital of Nigeria," in Steiner and Van Lier, *Land Conservation and Development,* 115–44.

42. Juneja, *Medford.*

43. Ibid., 11.

44. Vink, *Land Use in Advancing Agriculture.*

45. Ibid., 238, 249.

46. Ibid., 254.

47. Dickert and Tuttle, "Cumulative Impact Assessment in Environmental Planning," 38.

48. Spaling et al., *Methodological Guidance for Assessing Cumulative Impacts on Fish and Wildlife.*

49. Lyle and von Wodtke, "Information System for Environmental Planning."

50. Steinitz, Brown, and Goodale, *Managing Suburban Growth.*

51. Fabos, *Model of Landscape Resource Assessment;* Fabos and Caswell, *Composite Landscape Assessment;* Fabos, Green, and Joyner, *METLAND Landscape Planning Process.*

52. Warner and Preston, *Review of Environmental Impact Assessment Methodologies.*

53. See McAllister, *Evaluation in Environmental Planning;* Jain and Hutchings, *Environmental Impact Analysis;* and Shopey and Fuggle, "Comprehensive Review of Current Environmental Impact Assessment Methods and Techniques."

54. Dee et al., "Environmental Evaluation System for Water Resources Planning."

55. Leopold et al., *Procedure for Evaluating Environmental Impact.*

56. Lyle and von Wodtke, "Information System for Environmental Planning," 394–413.

57. Rice Center for Community Design and Research, *Environmental Analysis for Development Planning.* See also Rowe and Gevirtz, "Natural Environmental Information and Impact Assessment System."

58. Lyle, *Design for Human Ecosystems,* 20.

59. Lyle, *Regenerative Design for Sustainable Development,* 11.

60. Steinitz, "Simulating Alternative Policies for Implementing the Massachusetts Scenic and Recreational Rivers Act."

61. Steinitz, "Toward a Sustainable Landscape with High Visual Preference and High Ecological Integrity."

62. Steinitz et al., *Biodiversity and Landscape Planning;* Harvard University, Department of Landscape Architecture, et al., *Alternative Futures of the Upper San Pedro River Watershed.*

63. So, "Planning Agency Management," 406.

64. Austin and Cocks, *Land Use of the South Coast of New South Wales;* Cocks, Ive, and Baird, "SIRO-PLAN and LUPLAN."

65. Examples include McDonald and Brown, "Land Suitability Approach to Strategic Land Use Planning in Urban Fringe Areas"; and Davis and Ive, *Rural Local Government Planning;* and Bishop and Fabos, *Application of the CSIRO Land Use Planning Method to the Geelong Region.*

66. Ive and Cocks, "SIRO-PLAN and LUPLAN: An Australian Approach to Land-Use Planning. 2. The LUPLAN Land Use Planning Package."

67. The sources were cited in Cocks et al., "SIRO-PLAN and LUPLAN." The influential ones include (1) for ecological planning, Christian and Steward, "Methodology of Integrated Surveys," and McHarg, *Design with Nature;* (2) for multiobjective planning, Keeney and Raffia, *Decisions with Multiple Objectives,* and Dyer, "Interactive Goal Programming"; and (3) for mathematical programming optimization, Openshaw and Whitehead, "Structure Planning Using a Decision Optimizing Technique," and Friend and Jessop, *Local Government and Strategic Choice.*

68. Steiner, *Living Landscape,* 9.

69. Ibid., 10.

70. Ibid.

第4章　应用人文生态方法

1. Rose, Steiner, and Jackson, "Applied Human Ecological Approach to Regional Planning."

2. For works by these authors see the References.

3. Stalley, *Patrick Geddes.*

4. Young, *Origins of Human Ecology,* 360.

5. Jackson and Steiner, "Human Ecology for Land-Use Planning."

6. McHarg, "Human Ecological Planning at Pennsylvania," 109.

7. Berger and Sinton, *Water, Earth, and Fire,* 208.

8. Hawley, *Human Ecology;* Hawley, *Urban Sociology;* Steward, *Theory of Culture Change;* Duncan and Schnore, "Cultural, Behavioral, and Ecological Per-

spectives on the Study of Social Organization"; Duncan, "From Social System to Ecosystem"; Rappaport, *Pigs for the Ancestors*; Bailey, "Human Ecology"; Bennett, *Ecological Transition*.

9. Young, *Origins of Human Ecology*, 8. I lean heavily on Young's authoritative synthesis of the contribution of human ecology for my review.

10. Ibid., 359–60.

11. Steward, cited in Young, *Origins of Human Ecology*, 371.

12. Vayda and Rappaport, "Ecology, Cultural and Noncultural."

13. E. P. Willems, quoted in Young, *Origins of Human Ecology*, 376.

14. Meinig, *Interpretation of Ordinary Landscapes*, 6.

15. J. B. Jackson, quoted in ibid., 228.

16. Bennett, *Ecological Transition*, 269.

17. McHarg, "Human Ecological Planning at Pennsylvania," 112.

18. Tylor, *Primitive Culture*; Freilich, *Meaning of Culture*.

19. Greetz, "Ideology as a Cultural System."

20. Goodenough, *Cooperation in Change*, 522.

21. Kluckhohn, "Values and Value Orientation in the Theory of Action," 412.

22. Boas, "The Limitations of the Comparative Method on Anthropology."

23. Bennett, *Ecological Transition*, 166.

24. Steward, *Theory of Culture Change*, 37; Bennett, *Ecological Transition*, 214.

25. Geertz, *Social History of an Indonesian Town*.

26. Bennett, *Ecological Transition*, 166.

27. Berger and Sinton, *Water, Earth, and Fire*, 206.

28. Steward, *Theory of Culture Change*, 42.

29. Rappaport, *Pigs for the Ancestors*, 237–39.

30. Lockhart, "Insider-Outsider Dialectic in Native Socio-Economic Development"; Kreiger, "Advice as a Socially Constructed Activity"; Pelto and Pelto, *Anthropological Research*; Friedmann, *Retracking America*; Wolfe, "Comprehensive Community Planning Among Indian Bands in Ontario."

31. Kimberly Dovey, quoted in Seamon, *Dwelling, Seeing, and Designing*, 250.

32. Martin Heidegger, quoted in Fell, *Heidegger and Sartre*, 47.

33. Canter, *Psychology of Place*.

34. F. Lukerman, quoted in Relph, *Place and Placelessness*, 3.

35. Ndubisi, "Phenomenological Approach to Design for Amer-Indian Cultures."

36. Cultural geographers, for instance, use historical inquiry, systematically defining the evolution of place from the past to the present, as in the works of W. G. Hoskins; or they examine the physical attributes of place to reveal their cultural and social meaning, as in the writings of the historian J. B. Jackson (see "Pair of Ideal Landscapes").

37. Landscape perception is examined in detail in ch. 7.

38. Berger, "Hazleton Ecological Land Planning Study."

39. Ibid., 321.

40. Ibid., 319.

41. Rose, Steiner, and Jackson, "Applied Human Ecological Approach to Regional Planning." In addition to the authors, the study team included Jonathan Berger, Gail Breslow, Bill Cook, Greg McGinty, Kathy Poslosky, Brad Rubin, and Larry Wolinski.

42. Ibid., 242.

43. Steward, *Theory of Culture Change*; Rappaport, *Pigs for the Ancestors*; Hunter, *Community Power Structure*; Von Bertalanffy, *General Systems Theory*.

44. Rose, Steiner, and Jackson, "Applied Human Ecological Approach to Regional Planning," 247.

45. Ibid., 255.

46. McHarg, "Human Ecological Planning at Pennsylvania."

47. Ibid., 112.

48. Ibid., 114.

49. Berger and Sinton, *Water, Earth, and Fire*, 156.

50. Ibid., 212.

51. Berger, "Guidelines for Landscape Synthesis."

52. Jackson and Steiner, "Human Ecology for Land-Use Planning."

53. Ibid., 181.

54. Naveh and Lieberman, *Landscape Ecology* (1994), 74.

55. The Rural Development Outreach Project (RDOP) at the University of Guelph involved outreach activities supportive of northern initiatives and institutions that promote integrated rural development. One aspect of northern Ontario outreach is to work with Native Canadian communities under the leadership of Professor Jackie Wolfe.

56. Ndubisi, *Participatory and Culturally Interpretive Approach to Dynamic Rural Site Planning*.

57. Alexander, Ishiwaw, and Silverston, *Pattern Language*; Alexander, Gitai, and Howard, *Segev "Het" Master Plan, Israel*; R. Dubos, "So Human an Animal," quoted in Green, *Mind and Image*, 37; Canter, *Psychology*

of Place; Lynch, *Theory of Good City Form*; Lynch, *Image of the City*; Norberg-Schulz, *Existence, Space, and Architecture*; Prochanky, Ittelson, and Rivlin, *Environmental Psychology*; Rapoport, *Mutual Interaction between People and Their Built Environment*; Relph, *Place and Placelessness*; Von Franz, *Projection and Recollection in Jungian Psychology*.

58. Lynch, *Theory of Good City Form*, 131.

59. Tom Alcose, head of the Department of Native Studies at Laurentian University, Sudbury, Ontario, and future resident of the Burwash community, interview by author, Sudbury, 11 August 1981.

60. Penfold and Ndubisi, *New Post Band No. 69 Relocation Study and Site Selection*; Simon et al., *Culturally Sensitive Approach to Planning and Design with Native Canadians*; Ndubisi, *Development Implications of the Biophysical and Cultural Resource Assessment for the Missisaugas*.

61. Fahs, "Paseo De Amistad."

62. Ibid., 24.

63. Doineau, "Culturally Informed Design."

64. Rapoport, *Mutual Interaction of People and Their Built Environment*.

65. Ndubisi, "Phenomenological Approach to Design for Amer-Indian Cultures"; Ndubisi, "Variations in Value Orientations."

66. Rapoport, *Mutual Interaction of People and Their Built Environment*.

67. The landscape architect and urban designer James Corner, at Pennsylvania, is a vocal spokesperson for this viewpoint. Ian Firth and Catherine Howett, both at the University of Georgia, expressed similar concerns (interviews by author, Athens, Ga., 24 and 25 April 1995, respectively). For instance, Catherine Howett asserted that the deconstruction of biophysical-human systems for scientific analysis emphasizes a restricted mode of understanding that is severely flawed.

68. Hough, *Out of Place*, 58, 30.

69. Ibid., 24.

70. Ibid., 179.

71. Hester, "Subconscious Landscapes of the Heart."

72. Jones and Atkinson, "Making a Marriage with the Land," 66.

73. Jones, *Nooksack Plan*.

74. Jones, *Design as Ecogram*, 47.

75. Ibid.

76. Darrel Morrison, interview by author, Athens, Ga., 24 April 1995.

77. Zonneveld, "Scope and Concepts of Landscape Ecology."

第5章　应用生态系统方法

1. Bormann and Likens, "Nutrient Cycling"; Bormann and Likens, *Pattern and Processes in a Forested Ecosystem*; Odum, "Strategy of Ecosystem Development."

2. A. Tansley, "The Use and Abuse of Vegetation Concepts and Terms," *Ecology* 16 (1935), quoted in Odum, *Ecology and Our Endangered Life-Support Systems*, 38.

3. Golley, *History of the Ecosystem Concept in Ecology*, 66.

4. Ibid., 190.

5. Ibid., 166.

6. Naveh and Lieberman, *Landscape Ecology* (1984), 26.

7. Golley, *History of the Ecosystem Concept in Ecology*, 33.

8. Naveh and Lieberman, *Landscape Ecology* (1984), 64.

9. Hersperger, "Landscape Ecology and Its Potential Application to Planning," 19.

10. Park, *Ecology and Environmental Management*.

11. Jeffers, *Introduction to System Analysis*.

12. Reiger and Rapport, "Ecological Paradigms Once Again."

13. See, e.g., Odum, "Energy Flow in Ecosystem"; Odum, "Strategy of Ecosystem Development"; and Patten, *System Analysis and Simulation Ecology*.

14. Holling, "Resilience and Stability of Ecological Systems."

15. Morowitz, *Energy Flow in Biology*.

16. Odum, *Ecology and Our Endangered Life-Support Systems*.

17. Barrett, Van Dyne, and Odum, "Stress Ecology."

18. Usher and Williamson, *Ecological Stability*.

19. Hirata and Fukao, "Model of Mass and Energy Flow in Ecosystems."

20. Margalef, "Diversity, Stability, and Maturity in Natural Ecosystems."

21. Anderson, "Conceptual Framework for Evaluating and Quantifying Naturalness."

22. Likens et al., "Recovery of a Deforested Ecosystem."

23. Cooper and Zedler, "Ecological Assessment for Regional Development."

24. Holling, "Resilience and Stability of Ecological Systems"; Golley, *History of the Ecosystem Concept in Ecology*.

25. Odum, *Ecology and Our Endangered Life-Support Systems.*

26. James, "Nonequilibrium Thermodynamic Framework for Discussing Ecosystem Integrity."

27. Prigogine, "Thermodynamics of Evolution."

28. Risser, "Toward a Holistic Management Perspective."

29. Ibid., 414.

30. Clapham, "Approach to Quantifying the Exploitability of Human Ecosystems."

31. Odum, "Strategy of Ecosystem Development."

32. Dansereau, "Biogeographic dynamique de Quebec." Moss, "Landscape Synthesis, Landscape Processes, and Land Classification," 145–53. See also Dansereau and Pare, *Ecological Grading and Classification of Landscape Occupation and Land-Use Mosaics.*

33. Lee, "Ecological Comparison of the McHarg Method with Other Planning Initiatives in the Great Lakes Basin," 158, 163.

34. Hills, "Philosophical Approach to Landscape Planning," 347.

35. Dansereau, "Biogeographic dynamic de Quebec." See also Dansereau and Pare, *Ecological Grading and Classification of Landscape Occupation and Land-Use Mosaics.*

36. Moss, "Landscape Synthesis, Landscape Processes, and Land Classification," 145–53.

37. Klign, *Ecosystem Classification for Environmental Management,* 117–37.

38. This distinction is similar to that proposed by William Hendrix and his colleagues at the University of Massachusetts. In a 1988 paper they distinguished two directions for ecological research. The first emphasizes ecological attributes, such as niche and trophic organization; the other, particularly related to large-scale planning, stresses a systems approach (Hendrix, Fabos, and Price, "Ecological Approach to Landscape Planning Using Geographical Information System Technology").

39. Ibid., 213.

40. Ott, *Environmental Indices.*

41. Bastedo, *ABC Resource Survey Method for Environmentally Significant Areas.* See also Theberge, Nelson, and Fenge, *Environmentally Significant Areas in the Yukon Territory.*

42. Ndubisi, DeMeo, and Ditto, "Environmentally Sensitive Areas."

43. Bastedo, *ABC Resource Survey Method for Environmentally Significant Areas,* 129.

44. Netherlands, Ministry of Housing, Spatial Planning and Environment, *Summary of General Ecological Model.* See also idem, *Summary of the Netherlands Environmental Survey.*

45. Grime, "Vegetation Classification by Reference to Strategies."

46. Anderson, "Conceptual Framework for Evaluating and Quantifying Naturalness," 348.

47. Wathern et al., "Ecological Evaluation Techniques."

48. Bailey, Pfister, and Henderson, "Nature of Land and Resource Classification."

49. Helliwell, "Value of Vegetation for Conservation."

50. M. J. Adriani and E. Van der Maarel, *Voorne in de Branding* (1968), cited in Wathern et al., "Ecological Evaluation Techniques."

51. Cooper and Zedler, "Ecological Assessment for Regional Development."

52. Bisset, "Quantification, Decision-making, and Environmental Impact Assessment in the United Kingdom."

53. *National Environmental Policy Act of 1969, U.S. Statues at Large* 83 (1970).

54. Ott, *Environmental Indices,* 3–6.

55. Ecosystem-risk assessment (ERA) provides a systematic means of estimating ecological risks associated with environmental problems. It estimates the uncertainty associated with a certain action, such as exceeding a certain water- or air-pollution standard. While environmental-impact assessment examines the effects of a broad range of human actions on ecosystems, risk assessment focuses on more or less well defined regulatory problems using quantitative analysis to estimate the probability of undesired effects of specific change agents, for example, effects of ozone-induced stress on the edge of a coniferous forest.

56. Glasoe et al., "Assimilative Capacity and Water Resource Management," 18.

57. The evolutionary development and applications of threshold analysis is well documented in Kozolowski, *Threshold Approach in Urban, Regional, and Environmental Planning.*

58. Dickert and Tuttle, "Cumulative Impact Assessment in Environmental Planning"; Glasoe, "Utility of the Environmental Threshold Concept in Managing Natural Resources."

59. Lee, "Ecological Comparison of the McHarg Method with Other Planning Initiatives in the Great Lakes Basin," 157.

60. Sonzogni and Heidtke, *Modelling the Great Lakes.*

61. Orians, "Diversity, Stability, and Maturity in Natural Ecosystems"; Cairns and Dickson, "Recovery of Streams from Spills of Hazardous Materials."

62. See Rapport, Reiger, and Hutchinson, "Ecosystem Behavior under Stress"; and Schaeffer, Herricks, and Kerster, "Ecosystem Health."

63. Risser, "Toward a Holistic Management Perspective."

64. Hendrix, Fabos, and Price, "Ecological Approach to Landscape Planning Using Geographical Information System Technology."

65. Rapport and Friend, *Toward a Comprehensive Framework for Environmental Statistics*; Statistics Canada, "Case Study of the Stress-Response Environmental Statistics System."

66. Spaling et al., *Methodological Guidance for Assessing Cumulative Impacts on Fish and Wildlife*; Lane et al., *Reference Guide to Cumulative Effects Assessment in Canada*.

67. Spaling et al., *Methodological Guidance for Assessing Cumulative Impacts on Fish and Wildlife*, 589.

68. Francis et al., *Rehabilitating Great Lakes Ecosystems*.

69. International Joint Commission, *Environmental Management Strategy for the Great Lakes System*.

70. Royal Society of Canada and National Research Council of the United States, *Great Lakes Water Quality Agreement*.

71. Dorney, *Professional Practice of Environmental Management*, 59–63.

72. K. H. Loftus, M. G. Johnson, and H. A. Reiger, "Federal-Provincial Strategic Planning for Ontario Fisheries: Management Strategies for the 1980s," *Journal of the Fisheries Research Board of Canada* 35 (1978): 921, cited in Lee, "Ecological Comparison of the McHarg Method with Other Planning Initiatives in the Great Lakes Basin," 163.

73. See Myers and Shelton, *Survey Methods for Ecosystem Management*; and Dorney, *Professional Practice of Environmental Management*.

74. Holling and Meffe, "Command and Control and the Pathology of Resource Management"; Walters and Holling, "Large-scale Management Experiments and Learning by Doing."

75. Holling, *Adaptive Environmental Assessment and Management*, 19.

76. Ibid., 13.

77. Noss, O'Connell, and Murphy, *Science of Conservation Planning*, 133.

78. Lee, "Ecological Comparison of the McHarg Method with Other Planning Initiatives in the Great Lakes Basin," 160.

79. Similar mechanisms are reviewed in Steiner's *The Living Landscape*.

80. Donahue, "Institutional Arrangement for Great Lakes Management," 117.

81. Ibid., 135.

82. Turner, Gardner, and O'Neill, *Landscape Ecology in Theory and Practice*, 4.

83. Ibid.

第6章　应用景观生态学方法

1. Hersperger, "Landscape Ecology and Its Potential Application to Planning," 15.

2. Turner, Gardner, and O'Neill, *Landscape Ecology in Theory and Practice*.

3. Hersperger, "Landscape Ecology and Its Potential Application to Planning," 21. Specific methods exist for examining patterns and process in the landscape (see, e.g., Turner, Gardner, and O'Neill, *Landscape Ecology in Theory and Practice*; Farina, *Principles and Methods in Landscape Ecology*; and Turner and Gardner, *Quantitative Methods in Landscape Ecology*). Lacking are definitive methods for applying landscape-ecology theory and principles to ecological planning.

4. The important works include Turner, Gardner, and O'Neill, *Landscape Ecology in Theory and Practice*; Klopatek and Gardner, *Landscape Ecological Analysis*; Farina, *Principles and Methods in Landscape Ecology*; Turner and Gardner, *Quantitative Methods in Landscape Ecology*; Hansson, Fahrig, and Merriam, *Mosaic Landscapes and Ecological Processes*; Forman and Godron, *Landscape Ecology*; Forman, *Land Mosaics*; Golley and Bellot, "Interactions of Landscape Ecology, Planning, and Design"; Haase and Richter, "Current Trends in Landscape Research"; Naveh, "Landscape Ecology as an Emerging Branch of Human Ecosystem Science"; and Lieberman, *Landscape Ecology* (1994); Numata, "Basic Concepts and Methods of Landscape Ecology"; and Zonneveld and Forman, *Changing Landscapes*.

5. The sources in the preceding note provide historical accounts of the development of landscape ecology. Naveh and Lieberman, *Landscape Ecology* (1994), provides a succinct history of developments in Europe. Schreiber's review of developments in Europe, "History of Landscape Ecology in Europe," is precise.

Forman and Godron's *Landscape Ecology* described comparable developments in North America (pp. 35–

41). Additional valuable references include Neef, "Stages in the Development of Landscape Ecology"; and Quinby, "Contribution of Ecological Science to the Development of Landscape Ecology."

6. Forman, *Land Mosaics*, 28–29.

7. Carl Troll, quoted in Schreiber, "History of Landscape Ecology in Europe," 23.

8. The term *biogeocoenose* is used by European ecologists to refer to the smallest indivisible spatial unit in an ecological system.

9. Zonneveld, "Land Unit."

10. Zonneveld, "Scope and Concepts of Landscape Ecology," 5.

11. MacArthur and Wilson, *Theory of Island Biogeography*.

12. Levins, "Extinction."

13. Pollard, Hooper, and Moore, *Hedges*.

14. H. Leser, *Landschaftsokologie* (Stuttgart: Ulmer, 1976), cited in Schreiber, "History of Landscape Ecology in Europe," 27.

15. Schreiber, "Landscape Planning and Protection of the Environment."

16. Van Leeuwen, "Relation Theoretical Approach to Pattern and Process in Vegetation."

17. Rapoport, *Meaning of the Built Environment*; Lynch, *Image of the City*.

18. Lewis, "Quality Corridors for Wisconsin"; Jackson, *Landscapes*; Zube, Brush, and Fabos, *Landscape Assessment*.

19. Christian and Steward, "Methodology of Integrated Surveys"; Olshowy, "Ecological Landscape Inventories and Evaluation"; Thie and Ironside, *Ecological (Biophysical) Land Classification in Canada*; Zonneveld, "Land Unit."

20. Turner, Gardner, and O'Neill, *Landscape Ecology in Theory and Practice*, 11.

21. Forman and Godron, "Patches and Structural Components for a Landscape Ecology."

22. Naveh, "Landscape Ecology as an Emerging Branch of Human Ecosystem Science."

23. Romme, "Fire and Landscape Diversity in Subalpine Forests of Yellowstone National Park."

24. Turner, Gardner, and O'Neill, *Landscape Ecology in Theory and Practice*, 12.

25. Tjallingii and de Veers, *Perspectives in Landscape Ecology*.

26. Four major books published during the 1980s provided additional scientific rigor in North American landscape-ecology studies. The first two, Allen and Starr, *Hierarchy*, and O'Neill et al., *Hierarchical Concept of Ecosystems*, provided original insights into spatial scale and the behavior of complex ecological systems (based on author's interview with Frank Golley in Athens, Ga., 6 May 1995). The other two books, each co-authored by an American and a scholar from abroad, focused on the subject matter of landscape ecology: Naveh and Lieberman, *Landscape Ecology*; and Forman and Godron, *Landscape Ecology*. Six important books published in the 1990s provide additional insights into landscape ecology. Zonneveld and Forman's *Changing Landscapes* summarized evolving approaches, functional processes operating at the landscape scale, and applications as well. In *Methods of Landscape Ecology* Turner and Gardner provided a concise review of emerging quantitative methods for analyzing landscape heterogeneity. In *Landscape Boundaries* Hansen and di Castri integrated the concept of ecotopes with patch dynamics and presented innovative methods for studying them. Forman's 1995 book *Landscape Mosaics* synthesized the state of landscape-ecology studies and explored a new area, spatial structure and sustainable environment at the regional scale. Farina provided an incisive review of concepts and techniques used in landscape-ecology studies in *Principles and Methods in Landscape Ecology*. In an edited book, *Landscape Ecological Analysis*, published in 1999, Klopatek and Gardner highlight important issues in analyzing landscapes and demonstrate their applications. Turner, Gardner, and O'Neill's 2001 book *Landscape Ecology in Theory and Practice* provides a synthetic review of theory, methods, and applications in landscape ecology.

27. Soule, "Land Use Planning and Wildlife Maintenance."

28. Hersperger, "Landscape Ecology and Its Potential Application to Planning," 15.

29. Van Langevelde, "Conceptual Integration of Landscape Planning and Landscape Ecology," 37.

30. Jackson, "Pair of Ideal Landscapes."

31. Forman and Godron, *Landscape Ecology*, 11.

32. Golley, "Introducing Landscape Ecology."

33. Turner, Gardner, and O'Neill, *Landscape Ecology in Theory and Practice*, 4.

34. Ibid., 6.

35. Ibid.

36. Odum, *Ecology and Our Endangered Life-Support Systems*.

37. Hersperger, "Landscape Ecology and Its Potential Application to Planning," 16. I added the population level of organization to the list.

38. Turner and Gardner, *Methods of Landscape Ecology*.

39. Romme and Knight, "Fire Frequency and Sub-alpine Forests of Yellowstone National Park."

40. Naveh and Lieberman, *Landscape Ecology* (1994), 46–47.

41. Koestler, "Beyond Atomism and Holism."

42. Zonneveld, "Scope and Concepts of Landscape Ecology."

43. O'Neill et al., *Hierarchical Concept of Ecosystems.*

44. Urban, O'Neill, and Shugart, "Landscape Ecology."

45. Gleick, *Chaos.*

46. Burrough, "Fractal Dimension of Landscapes and other Environmental Data"; Burel, "Effect of Landscape Structure and Dynamics on Species Diversity in Hedgerow Networks"; Milne, "Measuring the Fractal Geometry of Landscapes."

47. Plotnick, Gardner, and O'Neill, "Lacunarity Indices as Measures of Landscape Texture."

48. Milne, "Measuring the Fractal Geometry of Landscapes."

49. Palmer, "Coexistence of Species in Fractal Landscapes."

50. Alvarez, "Urbanism."

51. Hersperger, "Landscape Ecology and Its Potential Application to Planning," 18.

52. Milne et al., "Detection of Critical Densities Associated with Pinon-Juniper Woodland Ecotones."

53. Stauffer and Aharony, *Introduction to Perculation Theory.*

54. Turner, Gardner, and O'Neill, *Landscape Ecology in Theory and Practice,* 19.

55. The tradition of describing the landscape based on ecotopes was influenced heavily by the Zurich-Montpelier school of phytosociology's groundbreaking detailed floristic classification and ecological interpretation of the central European vegetation cover (Haber, "Using Landscape Ecology in Planning and Management," 217).

56. Klign, "Spatially Nested Ecosystems," 93.

57. Ibid.

58. Dorney, "Biophysical and Cultural-Historic Land Classification and Mapping," 154.

59. Forman and Godron, "Patches and Structural Components for a Landscape Ecology."

60. Spirn, "Poetics of City and Nature."

61. Toth, "Theoretical Analysis of Groundwater in Small Drainage Basins"; Toth, "Hydrological and Riparian Systems"; Freese and Witherspoon, "Theoretical Analysis of Regional Groundwater Flow"; Van Buuren and Kerkstra, "Framework Concept and the Hydrological Landscape Structure."

62. Kerkstra and Vrijlandt, "Landscape Planning for Industrial Agriculture."

63. Selman, "Landscape Ecology and Countryside Planning."

64. Wilcox and Murphy, "Conservation Strategy."

65. Merriam, "Connectivity"; Soule, "Land Use Planning and Wildlife Maintenance"; Burel and Baudry, "Hedgerow Networks Patterns and Processes in France"; Opdam et al., "Population Responses to Landscape Fragmentation."

66. Levins, "Some Demographic and Genetic Consequences of Environmental Heterogeneity for Biological Control"; idem, "Extinction"; Merriam, "Connectivity"; idem, "Corridors and Connectivity."

67. Metapopulation biology is closely related to landscape ecology, but important differences exist. J. Wiens pointed out that unlike landscape ecology, metapopulation models often ignore variations in the quality of patches and the quality of what surrounds them, the effects of patch edges, and the influences the landscape exerts on connectivity among patches. Landscape ecologists pay attention to these issues in enhancing the viability of species (Wiens, "Metapopulation Dynamics and Landscape Ecology").

68. A related concept, *ecological infrastructure,* delineates corridors between natural areas for the movement of species to prevent habitat fragmentation.

69. Kleyer, "Habitat Network Schemes in Stuttgart."

70. Diamond, "Island Dilemma."

71. Forman presented specific criticisms of the island-biogeography theory in *Land Mosaics,* 56–58. There is a comprehensive review of the criticisms in Shafer, *Nature Reserves.*

72. Noss and Harris, "Nodes, Networks, and Mums."

73. Forman, *Land Mosaics,* 437.

74. Duerksen et al., "Habitat Protection Planning." The principles and guidelines proposed by Duerksen were discussed in Turner, Gardner, and O'Neill, *Landscape Ecology in Theory and Practice: Patterns and Process,* 292–97.

75. Turner, Gardner, and O'Neill, *Landscape Ecology in Theory and Practice,* 294.

76. Ibid., 295.

77. Opdam, "Metapopulation Theory and Habitat Fragmentation"; Verboom, Metz, and Meelis, "Metapopulation Models for Impact Assessment of Fragmentation."

78. Diamond, "Island Dilemma"; Helliwell, "Effects of Size and Isolation on the Conservation Value of

Wooded Sites in Britain"; Noss and Harris, "Nodes, Networks, and Mums"; Soule, "Land Use Planning and Wildlife Maintenance."

79. Smith and Hellmund, *Ecology of Greenways.*

80. Zonneveld, "Land Unit," 70.

81. Zonneveld, *Land Ecology.*

82. Haber, "Using Landscape Ecology in Planning and Management."

83. Cook, "Urban Landscape Networks."

84. Forman and Godron, *Landscape Ecology,* 526–30.

85. Cook, "Urban Landscape Networks."

86. Baschak and Brown, "River Systems and Landscape Networks."

87. Selman, "Landscape Ecology and Countryside Planning."

88. Anna Hersperger summarized these steps in "Landscape Ecology and Its Potential Application to Planning," 24.

89. Timmermans and Snep, "Ecological Models and Urban Wildlife."

90. Ruzicka and Miklos, "Basic Premises and Methods in Landscape Ecological Planning and Optimization."

91. Naveh and Lieberman, *Landscape Ecology* (1994), suppl. 3, 21.

92. Ruzicka and Miklos, "Basic Premises and Methods in Landscape Ecological Planning and Optimization," 241.

93. Nassauer, *Placing Nature.*

第7章　景观评价和景观感知

1. Chenoweth and Gobster, "Nature and Ecology of Aesthetic Experiences in the Landscape," 2.

2. Sell, Taylor, and Zube, "Toward a Theoretical Framework for Landscape Perception," 83.

3. Zube, Sell, and Taylor, "Landscape Perception."

4. I prefer to speak of the assessment of *landscape values and landscape perception* rather than the assessment of *landscape,* which is the practice in many studies dealing with aesthetic experiences. Since assessment of the landscape is one of many activities conducted in ecological planning, the use of the term *landscape assessment* may confuse some readers. Moreover, referring to *landscape values* and *landscape perception* makes the object of interest clear.

5. Sancar, "Towards Theory Generation in Landscape Aesthetics," 116.

6. *National Environmental Policy Act of 1969, U.S. Statutes at Large* 83 (1970): 852.

7. *Merriam-Webster Dictionary,* 10th ed.

8. Chenoweth and Gobster, "Nature and Ecology of Aesthetic Experiences in the Landscape," 2.

9. Palmer, "Landscape Perception Model."

10. Zube, Sell, Taylor, "Landscape Perception," 22.

11. Contemporary reviews of developments in the field include: Helliwell, "Perception and Preference in Landscape Appreciation"; Zube, "Scenery as a Natural Resource"; Heath, *Environmental Aesthetics and State of the Art, Theory, Practice, and Research*; Arthur, Daniel, and Boster, "Scenic Assessment"; Penning-Rowsell, "Assessing the Validity of Landscape Evaluations"; Porteous, "Approaches to Environmental Aesthetics"; Punter, "Landscape Aesthetics"; Daniel and Vining, "Methodological Issues in the Assessment of Landscape Quality"; and Zube, "Themes in Landscape Assessment Theory." Many important books have been published on the subject; for example, Porteous, *Environmental Aesthetics,* and Smardon, Palmer, and Felleman, *Foundations for Visual Project Analysis,* provide an in-depth review of methods for visual assessment for the continuum of urban and rural settings. Because of the extensive body of literature in this field, recent published materials focus on specific aspects rather than general issues about landscape perception.

12. I rely on but expand upon Zube's review of landscape values, "Landscape Values: History, Concepts, and Applications."

13. Mann, *Landscape Architecture,* 65.

14. See ibid., 69.

15. Gilpin, *Remarks on Forest Scenery and Other Woodland Views.*

16. Price, *Essay on the Picturesque.*

17. Zube, "Landscape Values," 7.

18. Henry David Thoreau, *Journal* (1861), quoted in Dramstad, Olson, and Forman, *Landscape Ecology Principles in Landscape Architecture and Land-Use Planning,* 10.

19. Congressional interest in historic preservation officially began in 1899 with the establishment of the Casa Grand Reservation in Arizona to protect historic adobe ruins. Subsequent developments in the protection of cultural and historic resources in the United States include the National Historic Sites, Building and Antiquities Act in 1935, which authorized a national survey of historic buildings. The National Trust for Historic Preservation (NTHP) was chartered by Congress in 1949 as a nonprofit organization to encourage public input in the preservation of sites, buildings, and objects significant to American history and culture.

This was followed by the 1996 National Historic Preservation Act, which solidified the preservation of historic resources by setting standards and guidelines.

20. *National Park Act of 1916*, U.S. *Statutes at Large* 39 (1916): 535.

21. Blake, *God's Own Junkyard*; Tunnard and Pushkarev, *Man-Made America*.

22. 348 U.S. 26 (1954). The plaintiff objected to the appropriation of his property for redevelopment purposes intended "merely to develop a better balanced and more attractive community." The court ruled that the appropriation of private property was constitutional for the reasonable necessities of controlling the cycle of slum decay. Slum is the "existence of conditions injurious to the public health, safety, morals and welfare."

23. Examples include the Coastal Zone Management Act of 1972, the Forest and Rangeland Renewable Resources Planning Act of 1974, and the National Forestry Management Act of 1976.

24. Fines, "Landscape Evaluations."

25. Zube and Carlozzi, *Inventory and Interpretation—Selected Resources of the Island of Nantucket*.

26. Linton, *Forest Landscape Description and Inventories*.

27. Shafer, "Perception of Natural Environment."

28. Craik, "Comprehension of Everyday Physical Environments."

29. "The Visual Management System," ch. 1 in U.S. Department of Agriculture, Forest Service, *National Forest Landscape Management*; U.S. Department of Agriculture, Soil Conservation Service, *Procedure to Establish Priorities in Landscape Architecture*; U.S. Department of Interior, Bureau of Land Management, Division of Recreation and Cultural Resource, *Visual Resource Management*.

30. Appleton, *Experience of Landscape*.

31. Kaplan and Kaplan, *Experience of Nature*; Kaplan and Kaplan, *Cognition and Environment*.

32. Lewis, "Axioms for Reading the Landscape," 12.

33. Whitmore, Cook, and Steiner, "Public Involvement in Visual Assessment."

34. Zube, "Themes in Landscape Assessment Theory."

35. Palmer, "Landscape Perception Model." Jim Palmer's scheme distinguishes professional methods from those used specifically for landscape perception. The scheme views landscape perception as a function of people, view, and land. When landscape perception is viewed as a function of people, emphasis is placed on understanding the adaptive value of landscape preferences using a psychological and evolutionary framework such as prospect / refuge, coherence, and legibility (e.g., Appleton, *Experience of Landscape*, and Kaplan and Kaplan, *Experience of Nature*). When landscape perception is considered a function of view, attention is paid to the composition of a landscape scene in terms of attributes such as line color, form, texture, and contrast (e.g., Shafer, "Perception of Natural Environment"; U.S. Department of Agriculture, Forest Service. *National Forest Landscape Management*; U.S. Department of Interior, Bureau of Land Management, Division of Recreation and Cultural Resource, *Visual Resource Management*). The content of the scene may or may not be considered. When landscape perception is viewed as a function of land, the relationship between variables used to manage the physical environment and how people react to it is the prime consideration (e.g., Zube, Pitt, and Anderson, *Perception and Measurement of Scenic Resources in the Southern Connecticut River Valley*). The variables may be land use, landform, or some identifiable feature of the landscape.

36. See Lynch, *Image of the City*; Appleyard, Lynch, and Meyer, *View from the Road*; and Linton, *Forest Landscape Description and Inventories*.

37. See Smardon, "Assessing Visual-Cultural Resources of Inland Wetlands in Massachusetts."

38. Zube, "Evaluation of the Visual and Cultural Environment." The NAR is an area of approximately 167,000 square miles. Besides the quantitative rating techniques employed, the study also attempted to test the hypothesis that visual quality was determined by a combination of landform and diversity of land-use pattern—vegetative cover, water, and land-use activities. The visual quality of the landscape is a function of topography. The visual quality increases as the relief and slope of the land rises. Thus, flat lands are likely to have a lower visual quality than hilly lands. Subsequent studies provided limited support to the hypothesis.

39. Zube, Sell, and Taylor, "Landscape Perception," 9.

40. Ibid., 7.

41. Vining and Stevens, "Assessment of Landscape Quality," 169.

42. The substantial body of documented studies includes Shafer, "Perception of Natural Environment"; Zube, Pitt, and Anderson, *Perception and Measurement of Scenic Resources*; Daniel and Boster, *Measuring Landscape Esthetics*; and Steinitz, "Toward a Sustainable Landscape with High Visual Preference and High Ecological Integrity."

248

43. Berlyne, *Aesthetics and Psychobiology*.

44. Appleton, "Prospects and Refuges Re-Visited," 93.

45. D. Jeans, for instance, questioned Appleton's dismissal of the eighteenth-century aesthetic concepts of the beautiful, the picturesque, and the sublime in his habitat theory, in answer to which Appleton affirmed his original viewpoint ("Review of J. Appleton, The Experience of Landscape"). Peter Clamp and Mary Powell questioned the validity of the theory through their empirical work with four subjects ("Prospect-Refuge Theory under Test"). Another researcher at the University of Michigan, David Woodcock, explored whether environmental preference was a product of evolution, but his results were inconclusive ("Functionalist Approach to Environmental Preference"). In contrast, Petrus Heylingers provided some support for the theory through his study of the aesthetic qualities of dunes in South Australia ("Prospect-Refuge Symbolism of Dune Landscape").

46. Kaplan and Kaplan, *Cognition and Environment*, 77.

47. Kaplan and Kaplan, *Experience of Nature*.

48. Ibid., 55.

49. Ibid., 54–58.

50. Kaplan, Kaplan, and Ryan, *With People in Mind*, 13–14.

51. Ibid.

52. Zube, Sell, and Taylor, "Landscape Perception," 18.

53. Vining and Stevens, "Assessment of Landscape Quality," 168–69.

54. Linton and Tetlow, *Landscape Inventory Framework*.

55. Zube, *The Islands—Selected Resources of the United States Virgin Islands*.

56. Pioneering studies include a predictive model of natural landscape preferences developed by E. Shafer ("Perception of Natural Environment"); Zube, Pitt, and Anderson's estimation of the scenic resources in the southern Connecticut River valley (*Perception and Measurement of Scenic Resources*); and Schauman's assessment of the scenic quality in a variety of agricultural landscapes in Washington State ("Countryside Scenic Assessment"). Others are T. Daniel and H. Schroeder's prediction of preferences in forested lands ("Scenic Beauty Estimation Method"); Steinitz's visual-preference study for the Acadia National Park, on the coast of Maine ("Toward a Sustainable Landscape with High Visual Preference and High Ecological Integrity"); I. Bishop and D. Hulse's prediction of scenic beauty in Melbourne, Australia ("Prediction of Scenic Beauty Using Mapped Data and Geographical Information System"; and D. Crawford assessment of the visual quality of the landscape using remotely sensed data in South Wales, Australia ("Using Remotely Sensed Data in Landscape Visual Assessment").

57. Zube, Pitt, and Anderson, *Perception and Measurement of Scenic Resources*.

58. Others were testing physical landscape characteristics hypothesized to be determinants of scenic-resource values and exploring the relationship between participants' valuative responses and quantified dimensions for a variety of rural landscapes.

59. Jones, Ady, and Gray, "Scenic and Recreational Highway Study for the State of Washington."

60. Daniel and Boster, *Measuring Landscape Esthetics*.

61. The SBE method has been used in numerous studies, including P. Cook and T. Cable's evaluation of differences in scenic beauty judgments of the Great Plains using simple correlation and multiple regression analysis ("The Scenic Beauty of Shelterbelts on the Great Plains").

62. Steinitz, "Toward a Sustainable Landscape with High Visual Preference and High Ecological Integrity."

63. Steinitz, "Simulating Alternative Policies for Implementing the Massachusetts Scenic and Recreational Rivers Act."

64. Pitt and Zube, "Management of Natural Resources."

65. Itami, "Scenic Quality in Australia."

66. Herbert, "Visual Resource Analysis."

67. Brown and Itami, "Landscape Principles Study."

68. Rachel and Stephen Kaplan have conducted numerous empirical studies since the early 1970s, for example, Kaplan, "Analysis of Perception via Preference"; and Kaplan, Kaplan, and Brown, "Environmental Preference." See also Herzog, "Cognitive Analysis of Preference for Field and Forest Environments"; and Herzog, "Cognitive Analysis of Preference for Urban Nature."

69. Lee, "Assessing Visual Preference for Louisiana Landscapes."

70. Whitmore, Cook, and Steiner, "Public Involvement in Visual Assessment."

71. Gimblett, Itami, and Fitzgibbon, "Mystery in an Information Processing Model of Landscape Preference."

72. Kent, "Role of Mystery in Preferences for Shopping Malls."

73. Kent, "Determining Scenic Quality along High-ways."

74. McKenzie, *Pinelands Scenic Study—Summary Report.*

75. Meinig, *Interpretation of Ordinary Landscapes,* 34.

76. For example, see the essays written by these authors in ibid.

77. Zube, Sell, and Taylor, "Landscape Perception," 20.

78. Jackson, "Historic American Landscape," 6.

79. Ibid., 9.

80. Zube, "Landscape Research"; Zube, "Perceived Land Use Patterns and Landscape Values."

81. Relph, *Modern Urban Landscape.*

82. Ndubisi, "Variations in Value Orientations."

83. Shkilnyk, *Poison Stronger Than Love.*

84. Lowenthal, "Finding Valued Landscapes."

85. Stilgoe, "Fair Fields and Blasted Rock."

86. Rose, "Aesthetic and Moral Ordering of the Material World in Southern Chester County, Pennsylvania."

87. Newby, "Towards an Understanding of Landscape Quality."

88. Countryside Commission, *Assessment and Conservation of Landscape Character.*

89. These last three questions were posed by Jim Palmer in "Landscape Perception Model."

90. *Reliability* is a measure of the degree to which a method yields consistent results when applied in similar situations or by different people. The *validity* of a method is the degree to which it measures what is intended. The *sensitivity* of a method is a measure of its ability to differentiate between the objectives of concern to the investigator. The *utility* of outcomes is their usefulness in landscape intervention.

91. Zube, "Themes in Landscape Assessment Theory," 105.

第8章　生态规划综合分析方法

1. Zube, "Perceived Land Use Patterns and Landscape Values," 44.

2. Andreas Faludi made a similar distinction in the city planning profession (see Faludi, *Planning Theory*).

3. Evernden, *Social Creation of Nature,* is an especially important work on the landscape as a reflection of culture.

4. Steiner, "Resource Suitability," 418.

5. Leopold, *Sand County Almanac,* 204.

6. U.S. Department of Agriculture, Soil Conservation Service, *Land Capability Classification;* Hills, *Ecological Basis for Land-Use Planning.*

7. Lewis, "Quality Corridors for Wisconsin," 103–7; McHarg, *Design with Nature;* Toth, *Criteria for Evaluating the Valuable Natural Resource of the TIRAC Region.*

8. Steinitz, *Computers and Regional Planning;* Steinitz and Rogers, *System Analysis Model of Urbanization and Change.*

9. Zonneveld, "Scope and Concepts of Landscape Ecology," 5.

10. Young et al., "Determining the Regional Context For Landscape Planning," 278, 280.

11. Bennett, *Ecological Transition.*

12. Steiner, *Living Landscape,* 12.

13. Wallace et al., *Woodlands New Community.*

14. McHarg, "Human Ecological Planning at Pennsylvania," 109.

15. Dorney, *Professional Practice of Environmental Management.*

16. Bastedo, *ABC Resource Survey Method for Environmentally Significant Areas;* Bastedo, Nelson, and Theberge, "Ecological Approach to Resource Survey and Planning for Environmentally Significant Areas"; Theberge, Nelson, and Fenge, *Environmentally Significant Areas in the Yukon Territory;* Netherlands, Ministry of Housing, Spatial Planning and Environment, *Summary of General Ecological Model;* Rapport and Friend, *Toward a Comprehensive Framework for Environmental Statistics.*

17. Examples are Deithelm & Bressler, *Mount Bachelor Recreation Area;* and Lewis, "Quality Corridors for Wisconsin."

18. Jacobs, "Landscape Development in the Urban Fringe"; Ingmire and Patri, "Early Warning System for Regional Planning."

19. Examples are McHarg, *Design with Nature;* Wallace et al., *Woodlands New Community;* Juneja, *Medford;* and Ive and Cook, "SIRO-PLAN and LUPLAN."

20. Lyle and von Wodtke, "Information System for Environmental Planning"; Rice Center for Community Design and Research, *Environmental Analysis for Development Planning.*

21. Berger, "Landscape Patterns of Local Social Organization and Their Importance for Land Use Planning," 200.

22. Cooper and Zedler, "Ecological Assessment for Regional Development."

23. Hendrix, Fabos, and Price, "Applied Approach to Landscape Planning Using Geographical Information System Technology"; Lyle, *Regenerative Design for Sustainable Development.*

24. Forman, *Land Mosaics.*

25. See, e.g., Klign, "Spatially Nested Ecosystems"; Haber, "Using Landscape Ecology in Planning and Management"; and Zonneveld, "Land Unit."

26. Linton, *Forest Landscape Description and Inventories.*

27. Hills, *Ecological Basis for Land-Use Planning.*

28. Holdridge, *Life Zone Ecology.*

29. Cowardin et al., *Classification of Wetlands and Deepwater Habitats in the United States.*

30. U.S. Department of Agriculture, Soil Conservation Service, *National Agricultural Land Evaluation and Site Assessment Handbook.*

31. Odum, "Strategy of Ecosystem Development."

32. Dansereau and Pare, *Ecological Grading and Classification of Landscape Occupation and Land-Use Mosaics.*

33. Hills, "Philosophical Approach to Landscape Planning," 339–71.

34. Thie and Ironside, *Ecological (Biophysical) Land Classification in Canada.*

35. Zonneveld, "The Land Unit."

36. Forman and Godron, *Landscape Ecology.*

37. Zelinsky, "North American's Vernacular Regions"; Meinig, "Mormon Culture Region."

38. See, e.g., McHarg, *Design with Nature,* 79–93; Juneja, *Medford;* and Hopkins, "Methods for Generating Land Suitability Maps."

39. Dearden and Miller, quoted in Buyhoff et al., "Artificial Intelligence Methodology for Landscape Visual Assessment."

40. On compartment flow, see Odum, "Strategy of Ecosystem Development"; on energy flux, Dansereau and Pare, *Ecological Grading and Classification of Landscape Occupation and Land-Use Mosaics,* and Odum, *Systems Ecology;* and on nutrient budget, Lenz, "Ecosystem Classification by Budgets of Material."

41. Berger and Sinton, *Water, Earth, and Fire.*

42. International Joint Commission, *Environmental Management Strategy for the Great Lakes System.*

43. Francis et al., *Rehabilitating Great Lakes Ecosystems.*

44. Hendrix, Fabos, and Price, "Ecological Approach to Landscape Planning Using Geographical Information System Technology"; Forman, *Land Mosaics.*

45. Opdam et al., "Population Responses to Landscape Fragmentation."

46. Van Buuren and Kerkstra, "Framework Concept and the Hydrological Landscape Structure."

47. Klign, *Ecosystem Classification for Environmental Management;* Baschak and Brown, "River Systems and Landscape Networks"; Selman, "Landscape Ecology and Countryside Planning"; Haber, "Using Landscape Ecology in Planning and Management."

48. Ruzicka and Miklos, "Basic Premises and Methods in Landscape Ecological Planning and Optimization."

49. Steinitz, "Landscape Change."

50. Thorne, "Landscape Ecology."

51. Hersperger, "Landscape Ecology and Its Potential Application to Planning," 25–26.

52. Zube, Sell, and Taylor, "Landscape Perception," 22.

53. Carlson, "On the Theoretical Vacuum in Landscape Assessment."

54. Ibid., 53.

后　记

1. Lyle, *Regenerative Design for Sustainable Development,* 6.

2. Pepper, *Roots of Modern Environmentalism,* 35.

3. Positivism suggests that any given end state or goal can be obtained through logical and objective synthesis of all relevant facts and data. Positivism is implied in ecological-planning approaches. In contrast, writers who subscribe to the antipositivistic view of the world, especially in the areas of critical theory, postmodernism, and poststructuralism, reject positivism as a way of knowing. In the context of ecological planning, proponents of the antipositivistic view of the world argue that ecological-planning approaches that are based on positivism do not embrace a holistic, expansionist view of the landscape, which integrates both nature and culture and draws on knowledge from both the sciences and the arts. Antipositivistic criticisms call for multiple perspectives in understanding landscapes but offer few methodological rules for undertaking ecological assessment and planning.

4. Examples of these views are presented in Litton and Kieieger, "Book Review on *Design with Nature*"; Landecker, "In Search of an Arbiter"; Leccese, "At the Beginning, Looking Back"; Corner, "Discourse on Theory I"; and Corner, "Discourse on Theory II."

5. Steiner, *Living Landscape*, 5.

6. Forman, *Land Mosaics*, 522.

7. Leopold, *Sand County Almanac*, 204.

8. Ibid., 25.

9. Lyle, *Regenerative Design for Sustainable Development*, 11.

10. Kaplan, "Model of Personality-Environment Compatibility."

11. Thompson and Steiner, *Ecological Design and Planning*, inside cover page.

12. Leopold, *Sand County Almanac with Essays on Conservation from Round River*, 280–95, 202–10.

13. Steinetz, "On Teaching Ecological Principles to Designers," 231–44.

参 考 文 献

Agee, J., and D. Johnson, eds. *Ecosystem Management for Parks and Wilderness*. Seattle: University of Washington Press, 1988.

Alexander, C., A. Gitai, and R. Howard. *The Segev "Het" Master Plan, Israel*. Berkeley: University of California, Center for Environmental Structure, 1980.

Alexander, C., S. Ishiwaw, and M. Silverston. *A Pattern Language*. New York: Oxford University Press, 1977.

Allen, T. F., and T. B. Starr. *Hierarchy: Perspectives for Ecological Complexity*. Chicago: University of Chicago Press, 1982.

Alvarez, I. "Urbanism: Visions for the Next Hundred Years." In *1999 American Society of Landscape Architects Annual Meeting Proceedings*, comp. D. Scheu, 130–34. Washington, D.C.: American Society of Landscape Architects, 1999.

Anderson, J. "A Conceptual Framework for Evaluating and Quantifying Naturalness." *Conservation Biology* 5, no. 3 (1991): 347–52.

Appleton, J. *The Experience of Landscape*. New York: John Wiley & Sons, 1975.

———. "Prospects and Refuges Re-Visited." *Landscape Journal* 3, no. 2: (1984): 91–103.

Appleyard, D., K. Lynch, and J. Meyer. *The View from the Road*. Cambridge: MIT Press, 1964.

APRR, ed. *Town and County Planning Textbook*. London: Architectural Press, 1950.

Arthur, L., T. Daniel, and R. Boster. "Scenic Assessment: An Overview." *Landscape Planning* 4 (1977): 109–29.

Austin, M., and K. Cocks, eds. *Land Use of the South Coast of New South Wales: A Study in Methods of Acquiring and Using Information to Analyze Regional Land Use Options*. 4 vols. Melbourne, Australia: CSIRO, 1978.

Bailey, K. "Human Ecology: A General System Approach." Ph.D. diss., University of Texas, 1968.

Bailey, R., R. Pfister, and J. Henderson. "Nature of Land and Resource Classification—A Review." *Journal of Forestry* 76 (1978): 650–55.

253

Barrett, G., G. Van Dyne, and E. Odum. "Stress Ecology." *BioScience* 26 (1976): 192–94.

Baschak, L., and R. Brown. "River Systems and Landscape Networks." In Cook and van Lier, *Landscape Planning and Ecological Networks*, 179–99.

Bastedo, J. *An ABC Resource Survey Method for Environmentally Significant Areas with Special Reference to the Biotic Surveys in Canada's North.* Waterloo, Ont.: Department of Geography, 1986.

Bastedo, J., D. Nelson, and J. Theberge. "Ecological Approach to Resource Survey and Planning for Environmentally Significant Areas: The ABC Method." *Environmental Management* 8 (1984): 125–34.

Beatty, M., G. Petersen, and L. Swindale, eds. *Planning the Uses and Management of Land.* Madison, Wis.: American Society of Agronomy, Crop Science Society of America, and Soil Science Society of America, 1978.

Beer, A. "Landscape Planning and Environmental Sustainability." *Town Planning Review* 64, no. 4 (1993): v–xi.

Belknap, R., and J. Furtado. "Hills, Lewis, McHarg Methods Compared." *Landscape Architecture* 58, no. 2 (1968): 146–47.

———. *Three Approaches to Environmental Resource Analysis.* Washington, D.C.: Conservation Foundation, 1967.

Bell, D. *The Coming of the Post Industrial Society.* New York: Basic Books, 1973.

Bennett, J. *The Ecological Transition.* New York: Pergamon, 1976.

Berdoulay, M., and M. Phipps, eds. *Paysage et systeme ecologique.* Ottawa, Ont.: Presse de l'Université d'Ottawa, 1985.

Berger, J. "Guidelines for Landscape Synthesis: Some Directions—Old and New." *Landscape and Urban Planning* 14 (1987): 295–311.

———. "The Hazleton Ecological Land Planning Study." *Landscape Planning* 3 (1976): 303–35.

———. "Landscape Patterns of Local Social Organization and Their Importance for Land Use Planning." *Landscape Planning* 8 (1981): 193–232.

Berger, J., and J. Sinton. *Water, Earth, and Fire: Land Use and Environmental Planning in the New Jersey Pine Barrens.* Baltimore: Johns Hopkins University Press, 1985.

Berlyne, D. *Aesthetics and Psychobiology.* New York: Appleton, Century, Crofts, 1971.

Bishop, I., and J. Fabos. *Application of the CSIRO Land Use Planning Method to the Geelong Region.* Divisional Report 8/13. Canberra, Australia: CSIRO Division of Land-Use Research, 1981.

Bishop, I., and D. Hulse. "Prediction of Scenic Beauty Using Mapped Data and Geographical Information System." *Landscape and Urban Planning* 30 (1994): 59–70.

Bisset, R. "Quantification, Decision-making, and Environmental Impact Assessment in the United Kingdom." *Environmental Management* 7 (1978): 43–58.

Blake, P. *God's Own Junkyard.* New York: Holt, Rinehart & Winston, 1964.

Boas, F. "The Limitations of the Comparative Method on Anthropology." *Science* 4 (1896): 901–8.

Bormann, F., and G. Likens. "Nutrient Cycling." *Science* 155 (1967): 424–29.

———. *Pattern and Processes in a Forested Ecosystem.* New York: Springer-Verlag, 1979.

Bosselman, F., and D. Callies. *The Quiet Revolution in Land Use Control.* Washington, D.C.: U.S. Government Printing Office, 1971.

Brady, N. *The Nature and Properties of Soils.* New York: Macmillan, 1974.

Briassoulis, H. "Theoretical Orientations in Environmental-Planning: An Inquiry into Alternative Approaches." *Environmental Management* 13 (1989): 381–92.

Brown, R., and R. Itami. "Landscape Principles Study: Procedures for Assessment and Management—Australia." *Landscape Journal* 1, no. 1 (1982): 113–21.

Bryant, M. "A New Model of Landscape Planning: Dealing with Imperfect Knowledge in Human Dominated Ecosystems." Ph.D. diss., University of Massachusetts, 2001.

Burel, F. "Effect of Landscape Structure and Dynamics on Species Diversity in Hedgerow Networks." *Landscape Ecology* 6 (1992): 161–74.

Burel, F., and J. Baudry. "Hedgerow Networks Patterns and Processes in France." In Zonneveld and Forman, *Changing Landscapes*, 99–120.

Burrough, P. "Fractal Dimension of Landscapes and Other Environmental Data." *Nature* 294 (1981): 241–42.

Buyhoff, G., P. Miller, J. Roach, D. Zhou, and L. Fuller. "An Artificial Intelligence Methodology for Landscape Visual Assessment." *Artificial Intelligence Applications Journal* 8, no. 1 (1994): 1–2.

Cairns, J., Jr., and K. Dickson. "Recovery of Streams from Spills of Hazardous Materials." In *Recovery and Restoration of Damaged Ecosystems*, ed. J. Cairns, K.

Dickson, and E. Henicks, 24–42. Charlottesville: University Press of Virginia, 1977.

Canter, D. *The Psychology of Place.* London: Architectural Press, 1977.

Capra, F. *The Turning Point.* New York: Bantam Books, 1982.

Carlson, A. "On the Possibility of Quantifying Scenic Beauty." *Landscape Planning* 4 (1977): 131–72.

———. "On the Theoretical Vacuum in Landscape Assessment." *Landscape Journal* 12, no. 1 (1993): 53–54.

Catlin, G. *Letters and Notes on the Manners, Customs, and Conditions of North American Indians.* 2 vols. 1884. Reprint, New York: Dover, 1973.

Catton, W. "The World's Most Populous Polymorphic Species: Carrying Capacity Transgressed Two Ways." *BioScience* 37 (1987): 413–19.

Chapin, S., and E. Kaiser. *Urban Land Use Planning.* 3rd ed. Urbana: University of Illinois Press, 1979.

Chenoweth, R., and P. Gobster. "The Nature and Ecology of Aesthetic Experiences in the Landscape." *Landscape Journal* 9, no. 1 (1990): 1–9.

———. "Wildland Description and Analysis." In Smardon, Palmer, and Felleman, *Foundations for Visual Project Analysis,* 81–102.

Chester County Planning Commission. *Natural Environment and Planning.* West Chester, Pa., 1963.

Christian, C. "The Concept of Land Units and Land Systems." *Proceedings of the Ninth Pacific Sciences Congress* 20 (1958): 74–81.

Christian, C., and S. Steward. "Methodology of Integrated Surveys." In *Aerial Surveys and Integrated Studies,* 233–80. Paris: UNESCO, 1968.

Clamp, P., and M. Powell. "Prospect-Refuge Theory under Test." *Landscape Research* 7 (1982): 7–8.

Clapham, W. "An Approach to Quantifying the Expliotability of Human Ecosystems." *Human Ecology* 4 (1976): 1–30.

Cleveland, H. W. S. *Landscape Architecture as Applied to the Wants of the West.* Ed. Roby Lubove. Pittsburgh: University of Pittsburgh Press, 1965.

Cocks, K., J. Ive, J. Davis, and I. Baird. "SIRO-PLAN and LUPLAN: An Australian Approach to Land-Use Planning. 1. The SIRO-PLAN Land Use Planning Method." *Environment and Planning B: Planning and Design* 10 (1983): 331–45.

Coleman, D. *An Ecological Input into Regional Planning.* Waterloo, Ont.: University of Waterloo, School of Urban and Regional Planning, 1985.

Commoner, B. *Science and Survival.* New York: Ballantine Books, 1966.

Cook, E. "Urban Landscape Networks: An Ecological Planning Framework." *Landscape Research* 16, no. 3 (1991): 7–15.

Cook, E., and H. van Lier, eds. *Landscape Planning and Ecological Networks.* Amsterdam: Elsevier, 1994.

Cook, P., and T. Cable. "The Scenic Beauty of Shelterbelts on the Great Plains." *Landscape and Urban Planning* 32 (1995): 63–69.

Coombs, D., and J. Thie. "The Canadian Land Inventory System." In Beatty, Patersen, and Swindale, *Planning the Uses and Management of the Land,* 909–33.

Cooper, C., and P. Zedler. "Ecological Assessment for Regional Development." *Journal of Environmental Management* 10 (1980): 285–96.

Corner, J. "A Discourse on Theory I: Sounding the Depths—Origins, Theory, and Representation." *Landscape Journal* 9, no. 3 (1990): 61–77.

———. "A Discourse on Theory II: Three Tyrannies of Contemporary Theory and the Alternative of Hermeneutics." *Landscape Journal* 10, no. 2 (1991): 115–33.

Countryside Commission. *Assessment and Conservation of Landscape Character: The Warwickshire Landscapes Project Approach.* Cheltenham, England, 1991.

Cowardin, L., V. Carter, F. Golet, and E. LaRoe. *Classification of Wetlands and Deepwater Habitats in the United States.* Washington, D.C.: U.S. Department of Agriculture, Fish and Wildlife Service, 1979.

Craik, K. "Comprehension of Everyday Physical Environments." *Journal of the American Institute of Planners* 34 (1968): 29–39.

Crawford, D. "Using Remotely Sensed Data in Landscape Visual Assessment." *Landscape and Urban Planning* 30 (1994): 71–81.

Crow, S. "Alcovy River and Swamp Interpretation Center: An Application of Geographic Information System (GIS) and Technology in Site Selection." M.L.A. thesis, University of Georgia, 1992.

Daniel, T., and R. Boster. *Measuring Landscape Esthetics: The Scenic Beauty Estimation Method.* U.S. Department of Agriculture, Forest Service Research Paper RM-167. Ft. Collins, Colo.: Rocky Mountain Forest and Range Experiment Station, 1976.

Daniel, T., and H. Schroeder. "Scenic Beauty Estimation Method: Predicting Perceived Beauty of Forested Landscapes." In *Proceedings of Our National Landscape: A Conference on Applied Techniques for Analysis and management of the Visual Resource,* ed. G. Elsner and R. Smardon, 514–23. Berkeley, Calif.: U.S.

Department of Agriculture, Forest Service, Pacific Southwest Forest and Range Experiment Station, 1979.

Daniel, T., and J. Vining. "Methodological Issues in the Assessment of Landscape Quality." In *Behavior and the Natural Environment,* ed. I. Altman and J. Wohlwill, 39–84. New York: Plenum, 1983.

Dansereau, P. "Biogeographie dynamique de Quebec." In *Etudes de la geographie de Canada,* ed. F. Grenier, 74–110. Toronto: University of Toronto Press, 1972.

Dansereau, P., and G. Pare. *Ecological Grading and Classification of Landscape Occupation and Land-Use Mosaics.* Geographic paper no. 58. Ottawa, Ont.: Fisheries and Environment Canada, 1977.

Darwin, C. *The Origin of Species.* New York: D. Appleton, 1859.

Davis, J., and J. Ive. *Rural Local Government Planning: An Application of SIRO-PLAN.* Canberra, Australia: CSIRO Division of Water and Land Resources, 1993.

Dee, N., J. Baker, K. Duke, I. Whitman, and D. Fahringer. "An Environmental Evaluation System for Water Resources Planning." *Water Resources Research* 9, no. 3 (1973): 523–35.

Deithelm & Bressler. *Mount Bachelor Recreation Area: Proposed Master Plan.* Eugene, Oreg., 1980.

Denig, N. "On Values Revisited: A Judeo-Christian Theology of Man and Nature." *Landscape Journal* 4, no. 2 (1985): 97–105.

Dewey, J. *Experience and Nature.* 1929. Reprint, New York: Dover, 1958.

Diamond, J. "The Island Dilemma: Lessons of Modern Biogeographic Studies for the Design of Natural Reserves." *Biological Conservation* 7 (1975): 129–46.

Diamond, L. "Comparative Approaches in Lake Management Planning (Chandos and Buffalo Pound Lake, Canada)." *Landscape Journal* 3, no. 1 (1984): 61–71.

Dickert, T., and A. Tuttle. "Cumulative Impact Assessment in Environmental Planning: A Coastal Wetland Example." *Environmental Impact Assessment Review* 5 (1985): 37–64.

Dideriksen, R. "SCS Important Farmlands Mapping Program." In *Protecting Farmland,* ed. F. Steiner and J. Theilacker, 233–44. Westport, Conn.: AVI Publishing, 1984.

Doineau, P. L. "Culturally Informed Design: Heritage Trail for an African-American Community on Sapelo Island." M.L.A. thesis, University of Georgia, 1996.

Donahue, M. "Institutional Arrangement for Great Lakes Management." In *Perspectives on Ecosystem Management for the Great Lakes: A Reader,* ed. L. Caldwell, 115–40. Albany: State University of New York Press, 1988.

Dorney, R. "Biophysical and Cultural-Historic Land Classification and Mapping for Canada Urban and Urbanizing Land." In *Proc Workshop on Ecological Land Classification,* ed. J. Thie and G. Ironside, 57–71. Ottawa, Ont.: Environment Canada, 1977.

———. *The Professional Practice of Environmental Management.* Ed. L. Dorney. New York: Springer-Verlag, 1989.

Dorney R., and D. Hoffman. "Development of Landscape Planning Concepts and Management Strategies for an Urbanizing Agricultural Region." *Landscape Planning* 6 (1979): 151–77.

Downing, A. J. *A Treatise on the Theory and Practice of Landscape Gardening Adapted to North America.* New York: Wiley & Putnam, 1844.

Dramstad, W., J. Olson, and R. Forman. *Landscape Ecology Principles in Landscape Architecture and Land-Use Planning.* Washington, D.C.: Island Press, 1996.

Duerksen, C., D. Elliott, N. Hobbs, E. Johnson, and J. Miller. *Habitat Protection Planning: Where the Wild Things Are.* Planning Advisory Service, nos. 470 and 471. Chicago: American Planning Association, 1997.

Duncan, O. "From Social System to Ecosystem." *Sociological Inquiry* 31, no. 2 (1961): 140–49.

Duncan, O., and L. Schnore. "Cultural, Behavioral, and Ecological Perspectives on the Study of Social Organization." *American Journal of Sociology* 65 (1959): 132–46.

Dyer, J. "Interactive Goal Programming." *Management Science* 19 (1972): 62–70.

EDAW. *Candidate Areas for Large Electric Power Generating Plants.* St. Paul: State of Minnesota, 1975.

Ehrlich, P. *The Population Bomb.* New York: Ballantine Books, 1968.

Eliot, C. *Charles Eliot, Landscape Architect.* Boston: Houghton, Mifflin, 1902.

Engelen, G., and G. Jones. *Developments in the Analysis of Groundwater Flow Systems.* International Association of Hydrological Sciences, no. 163. 1986.

Environment Canada, Lands Directorate. *Land Capability Classification.* Ottawa, Ont., 1969–76.

Evernden, N. *The Social Creation of Nature.* Baltimore: Johns Hopkins University Press, 1992.

Fabos, J. *Model of Landscape Resource Assessment.* Research Bulletin no. 602. Amherst: University of Massachusetts, Agricultural Experimental Station, 1973.

———. *Planning the Total Landscape: A Guide to Intelligent Land Use.* Boulder, Colo.: Westview Press, 1979.

Fabos, J., and S. Caswell. *Composite Landscape Assessment: Assessment Procedures for Special Resources, Hazards and Development Suitability; Part 11 of the Metropolitan Landscape Planning Model (METLAND).* Research Bulletin 637. Amherst: University of Massachusetts, Agricultural Experimental Station, 1977.

Fabos, J., C. Green, and S. Joyner Jr. *The METLAND Landscape Planning Process: Composite Landscape Assessment, Alternative Plan Formulation and Evaluation. Part 3 of the Metropolitan Landscape Planning Model.* Research Bulletin 653. Amherst: University of Massachusetts, Agricultural Experiment Station, 1978.

Fahs, J. "Paseo De Amistad: The Application of a Crosscultural Design Method to Del Rio, Texas." M.L.A. thesis, University of Georgia, 1994.

Faludi, A. *Planning Theory.* New York: Pergamon, 1973.

Farina, A. *Principles and Methods in Landscape Ecology.* London: Chapman & Hall, 1998.

Federal Water Pollution Act of 1948. U.S. Statutes at Large 62 (1948).

Fell, J. *Heidegger and Sartre: An Essay on Place and Being.* New York: Columbia University Press, 1979.

Fines, K. "Landscape Evaluations: A Research Project in East Sussex." *Regional Studies* 2 (1968): 41–55.

Forman, R. *Land Mosaics: The Ecology of Landscapes and Regions.* Cambridge, Mass.: Cambridge University Press, 1995.

Forman, R., and M. Godron. *Landscape Ecology.* New York: John Wiley, 1986.

———. "Patches and Structural Components for a Landscape Ecology." *Bioscience* 31 (1981): 733–40.

Francis, G., J. Magnuson, H. Reiger, and D. Talhelm, eds. *Rehabilitating Great Lakes Ecosystems.* Technical Report 37. Ann Arbor, Mich.: Great Lakes Fisheries Commission, 1979.

Franklin, C. "Fostering Living Landscapes." In Thompson and Steiner, *Ecological Design and Planning,* 263–92.

Freese, R., and P. Witherspoon. "Theoretical Analysis of Regional Groundwater Flow: 1. Analytical and Numerical Solutions to the Mathematical Model." *Water Resource Research* 2, no. 4 (1966): 641–56.

Freilich, M. *The Meaning of Culture.* Toronto: Xerox College Publishing, 1972.

Friedmann, J. *Planning in the Public Domain: From Knowledge to Action.* Princeton, N.J.: Princeton University Press, 1987.

———. *Retracking America: A Theory of Transactive Planning.* Garden City, N.Y.: Doubleday, 1973.

Friend, J., and W. Jessop. *Local Government and Strategic Choice: An Operational Research Approach to the Process of Public Planning.* Andover, Mass.: Tavistock, 1969.

Galloway, T., and R. Mahayni. "Planning Theory in Retrospect: The Process of Paradigm Change." *Journal of the American Institute of Planners* 43 (1977): 399–402.

Geddes, P. *Cities in Evolution.* 1915. Reprint, New York: Howard Fertig, 1968.

Geertz, C. *The Social History of an Indonesian Town.* Cambridge: MIT Press, 1965.

Giliomee, J. "Ecological Planning: Method and Evaluation." *Landscape Planning* 4 (1977): 185–91.

Gilpin, W. *Remarks on Forest Scenery and Other Woodland Views Relative Chiefly to Picturesque Beauty, Illustrated for the Scenes of New Forest in Hampshire.* London: R. Blamire, 1791.

Gimblett, R., R. Itami, and J. Fitzgibbon. "Mystery in an Information Processing Model of Landscape Preference." *Landscape Journal* 4, no. 2 (1985): 87–95.

Glasoe, S. "Utility of the Environmental Threshold Concept in Managing Natural Resources." M.R.P. thesis, Washington State University, 1988.

Glasoe, S., F. Steiner, W. Budd, and G. Young. "Assimilative Capacity and Water Resource Management: Four Examples from the United States." *Landscape and Urban Planning* 19 (1990): 17–46.

Gleick, J. *Chaos, the Making of a New Science.* New York: Penguin Books, 1987.

Glikson, A. *The Ecological Basis of Planning.* The Hague: Matinus Nijhoff, 1971.

Gold, A. "*Design with Nature*: A Critique." *Journal of the American Institute of Planners* 40, no. 4 (1974): 284–86.

Golley, F. *A History of the Ecosystem Concept in Ecology.* New Haven: Yale University Press, 1993.

———. "Introducing Landscape Ecology." *Landscape Ecology* 1, no. 1 (1989): 1–3.

Golley, F., and J. Bellot. "Interactions of Landscape Ecology, Planning, and Design." *Landscape and Urban Planning* 21 (1991): 3–11.

Goodenough, W. *Cooperation in Change.* New York: Russell Sage, 1961.

Gordon, S., and G. Gordon. "The Accuracy of Soil Survey Information for Urban Land-Use Planning." *Journal of the American Planning Association* 47, no. 3 (1981): 301–12.

Graham, E. *Natural Principles in Land Use.* New York: Greenwood Press, 1944.

Green, H. *Mind and Image—An Essay on Arts and Architecture.* Lexington: University Press of Kentucky, 1976.

Greetz, C. "Ideology as a Cultural System." In *Ideology and Discontent,* ed. D. Apter, 15–46. New York: Free Press of Glencoe, 1964.

Grese, R. *Jens Jensen: Maker of Natural Parks and Gardens.* Baltimore: Johns Hopkins University Press, 1992.

Griffith, C. "Geographical Information Systems and Environmental Impact Assessment." *Environmental Management* 4, no. 1 (1980): 21–25.

Grime, J. "Vegetation Classification by Reference to Strategies." *Nature* 250 (1974): 26–31.

Gross, B. "Planning in the Era of Social Revolution." *Public Administration Review* 31 (1971): 259–97.

Haase, G., and H. Richter. "Current Trends in Landscape Research." *GeoJournal* 7, no. 2 (1983): 107–19.

Haber, W. "Using Landscape Ecology in Planning and Management." In Zonneveld and Forman, *Changing Landscapes,* 217–32.

Hansen, K., and F. di Castri, eds. *Landscape Boundaries: Consequences for Biotic Diversity and Ecological Flows.* New York: Springer-Verlag, 1982.

Hansson, L., L. Fahrig, and G. Merriam, eds. *Mosaic Landscapes and Ecological Processes.* London: Chapman & Hall, 1995.

Harvard University, Department of Landscape Architecture; Desert Research Institute, Reno, Nev.; Environmental Division, U.S. Army Training and Doctrine Command, Fort Monroe, Va. Gabinete de Estudios Ambientales, A. Hermosillo, Mexico; Department of Hydrology and Water Resources, University of Arizona, Tucson; and U.S. Army Construction and Engineering Research Laboratory, Champaign, Ill. *Alternative Futures of the Upper San Pedro River Watershed, Arizona and Sonora: A Modeling Approach.* Cambridge: Harvard University Graduate School of Design, 2001.

Hawley, A. *Human Ecology: A Theory of Community Structure.* New York: Ronald Press, 1950.

———. *Urban Sociology: An Ecological Approach.* New York: Ronald Press, 1971.

Heath, T. *Environmental Aesthetics and State of the Art: Theory, Practice, and Research.* Sydney, Australia: Copper and Brass Information Center, 1975.

Helliwell, D. "The Effects of Size and Isolation on the Conservation Value of Wooded Sites in Britain." *Journal of Biogeography* 3 (1976): 407–16.

———. "Perception and Preference in Landscape Appreciation—A Review of Literature." *Landscape Research News* 1, no. 12 (1968): 4–6.

———. "The Value of Vegetation for Conservation: Four Land Areas in Britain." *British Journal of Environmental Management* 2 (1974): 51–74.

Hendrix, W., J. Fabos, and J. Price. "An Applied Approach to Landscape Planning Using Geographical Information System Technology." *Landscape and Urban Planning* 15 (1988): 211–25.

Herbert, J. "Visual Resource Analysis: Preference and Prediction in Oakland County, Michigan." M.L.A. thesis, University of Michigan, 1981.

Hersperger, A. "Landscape Ecology and Its Potential Application to Planning." *Journal of Planning Literature* 9, no. 1 (1994): 14–29.

Herzog, T. "A Cognitive Analysis of Preference for Field and Forest Environments." *Landscape Research* 9 (1984): 10–16.

———. "A Cognitive Analysis of Preference for Urban Nature." *Journal of Environmental Psychology* 9 (1987): 27–43.

Hester, R. "Subconscious Landscapes of the Heart." *Places* 2, no. 3 (1985): 10–22.

Heylingers, P. "Prospect-Refuge Symbolism of Dune Landscape." *Landscape Research* 6 (1981): 7–11.

Hills, G. A. *The Ecological Basis for Land-Use Planning.* Research Report no. 26. Toronto: Ontario Department of Lands and Forests, 1961.

———. "A Philosophical Approach to Landscape Planning." *Landscape Planning* 1 (1974): 339–71.

Hirata, H., and T. Fukao. "A Model of Mass and Energy Flow in Ecosystems." *Mathematical Biosciences* 33 (1977): 321–34.

Holdridge, L. *Life Zone Ecology.* San Jose, Costa Rica: Tropical Science Center, 1967.

Holling, C. "Resilience and Stability of Ecological Systems." *Annual Review of Ecology and Systematics* 4 (1973): 1–23.

———, ed. *Adaptive Environmental Assessment and Management.* New York: John Wiley & Sons, 1978.

Holling, C., and G. Meffe. "Command and Control and the Pathology of Resource Management." *Conservation Biology* 10 (1996): 328–37.

Hopkins, L. "Methods for Generating Land Suitability Maps: A Comparative Evaluation." *Journal of the Institute of American Planners* 43 (1977): 386–400.

Horak, G., E. Vlachos, and E. Cline. *Methodological Guidance for Assessing Cumulative Impacts on Fish and Wildlife.* Washington, D.C.: Office of Biological Services, U.S. Fish and Wildlife Service, 1983.

Hough, M. *Out of Place: Restoring Identity to the Regional Landscape.* New Haven: Yale University Press, 1990.

Howard, E. *Garden Cities of To-Morrow.* 1898. Reprint, ed. J. Osborn, Cambridge: MIT Press, 1965.

Hunter, F. *Community Power Structure.* Chapel Hill: University of North Carolina Press, 1953.

Ingmire, T., and T. Patri. "An Early Warning System for Regional Planning." *Journal of the American Institute of Planners* 37, no. 6 (1971): 403–10.

International Joint Commission. *Environmental Management Strategy for the Great Lakes System.* Windsor, Ont., 1978.

International Planning Associates. *A New Federal Capital for Nigeria (Report No. 2. Site Evaluation and Site Selection).* Lagos, Nigeria, 1978.

Itami, R. "Scenic Quality in Australia: A Procedure to Assess and Evaluate the Visual Effects of Land Use Changes." M.L.A. thesis, University of Melbourne, 1979.

Ive, J., and K. Cocks. "SIRO-PLAN and LUPLAN: An Australian Approach to Land-Use Planning. 2. The LUPLAN Land Use Planning Package." *Environment and Planning B, Planning and Design* 10 (1983): 347–55.

Jackson, J., and F. Steiner. "Human Ecology for Land-Use Planning." *Urban Ecology* 9 (1985): 177–94.

Jackson, J. B. "The Historic American Landscape." In Zube, Brush, and Fabos, *Landscape Assessment,* 4–9.

———. *Landscapes: Selected Writings of J. B. Jackson.* Ed. E. Zube. Amherst, Mass.: University of Massachusetts Press, 1970.

———. "A Pair of Ideal Landscapes." In *Discovering the Vernacular Landscape,* 9–56. New Haven: Yale University Press, 1984.

Jacobs, P. "Landscape Development in the Urban Fringe: A Case Study of the Site Planning Process." *Town Planning Review* 42 (1971): 342–60.

Jain, K., and B. Hutchings. *Environmental Impact Analysis: Emerging Issues in Planning.* Urbana: University of Illinois Press, 1978.

James, K. "A Nonequilibrium Thermodynamic Framework for Discussing Ecosystem Integrity." *Environmental Management* 15, no. 4 (1991): 483–95.

Jeans, D. "Review of J. Appleton, The Experience of Landscape," *Australian Geographer* 13 (1977): 345–46.

Jeffers, J. N. *An Introduction to System Analysis: With Ecological Applications.* Baltimore: University Park Press, 1978.

Johnson, A., J. Berger, and I. McHarg. "A Case Study in Ecological Planning: The Woodlands, Texas." In Beatty, Patersen, and Swindale, *Planning the Uses and Management of Land,* 935–55.

Johnson, B., and K. Hill, eds. *Ecology and Design: Frameworks for Learning.* Washington: Island Press, 2002.

Jones, G. *Design as Ecogram.* College of Architecture and Planning Development Series 1, no. 1. Seattle: University of Washington, College of Architecture and Planning, 1975.

———. *The Nooksack Plan: An Approach to the Investigation and Evaluation of a River System.* Seattle: Jones & Jones, 1973.

Jones, G., J. Ady, and B. Gray. "Scenic and Recreational Highway Study for the State of Washington." *Landscape Planning* 3 (1976): 151–302.

Jones, G., and M. Atkinson. "Making a Marriage with the Land: The Future of the Landscape." *Landscape and Urban Planning* 45 (1999): 61–69.

Juneja, N. *Medford, Performance Requirements for the Maintenance of Social Values Represented by the Natural Environment of Medford Township, New Jersey.* Philadelphia: Center for Ecological Planning Research, University of Pennsylvania, 1974.

Kahn, H., W. Brown, and L. Martel. *The Next Two Hundred Years.* New York: William Morrow, 1976.

Kaplan, R. "The Analysis of Perception via Preference: A Strategy for Studying How the Environment Is Experienced." *Landscape Planning* 12 (1985): 161–76.

Kaplan, R., and S. Kaplan. *Experience of Nature: A Psychological Perspective.* New York. 1989. Reprint, Ann Arbor, Mich.: Ulrich's, 1995.

Kaplan, R., S. Kaplan, and T. Brown. "Environmental Preference: A Comparison of Four Domains of Predictors." *Environment and Behavior* 21, no. 5 (1989): 509–30.

Kaplan, R., S. Kaplan, and R. Ryan. *With People in Mind: Design and Management of Everyday Nature.* Washington, D.C.: Island Press, 1998.

Kaplan, S. "A Model of Personality-Environment Compatibility." *Environment and Behavior* 15 (1983): 311–32.

Kaplan, S., and R. Kaplan. *Cognition and Environment.* New York: Praeger, 1982.

Keeney, R., and M. Raffia. *Decisions with Multiple Objectives: Preferences and Value Tradeoffs.* New York: John Wiley, 1976.

Kellogg, C. "Soil Survey for Community Planning." In *Soil Survey and Land Use Planning,* ed. L. Bartelli, A. Klingebiel, J. Baird, and M. Heddleson, 1–7. Madison, Wis.: Soil Science Society of America and American Society of Agronomy, 1966.

Kent, R. "Determining Scenic Quality along High-ways: A Cognitive Approach." *Landscape and Urban Planning* 27 (1993): 29–45.

———. "The Role of Mystery in Preferences for Shopping Malls." *Landscape Journal* 8, no. 1 (1989): 28–35.

Kerkstra, K., and P. Vrijlandt. "Landscape Planning for Industrial Agriculture: A Proposed Framework for Rural Areas." *Landscape and Urban Planning* 18 (1990): 275–87.

Kleyer, M. "Habitat Network Schemes in Stuttgart." In Cook and van Lier, *Landscape Planning and Ecological Networks*, 249–72.

Klign, F. *Ecosystem Classification for Environmental Management*. London: Kluwer, 1994.

———. "Spatially Nested Ecosystems: Guidelines for Classification from a Hierarchical Perspective." In Klign, *Ecosystem Classification for Environmental Management*, 85–116.

Klopatek, J., and R. Gardner, eds. *Landscape Ecological Analysis*. New York: Springer-Verlag, 1999.

Kluckhohn, C. "Values and Value Orientation in the Theory of Action." In *Toward a General Theory of Action*, ed. T. Parsons and E. Shils. Cambridge: Harvard University Press, 1951.

Koestler, A. "Beyond Atomism and Holism—The Concept of the Holon." In *Beyond Reductionism: New Perspectives in the Life Sciences*, ed. A. Koestler and J. Smithies, 192–216. London: Hutchinson, 1969.

Kozolowski, J. *Threshold Approach in Urban, Regional, and Environmental Planning*. London: University of Queensland Press, 1986.

Kreiger, M. "Advice as a Socially Constructed Activity." Working paper, Institute of Urban and Regional Development, Berkeley, Calif., 1971.

Kuhn, T. *The Structure of Scientific Revolutions*. Chicago: University of Chicago Press, 1970.

Laird, R., J. Perkins, D. Bainbridge, J. Baker, R. Boyd, D. Huntsman, P. Staub, and M. Zucker. *Quantitative Land-Capability Analysis*. Geological Survey Professional Paper 945. Washington, D.C.: U.S. Government Printing Office, 1979.

Landecker, H. "In Search of an Arbiter." *Landscape Architecture* 80, no. 1 (1990): 86–90.

Lane, P., R. Wallace, R. Johnson, and D. Bernard. *A Reference Guide to Cumulative Effects Assessment in Canada*. Vol. 1. Hull, Quebec: Canada Environmental Assessment Research Council, 1988.

Leccese, M. "At the Beginning, Looking Back: Paul Friedberg in Landscape Architecture Forum." In *Landscape Architecture* 80, no. 10 (1990): 92–97.

Lee, B. "An Ecological Comparison of the McHarg Method with Other Planning Initiatives in the Great Lakes Basin." *Landscape Planning* 9 (1982): 147–69.

Lee, M. "Assessing Visual Preference for Louisiana Landscapes." In *The Future of Wetlands: Assessing Visual-Cultural Values*, ed. C. Smardon, 43–63. Totowa, N.J.: Allanheld, Osmun, 1983.

Lenz, R. "Ecosystem Classification by Budgets of Material: The Example of Forest Ecosystems Classified as Proton Budget Types." In Klign, *Ecosystem Classification for Environmental Management*, 117–38.

Leopold, A. *A Sand County Almanac*. New York: Ballantine Books, 1949.

———. *A Sand County Almanac with Essays on Conservation from Round River*. New York: Ballantine Books, 1970.

Leopold, L., F. Clarke, B. Hanshaw, and J. Balsley. *A Procedure for Evaluating Environmental Impact*. U.S. Geological Survey Circular 645. Washington, D.C.: U.S. Geological Survey, 1971.

Levins, R. "Extinction." In *Some Mathematical Questions in Biology*, ed. M. Gerstenbauber, 2:77–107. Lectures on Mathematics in the Life Sciences. Providence, R.I.: American Mathematical Society, 1970.

———. "Some Demographic and Genetic Consequences of Environmental Heterogeneity for Biological Control." *Bulletin of the Entomological Society of America* 15 (1969): 237–0.

Lewis, P. "Axioms for Reading the Landscape." In Meinig, *Interpretation of Ordinary Landscapes*, 11–32.

———. "Ecology." *AIA Journal*, June 1969, 59–63.

———. "Quality Corridors for Wisconsin." *Landscape Architecture* 54, no. 2 (1964): 100–107.

———. *Recreation and Open Space in Illinois*. Urbana: University of Illinois, Bureau of Community Planning, 1962.

———. *Tomorrow by Design: A Regional Design Process for Sustainability*. New York: John Wiley & Sons, 1996.

Likens, G., F. Bormann, R. Pierce, and W. Reiners. "Recovery of a Deforested Ecosystem." *Science* 199 (1978): 492–96.

Lindeman, R. "The Trophic Dynamic Aspect of Ecology." *Ecology* 23, no. 4 (1942): 399–418.

Linton, B., Jr. *Forest Landscape Description and Inventories—A Basis for Land Planning and Design*. U.S. Department of Agriculture Forest Service Research Paper PSW-49. Berkeley, Calif.: Pacific Southwest Forestry and Range Experimental Station, 1968.

Linton, B., Jr., and R. Tetlow. *A Landscape Inventory Framework: Scenic Analysis of the Northern Great*

Plains. U.S. Department of Agriculture Forest Service Research Paper PSW-135. Berkeley, Calif.: Pacific Southwest Forest and Range Experiment Station, 1978.

Litton, J., and M. Kieieger. "Book Review on *Design with Nature.*" *Journal of the American Institute of Planners* 37, no. 1 (1971): 50–52.

Litton, R. *Forest Landscape Description and Inventories— Basis for Land Planning and Design.* U.S. Department of Agriculture Forest Service Research Paper NC-32. Berkeley, Calif.: Pacific Southwest Forest and Range Experiment Station, 1968.

Lockhart, A. "The Insider-Outsider Dialectic in Native Socio-Economic Development: A Case Study in Process Understanding." *Canadian Journal of Native Studies* 2, no. 1 (1982): 159–68.

Loudon, J. *The Suburban Gardener and Villa Comparison.* 1838. Reprint, New York: Garland, 1982.

Lowenthal, D. "Finding Valued Landscapes." *Human Geography* 2 (1978): 373–418.

Lyle, J. *Design for Human Ecosystems: Landscape, Land Use and Natural Resources.* 1985. Reprint, Washington, D.C.: Island Press, 1999.

———. *Regenerative Design for Sustainable Development.* New York: John Wiley & Sons, 1994.

Lyle, J., and M. von Wodtke. "An Information System for Environmental Planning." *Journal of the American Institute of Planners* 40, no. 6 (1974): 394–413.

Lynch, K. *The Image of the City.* Cambridge: MIT Press, 1960.

———. *A Theory of Good City Form.* Cambridge: MIT Press, 1981.

MacArthur, R., and E. Wilson. *The Theory of Island Biogeography.* Princeton, N.J.: Princeton University Press, 1967.

MacDougall, E. "The Accuracy of Map Overlays." *Landscape Planning* 2 (1975): 23–30.

MacKaye, B. *The New Exploration.* New York: Harcourt Brace, 1928.

———. "Regional Planning and Ecology." *Ecological Monographs* 10, no. 3 (1940): 340–51.

Mann, W. *Landscape Architecture: An Illustrated History in Timelines, Site Plans, and Biography.* New York: John Wiley & Sons, 1993.

Margalef, D. "Diversity, Stability, and Maturity in Natural Ecosystems." In van Dobben and Lowe-McConnell, *Unifying Concepts in Ecology,* 151–60.

Marsh, G. *Man and Nature; or Physical Geography as Modified by Human Action.* New York: Charles Scribner, 1864.

McAllister, D. *Evaluation in Environmental Planning.* Cambridge: MIT Press, 1980.

McDonald, G., and A. Brown. "The Land Suitability Approach to Strategic Land Use Planning in Urban Fringe Areas." *Landscape Planning* 11 (1984): 125–50.

McHarg, I. *American Institute of Architects Task Force on the Potomac.* Philadelphia: Wallace, McHarg, Roberts, and Todd and the University of Pennsylvania, 1966.

———. *A Comprehensive Highway Route Selection Method Applied to I-95 between the Delaware and Raritan Rivers.* Princeton, N.J.: Princeton Committee on I-95, 1965.

———. *Design with Nature.* Garden City, N.Y.: Natural History Press, 1969.

———. "Ecological Determinism." In *The Future Environment of North America,* ed. F. Darling and J. Milton, 526–38. Garden City, N.Y.: Natural History Press, 1966.

———. *An Ecological Study for the Future Public Improvement of the Borough of Richmond (Staten Island).* New York: City of New York Office of Staten Island Development, Borough President of Richmond and Park, Recreation, and Cultural Affairs Administration, 1969.

———. *Ecological Study for Twin Cities Metropolitan Region, Minnesota.* National Technical Information Series. Philadelphia: U.S. Department of Commerce, 1969.

———. "Human Ecological Planning at Pennsylvania." *Landscape Planning* 8 (1981): 109–20.

———. *Inner Harbor Master Plan.* Baltimore: City of Baltimore, 1964.

———. *Least Social Cost Corridor Study for Richmond Parkway, New York.* New York: New York Department of Parks and Recreation, 1968.

———. *Plan for the Valley.* Towson, Md.: Green Spring and Worthington Valley Planning Council, 1964.

———. *A Quest for Life.* New York: John Wiley & Sons, 1996.

———. *To Heal the Earth: Selected Writings of Ian L. McHarg.* Ed. F. Steiner. Washington, D.C.: Island Press, 1998.

———. *Towards a Comprehensive Landscape Plan for Washington, D.C.* Washington, D.C.: U.S. Government Printing Office, 1967.

McHarg, I., and J. Sutton. "Ecological Planning for the Texas Coastal Plain." *Landscape Architecture* 65, no. 1 (1975): 78–89.

McKenzie, R. *The Pinelands Scenic Study—Summary Re-*

port. Philadelphia: U.S. Department of Interior Heritage Conservation and Recreation Service, New Jersey Pinelands Commission, and New Jersey Department of Environmental Protection, 1979.

Meadows, D. H., D. L. Meadows, and W. W. Behrens, eds. *The Limits of Growth: A Report for the Club of Rome's Project on the Predicament of Mankind.* New York: Universe Books, 1972.

Meinig, D. "The Mormon Culture Region: Strategies and Patterns in Geography of the American West, 1947–1964." *Annals of the Association of American Geographers* 55 (1965): 312–17.

———, ed. *The Interpretation of Ordinary Landscapes: Geographical Essays.* New York: Oxford University Press, 1979.

Merriam, G. "Connectivity: A Fundamental Characteristic of Landscape Patterns." In Brandt, J. and P. Agger, eds. *Methodology in Landscape Ecological Research and Planning,* ed. J. Brandt and P. Agger, 1: 5–15. Roskilde, Denmark: Roskilde Universitetsforlag GeoRuc, 1984.

———. "Corridors and Connectivity: Animal Populations in Heterogeneous Environments." In *Nature Conservation 3: Reconstruction of Fragmented Ecosystems,* ed. D. Sanders, J. Hobbs, and P. Ehrlich, 133–42. Sydney, Australia: Surrey Beatty & Sons, 1991.

Meyers, C., M. Kennedy, and R. Sampson. "Information Systems for Land Use Planning." In Beatty, Patersen, and Swindale, *Planning the Uses and Management of Land,* 889–907.

Milne, B. "Measuring the Fractal Geometry of Landscapes." *Applied Mathematics and Computation* 27 (1988): 67–79.

Milne, B., A. Johnson, T. Keitt, C. Hatfield, J. David, and P. Hraber. "Detection of Critical Densities Associated with Pinon-Juniper Woodland Ecotones." *Ecology* 77 (1996): 805–21.

Morowitz, H. *Energy Flow in Biology: Biological Organization as a Problem of Thermal Physics.* New York: Academic Press, 1968

Morrison, D. "ASLA Award: Native Ingenuity." *Landscape Architecture* 86, no. 11 (1996): 79.

Moss, M. "Landscape Synthesis, Landscape Processes, and Land Classification: Some Theoretical and Methodological Issues." *Geojournal* 7, no. 2 (1983): 145–232.

Muir, J. *The Yosemite.* New York: Century, 1912.

Mumford, L. *The Culture of Cities.* London: Secker & Warburg, 1938.

Myers, W., and R. Shelton. *Survey Methods for Ecosystem Management.* New York: John Wiley & Sons, 1980.

Nairn, I. *The American Landscape: A Critical Review.* New York: Random House, 1995.

Nash, R., ed. *The American Environment.* Reading, Mass.: Addison-Wesley, 1976.

Nassauer, J. ed. *Placing Nature: Culture and Landscape Ecology.* Washington, D.C.: Island Press, 1997.

National Environmental Policy Act of 1969. U.S. Statutes at Large 83 (1970).

National Park Act of 1916. U.S. Statues at Large 39 (1916).

Naveh, Z. "Landscape Ecology as an Emerging Branch of Human Ecosystem Science." *Advances in Ecological Research* 12 (1982): 189–237.

Naveh, Z., and A. Lieberman. *Landscape Ecology: Theory and Application.* 1984. 2nd ed. 1990. Reprint, New York: Springer-Verlag, 1994.

Ndubisi, F. *Development Implications of the Biophysical and Cultural Resource Assessment for the Missisuagas of the New Credit Community, Ontario.* Waterloo, Ont.: School of Urban and Regional Planning, University of Waterloo, 1986.

———. *Ecological Sensitivity Study for Richard B. Russell Lake.* Athens, Ga.: University of Georgia, Institute of Community and Area Development, 1991.

———. *A Participatory and Culturally Interpretive Approach to Dynamic Rural Site Planning: A Conceptual Plan for the Rural Component of the Burwash Native People's Project.* Northern Ontario Outreach Technical Paper 2. Guelph, Ont.: University of Guelph, 1982.

———. "A Phenomenological Approach to Design for Amer-Indian Cultures." M.L.A. thesis, University of Guelph, 1982.

———. "Variations in Value Orientation: Implications for Guiding Community Planning Decision Behavior in Native Canadian Communities in Ontario, Canada." Ph.D. diss., School of Environmental Studies, University of Waterloo, 1987.

Ndubisi, F., T. DeMeo, and N. Ditto. "Environmentally Sensitive Areas: A Template for Developing Greenway Corridors." *Landscape and Urban Planning* 33 (1995): 159–77.

Neef, E. "Stages in the Development of Landscape Ecology." In Tjallingii and de Veers, *Perspectives in Landscape Ecology,* 19–27.

The Netherlands, Ministry of Housing, Spatial Planning and Environment, *Summary of General Ecological Model.* Study Report 5.3.B. The Hague: National Physical Planning Agency, 1977.

————. *Summary of the Netherlands Environmental Survey.* Study Report 5.3.A. The Hague: National Physical Planning Agency, 1977.

Newby, P. "Towards an Understanding of Landscape Quality." *Landscape Research* 4, no. 2 (1979): 11–17.

Nichols, R., and E. Hyman. "Evaluation of Environmental Assessment Methods." *Journal of Water Resource Planning and Management* 108, no. 1 (1982): 87–105.

Norberg-Schulz, C. *Existence, Space, and Architecture.* New York: Praeger, 1971.

Noss, R., and L. Harris. "Nodes, Networks, and Mums: Preserving Diversity at All Scales." *Environmental Management* 10 (1986): 299–309.

Noss, F., M. O'Connell, and D. Murphy. *The Science of Conservation Planning: Habitat Conservation under the Endangered Species Act.* Washington, D.C.: Island Press, 1997.

Numata, M. "Basic Concepts and Methods of Landscape Ecology." In *Proceedings of the International Conference on Landscape Planning and Environmental Conservation,* 96–110. Tokyo: University of Tokyo, 1993.

O'Neill, R., D. DeAngelis, J. Waide, and T. Allen. *A Hierarchical Concept of Ecosystems.* Princeton, N.J.: Princeton University Press, 1986.

Odum, E. *Ecology and Our Endangered Life-Support Systems.* Sunderland, Mass.: Sinauer Associates, 1989.

————. "Energy Flow in Ecosystem: A Historical Review." *American Zoology* 8 (1968): 11–18.

————. *Fundamentals of Ecology.* Philadelphia: Saunders, 1953.

————. "The Strategy of Ecosystem Development." *Science* 164 (1969): 262–70.

————. *Systems Ecology: An Introduction.* New York: John Wiley & Sons, 1983.

Odum, H. *Environment, Power, and Society.* New York: John Wiley & Sons, 1971.

Olshowy, G. "Ecological Landscape Inventories and Evaluation." *Landscape Planning* 2 (1975): 37–44.

Opdam, P. "Metapopulation Theory and Habitat Fragmentation: A Review of Holartic Breeding Bird Studies." *Landscape Ecology* 4 (1991): 93–106.

Opdam, P., R. van Apeldoorn, A. Schotman, and J. Kalkhoven. "Population Responses to Landscape Fragmentation." In Vos and Opdam, *Landscape Ecology of a Stressed Environment,* 145–71.

Openshaw, S., and P. Whitehead. "Structure Planning Using a Decision Optimizing Technique." *Town Planning Review* 49 (1978): 486–501.

Orians, G. "Diversity, Stability, and Maturity in Natural Ecosystems." In van Dobben and Lowe-McConnell, *Unifying Concepts in Ecology,* 139–50.

Ott, W. *Environmental Indices: Theory and Practice.* Ann Arbor, Mich.: Ann Arbor Science Publishers, 1978.

Park, C. *Ecology and Environmental Management: A Geographical Perspective.* Boulder, Colo.: Westview Press, 1980.

Palmer, J. "Landscape Perception Model." Plenary presentation at the Workshop in Landscape Change, 25–27 January 2001, Santa Barbara, Calif.

Palmer, M. "The Coexistence of Species in Fractal Landscapes." *American Naturalist* 139 (1992): 375–97.

Park, R., and E. Burgess. *Introduction to the Science of Sociology.* Chicago: University of Chicago Press, 1921.

Passons, W. *Gestalt Approaches to Counseling.* New York: Holt, Rinehart & Winston, 1974.

Patten, B., ed. *System Analysis and Simulation Ecology.* Vol. 3. New York: Academic Press, 1975.

Pelto, P., and G. Pelto. *Anthropological Research: The Structure of Inquiry.* New York: Harper & Row, 1970.

Penfold, G., and F. Ndubisi. *The New Post Band No. 69 Relocation Study and Site Selection.* Guelph, Ont.: School of Rural Planning and Development, University of Guelph, 1983.

Penning-Rowsell, E. "Assessing the Validity of Landscape Evaluations." *Landscape Research* 6, no. 2 (1981): 22–24.

Pepper, D. *The Roots of Modern Environmentalism.* London: Croom Helm, 1984.

Pitt, D., and E. Zube. "Management of Natural Resources." In *Handbook of Environmental Psychology,* ed. D. Stokols and I. Altman. New York: John Wiley & Sons, 1987.

Plotnick, R., H. Gardner, and R. O'Neill. "Lacunarity Indices as Measures of Landscape Texture." *Landscape Ecology* 8 (1993): 201–11.

Pollard, E., M. Hooper, and N. Moore. *Hedges.* London: Collins, 1974.

Porteous, D. "Approaches to Environmental Aesthetics." *Journal of Environmental Psychology* 2, no. 1 (1982): 53–66.

Porteous, J. *Environmental Aesthetics: Ideas, Politics, and Planning.* New York: Routledge, 1996.

Powell, J. *Reports of the Lands of the Arid Region of the United States.* Washington, D.C.: U.S. Government Printing Press, 1879.

Price, U. *An Essay on the Picturesque.* London, 1794.

Prigogine, I. "Thermodynamics of Evolution." *Physics Today* 23 (1972): 33–44.

Prochansky, H., W. Ittelson, and G. Rivlin, eds. *Environmental Psychology: Man and His Physical Setting.* New York: Holt, Rinehart & Winston, 1970.

Punter, J. "Landscape Aesthetics, a Synthesis and Critique." In *Valued Environments,* ed. J. Gold and J. Burgess, 100–123. London: Allen & Unwin, 1982.

Quinby, P. "The Contribution of Ecological Science to the Development of Landscape Ecology: A Brief History." *Landscape Research* 13, no. 3 (1988): 9–11.

Rapoport, A. *The Meaning of the Built Environment: A Non Verbal Communication Approach.* Beverly Hills, Calif.: Sage, 1968.

———. *The Mutual Interaction of People and Their Built Environment.* Paris: Mouton, 1976.

Rappaport, R. *Pigs for the Ancestors.* New Haven: Yale University Press, 1968.

Rapport, D., and A. Friend. *Toward a Comprehensive Framework for Environmental Statistics: A Stress-Response Approach.* Report No. 11–510. Ottawa, Ont.: Statistics Canada, 1979.

Rapport, D., H. Reiger, and T. Hutchinson. "Ecosystem Behavior under Stress." *American Naturalist* 125, no. 5 (1985): 617–40.

Redfield, R. *The Primitive World and Its Transformation.* Ithaca: Cornell University Press, 1953.

Reiger, H., and D. Rapport. "Ecological Paradigms Once Again." *Bulletin of the Ecological Society of America* 59 (1979): 2–6.

Relph, E. *The Modern Urban Landscape.* Kent, England: Croom Helm, 1987.

———. *Place and Placelessness.* London: Pion, 1976.

Repton, H. *Sketches and Hints on Landscape Gardening.* London: Bulmer, 1795.

Rice Center for Community Design and Research. *Environmental Analysis for Development Planning, Chambers County, Texas.* Houston: Southwest Center for Urban Research, Rice University, 1974.

Ridd, M. "Multiple Use." In Nash, *American Environment,* 178–83.

Risser, P. "Toward a Holistic Management Perspective." *BioScience* 35, no. 7 (1985): 414–18.

Roberts, M., J. Randolph, and J. Chiesa. "A Land Suitability Model for the Evaluation of Land-Use Change." *Environmental Management* 3 (1979): 339–59.

Roderick, N. *American Environmentalism: Readings in Conservation History.* New York: McGraw-Hill, 1990.

Romme, W. "Fire and Landscape Diversity in Sub-

alpine Forests of Yellowstone National Park." *Ecological Monographs* 52 (1982): 199–221.

Romme, W., and D. Knight. "Fire Frequency and Subalpine Forests of Yellowstone National Park." *Ecological Monographs* 52 (1981): 199–221.

Rose, D. "The Aesthetic and Moral Ordering of the Material World in Southern Chester County, Pennsylvania." *Anthropological Quarterly* 4 (1979): 14–21.

Rose, D., F. Steiner, and J. Jackson. "An Applied Human Ecological Approach to Regional Planning." *Landscape Planning* 5 (1978–79): 241–61.

Rosenberg, A. "An Emerging Paradigm for Landscape Architecture." *Landscape Journal* 5, no. 2 (1986): 75–82.

Rowe, P., and J. Gevirtz. "A Natural Environmental Information and Impact Assessment System." In *Computers in Urban and Regional Government,* ed. O. Anochie. Chicago: Urban and Regional Information Systems Association, 1977.

Royal Society of Canada and National Research Council of the United States. *The Great Lakes Water Quality Agreement: An Evolving Instrument for Ecosystem Management.* Washington, D.C.: National Academy Press, 1985.

Ruzicka, M., and L. Miklos. "Basic Premises and Methods in Landscape Ecological Planning and Optimization." In Zonneveld and Forman, *Changing Landscapes,* 233–60.

Sancar, F. "Towards Theory Generation in Landscape Aesthetics." *Landscape Journal* 4, no. 2 (1985): 116–24.

Sandhu, H., and J. Foster. "Landscape Sensitive Planning: A Benefit / Cost Assessment." *Landscape Journal* 1, no. 2 (1982): 67–75.

Sauer, L. *The Once and Future Forest.* Washington. D.C.: Island Press, 1998.

Schaeffer, D., E. Herricks, and H. Kerster. "Ecosystem Health: 1. Measuring Ecosystem Health." *Environmental Management* 12, no. 4 (1988): 445–55.

Schauman, S. "Countryside Scenic Assessment: Tools and Applications." *Landscape and Urban Planning* 15 (1988): 227–39.

Schindler, D., K. Mills, D. Malley, D. Findlay, J. Sheaver, I. Davies, M. Turner, G. Lindsey, and D. Cruishank. "Long-Term Ecosystem Stress: The Effects of Years of Experimental Acidification on a Small Lake." *Science* 288 (1985): 1391–1401.

Schneider, D., D. Goldschalk, and N. Axler. *The Carrying Capacity Concept as a Planning Tool.* PAS Report 38. Chicago: American Planning Association, 1978.

Schreiber, K. "The History of Landscape Ecology in

Europe." In Zonneveld and Forman, *Changing Landscapes*, 21–33.

———. "Landscape Planning and Protection of the Environment: The Contribution of Landscape Ecology." *Applied Sciences and Development* 9 (1977): 128–39.

Schumacher, E. *Small Is Beautiful: Economics As If People Mattered.* New York: Harper & Row, 1973.

Seamon, D., ed. *Dwelling, Seeing, and Designing: Toward a Phenomenological Ecology.* Albany: State University of New York Press, 1993.

Sears, P. *The Ecology of Man.* Eugene: University of Oregon Press, 1957.

Sell, J., G. Taylor, and E. Zube. "Toward a Theoretical Framework for Landscape Perception." In *Environmental Perception and Behavior: An Inventory and Prospect*, ed. T. Saarinen, D. Seamon, and J. Sell. Chicago: Department of Geography, University of Chicago, 1981.

Selman, P. "Landscape Ecology and Countryside Planning: Vision, Theory, and Practice." *Journal of Rural Studies* 9 (1983): 1–21.

Shafer, E. "Perception of Natural Environment." *Environment and Behavior* 1 (1969): 71–82.

Shafer, M. *Nature Reserves: Island Theory and Conservation Practice.* Washington, D.C.: Smithsonian Institution Press, 1990.

Shkilnyk, A. *A Poison Stronger Than Love: The Destruction of an Ojibway Community.* New Haven: Yale University Press, 1984.

Shopey, J., and R. Fuggle. "A Comprehensive Review of Current Environmental Impact Assessment Methods and Techniques." *Journal of Environmental Management* 18, no. 1 (1984): 25–47.

Simberloff, D. S. "Biogeography: The Unification and Maturation of a Science." In *Perspective in Ornithology*, ed. A. H. Brush and G. A. Clark Jr., 411–55. London: Cambridge University Press; 1983.

Simberloff, D. S., and L. G. Abele. "Conservation and Obfuscation: Subdivision of Reserves." *Oikos* 42 (1984): 399–401.

Simon, H. *The Sciences of the Artificial.* Cambridge: MIT Press, 1969.

Simon, J. *The Ultimate Resource.* Princeton, N.J.: Princeton University Press, 1981.

Simon, J., E. Brabec, E. Forster, and F. Ndubisi. *A Culturally Sensitive Approach to Planning and Design with Native Canadians.* Guelph, Ont.: University of Guelph, 1984.

Slocombe, D. "Environmental-Planning, Ecosystem Science, and Ecosystem Approaches for Integrating Environment and Development." *Environmental Management* 17 (1993): 289–303.

Smardon, C., J. Palmer, and J. Felleman, eds. *Foundations for Visual Project Analysis.* New York: John Wiley & Sons, 1986.

Smardon, R. "Assessing Visual-Cultural Resources of Inland Wetlands in Massachusetts." In Zube, Brush, and Fabos, *Landscape Assessment*, 289–318.

Smith, D., and P. Hellmund, eds. *Ecology of Greenways: Design and Function of Linear Conservation Areas.* Minneapolis: University of Minnesota Press, 1993.

Smuts, J. *Holism and Evolution.* New York: Macmillan, 1926.

So, F. "Planning Agency Management." In *The Practice of Local Government Planning*, ed. F. So and J. Getzel, 401–34. 2nd ed. Washington, D.C.: International City Management Association, 1988.

Sonzogni, W., and T. Heidtke. *Modelling the Great Lakes: A History of Achievement.* Ann Arbor, Mich.: Great Lakes Basin Commission, 1979.

Soule, M. "Land Use Planning and Wildlife Maintenance: Guidelines for Conserving Wildlife in an Urban Landscape." *Journal of the American Planning Association* 57 (1991): 313–23.

Spaling, H., B. Smit, G. E. Horak, E. V. Vlachos, and E. W. Cline. *Methodological Guidance for Assessing Cumulative Impacts on Fish and Wildlife.* Washington, D.C.: Office of Biological Services, U. S. Fish and Wildlife Service, 1983.

Spirn, A. *The Language of Landscape.* New Haven: Yale University Press, 1999.

———. "The Poetics of City and Nature: Toward a New Aesthetic for Urban Design." *Landscape Journal* 7, no. 2 (1988): 108–26.

Stalley, M., ed. *Patrick Geddes, Spokesperson for Man and the Environment.* New Brunswick, N.J.: Rutgers University Press, 1972.

State of Wisconsin, Department of Resource Development. *Recreation in Wisconsin.* Madison, 1963.

Statistics Canada. "A Case Study of the Stress-Response Environmental Statistics System: The Lower Great Lakes." Working paper, Office of Senior Advisor on Integration, Ottawa, Ont., 1980.

Stauffer, D. and A. Aharony. *Introduction to Perculation Theory.* 2nd ed. London: Taylor & Francis, 1992.

Steiner, F. "Landscape Planning: A Method Applied to a Growth Management Example." *Environmental Management* 15, no. 4 (1991): 519–29.

———. *The Living Landscape: An Ecological Approach to*

Landscape Planning. New York: McGraw-Hill, 1991; ed. 2, 2000.

———. "Resource Suitability: Methods for Analyses." *Environmental Management* 7, no. 5 (1983): 401–20.

Steiner, F., and J. Theilacker. *Whitman County Rural Housing Feasibility Study.* Colfax, Wash.: Whitman County Regional Planning Council, 1978.

Steiner, F., and H. Van Lier, eds. *Land Conservation and Development: Example of Land-Use Planning Projects and Programs.* New York: Elsevier, 1984.

Steinitz, C. *Computers and Regional Planning: The DELMARVA Study.* Cambridge: Graduate School of Design, Harvard University, 1967.

———. *Defensible Processes for Regional Landscape Design.* Landscape Architecture Technical Information Series 2, no. 1. Washington, D.C.: American Society of Landscape Architects, 1979.

Steinitz, C. "Landscape Change: Models, Alternatives, and Levels of Complexity." Summarized and presented by Stephen Ervin at the Workshop in Landscape Change, 25–27 January 2001, Santa Barbara, Calif.

———. "Simulating Alternative Policies for Implementing the Massachusetts Scenic and Recreational Rivers Act: The North River Demonstration Project." *Landscape Planning* 6 (1979): 51–89.

———. "On Teaching Ecological Principles to Designers." In Johnson and Hill, eds. *Ecology and Design,* 231–44.

———. "Toward a Sustainable Landscape with High Visual Preference and High Ecological Integrity: The Loop Road in Acadia National Park, U.S.A." *Landscape and Urban Planning* 19 (1990): 213–50.

Steinitz, C., M. Binford, P. Cote, T. Edwards, S. Ervin, R. Forman, C. Johnson, R. Kiester, D. Mouat, D. Olson, A. Shearer, R. Toth, and R. Wills. *Biodiversity and Landscape Planning: Alternative Futures for the Region of Camp Pendleton, California.* Cambridge: Harvard University, Graduate School of Design, 1986.

Steinitz, C., J. Brown, and P. Goodale. *Managing Suburban Growth: A Modeling Approach.* Cambridge: Harvard University, Landscape Architecture Research Office, 1976.

Steinitz, C., Enviromedia Inc., and Roger Associates Inc. *Natural Resource Protection.* Minneapolis–St. Paul, Minn.: Metropolitan Council of the Twin Cities, 1970.

Steinitz, C., and P. Rogers. *A System Analysis Model of Urbanization and Change.* Cambridge: Harvard Uni-

versity, Department of Landscape Architecture, 1968.

Steinitz, C., T. Murray, D. Sinton, and D. Way. *A Comparative Study of Resource Analysis Methods.* Cambridge: Harvard University, Department of Landscape Architecture, 1969.

Steinitz, C., P. Parker, and L. Jordan. "Hand-Drawn Overlays: Their History and Prospective Uses." *Landscape Architecture* 66 (1976): 444–55.

Steinitz, C., and P. Rogers. *A System Analysis Model of Urbanization and Change.* Cambridge: Harvard University, Department of Landscape Architecture, 1968.

Steward, J. *A Theory of Culture Change.* Urbana: University of Illinois Press, 1955.

Stilgoe, J. "Fair Fields and Blasted Rock: American Land Classification Systems and Landscape Aesthetics." *American Studies* 22 (1981): 21–33.

Swank, W., and D. Crossley, eds. *Forest Hydrology and Ecology at Coweeta.* New York: Springer-Verlag, 1988.

Switzer, W. "The Canadian Geographic Information System." In *Proceedings of Symposium on Geographic Information Processing,* 22–39. Ottawa, Ont.: Carleton University, 1976.

Theberge, J., J. Nelson, and T. Fenge. *Environmentally Significant Areas in the Yukon Territory.* Ottawa, Ont.: Arctic Resources Committee, 1980.

Thie, J., and G. Ironside, eds. *Ecological (Biophysical) Land Classification in Canada.* Ecological Land Classification Series, no. 1. Ottawa, Ont.: Land Directorate, Environment Canada, 1976.

Thomas, W., ed. *Man's Role in Changing the Face of the Earth.* Chicago: University of Chicago Press, 1956.

Thompson, G., and F. Steiner, eds. *Ecological Design and Planning.* New York: John Wiley & Sons, 1997.

Thoreau, H. *Walden.* 1854. Reprint, New York: Modern Library, 1961.

Thorne, J. "Landscape Ecology: A Foundation for Greenway Design." In Smith and Hellmund, *Ecology of Greenways,* 23–42.

Timmermans, W., and R. Snep. "Ecological Models and Urban Wildlife." Paper presented at the sixteenth annual symposium of the U.S. Regional Association of the International Association of Landscape Ecology, 25–29 April 2001, Tempe, Ariz.

Tjallingii, S., and A. de Veers, eds. *Perspectives in Landscape Ecology.* Wageningen, Netherlands: PUDOC, 1982.

Tomlinson, R., H. Calkins, and D. Marble. *Computer Handling of Geographical Data.* Paris: UNESCO, 1976.

Toth, J. "A Theoretical Analysis of Groundwater in Small Drainage Basins." *Journal of Geophysical Research* 68, no. 16 (1963): 4795–4812.

Toth, R. "The Contribution of Landscape Planning to Environmental Protection: An Overview of Activities in the United States." Paper presented at the International Conference on Landscape Planning, 6–8 June 1990, University of Hanover, Hanover, Germany, 1990.

——. *Criteria for Evaluating the Valuable Natural Resource of the TIRAC Region.* Stroudsburg, Pa.: Tocks Island Regional Advisory Council, 1968.

——. "Hydrological and Riparian Systems: The Foundation Network for Landscape Planning." Paper presented at the International Conference on Landscape Planning, 6–8 June 1990, University of Hannover, Hanover, Germany.

Tunnard, C., and B. Pushkarev. *Man-Made America: Chaos or Control?* New Haven: Yale University Press, 1965.

Turner, M., and R. Gardner, eds. *Quantitative Methods in Landscape Ecology: The Analysis and Interpretation of Landscape Heterogeneity.* New York: Springer-Verlag, 1991.

Turner, G., R. Gardner, and V. O'Neill. *Landscape Ecology in Theory and Practice: Patterns and Process.* New York: Springer-Verlag, 2001.

Tyler, M., L. Hunter, F. Steiner, and D. Roe. "Use of Agricultural Land Evaluation and Site Assessment in Whitman County, Washington, USA." *Environmental Management* 11, no. 3 (1987): 407–12.

Tylor, E. *Primitive Culture.* London: Murray, 1871.

United Nations Environmental Programme. *Environmental Data Report.* London: Basil Blackwell, 1989. Prepared for UNEP by GEMS Monitoring and Assessment Research Center, U.K., in cooperation with the World Resources Institute, Washington, D.C., and the U.K. Department of the Environment, London.

U.S. Congress. "National Forest System Land and Resource Management Planning." *Federal Registrar* 44, no. 181 (1979): 53984.

U.S. Department of Agriculture, Forest Service. *National Forest Landscape Management,* USDA Handbook No. 462. Vol. 2. Washington, D.C.: Government Printing Office, 1974.

U.S. Department of Agriculture, Soil Conservation Service. *Important Farmland Inventory, Land Inventory, and Monitoring Memorandum—3.* Washington, D.C., 1978.

——. *Land Capability Classification.* Agricultural Handbook No. 210. Washington, D.C., 1961.

——. *National Agriculture Land Evaluation and Site Assessment Handbook.* Washington, D.C., 1983.

——. *Procedure to Establish Priorities in Landscape Architecture.* Technical Release 65. Washington, D.C., 1978.

U.S. Department of Interior, Bureau of Land Management, Division of Recreation and Cultural Resource. *Visual Resource Management.* Washington, D.C.: Government Printing Office, 1980.

Urban, D., R. O'Neill, and H. Shugart. "Landscape Ecology: A Hierarchical Perspective Can Help Scientists Understand Spatial Patterns." *Bioscience* 37 (1987): 119–27.

Usher, M., and M. Williamson, eds. *Ecological Stability.* London: Chapman & Hills, 1974.

Van Buuren, M., and K. Kerkstra. "The Framework Concept and the Hydrological Landscape Structure: A New Perspective in the Design of Multifunctional Landscapes." In Vos and Opdam, *Landscape Ecology of a Stressed Environment,* 219–43.

Van Dobben, W., and R. Lowe-McConnell, eds. *Unifying Concepts in Ecology.* The Hague: Junk, 1975.

Van Langevelde, F. "Conceptual Integration of Landscape Planning and Landscape Ecology, with a Focus on the Netherlands." In Cook and van Lier, *Landscape Planning and Ecological Networks,* 27–69.

Van Leeuwen, C. "A Relation Theoretical Approach to Pattern and Process in Vegetation." *Wentia* 15 (1966): 25–46.

Vayda, A., and R. Rappaport. "Ecology, Cultural and Noncultural." In *Introduction to Cultural Anthropology,* ed. J. Clifton, 477–97. Boston: Houghton Mifflin, 1968.

Verboom, R., J. Metz, and E. Meelis. "Metapopulation Models for Impact Assessment of Fragmentation." In Vos and Opdam, *Landscape Ecology of a Stressed Environment,* 172–92.

Vining, J., and J. Stevens. "The Assessment of Landscape Quality: Some Methodological Consideration." In Smardon, Palmer, and Felleman, *Foundations for Visual Project Analysis,* 167–86.

Vink, A. *Land Use in Advancing Agriculture.* New York: Springer-Verlag, 1975.

Vogt, W. *Road to Survival.* New York: William Sloane Associates, 1948.

Von Bertalanffy, L. *General Systems Theory.* New York: George Braziller, 1968.

Von Franz, M. *Projection and Recollection in Jungian Psychology.* London: Open Court, 1980.

Vos, C., and P. Opdam, eds. *Landscape Ecology of a Stressed Environment.* London: Chapman & Hall, 1993.

Wallace, D., I. McHarg, W. Roberts, and T. Todd. *Woodlands New Community.* 4 vols. Philadelphia, 1971–74.

Walters, C., and C. Holling. "Large-scale Management Experiments and Learning by Doing." *Ecology* 71 (1990): 2060–68.

Wamsley, M., G. Utzig, T. Vold, E. Moon, and J. van Barnveld, eds. *Describing Ecosystems in the Field.* RAB Technical Paper 4. Victoria, B.C.: Ministry of Environment, 1980.

Warner, M., and E. Preston. *A Review of Environmental Impact Assessment Methodologies.* EPA-600/5-74-002. Washington, D.C.: U.S. Government Printing Office, 1974.

Wathern, P., S. Young, I. Brown, and D. Roberts. "Ecological Evaluation Techniques." *Landscape Planning* 12 (1986): 403–20.

Weaver, C. *Regional Development and the Local Community: Planning, Politics, and Social Context.* New York: John Wiley & Sons, 1984.

White, L. "The Historical Roots of Our Ecological Crisis." In *Ecology and Religion in History,* ed. D. Spring and E. Spring, 15–31. New York: Harper & Row, 1974. First published in *Science* 155 (1967): 1203–7.

Whitmore, W., E. Cook, and F. Steiner. "Public Involvement in Visual Assessment: The Verde River Corridor Study." *Landscape Journal* 14, no. 1 (1995): 27–45.

Wiens, J. "Metapopulation Dynamics and Landscape Ecology." In *Metapopulation Biology,* ed. I. Hanski and M. Gilpin, 43–62. New York: Academic Press, 1997.

Wilcox, B., and D. Murphy. "Conservation Strategy: The Effects of Fragmentation on Extinction." *American Naturalist* 125 (1985): 879–87.

Willems, E. "An Ecological Orientation to Psychology." *Merrill-Palmer Quarterly* 4 (1965): 317–43.

Wolfe, J. "Comprehensive Community Planning among Indian Bands in Ontario." Paper presented to the Native American Specialty Group, annual meeting of the Association of American Geographers, 1985, Detroit, Mich.

Wood, C. "The Extended Garden Metaphor: Increasing Public Awareness of the Profession of Landscape Architecture." M.L.A. thesis, University of Georgia, 1992.

Woodcock, D. "A Functionalist Approach to Environmental Preference." Ph.D. diss., University of Michigan, 1982.

World Commission on Environment and Development. *Our Common Future.* New York: Oxford University Press, 1987.

Wright, L., W. Zitzmann, K. Young, and R. Googins. "LESA—Agricultural Land Evaluation and Site Assessment." *Journal of Soil Water Conservation* 38, no. 2 (1983): 82–86.

Wynee-Edwards, V. C. *Animals Dispersion in Relation to Social Behavior.* Edinburgh: Oliver & Boyd, 1962.

Young, G. "Human Ecology as an Interdisciplinary Concept: A Critical Inquiry." In Young, *Origins of Human Ecology,* 355–99.

———, ed. *Origins of Human Ecology.* Stroudsburg, Pa.: Hutchinson Ross, 1983.

Young, G., F. Steiner, K. Brooks, and K. Struckmeyer. "Determining the Regional Context for Landscape Planning." *Landscape Planning* 10 (1983): 269–96.

Zelinsky, W. "North American's Vernacular Regions." *Annals of the Association of American Geographers* 70 (1980): 1–16.

Zonneveld, I. *Land Ecology.* Amsterdam, The Netherlands: SPB Academic Publishing, 1995.

———. "The Land Unit—A Fundamental Concept in Landscape Ecology, and Its Applications." *Landscape Ecology* 3, no. 2 (1989): 67–86.

———. "Scope and Concepts of Landscape Ecology as an Emerging Science." In Zonneveld and Forman, *Changing Landscapes,* 3–20.

Zonneveld, I., and R. Forman. *Changing Landscapes: An Ecological Perspective.* New York: Springer-Verlag, 1990.

Zube, E. "Evaluation of the Visual and Cultural Environment." *Journal of Soil and Water Conservation* 25, no. 4 (1970): 137–41.

———. *The Islands—Selected Resources of the United States Virgin Islands.* Prepared in conjunction with the Department of Landscape Architecture, University of Massachusetts at Amherst. Washington, D.C.: United States Department of the Interior, 1968.

———. "Landscape Meaning, Assessment, and Theory." *Landscape Journal* 3, no. 2 (1982): 104–10.

———. "Landscape Research: Planned and Serendipitous." *Human Behavior and Environment: Advances in Theory and Research* 11, no. 1 (1990): 291–334.

———. "Landscape Values: History, Concepts, and Applications." In Smardon, Palmer, and Felleman, *Foundations for Visual Project Analysis,* 3–19.

————. "Perceived Land Use Patterns and Landscape Values." *Landscape Ecology* 1, no. 1 (1987): 37–45.

————. "Scenery as a Natural Resource." *Landscape Architecture* 63 (1973): 4–10.

————. "Themes in Landscape Assessment Theory." *Landscape Journal* 3 (1984): 104–10.

Zube, E., O. Brush, and J. Fabos, eds. *Landscape Assessment: Values, Perception, and Resources.* Stroudsburg, Pa: Dowden, Hutchinson, & Ross, 1975.

Zube, E., and C. Carlozzi. *An Inventory and Interpretation—Selected Resources of the Island of Nantucket.* Cooperative Extension Service, no. 4. Amherst: University of Massachusetts, 1966.

Zube, E., D. Pitt, and T. Anderson. *Perception and Measurement of Scenic Resources in the Southern Connecticut River Valley.* Publication No. R-74-1. Amherst, Mass.: Institute for Man and His Environment, 1974.

Zube, E., J. Sell, and J. Taylor. "Landscape Perception: Research, Application, and Theory." *Landscape Planning* 9, no. 1 (1982): 1–33.

索　引

作 者 简 介

ABOUT THE AUTHOR

福斯特·恩杜比斯（Forster Ndubisi），华盛顿州立大学景观和城市规划教授，跨学科设计学院院长，先后取得过尼日利亚伊巴丹大学（University of Ibadan）动物学、加拿大安大略省圭尔夫大学（University of Guelph）的景观规划设计学和滑铁卢大学（University of Waterloo）的城市与区域规划学位。他曾参与咨询多个社区设计、环境土地利用规划和增长管理项目。恩杜比斯教授曾获 1988 年的 ASLA 研究成就奖（the American Society of Landscape Architects（ASLA）Merit Award in research），1993 年因其对景观教育事业的贡献而荣获景观教育理事会主席奖（the Council of Educators in Landscape Architecture（CELA）President's Award），1994 年他成为佐治亚州 ASLA 主席杰出成就奖的获得者之一（Georgia ASLA President's Award for Excellence in Professional Achievement）。他在生态规划评价方法方面的研究获得了 1999 年唯一的 ASLA 研究荣誉奖（ASLA Honor Award for Research）。恩杜比斯教授著有大量论文和专著，如《参考手册：佐治亚州公共政策与土地利用》（Public Policy and Land Use in Georgia：A Reference Book，1996 年），《资源手册：规划实施工具与技术》（Planning Implementation Tools and Techniques：A Resource Book，1992 年）。恩杜比斯教授曾担任景观教育理事会（CELA）会士，近期曾任职于景观基金理事会（Landscape Architecture Foundation，LAF）。